"十三五"国家重点出版物出版规划项目
名校名家基础学科系列

微积分
下册

李冬松 黄 艳 雷 强 编
（哈尔滨工业大学）

机械工业出版社

《微积分》分上、下两册，本书为下册，共4章，分别为多元函数微分学，多元函数积分学，第二型曲线积分、第二型曲面积分与向量场，无穷级数．每章均配有供读者自学的综合性例题．

本书理论丰富、叙述详细，侧重培养读者的创新及分析解决问题的能力．此外，将各章习题化整为零，即在知识点之后设置“练习”环节，从而使读者在阅读时及时巩固所学知识．本书可作为工科大学一年级新生的微积分教材，也可作为备考工科硕士研究生的人员和工程技术人员的参考书．

图书在版编目（CIP）数据

微积分．下册/李冬松，黄艳，雷强编．—北京：机械工业出版社，2020.10（2022.1重印）
（名校名家基础学科系列）
“十三五”国家重点出版物出版规划项目
ISBN 978-7-111-66590-8

Ⅰ.①微… Ⅱ.①李… ②黄… ③雷… Ⅲ.①微积分-高等学校-教材 Ⅳ.①O172

中国版本图书馆CIP数据核字（2020）第179098号

机械工业出版社（北京市百万庄大街22号 邮政编码100037）
策划编辑：韩效杰 责任编辑：韩效杰 陈崇昱
责任校对：肖 琳 封面设计：鞠 杨
责任印制：郜 敏
北京富资园科技发展有限公司印刷
2022年1月第1版第2次印刷
184mm×260mm · 17.25印张 · 423千字
标准书号：ISBN 978-7-111-66590-8
定价：49.00元

电话服务
客服电话：010-88361066
010-88379833
010-68326294

网络服务
机 工 官 网：www.cmpbook.com
机 工 官 博：weibo.com/cmp1952
金 书 网：www.golden-book.com
机工教育服务网：www.cmpedu.com

前　言

随着科学技术的迅猛发展，工科学生需要掌握更多的数学基础理论，拥有很强的抽象思维能力、逻辑推理能力、空间想象能力和科学计算能力. 为适应21世纪科技人才对数学的需求，我们按照教育部教学指导委员会颁布的课程教学基本要求和硕士研究生入学考试大纲，编写了《微积分》（上、下册）这套教材.

本套教材适合各类工科大学学生使用，教材具有以下特点：

（1）理论丰富. 教材不仅包括了普通工科学生必须掌握的微积分的基本理论和方法，而且引入一定量的理科数学分析知识，相信学生认真学习本书后，必能获得扎实的理论基础.

（2）侧重培养学生的创新及分析解决问题的能力. 和普通教材相比，本书有大量的例题和习题，其中一部分习题必须经过认真观察、分析才能解决. 另一部分习题侧重于联系实际，学生必须将实际问题转化为数学问题，建立数学模型才能解决.

（3）将各章习题化整为零，即在知识点之后设置“练习”环节，从而使学生在阅读时及时巩固所学知识.

（4）满足硕士研究生入学考试需要. 本套教材的部分例题和习题达到硕士研究生统一考试试题难度，如能很好地掌握，可以满足学生备考硕士研究生的需求.

本书在编写过程中，得到了哈尔滨工业大学数学学院同仁们的大力支持，在此一并向他们表示衷心感谢！

本书受到黑龙江省教育科学“十三五”规划省重点课题支持（课题编号 GBB1318035）.

由于编者水平有限，书中的缺点、疏漏及错误在所难免，恳请广大读者批评指正.

编　者

目　录

前言

第 8 章　多元函数微分学 …… 1

8.1　多元函数的基本概念 …… 1

8.1.1　预备知识 …… 1

8.1.2　多元函数 …… 2

8.1.3　多元函数的极限与连续 …… 5

8.2　偏导数与高阶偏导数 …… 9

8.2.1　偏导数 …… 9

8.2.2　高阶偏导数 …… 12

8.3　全微分 …… 14

8.4　复合函数求导法 …… 20

8.5　隐函数求导法 …… 26

8.6　偏导数的几何应用 …… 32

8.6.1　空间曲线的切线与法平面 …… 32

8.6.2　曲面的切平面与法线 …… 34

8.6.3　二元函数全微分的几何意义 …… 37

8.7　多元函数的一阶泰勒公式与极值 …… 38

8.7.1　多元函数的一阶泰勒公式 …… 38

8.7.2　多元函数的极值 …… 39

8.7.3　条件极值与拉格朗日乘数法 …… 43

8.8　方向导数与梯度 …… 47

8.8.1　方向导数 …… 47

8.8.2　梯度 …… 49

8.9　例题 …… 52

习题 8 …… 55

第 9 章　多元函数积分学 …… 58

9.1　二重积分的概念与性质 …… 58

9.1.1　二重积分的概念 …… 58

9.1.2　二重积分的性质 …… 60

9.2　二重积分的计算 …… 62

9.2.1　直角坐标系下二重积分的计算 …… 62

9.2.2　极坐标系下二重积分的计算 …… 69

9.2.3　用二重积分计算曲面面积 …… 73

9.3　广义二重积分 …… 75

9.4　三重积分的计算 …… 77

9.4.1　三重积分的概念 …… 77

9.4.2　直角坐标系下三重积分的计算 …… 78

9.4.3　柱坐标系下三重积分的计算 …… 82

9.4.4　球坐标系下三重积分的计算 …… 85

9.5　第一型曲线积分的概念和计算 …… 89

9.5.1　第一型曲线积分的概念和性质 …… 89

9.5.2　第一型曲线积分的计算 …… 91

9.6　第一型曲面积分 …… 95

9.6.1　对面积的曲面积分的定义 …… 95

9.6.2　对面积的曲面积分的计算 …… 96

9.7　积分的应用举例 …… 100

9.7.1　物体的质心 …… 100

9.7.2　转动惯量 …… 102

9.8　重积分的变量代换 …… 104

9.9　例题 …… 110

习题 9 …… 114

第 10 章　第二型曲线积分、第二型曲面积分与向量场 …… 116

10.1　第二型曲线积分 …… 116

10.1.1　变力做功与第二型曲线积分的概念 …… 116

10.1.2　第二型曲线积分的计算 …… 119

10.1.3　第二型曲线积分与第一型曲线积分的关系 …… 123

10.2　格林公式 …… 125

10.3　平面曲线积分与路径无关的条件、保守场 …… 132

10.3.1　平面曲线积分与路径无关的条件 …… 132

10.3.2　保守场、原函数、全微分方程 … 137

10.4 第二型曲面积分 …………………… 142
10.4.1 有向曲面 …………………… 142
10.4.2 第二型曲面积分的概念 ………… 143
10.4.3 第二型曲面积分的计算 ………… 145
10.5 高斯公式、通量与散度 …………… 149
10.5.1 高斯公式 …………………… 150
10.5.2 向量场的通量与散度 ………… 154
10.6 斯托克斯公式、环量与旋度 ………… 158
10.6.1 斯托克斯公式 ………………… 158
10.6.2 向量场的环量与旋度 ………… 160
10.7 例题 …………………………… 166
习题 10 ……………………………… 171
第 11 章 无穷级数 ………………… 173
11.1 无穷级数的敛散性 ……………… 173
11.1.1 无穷级数的含义 ……………… 173
11.1.2 收敛与发散的概念 …………… 174
11.1.3 无穷级数的基本性质 ………… 177
11.2 正项级数敛散性判别法 ………… 181
11.3 任意项级数与绝对收敛 ………… 191
11.4* 反常积分敛散性判别法与 Γ 函数 … 200
11.4.1 反常积分敛散性判别法 ……… 200
11.4.2 Γ 函数 ……………………… 203
11.5 函数项级数与一致收敛 ………… 205
11.5.1 函数项级数 ………………… 205
11.5.2 一致收敛* ………………… 207
11.6 幂级数 …………………………… 215
11.6.1 幂级数的收敛半径和收敛域 …… 215
11.6.2 幂级数的运算 ………………… 221
11.7 函数的幂级数展开 ……………… 224
11.7.1 直接展开法与泰勒级数 ……… 224
11.7.2 间接展开法 ………………… 229
11.7.3 幂级数求和 ………………… 234
11.8 幂级数的应用举例 ……………… 237
11.8.1 函数值的近似计算 …………… 237
11.8.2 幂级数在积分计算中的应用 …… 239
11.8.3 方程的幂级数解法 …………… 240
11.9 傅里叶级数 ……………………… 242
11.9.1 三角函数系的正交性 ………… 243
11.9.2 傅里叶级数 ………………… 244
11.9.3 正弦级数和余弦级数 ………… 249
11.9.4 以 $2l$ 为周期的函数的傅里叶级数 ……………………… 251
11.9.5 有限区间上的函数的傅里叶展开 ……………………… 255
11.9.6 傅里叶级数的复数形式 ……… 257
11.9.7 傅里叶积分简介 ……………… 259
11.10 例题 ………………………… 261
习题 11 ……………………………… 264
附录 幂级数的收敛半径 …………… 267
参考文献 …………………………… 268

第 8 章 多元函数微分学

此前我们讨论的函数都仅有一个自变量，这种函数被称为一元函数，但是在很多实际问题中，客观事物的变化是受多方面因素制约的，反映在数学上我们必须研究依赖多个自变量的函数，即多元函数. 多元函数微积分学的内容和方法都与一元函数的内容和方法紧密相关，但由于变元的增加，问题更加复杂多样. 在学习时，应注意与一元函数有关内容的对比，找出异同. 这样不但有利于理解和掌握多元函数的知识，而且还复习巩固了一元函数的知识. 本章介绍多元函数的基本概念及其微分学.

8.1 多元函数的基本概念

8.1.1 预备知识

因为我们要研究多元函数，而多元函数的定义域是 n 维空间上点的集合. 所以本节介绍 n 维空间及其上点的集合的术语和概念.

在平面引入直角坐标系 Oxy 后，平面上的点 P 和由两个实数构成的有序数组 (x,y) 一一对应，这样数组 (x,y) 就等同于点 P，所有的二元有序数组 (x,y) 的集合就表示二维空间上所有的点的集合，即整个二维空间. 推而广之，有下面的定义.

定义 8.1 称 n 元有序实数组 $(x_1,x_2,\cdots,x_n)$ $(x_i\in\mathbf{R})$ 为一个 n 维点（或 **n 维向量**），所有 n 维点构成的集合叫作 **n 维空间**，记为 $\mathbf{R}^n$. 点 $(0,0,\cdots,0)$ 称为 n 维空间的**原点**.

所有实数构成一维空间 $\mathbf{R}$，几何上就是数轴；所有实数偶 (x,y) 的集合为二维空间 $\mathbf{R}^2$，几何上是坐标平面；日常说的空间就是三维空间. 当 $n>3$ 时，空间 $\mathbf{R}^n$ 没有直观的几何形象，但它们客观上是存在的，比如，我们生活的“时—空”空间是四维空间. 我们常常可以借助于二维、三维空间来想象三维以上的空间.

定义 8.2 $\mathbf{R}^n$ 中任意两点 $A(a_1,a_2,\cdots,a_n)$ 和 $B(b_1,b_2,\cdots,b_n)$之间的距离 $\rho(A,B)$规定为

$$\rho(A,B)=\sqrt{(a_1-b_1)^2+(a_2-b_2)^2+\cdots+(a_n-b_n)^2}.$$

这与 n 维向量的模（范数）的定义是一致的．代数中已经证明，若 P_1，P_2，P_3 是三个 n 维点，则有“三角不等式”：

$$\rho(P_1,P_3)\leqslant\rho(P_1,P_2)+\rho(P_2,P_3).$$

定义 8.3　设 $P_0\in\mathbf{R}^n$，常数 $\delta>0$，则称 $\mathbf{R}^n$ 的子集

$$\{P\,|\,\rho(P,P_0)<\delta,P\in\mathbf{R}^n\}$$

为**点 P_0 的 δ 邻域**，记为 $U_\delta(P_0)$．

$U_\delta(P_0)$是以 P_0 为中心、δ 为半径的“n 维球”内部所有点的集合．当我们不关心半径 δ 的大小时，就把它称为 P_0 的邻域，记为 $U(P_0)$．

定义 8.4　对集合 $E\subseteq\mathbf{R}^n$，点 $P_0\in\mathbf{R}^n$，若 $\exists\delta>0$，使得 $U_\delta(P_0)\subseteq E$，则称 P_0 为 E 的**内点**．若 P_0 的任何邻域内部有属于 E 的点，也有不属于 E 的点（P_0 可以属于 E，也可以不属于 E），则称 P_0 为 E 的**边界点**（见图 8.1）．

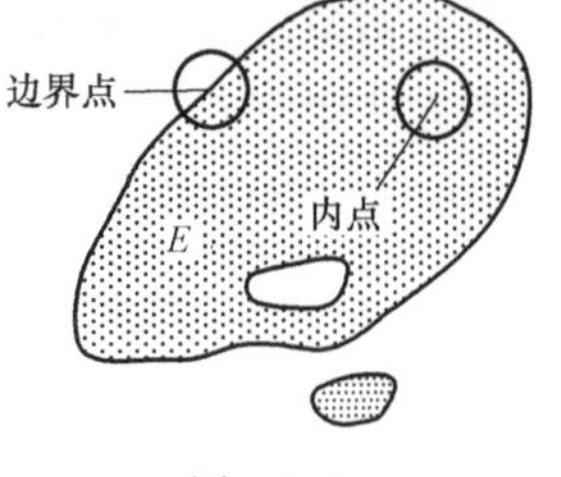

图　8.1

定义 8.5　若集合 E 的每个点都是它的内点，则说 E 是**开集**．若 E 的任何两点都由 E 中的曲线［$\mathbf{R}^n$ 中的曲线是满足单参数 t 的连续函数 $x_i=x_i(t)$，$i=1,2,\cdots,n$ 的点集］连接，则称 E 是**（线）连通集**．连通开集称为**区域**或**开区域**．区域和它的边界的并集叫作**闭区域**．

定义 8.6　若 $\exists\delta>0$，使集合 $E\subseteq U_\delta(O)$，其中 O 是 $\mathbf{R}^n$ 的原点 $(0,0,\cdots,0)$，则称 E **有界**，否则称 E 无界．

例如，$\{(x,y)\,|\,x+y>0\}$是 $\mathbf{R}^2$ 中的无界区域，而集合 $\{(x,y,z)\,|\,x^2+y^2+z^2\leqslant1\}$是 $\mathbf{R}^3$ 中的有界闭区域．

8.1.2　多元函数

在很多自然现象和实际问题中，经常会遇到依赖两个或两个以上变量的情况，请看下面的例子．

例 1　一定量的某种理想气体的压强 p 依赖于体积 V 和绝对温度 T，即

$$p=\frac{RT}{V},$$

其中，R 为气体常数．

例 2　设 R 是电阻 R_1、R_2 并联后的总电阻，由电学知道它们之间具有关系为

$$R=\frac{R_1R_2}{R_1+R_2},$$

其中，当 R_1 与 R_2 在集合 $\{(R_1,R_2)\mid R_1>0,R_2>0\}$ 内取定一对值时，R 的对应值就随之确定。

例 3　冷却过程中的铸件，温度 τ 与铸件内点的位置 x，y，z 和时间 t，以及外界环境温度 τ_0，空气流动的速度 v 有关：

$$\tau=f(t,x,y,z,\tau_0,v).$$

定义 8.7　设 D 是 xOy 平面的点集，若变量 z 与 D 中的变量 x、y 之间有一个依赖关系，使得在 D 内每取定一个点 $P(x,y)$ 时，按照这个关系有确定的 z 值与之对应，则称 z 是 x、y 的**二元（点）函数**，记为

$$z=f(x,y)[\text{或 } z=f(P)].$$

二元函数 $z=f(x,y)$ 就是 xOy 平面点集 D 到 z 轴上的映射 $f:D\to\mathbf{R}$. 称 x 与 y 为**自变量**，称 z 为**因变量**，点集 D 称为该函数的**定义域**，数集

$$\{z\mid z=f(x,y),(x,y)\in D\}$$

称为该函数的**值域**.

函数 $z=f(x,y)$ 在点 $P_0(x_0,y_0)$ 处的函数值记为 $f(x_0,y_0)$ 或 $f(P_0)$.

类似地，可以定义 n 元函数. 二元及二元以上的函数统称**多元函数**.

练习 1. 将圆弧所对的弦长 L 表示为：(1) 半径 r 与圆心角 θ 的函数；(2) 半径 r 与圆心到弦的距离 d 的函数（其中 $\theta<\pi$).

练习 2. 质量为 M 的质点位于定点 (a,b,c) 处，将质量为 m 的质点置于点 (x,y,z) 处，试将它们之间的万有引力在三个坐标轴上的投影 F_x，F_y，F_z 表示为 x，y，z 的函数.

关于多元函数的定义域，我们做出如下约定，实际问题中的函数，定义域由实际意义确定. 一般地，在考虑由数学式子表达的函数时，定义域是使这个算式在实数范围内有意义的那些点所确定的点集.

例 4　函数 $z=\ln(x+y)$ 的定义域是 $\{(x,y)\mid x+y>0\}$，在平面直角坐标系下，它是直线 $x+y=0$ 右上方的半平面（不含该直线），是无界开区域（见图 8.2).

例 5　函数 $z=\sqrt{2x-x^2-y^2}/\sqrt{x^2+y^2-1}$ 的定义域是

$$\{(x,y)\mid(x-1)^2+y^2\leqslant 1 \text{ 且 } x^2+y^2>1\},$$

在平面直角坐标系下，它是图 8.3 中有阴影的月牙形有界点集.

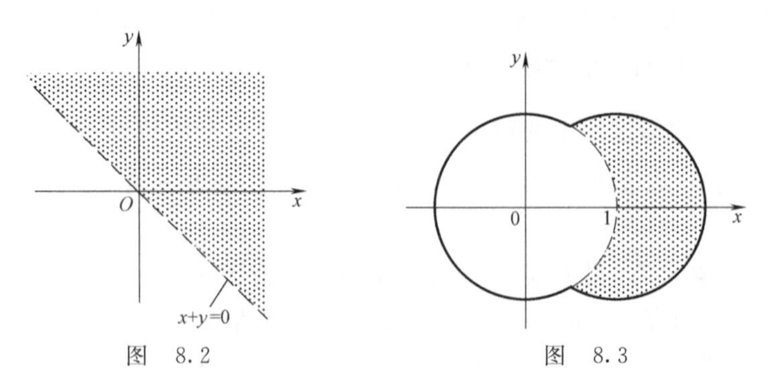

图　8.2　　　　图　8.3

例 6　函数 $u=\sqrt{z-x^2-y^2}+\arcsin(x^2+y^2+z^2)$ 的定义域是 $\{(x,y,z)\mid x^2+y^2\leqslant z \text{ 且 } x^2+y^2+z^2\leqslant 1\}$，它在空间直角坐标系下是以原点为球心、1 为半径的球体内，旋转抛物面 $z=x^2+y^2$ 上方的部分，是有界闭区域（见图 8.4）.

练习 3. 确定并给出下列函数的定义域，画出定义域并指出其中的开区域与闭区域，连通集与非连通集，有界域与无界域.

（1）$z=\sqrt{x-\sqrt{y}}$；

（2）$z=\sqrt{2-x^2-y^2}+\dfrac{1}{\sqrt{x^2+y^2-1}}$；

（3）$z=\ln(x\ln(y-x))$；

（4）$u=\dfrac{1}{\arccos(x^2+y^2+z^2)}$.

我们经常接触到的平面区域 D 上的二元函数

$$z=f(x,y),\quad (x,y)\in D$$

的图形是三维空间中的曲面（见图 8.5）.

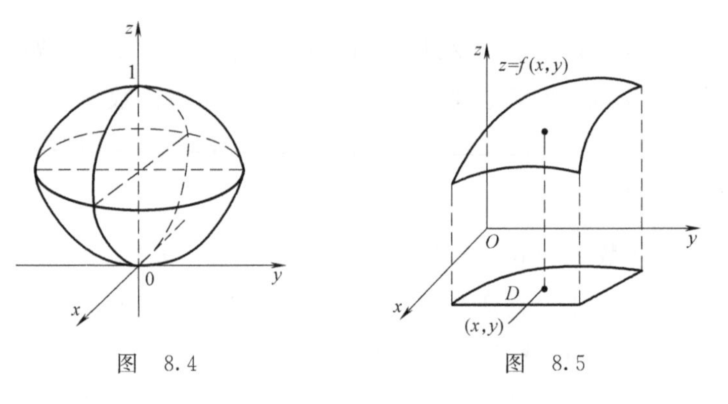

图　8.4　　　　图　8.5

例如，由空间解析几何知，函数 $z=\sqrt{R^2-x^2-y^2}$ 的图形是以原点为球心、R 为半径的上半球面. 函数 $z=x^2+y^2$ 的图形是旋转抛物面. 函数 $z=\sqrt{x^2+y^2}$ 的图形是圆锥面. 函数 $z=xy$ 的图形是双曲抛物面. 二元隐函数 $Ax+By+Cz+D=0$ 的图形是平面.

最后指出，从一元函数到二元函数，在内容和方法上都会出现一些实质性的差别，而多元函数之间的差异不大，因此讨论多元函数时，将以二元函数为主.

练习 4. 若 $z=x+y+f(x-y)$，且当 $y=0$ 时，$z=x^2$，求函数 f 与 z.

练习 5. 若 $f(x,y)=\sqrt{x^4+y^4}-2xy$，试证：$f(tx,ty)=t^2f(x,y)$.

练习 6. 若 $f\left(x+y,\dfrac{y}{x}\right)=x^2-y^2$，求 $f(x,y)$.

8.1.3 多元函数的极限与连续

对集合 $E\subseteq\mathbf{R}^n$，点 $P_0\in\mathbf{R}^n$，如果 P_0 的任何邻域中都有无穷多个点属于 E，则称 P_0 为集合 E 的一个**聚点**. 聚点本身可能属于 E，也可能不属于 E. 集合的内点必是聚点，边界点可能是聚点，也可能不是.

定义 8.8　设 $u=f(P)$，$P\in D$，P_0 是 D 的聚点，A 是常数. 如果对 $\forall\varepsilon>0$，$\exists\delta=\delta(\varepsilon)>0$，使得当 $P\in D$，且 $0<\rho(P,P_0)<\delta$ 时，恒有

$$|f(P)-A|<\varepsilon,$$

则称 $P\to P_0$ 时，函数 $f(P)$ 以 A 为**极限**，记作

$$\lim_{P\to P_0}f(P)=A \text{ 或 } f(P)\to A\ (P\to P_0).$$

当 P 是二维点 (x,y) 时，上述极限记为

$$\lim_{(x,y)\to(x_0,y_0)}f(x,y)=A \text{ 或 } \lim_{\substack{x\to x_0\\ y\to y_0}}f(x,y)=A.$$

多元函数极限的含意是：只要点 $P(P\in D)$ 到 P_0 的距离 $\rho(P,P_0)\to0$，就有 $f(P)\to A$.

例 7　证明函数

$$f(x,y)=\begin{cases}x\sin\dfrac{1}{y}+y\sin\dfrac{1}{x}, & xy\neq0,\\ 0, & xy=0,(x,y)\neq(0,0)\end{cases}$$

在原点的极限为 0.

证明

$$|f(x,y)-0|=\begin{cases}\left|x\sin\dfrac{1}{y}+y\sin\dfrac{1}{x}\right|, & xy\neq 0,\\ 0, & xy=0,(x,y)\neq(0,0).\end{cases}$$

对 $\forall\varepsilon>0$，

（ⅰ）若 $xy=0$，$(x,y)\neq(0,0)$，存在 $\delta=\dfrac{\varepsilon}{2}$，当 $0<\sqrt{x^2+y^2}<\delta$ 时，恒有

$$|f(x,y)-0|<\frac{\varepsilon}{2}.$$

（ⅱ）若 x，$y\neq 0$，取 $\delta=\dfrac{\varepsilon}{2}$，当 $0<\sqrt{x^2+y^2}<\delta$ 时，恒有

$$|f(x,y)-0|=\left|x\sin\frac{1}{y}+y\sin\frac{1}{x}\right|\leqslant|x|+|y|\leqslant 2\sqrt{x^2+y^2}<2\delta=\varepsilon,$$

即

$$\lim_{(x,y)\to(0,0)}f(x,y)=0.$$ □

务必注意，虽然多元函数的极限与一元函数的极限的定义相似，但它复杂得多．一元函数在某点处极限存在的充要条件是左、右极限存在且相等，而多元函数在某点处极限存在的充要条件是当点 P 在邻域内以任何可能的方式和途径趋于 P_0 时，$f(P)$都有极限且相等．因此有：

(1) 如果点 P 以两种不同的方式或途径趋于 P_0 时，$f(P)$趋向不同的值，则可断定 $\lim\limits_{P\to P_0}f(P)$不存在．

(2) 已知 P 以几种方式和途径趋于 P_0 时，$f(P)$趋于同一个数，这时还不能断定 $f(P)$有极限．

(3) 如果已知 $\lim\limits_{P\to P_0}f(P)$存在，则可取一特殊途径来求极限．

例 8　讨论极限 $\lim\limits_{(x,y)\to(0,0)}\dfrac{xy^2}{x^2+y^4}$的存在性．

解　当点(x,y)沿直线 $y=kx$ 趋于$(0,0)$时，有

$$\lim_{(x,kx)\to(0,0)}f(x,y)=\lim_{x\to 0}\frac{k^2x^3}{x^2+k^4x^4}=\lim_{x\to 0}\frac{k^2x}{1+k^4x^2}=0.$$

又沿直线 $x=0$ 时，也有

$$\lim_{(0,y)\to(0,0)}f(x,y)=\lim_{y\to 0}f(0,y)=0.$$

这说明沿任何直线趋于原点时，$f(x,y)$都趋于零．尽管如此，还不能就此认为 $f(x,y)$以零为极限，因为点(x,y)趋于$(0,0)$的途径还有无穷多种．例如，当点(x,y)沿抛物线 $x=y^2$ 趋于$(0,0)$时，有

$$\lim_{(y^2,y)\to(0,0)} f(x,y)=\lim_{y\to 0}\frac{y^4}{y^4+y^4}=\frac{1}{2}.$$

故本例中的极限不存在.

函数 $f(x,y)=\dfrac{xy^2}{x^2+y^4}$ 是 x 的奇函数，关于 y 轴对称，又是 y 的偶函数，图形关于坐标面 $y=0$ 对称，其图形如图 8.6 所示.

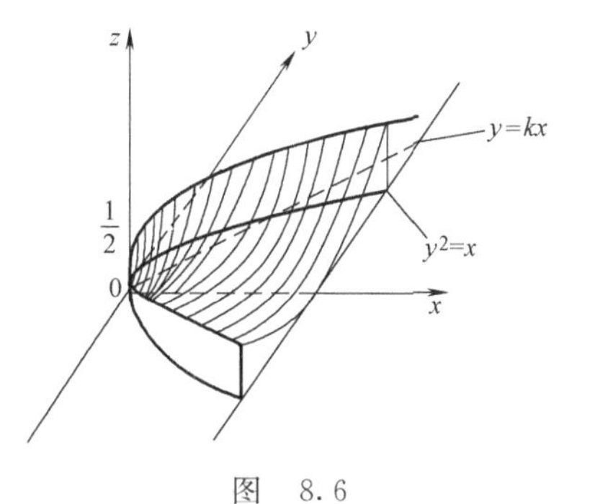

图　8.6

一元函数求极限的四则运算法则、夹挤准则都可以推广到多元函数的极限运算上来，唯一性、极限点附近的保序性和有界性也都成立.

例 9　求 $\lim\limits_{\substack{x\to 0\\ y\to 0}}\dfrac{x^3+y^5}{x^2+y^2}$.

解

$$\lim_{\substack{x\to 0\\ y\to 0}}\frac{x^3+y^5}{x^2+y^2}=\lim_{\substack{x\to 0\\ y\to 0}}\left(\frac{x^2}{x^2+y^2}\cdot x\right)+\lim_{\substack{x\to 0\\ y\to 0}}\left(\frac{y^2}{x^2+y^2}\cdot y^3\right)=0.$$

这里我们利用了 $x^2/(x^2+y^2)$ 和 $y^2/(x^2+y^2)$ 的有界性，以及 x 和 y^3 是无穷小量的事实.

例 10　求 $\lim\limits_{\substack{x\to 0\\ y\to 0}}\dfrac{x^3y+xy^4+x^2y}{x+y}$.

解　令 $y=x$，$\lim\limits_{(x,x)\to(0,0)} f(x,y)=\lim\limits_{x\to 0}\dfrac{x^4+x^5+x^3}{2x}=0.$

令 $y=x^3-x$，有

$$\lim_{(x,x^3-x)\to(0,0)} f(x,y)=\lim_{x\to 0}\frac{x^3(x^3-x)+x(x^3-x)^4+x^2(x^3-x)}{x+x^3-x}=-1,$$

故极限不存在.

顺便指出：在 (x,y) 趋向于 (x_0,y_0) 的过程中，x 和 y 是作为点的坐标同时趋于 x_0 和 y_0 的，不能把它们分开先后. 如

$$\lim_{y\to 0}\lim_{x\to 0}\frac{xy^2}{x^2+y^4}=\lim_{y\to 0}0=0,$$

与本节例 8 中的极限不是一回事.

练习 7. 求下列极限.

(1) $\lim\limits_{\substack{x\to 0\\ y\to \pi}}[1+\sin(xy)]^{\frac{y}{x}}$；　　(2) $\lim\limits_{(x,y)\to(0,0)}\dfrac{xy}{\sqrt{xy+1}-1}$.

定义 8.9　设函数 $f(P)$ 的定义域为 D，P_0 是 D 的聚点．如果 $P_0 \in D$，且

$$\lim_{P \to P_0} f(P) = f(P_0),$$

则称函数 $f(P)$ 在点 P_0 处**连续**，并称 P_0 是 $f(P)$ 的**连续点**．否则，称 P_0 是 $f(P)$ 的**间断点**．

若记 $\Delta u = f(P) - f(P_0)$，$\rho = \rho(P, P_0)$，函数 $u = f(P)$ 在 P_0 处连续等价于

$$\lim_{\rho \to 0} \Delta u = 0.$$

如果函数 $f(P)$ 在区域 E 的每一点处都连续，则称函数 $f(P)$ 在区域 E 上连续，记为 $f(P) \in C(E)$．

例如，函数 $f(x,y) = \dfrac{xy}{1+x^2+y^2}$ 在 xOy 平面上处处连续．函数 $f(x,y) = \dfrac{xy^2}{x^2+y^4}$ 仅在原点 $(0,0)$ 处不连续．函数 $f(x,y) = \sin \dfrac{1}{1-x^2-y^2}$ 在单位圆 $x^2+y^2=1$ 上处处间断．

在空间直角坐标系下，平面区域 E 上的二元连续函数 $z = f(x,y)$ 的图形是在 E 上张开的一张“无孔无缝”的连续曲面．

同一元函数一样，多元连续函数的和、差、积、商（分母不为零）及复合仍是连续的．每个自变量的基本初等函数经有限次四则运算和有限次复合，且由一个式子表达的函数称为多元初等函数，多元初等函数在它们定义域的内点处均连续．

练习 8．指出下列函数的间断点．

(1) $z = \dfrac{1}{x^2+y^2}$；　　(2) $z = \ln|4-x^2-y^2|$；

(3) $u = e^{\frac{1}{z}}/(x-y^2)$．

练习 9．讨论函数

$$f(x,y) = \begin{cases} \dfrac{\sin(x^2+y^2)}{2(x^2+y^2)}, & x^2+y^2 \neq 0, \\ \dfrac{1}{2}, & x^2+y^2 = 0 \end{cases}$$

的连续性．

有界闭区域上的多元连续函数有如下重要性质：

性质 1（最大值最小值存在性）　在有界闭区域上连续的函数必有界，且有最大值和最小值．

性质 2（介值存在性） 在有界闭区域上连续的函数必能取到介于最大值与最小值之间的任何值.

8.2 偏导数与高阶偏导数

8.2.1 偏导数

在学习一元函数时，我们通过研究函数的变化率引入了导数的概念. 对于多元函数，我们仍然需要了解函数的变化率. 然而，由于自变量的个数多于一个，情况变得复杂. 但我们可以研究一个受多种因素制约的量，在其他因素固定不变的情况下，随一种因素变化的变化率问题——偏导数问题.

定义 8.10 设函数 $z=f(x,y)$ 在点 (x_0,y_0) 的某邻域内有定义，固定 $y=y_0$，给 x_0 以增量 Δx，称

$$\Delta_x z=f(x_0+\Delta x,y_0)-f(x_0,y_0)$$

为 $f(x,y)$ 在点 (x_0,y_0) 处关于 x 的**偏增量**，若极限

$$\lim_{\Delta x\to 0}\frac{\Delta_x z}{\Delta x}=\lim_{\Delta x\to 0}\frac{1}{\Delta x}[f(x_0+\Delta x,y_0)-f(x_0,y_0)]$$

存在，则称此极限值为函数 $z=f(x,y)$ 在点 (x_0,y_0) 处**关于 x 的偏导数**，记为

$$\left.\frac{\partial z}{\partial x}\right|_{(x_0,y_0)} \text{ 或 } f'_x(x_0,y_0).$$

同样，定义 $z=f(x,y)$ 在点 (x_0,y_0) 处**关于 y 的偏导数**为

$$\left.\frac{\partial z}{\partial y}\right|_{(x_0,y_0)}=f'_y(x_0,y_0)=\lim_{\Delta y\to 0}\frac{\Delta_y z}{\Delta y}$$

$$=\lim_{\Delta y\to 0}\frac{1}{\Delta y}[f(x_0,y_0+\Delta y)-f(x_0,y_0)].$$

如果在区域 E 内每一点 (x,y) 处，函数 $z=f(x,y)$ 关于 x 的偏导数都存在，那么这个偏导数就是 E 内点 (x,y) 的函数，称之为 $z=f(x,y)$ **关于 x 的偏导（函）数**，简称**对 x 的偏导数**，记为

$$z'_x,\quad \frac{\partial z}{\partial x},\quad \frac{\partial f(x,y)}{\partial x} \text{ 或 } f'_x(x,y).$$

同样，$z=f(x,y)$ **对 y 的偏导（函）数**，记为

$$z'_y,\quad \frac{\partial z}{\partial y},\quad \frac{\partial f(x,y)}{\partial y} \text{ 或 } f'_y(x,y).$$

偏导函数 $f'_x(x,y)$ 在点 (x_0,y_0) 处的值，就是函数 $f(x,y)$ 在点 (x_0,y_0) 处关于 x 的偏导数 $f'_x(x_0,y_0)$.

对一般多元函数可以类似地定义偏导数. 如函数 $u=$

$f(x,y,z)$在点(x_0,y_0,z_0)处关于x的偏导数为

$$\begin{aligned}\left.\frac{\partial u}{\partial x}\right|_{(x_0,y_0,z_0)}&=f'_x(x_0,y_0,z_0)\\&=\lim_{\Delta x\to 0}\frac{1}{\Delta x}[f(x_0+\Delta x,y_0,z_0)-f(x_0,y_0,z_0)].\end{aligned}$$

由偏导数的定义知，多元函数对某个自变量的偏导数，就是把其他自变量视为常量，考查函数对这个自变量变化的变化率. 所以利用一元函数的导数公式与法则，就可计算偏导数了.

例 1　求 $f(x,y,z)=(z-a^{xy})\sin\ln x^2$ 在点$(1,0,2)$处的三个偏导数.

解　求某一点的偏导数时，可以先将其他变量的值代入，变为一元函数，再求导，这种方法常常较简便.

$$f'_x(1,0,2)=[\sin\ln x^2]'|_{x=1}=\frac{2}{x}\cos\ln x^2|_{x=1}=2,$$

$$f'_y(1,0,2)=0'|_{y=0}=0,\ f'_z(1,0,2)=0'|_{z=2}=0.$$

练习 1. 设 $f(x,y)=x+(y-1)\arcsin\sqrt{\frac{x}{y}}$，求 $f'_x(x,1)$.

例 2　求 $z=x^y(x>0)$的偏导数.

解
$$z'_x=yx^{y-1},\ z'_y=x^y\ln x.$$

练习 2. 求下列函数的偏导数：

(1) $z=(1+xy)^y$；　(2) $z=\mathrm{e}^{-x}\sin(x+2y)$；

(3) $z=\arctan\frac{y}{x}$；　(4) $z=\arcsin(y\sqrt{x})$；

(5) $u=x\mathrm{e}^{\pi xyz}$；　(6) $u=z\ln\frac{x}{y}$.

例 3　设 $z=z(x,y)$定义在全平面上，若$\frac{\partial z}{\partial x}\equiv 0$，试证 $z=f(y)$.

证明　令 $f(y)=z(0,y)$，对任意给定的 y_0，因为 $\frac{\partial z}{\partial x}\equiv 0$，故

$$\frac{\mathrm{d}}{\mathrm{d}x}[z(x,y_0)]=\left.\frac{\partial z}{\partial x}\right|_{(x,y_0)}\equiv 0,$$

故
$$z(x,y_0)=C=z(0,y_0),$$

由 y_0 的任意性，有

$$z(x,y)=z(0,y)=f(y).$$ □

例 4　求二元函数

$$f(x,y)=\begin{cases}\dfrac{xy^2}{x^2+y^4}, & (x,y)\neq(0,0),\\ 0, & (x,y)=(0,0)\end{cases}$$

在点(0,0)处的两个偏导数.

解　这里必须由偏导数定义计算：

$$f'_x(0,0)=\lim_{\Delta x\to 0}\frac{f(0+\Delta x,0)-f(0,0)}{\Delta x}=\lim_{\Delta x\to 0}\frac{0}{\Delta x}=0,$$

$$f'_y(0,0)=\lim_{\Delta y\to 0}\frac{f(0,0+\Delta y)-f(0,0)}{\Delta y}=\lim_{\Delta y\to 0}\frac{0}{\Delta y}=0.$$

两个偏导数都存在，回顾 8.1 节中的例 8 知，当$(x,y)\to(0,0)$时这个函数无极限，所以在点(0,0)处也不连续.

练习 3. 设 $f(x,y)=\begin{cases}\dfrac{1}{2xy}\sin(x^2y), & xy\neq 0,\\ 0, & xy=0,\end{cases}$ 求 $f'_x(0,1)$与 $f'_y(0,1)$.

练习 4. 设

$$f(x,y)=\begin{cases}\dfrac{x^3y}{x^6+y^6}, & x^2+y^2\neq 0,\\ 0, & x^2+y^2=0,\end{cases}$$

试证 $f(x,y)$在点(0,0)处不连续，但在点 (0,0) 处的两个偏导数都存在，且两个偏导数在点(0,0)处不连续.

一元函数可导必连续. 但对多元函数，偏导数都存在，函数未必有极限，更保证不了连续性.

为了一般地说明这一问题，先介绍偏导数的几何意义.

因为偏导数 $f'_x(x_0,y_0)$就是一元函数 $f(x,y_0)$在 x_0 处的导数，所以几何上 $f'_x(x_0,y_0)$表示曲面 $z=f(x,y)$与平面 $y=y_0$ 的交线在点$(x_0,y_0,f(x_0,y_0))$处的切线对 x 轴的斜率（见图 8.7）. 同样，$f'_y(x_0,y_0)$表示曲面 $z=f(x,y)$与平面 $x=x_0$ 的交线在点$(x_0,y_0,f(x_0,y_0))$处的切线对 y 轴的斜率. 因为偏导数 $f'_x(x_0,y_0)$仅与函数 $z=f(x,y)$在 $y=y_0$ 上的值有关，$f'_y(x_0,y_0)$仅与 $z=f(x,y)$在 $x=x_0$ 上的值有关，与(x_0,y_0)邻域内其他点上的函数值无关，所以偏导数的存在不能保证函数有极限.

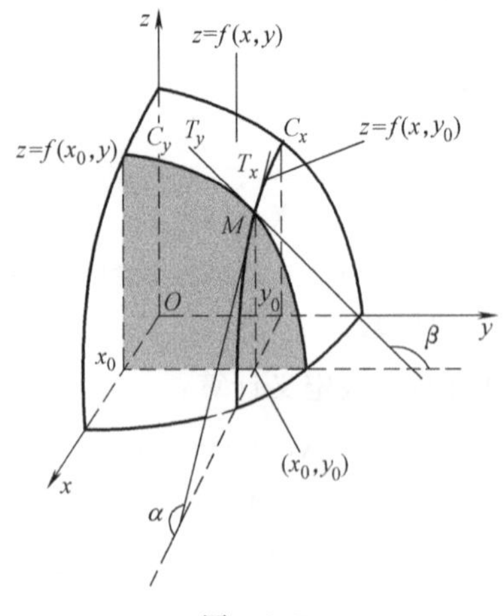

图　8.7

练习 5. 在区域 D 上，$f'_x(x,y)>0$，关于函数 $z=f(x,y)$ 可以得到哪些几何信息?

练习 6. 设二元函数 f 在点 P_0 的某邻域 $U(P_0)$ 内的偏导数 f'_x 与 f'_y 都有界，证明：f 在 $U(P_0)$ 内连续.

例 5　由理想气体的状态方程 $pV=RT$，推证热力学中的公式

$$\frac{\partial p}{\partial V}\cdot\frac{\partial V}{\partial T}\cdot\frac{\partial T}{\partial p}=-1.$$

其中，p 为气体压强；V 为气体体积；T 为气体温度；R 为气体常数.

证明　因为

$$p=\frac{RT}{V},V=\frac{RT}{p},T=\frac{pV}{R},$$

$$\frac{\partial p}{\partial V}=-\frac{RT}{V^2},\frac{\partial V}{\partial T}=\frac{R}{p},\frac{\partial T}{\partial p}=\frac{V}{R},$$

所以

$$\frac{\partial p}{\partial V}\cdot\frac{\partial V}{\partial T}\cdot\frac{\partial T}{\partial p}=-1.$$

□

例 5 说明偏导数符号 $\frac{\partial z}{\partial x}$ 与 $\frac{\partial z}{\partial y}$ 都是整体记号，不能像一元函数导数那样理解为商.

8.2.2 高阶偏导数

设函数 $z=f(x,y)$ 在区域 E 内有偏导数

$$\frac{\partial z}{\partial x}=f'_x(x,y),\frac{\partial z}{\partial y}=f'_y(x,y),$$

它们仍是 E 内关于 x、y 的函数. 如果它们仍有偏导数，则称它们的偏导数是函数 $z=f(x,y)$的**二阶偏导数**，二元函数 $z=f(x,y)$可以有如下四个二阶偏导数：

$$\frac{\partial^2 z}{\partial x^2}=f''_{xx}(x,y)=z''_{xx}=\frac{\partial}{\partial x}\left(\frac{\partial z}{\partial x}\right),\frac{\partial^2 z}{\partial x\partial y}=f''_{xy}(x,y)=z''_{xy}=\frac{\partial}{\partial y}\left(\frac{\partial z}{\partial x}\right),$$

$$\frac{\partial^2 z}{\partial y\partial x}=f''_{yx}(x,y)=z''_{yx}=\frac{\partial}{\partial x}\left(\frac{\partial z}{\partial y}\right),\frac{\partial^2 z}{\partial y^2}=f''_{yy}(x,y)=z''_{yy}=\frac{\partial}{\partial y}\left(\frac{\partial z}{\partial y}\right),$$

其中，$f''_{xy}(x,y)$和 f''_{yx} 称为**混合二阶偏导数**.

例 6　求证函数 $u=\dfrac{1}{r}$满足方程

$$\frac{\partial^2 u}{\partial x^2}+\frac{\partial^2 u}{\partial y^2}+\frac{\partial^2 u}{\partial z^2}=0,$$

其中，$r=\sqrt{x^2+y^2+z^2}$.

证明
$$\frac{\partial u}{\partial x}=-\frac{1}{r^2}\cdot\frac{\partial r}{\partial x}=-\frac{1}{r^2}\cdot\frac{x}{r}=-\frac{x}{r^3},$$

$$\frac{\partial^2 u}{\partial x^2}=-\frac{1}{r^3}+\frac{3x}{r^4}\cdot\frac{\partial r}{\partial x}=-\frac{1}{r^3}+\frac{3x^2}{r^5},$$

由于函数关于自变量的对称性，所以

$$\frac{\partial^2 u}{\partial y^2}=-\frac{1}{r^3}+\frac{3y^2}{r^5},\quad \frac{\partial^2 u}{\partial z^2}=-\frac{1}{r^3}+\frac{3z^2}{r^5},$$

综上可得
$$\frac{\partial^2 u}{\partial x^2}+\frac{\partial^2 u}{\partial y^2}+\frac{\partial^2 u}{\partial z^2}=0.$$
□

练习 7. 验证下列给定的函数满足指定的方程.

(1) $z=\dfrac{xy}{x+y}$，满足 $x\dfrac{\partial z}{\partial x}+y\dfrac{\partial z}{\partial y}=z$；

(2) $z=\mathrm{e}^{x/y^2}$，满足 $2x\dfrac{\partial z}{\partial x}+y\dfrac{\partial z}{\partial y}=0$；

(3) $z=\ln\sqrt{x^2+y^2}$，满足$\dfrac{\partial^2 z}{\partial x^2}+\dfrac{\partial^2 z}{\partial y^2}=0$；

(4) $z=2\cos^2\left(x-\dfrac{t}{2}\right)$，满足 $2\dfrac{\partial^2 z}{\partial t^2}+\dfrac{\partial^2 z}{\partial x\partial t}=0$.

例 7　已知 $z=\ln(x^2+y)$，求其四个二阶偏导数.

解　由于

$$\frac{\partial z}{\partial x}=\frac{2x}{x^2+y},\frac{\partial z}{\partial y}=\frac{1}{x^2+y},$$

故

$$\frac{\partial^2 z}{\partial x^2}=\frac{2(x^2+y)-4x^2}{(x^2+y)^2}=\frac{2(y-x^2)}{(x^2+y)^2},\frac{\partial^2 z}{\partial x\partial y}=\frac{-2x}{(x^2+y)^2},$$

$$\frac{\partial^2 z}{\partial y\partial x}=\frac{-2x}{(x^2+y)^2},\frac{\partial^2 z}{\partial y^2}=\frac{-1}{(x^2+y)^2}.$$

练习 8. 求下列函数的二阶偏导数.

(1) $z=\cos(xy)$；　　(2) $z=x^{2y}$；

(3) $z=e^x\cos y$；　　(4) $z=\ln(e^x+e^y)$.

例 7 中两个混合二阶偏导数相等，一般情况下这虽不是必然的，但在一定条件下是成立的.

定理 8.1　在点(x,y)的邻域内，如果函数 $z=f(x,y)$的偏导数 z'_x、z'_y及z''_{xy}都存在，且 z''_{xy}在点(x,y)处连续，那么混合偏导数 z''_{yx}在点(x,y)处也存在，且

$$z''_{yx}=z''_{xy}.$$

(证明略)

一般地，多元函数的混合偏导数如果连续，就与求导次序无关.

例 8　设 $u=e^{xy}\sin z$，求 u'''_{xxz}，u'''_{xzx}.

解　$u'_x=ye^{xy}\sin z$，$u''_{xx}=y^2e^{xy}\sin z$，$u''_{xz}=ye^{xy}\cos z$，$u'''_{xxz}=y^2e^{xy}\cos z$. 因为 u'''_{xxz}连续，所以

$$u'''_{xxz}=u'''_{xzx}=y^2e^{xy}\cos z.$$

最后指出，确有混合偏导数不相等的函数，比如

$$f(x,y)=\begin{cases}xy\dfrac{x^2-y^2}{x^2+y^2}, & (x,y)\neq(0,0),\\ 0, & (x,y)\neq(0,0).\end{cases}$$

它在点(0,0)的两个混合二阶偏导数分别为

$$f''_{xy}(0,0)=-1,f''_{yx}(0,0)=1.$$

这只能说明 f''_{xy}和 f''_{yx}在点(0,0)处都不连续.

练习 9. 设当 $x^2+y^2\neq 0$ 时，$f(x,y)=\dfrac{2xy}{x^2+y^2}$；$f(0,0)=0$. 讨论 $f''_{xy}(0,0)$是否存在.

8.3 全微分

本节考虑多元函数因自变量的微小变化导致函数变化多少的问题. 设函数 $z=f(x,y)$在点 $P(x,y)$的某邻域内有定义，

$P(x+\Delta x, y+\Delta y)$为该邻域内任意一点，则称

$$\Delta z=f(x+\Delta x, y+\Delta y)-f(x, y) \tag{8.3.1}$$

为函数在点 $P(x, y)$处的**全增量**.

二元函数在一点的全增量是 Δx 与 Δy 的函数. 一般说来，Δz 是 Δx 与 Δy 的较复杂的函数，在自变量的增量 Δx 与 Δy 很小的情况下，自然希望能像可微的一元函数那样，用 Δx 与 Δy 的线性函数来近似代替 Δz，即希望

$$\Delta z=A\Delta x+B\Delta y+o(\rho), \tag{8.3.2}$$

其中，A、B 不依赖于 Δx、Δy 且 $\rho=\sqrt{(\Delta x)^2+(\Delta y)^2}$. 这就产生了全微分的概念.

定义 8.11　若函数 $z=f(x, y)$在点 $P(x, y)$处的全增量(8.3.1) 能表示成式 (8.3.2) 的形式，则称函数 $z=f(x, y)$在点 P 处**可微**，并称 $A\Delta x+B\Delta y$ 为函数在点 P 处的**全微分**，记为 $\mathrm{d}z$ 或 $\mathrm{d}f$，即

$$\mathrm{d}z=A\Delta x+B\Delta y. \tag{8.3.3}$$

练习 1. 用全微分定义，求函数 $z=4-\frac{1}{4}(x^2+y^2)$在点 $\left(\frac{3}{2}, \frac{3}{2}\right)$的全微分.

在区域 E 内每一点都可微的函数，称为区域 E 内的**可微函数**，此时也称函数**在 E 内可微**.

由式 (8.3.2) 知，多元函数可微必连续.

可微与偏导数存在有何关系呢? 微分系数 A、B 如何确定? 这些可由下面两个定理来回答.

定理 8.2　若函数 $z=f(x, y)$在点 $P(x, y)$处可微，则在点 P 处偏导数$\frac{\partial z}{\partial x}$及$\frac{\partial z}{\partial y}$都存在，且

$$\frac{\partial z}{\partial x}=A, \frac{\partial z}{\partial y}=B.$$

证明　因 $f(x, y)$可微，有

$$\Delta z=f(x+\Delta x, y+\Delta y)-f(x, y)=A\Delta x+B\Delta y+o(\rho),$$

特别地，取 $\Delta y=0$ 时，有

$$\Delta_x z=f(x+\Delta x, y)-f(x, y)=A\Delta x+o(|\Delta x|).$$

因此，

$$\frac{\partial z}{\partial x}=\lim_{\Delta x\to 0}\frac{f(x+\Delta x, y)-f(x, y)}{\Delta x}=\lim_{\Delta x\to 0}\left[A+\frac{o(|\Delta x|)}{\Delta x}\right]=A.$$

同理可证，$\frac{\partial z}{\partial y}$存在，且$\frac{\partial z}{\partial y}=B$. □

由此可见，若函数 $z=f(x,y)$在点 $P(x,y)$处可微，则 $z=f(x,y)$的全微分［式（8.3.3）］可表示为

$$\mathrm{d}z=\frac{\partial z}{\partial x}\Delta x+\frac{\partial z}{\partial y}\Delta y,$$

因为自变量的微分等于它的增量，$\mathrm{d}x=\Delta x,\mathrm{d}y=\Delta y$，所以函数 $z=f(x,y)$的全微分习惯上写为

$$\mathrm{d}z=\frac{\partial z}{\partial x}\mathrm{d}x+\frac{\partial z}{\partial y}\mathrm{d}y. \tag{8.3.4}$$

我们把$\frac{\partial z}{\partial x}\mathrm{d}x$ 和$\frac{\partial z}{\partial y}\mathrm{d}y$ 分别叫作函数 $z=f(x,y)$在点 $P(x,y)$处关于 x 与 y 的**偏微分**，它们分别是偏增量 $\Delta_x z$ 与 $\Delta_y z$ 的线性主部. 所以，二元函数的全微分等于它的两个偏微分之和——称为微分的**叠加原理**. 这对一般多元函数也成立. 比如，对三元可微函数 $u=f(x,y,z)$，有

$$\mathrm{d}u=\frac{\partial u}{\partial x}\mathrm{d}x+\frac{\partial u}{\partial y}\mathrm{d}y+\frac{\partial u}{\partial z}\mathrm{d}z.$$

对一元函数来说可导与可微是等价的. 而对多元函数来说，偏导数都存在也保证不了可微性. 这是因为偏导数仅仅是在特定的方向上函数的变化率，它对函数在一点附近变化情况的描述是极不完整的. 前面讲过偏导数都存在也保证不了函数的连续性，而可微必连续，所以偏导数存在推不出可微性.

练习 2. 试证函数

$$f(x,y)=\begin{cases}\frac{x^3-y^3}{x^2+y^2}, & (x,y)\neq(0,0),\\ 0, & (x,y)=(0,0)\end{cases}$$

在原点$(0,0)$处偏导数存在，但不可微.

定理 8.3　若在点 $P(x,y)$的某邻域内，函数 $z=f(x,y)$的偏导数$\frac{\partial z}{\partial x}$与$\frac{\partial z}{\partial y}$都存在，且它们在点 P 处连续，则 $z=f(x,y)$在 P 点处可微.

证明　设$(x+\Delta x,y+\Delta y)$是 P 的邻域内的任一点，考查全增量

$$\begin{aligned}\Delta z&=f(x+\Delta x,y+\Delta y)-f(x,y)\\&=[f(x+\Delta x,y+\Delta y)-f(x,y+\Delta y)]+\\&\quad[f(x,y+\Delta y)-f(x,y)].\end{aligned}$$

在第一个方括号里，由于第二个自变量固定在 $y+\Delta y$ 处，可视为

x 的一元函数 $f(x,y+\Delta y)$ 的增量；在第二个方括号里，由于第一个自变量固定在 x 处，可视为 y 的一元函数 $f(x,y)$ 的增量．分别应用拉格朗日中值定理就得到

$$\Delta z=f'_x(x+\theta_1\Delta x,y+\Delta y)\Delta x+f'_y(x,y+\theta_2\Delta y)\Delta y,$$

其中，$0<\theta_1$，$\theta_2<1$，此式称为**二元函数中值公式**．

利用 $f'_x(x,y)$ 与 $f'_y(x,y)$ 在点 $P(x,y)$ 处的连续性，得到

$$\begin{aligned}\Delta z&=[f'_x(x,y)+\alpha]\Delta x+[f'_y(x,y)+\beta]\Delta y\\&=f'_x(x,y)\Delta x+f'_y(x,y)\Delta y+\alpha\Delta x+\beta\Delta y,\end{aligned}$$

其中，α、β 分别满足

$$\lim_{\rho\to0}\alpha=0,\lim_{\rho\to0}\beta=0.$$

下面只需证明 $\alpha\Delta x+\beta\Delta y$ 是 ρ 的高阶无穷小．因为

$$\begin{aligned}\frac{|\alpha\Delta x+\beta\Delta y|}{\rho}&\leqslant|\alpha|\cdot\left|\frac{\Delta x}{\rho}\right|+|\beta|\cdot\left|\frac{\Delta y}{\rho}\right|\\&\leqslant|\alpha|+|\beta|\to0,\text{当 }\rho\to0\text{ 时},\end{aligned}$$

故

$$\alpha\Delta x+\beta\Delta y=o(\rho),$$

$$\Delta z=f'_x(x,y)\Delta x+f'_y(x,y)\Delta y+o(\rho),$$

所以 $z=f(x,y)$ 在 P 处可微．□

注意，定理 8.3 的条件只是可微的充分条件，函数在一点可微，在这点的偏导数不一定连续．

例 1　设 $\varphi(x,y)$ 连续，$\psi(x,y)=|x-y|\varphi(x,y)$．试研究 $\psi(x,y)$ 在原点的可微性．

解　$\displaystyle\lim_{x\to0}\frac{\psi(x,0)-\psi(0,0)}{x}=\lim_{x\to0}\frac{|x|\varphi(x,0)}{x}$.

当 $x\to0^+$ 时，$\dfrac{\psi(x,0)-\psi(0,0)}{x}\to\varphi(0,0)$；

当 $x\to0^-$ 时，$\dfrac{\psi(x,0)-\psi(0,0)}{x}\to-\varphi(0,0)$.

（ⅰ）前面的计算表明，若 $\varphi(0,0)\neq0$，则 $\varphi(x,y)$ 在原点处关于 x 的偏导数不存在，故不可微．

（ⅱ）若 $\varphi(0,0)=0$，则 $\varphi'_x(0,0)=\varphi'_y(0,0)=0$，且当 $\sqrt{x^2+y^2}\to0$ 时，

$$\begin{aligned}\left|\frac{\psi(x,y)-\psi(0,0)-0\cdot x-0\cdot y}{\sqrt{x^2+y^2}}\right|&=\left|\frac{\psi(x,y)}{\sqrt{x^2+y^2}}\right|\\&\leqslant\frac{|x|+|y|}{\sqrt{x^2+y^2}}\cdot|\varphi(x,y)|\\&\leqslant2|\varphi(x,y)|\to0,\end{aligned}$$

故 $\psi(x,y)$在(0,0)点可微.

对一元函数，在一点处

可微 $\Leftrightarrow$ 可导 $\underset{\not\Leftarrow}{\Rightarrow}$ 连续 $\underset{\not\Leftarrow}{\Rightarrow}$ 有极限

对多元函数，在一点处

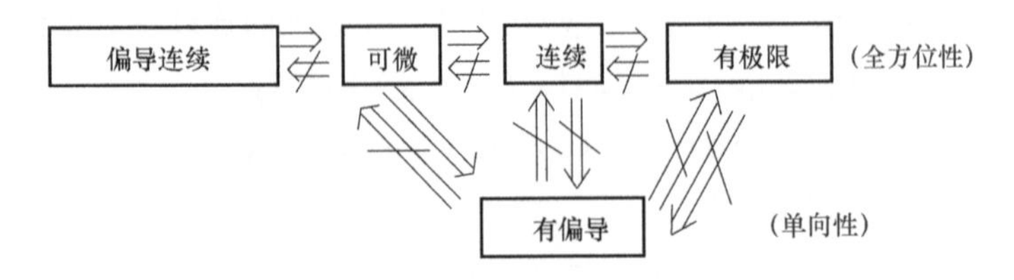

例 2　求函数 $z=x^4y^3+2x$ 在点(1,2)处的全微分.

解　由于

$$\frac{\partial z}{\partial x}=4x^3y^3+2,\frac{\partial z}{\partial y}=3x^4y^2$$

都连续，特别地，$\left.\frac{\partial z}{\partial x}\right|_{(1,2)}=34$，$\left.\frac{\partial z}{\partial y}\right|_{(1,2)}=12$，故有

$$\mathrm{d}z|_{(1,2)}=34\mathrm{d}x+12\mathrm{d}y.$$

例 3　求函数 $u=f(x,y,z)=\sin\frac{y}{2}+\mathrm{e}^{yz}$ 的全微分.

解　因为

$$\frac{\partial u}{\partial x}=0,\frac{\partial u}{\partial y}=\frac{1}{2}\cos\frac{y}{2}+z\mathrm{e}^{yz},\frac{\partial u}{\partial z}=y\mathrm{e}^{yz}$$

都连续，所以有全微分

$$\mathrm{d}u=\left(\frac{1}{2}\cos\frac{y}{2}+z\mathrm{e}^{yz}\right)\mathrm{d}y+y\mathrm{e}^{yz}\mathrm{d}z.$$

练习 3. 求下列函数在指定点 M_0 处和任意点 M 处的全微分.

(1) $z=x^2y^3,M_0(2,1)$；

(2) $z=\mathrm{e}^{xy},M_0(0,0)$；

(3) $z=x\ln(xy),M_0(-1,-1)$；

(4) $u=\cos(xy+xz),M_0\left(1,\frac{\pi}{6},\frac{\pi}{6}\right)$.

下面介绍全微分在近似计算和误差估计中的应用.

由全微分的定义，当 $z=f(x,y)$在点 $P_0(x_0,y_0)$处可微，且 $|\Delta x|$与$|\Delta y|$充分小时，有近似式

$$\Delta z\approx \mathrm{d}z=f'_x(x_0,y_0)\Delta x+f'_y(x_0,y_0)\Delta y \tag{8.3.5}$$

及

$$f(x_0+\Delta x,y_0+\Delta y)\approx f(x_0,y_0)+f'_x(x_0,y_0)\Delta x+f'_y(x_0,y_0)\Delta y. \tag{8.3.6}$$

这两个式子可以用来计算 Δz 及 $f(x_0+\Delta x,y_0+\Delta y)$ 的近似值，式（8.3.5）还可用来估计间接误差.

例 4　计算 $1.01^{1.98}$ 的近似值.

解　设 $f(x,y)=x^y$，则

$$f(1.01,1.98)=1.01^{1.98}.$$

取 $x_0=1$，$y_0=2$，$\Delta x=0.01$，$\Delta y=-0.02$. 由于 $f(1,2)=1$，

$$f'_x(1,2)=yx^{y-1}|_{(1,2)}=2,\quad f'_y(1,2)=x^y\ln x|_{(1,2)}=0,$$

所以，由式（8.3.6），有

$$1.01^{1.98}\approx 1+2\times 0.01+0\times(-0.02)=1.02.$$

练习 4. 计算 $(10.1)^{2.03}$ 的近似值.

例 5　利用单摆测定重力加速度

$$g=\frac{4\pi^2 l}{T^2}.$$

现已测得摆长 $l=(100\pm 0.1)\text{cm}$，周期 $T=(2\pm 0.004)\text{s}$，问由于 l 与 T 的误差而引起 g 的绝对误差和相对误差各为多少？

解　由于

$$\mathrm{d}g=4\pi^2\left(\frac{1}{T^2}\Delta l-\frac{2l}{T^3}\Delta T\right),$$

所以

$$|\Delta g|\approx|\mathrm{d}g|\leqslant 4\pi^2\left(\frac{1}{T^2}|\Delta l|+\frac{2l}{T^3}|\Delta T|\right).$$

将 $l=100\text{cm}$，$T=2\text{s}$，$|\Delta l|=0.1\text{cm}$，$|\Delta T|=0.004\text{s}$ 代入，得到 g 的绝对误差为

$$|\Delta g|\approx|\mathrm{d}g|\leqslant 4\pi^2\left(\frac{0.1}{2^2}+\frac{200}{2^3}\times 0.004\right)=0.5\pi^2<5(\text{cm/s}^2),$$

相对误差为

$$\frac{|\Delta g|}{g}\leqslant\frac{0.5\pi^2}{\frac{4\pi^2\times 100}{2^2}}=0.5\%.$$

练习 5. 有一直角三角形，测得两直角边分别为 7cm 和 24cm，测量的精度为 $\pm 0.1\text{cm}$. 试求利用上述两值计算出的斜边长误差.

8.4 复合函数求导法

本节我们要把一元函数的复合函数求导法推广到多元复合函数，多元复合函数的求导法在多元函数微分学中也起着重要作用.

1. 全导数公式

定理 8.4　如果函数 $u=u(x,y)$ 与 $v=v(x,y)$ 在点 (x,y) 处对 x 的偏导数都存在，而函数 $z=z(u,v)$ 在 (x,y) 的对应点 (u,v) 处可微，则复合函数

$$z=z(u(x,y),v(x,y))$$

在点 (x,y) 处对 x 的偏导数存在，且

$$\frac{\partial z}{\partial x}=\frac{\partial z}{\partial u}\frac{\partial u}{\partial x}+\frac{\partial z}{\partial v}\frac{\partial v}{\partial x}. \tag{8.4.1}$$

证明　固定 y，给 x 以增量 Δx，引起 u、v 分别有偏增量 $\Delta_x u$、$\Delta_x v$，从而导致 z 有增量 $\Delta_x z$. 由于 $z=z(u,v)$ 可微，所以有

$$\Delta_x z=\frac{\partial z}{\partial u}\Delta_x u+\frac{\partial z}{\partial v}\Delta_x v+o(\rho),$$

其中，$\rho=\sqrt{(\Delta_x u)^2+(\Delta_x v)^2}$. 上式两边同除以 Δx，再令 $\Delta x\to 0$，注意此时 $\Delta_x u\to 0$，$\Delta_x v\to 0$，进而 $\rho\to 0$，于是，有

$$\frac{\partial z}{\partial x}=\frac{\partial z}{\partial u}\frac{\partial u}{\partial x}+\frac{\partial z}{\partial v}\frac{\partial v}{\partial x}.$$

最后的运算中用到

$$\lim_{\Delta x\to 0}\frac{o(\rho)}{\Delta x}=\pm\lim_{\Delta x\to 0}\frac{o(\rho)}{\rho}\sqrt{\left(\frac{\Delta_x u}{\Delta x}\right)^2+\left(\frac{\Delta_x v}{\Delta x}\right)^2}=0.$$ □

由式（8.4.1）不难看出：当 $u(x,y)$、$v(x,y)$ 关于 x 的偏导数和 $z(u,v)$ 关于 u、v 的偏导数都连续时，z 关于 x 的偏导数也连续.

同样条件下，式（8.4.1）可以推广到一般复合函数上去. 设

$$z=z(u_1,u_2,\cdots,u_n),u_i=u_i(x_1,x_2,\cdots,x_l),i=1,2,\cdots,n, \tag{8.4.2}$$

则 z 关于某个自变量 x_j 的偏导数，等于 z 对每个与 x_j 有关的中间变量 u_i 的偏导数与这个中间变量 u_i 对 x_j 的偏导数之积的总和，即

$$\frac{\partial z}{\partial x_j}=\sum_{i=1}^{n}\frac{\partial z}{\partial u_i}\frac{\partial u_i}{\partial x_j}=\frac{\partial z}{\partial u_1}\frac{\partial u_1}{\partial x_j}+\frac{\partial z}{\partial u_2}\frac{\partial u_2}{\partial x_j}+\cdots+\frac{\partial z}{\partial u_n}\frac{\partial u_n}{\partial x_j}. \tag{8.4.3}$$

式（8.4.3）称为**链式求导法则**（简称**链式法则**）.

求复合函数的偏导数的关键在于明确函数间的复合关系，认定中间变量与自变量.

在式（8.4.2）中，当 $n=1$，$l=1$ 时，$z=z(u_1)$，$u_1=u_1(x_1)$，得到一元复合函数 $z=z(u_1(x_1))$. 式（8.4.3）恰是我们熟知的一元复合函数求导法则.

在（8.4.2）中，当中间变量都是同一个自变量的一元函数时，即 $l=1$，$u_i=u_i(x_1)$时，z 就是关于 x_1 的一元函数 $z=z(u_1(x_1),\cdots,u_n(x_1))$，公式（8.4.3）变为

$$\frac{\mathrm{d}z}{\mathrm{d}x_1}=\frac{\partial z}{\partial u_1}\frac{\mathrm{d}u_1}{\mathrm{d}x_1}+\frac{\partial z}{\partial u_2}\frac{\mathrm{d}u_2}{\mathrm{d}x_1}+\cdots+\frac{\partial z}{\partial u_n}\frac{\mathrm{d}u_n}{\mathrm{d}x_1}, \tag{8.4.4}$$

称为 z 的**全导数公式**.

链式法则公式（8.4.3）可借助于矩阵简单地表示为

$$\left(\frac{\partial z}{\partial x_1},\cdots,\frac{\partial z}{\partial x_l}\right)=\left(\frac{\partial z}{\partial u_1},\cdots,\frac{\partial z}{\partial u_n}\right)\begin{pmatrix}\frac{\partial u_1}{\partial x_1} & \cdots & \frac{\partial u_1}{\partial x_l}\\ \vdots & & \vdots\\ \frac{\partial u_n}{\partial x_1} & \cdots & \frac{\partial u_n}{\partial x_l}\end{pmatrix}. \tag{8.4.5}$$

称矩阵

$$\begin{pmatrix}\frac{\partial u_1}{\partial x_1} & \cdots & \frac{\partial u_1}{\partial x_l}\\ \vdots & & \vdots\\ \frac{\partial u_n}{\partial x_1} & \cdots & \frac{\partial u_n}{\partial x_l}\end{pmatrix}$$

为函数组 $u_i=u_i(x_1,x_2,\cdots,x_l),i=1,\cdots,n$ 的**雅可比矩阵**，记为

$$\left(\frac{\partial(u_1,u_2,\cdots,u_n)}{\partial(x_1,x_2,\cdots,x_l)}\right),$$

则链式法则公式（8.4.3）又可写为

$$\left(\frac{\partial(z)}{\partial(x_1,x_2,\cdots,x_l)}\right)=\left(\frac{\partial(z)}{\partial(u_1,u_2,\cdots,u_n)}\right)\left(\frac{\partial(u_1,u_2,\cdots,u_n)}{\partial(x_1,x_2,\cdots,x_l)}\right). \tag{8.4.6}$$

其结构简洁，形式漂亮，便于记忆和推广. 读者可以自己把它推广到 m 维向量值函数$(z_1,z_2,\cdots,z_m)$的复合函数上去.

例 1　已知 $z=\mathrm{e}^u\sin v,u=xy,v=x+y$，求$\frac{\partial z}{\partial x},\frac{\partial z}{\partial y}$.

解　因

$$\frac{\partial z}{\partial u}=e^u\sin v,\qquad \frac{\partial z}{\partial v}=e^u\cos v,$$

$$\frac{\partial u}{\partial x}=y,\frac{\partial u}{\partial y}=x,\frac{\partial v}{\partial x}=1,\frac{\partial v}{\partial y}=1$$

都连续，故

$$\begin{aligned}\frac{\partial z}{\partial x}&=\frac{\partial z}{\partial u}\frac{\partial u}{\partial x}+\frac{\partial z}{\partial v}\frac{\partial v}{\partial x}=e^u\sin v\cdot y+e^u\cos v\cdot 1\\&=e^{xy}[y\sin(x+y)+\cos(x+y)],\\\frac{\partial z}{\partial y}&=\frac{\partial z}{\partial u}\frac{\partial u}{\partial y}+\frac{\partial z}{\partial v}\frac{\partial v}{\partial y}=e^u\sin v\cdot x+e^u\cos v\cdot 1\\&=e^{xy}[x\sin(x+y)+\cos(x+y)].\end{aligned}$$

练习 1. 已知 $z=e^u\sin v, u=xy, v=x-y$，求$\frac{\partial z}{\partial x},\frac{\partial z}{\partial y}$.

练习 2. 用链式法则求下列函数的偏导数：

(1) $z=(x^2+y^2)\exp\left(\frac{x^2+y^2}{xy}\right)$；

(2) $z=\frac{xy}{x+y}\arctan(x+y+xy)$.

例 2　设 $y=(\cos x)^{\sin x}$，求$\frac{dy}{dx}$.

解　这个幂指函数的导数可以利用取对数求导法计算，但用全导数公式（8.4.4）比较简便．令

$$u=\cos x,\qquad v=\sin x,$$

则

$$y=u^v.$$

由式（8.4.4），有

$$\begin{aligned}\frac{dy}{dx}&=\frac{\partial y}{\partial u}\frac{du}{dx}+\frac{\partial y}{\partial v}\frac{dv}{dx}=vu^{v-1}(-\sin x)+u^v\ln u\cdot\cos x\\&=(\cos x)^{1+\sin x}(\ln\cos x-\tan^2 x).\end{aligned}$$

练习 3. 求下列函数的全导数：

(1) $u=\tan(3t+2x^2-y)$，$x=\frac{1}{t}, y=\sqrt{t}$；

(2) $u=e^{x-2y}+\frac{1}{t}, x=\sin t, y=t^3$.

例 3　证明方程 $y\frac{\partial u}{\partial x}+x\frac{\partial u}{\partial y}=0$ 的解为 $u=f(x^2-y^2)$，其中 f

为任一可微函数.

证明　本题的一种证法是将 $u=f(x^2-y^2)$ 代入方程. 另一种方法如下，令 $v=x^2-y^2$，$w=xy$，则将 $u=u(x,y)$ 看成是 $(x,y)\to(v,w)\to u$ 的复合函数，这时

$$
\begin{aligned}
0&=y\frac{\partial u}{\partial x}+x\frac{\partial u}{\partial y}\\
&=y\left(\frac{\partial u}{\partial v}\frac{\partial v}{\partial x}+\frac{\partial u}{\partial w}\frac{\partial w}{\partial x}\right)+x\left(\frac{\partial u}{\partial v}\frac{\partial v}{\partial y}+\frac{\partial u}{\partial w}\frac{\partial w}{\partial y}\right)\\
&=(x^2+y^2)\frac{\partial u}{\partial w},
\end{aligned}
$$

得

$$\frac{\partial u}{\partial w}=0,$$

故 $u=f(v)=f(x^2-y^2)$，其中 f 为任一可微函数.

例 4　设 $u=f(x,xy,xyz)$，其中 f 可微，求 $\frac{\partial u}{\partial x},\frac{\partial u}{\partial z}$.

解　计算复合函数偏导数时，适当地引入中间变量，将函数分解，是很关键的. 像上例那样给中间变量一个记号也可，而本例中 f 的三个变量也可简单地用 1，2，3 来标记. 如 f'_1 表示 f 对第一个变量的偏导数. 这样

$$\frac{\partial u}{\partial x}=f'_1+f'_2\cdot y+f'_3\cdot yz,\quad \frac{\partial u}{\partial z}=f'_3\cdot xy.$$

练习 4. 设 f 与 g 是可微函数，求下列复合函数的一阶偏导数：

(1) $z=f(x+y,x^2+y^2)$；(2) $z=f\left(\frac{x}{y},\ \frac{y}{x}\right)$；

(3) $u=f(xy)g(yz)$；　(4) $u=f(x-y^2,y-x^2,xy)$.

例 5　设 $z=F(x,y)$，$y=\psi(x)$，其中 F、ψ 都有二阶连续的导数，求 $\frac{\mathrm{d}^2z}{\mathrm{d}x^2}$.

解　由全导数公式，有

$$\frac{\mathrm{d}z}{\mathrm{d}x}=\frac{\partial F}{\partial x}+\frac{\partial F}{\partial y}\frac{\mathrm{d}y}{\mathrm{d}x}=F'_x(x,y)+F'_y(x,y)\psi'(x).\tag{8.4.7}$$

求二阶导数时，务必注意 $\frac{\partial F}{\partial x}$、$\frac{\partial F}{\partial y}$ 仍是 x 与 y 的二元函数，y 又是 x 的函数，再用全导数公式，得

$$\frac{\mathrm{d}^2 z}{\mathrm{d}x^2}=\left(\frac{\partial^2 F}{\partial x^2}+\frac{\partial^2 F}{\partial x\partial y}\frac{\mathrm{d}y}{\mathrm{d}x}\right)+\left(\frac{\partial^2 F}{\partial y\partial x}+\frac{\partial^2 F}{\partial y^2}\frac{\mathrm{d}y}{\mathrm{d}x}\right)\frac{\mathrm{d}y}{\mathrm{d}x}+\frac{\partial F}{\partial y}\frac{\mathrm{d}^2 y}{\mathrm{d}x^2}$$

$$=\frac{\partial^2 F}{\partial x^2}+2\frac{\partial^2 F}{\partial x\partial y}\frac{\mathrm{d}y}{\mathrm{d}x}+\frac{\partial^2 F}{\partial y^2}\left(\frac{\mathrm{d}y}{\mathrm{d}x}\right)^2+\frac{\partial F}{\partial y}\frac{\mathrm{d}^2 y}{\mathrm{d}x^2}$$

$$=F''_{xx}(x,y)+2F''_{xy}(x,y)\psi'(x)+$$

$$F''_{yy}(x,y)[\psi'(x)^2]+F'_y(x,y)\psi''(x). \tag{8.4.8}$$

显然，在求高阶导数时，用式（8.4.7）和式（8.4.8）中最后的表达式来表示导数是有利的．

例 6　设 f 具有二阶连续偏导数，求函数 $u=f\left(x,\dfrac{x}{y}\right)$ 的混合二阶偏导数.

解　因 $\dfrac{\partial u}{\partial x}=f'_1+f'_2\cdot\dfrac{1}{y}$，所以

$$\frac{\partial^2 u}{\partial x\partial y}=f''_{12}\cdot\frac{-x}{y^2}+f''_{22}\cdot\frac{-x}{y^2}\cdot\frac{1}{y}+f'_2\cdot\frac{-1}{y^2}$$

$$=-\frac{1}{y^3}(xyf''_{12}+xf''_{22}+yf'_2).$$

练习 5. 设 f 具有连续二阶偏导数，对下列函数求指定的偏导数：

（1）$z=f(u,x,y), u=x\mathrm{e}^y$，求 $\dfrac{\partial^2 z}{\partial x\partial y}$；

（2）$z=x^3 f\left(xy,\dfrac{y}{x}\right)$，求 $\dfrac{\partial z}{\partial y}$，$\dfrac{\partial^2 z}{\partial y^2}$ 及 $\dfrac{\partial^2 z}{\partial x\partial y}$.

例 7　设 $u=F(x,y)$ 具有二阶连续偏导数，求表达式

$$\left(\frac{\partial u}{\partial x}\right)^2+\left(\frac{\partial u}{\partial y}\right)^2,\quad \frac{\partial^2 u}{\partial x^2}+\frac{\partial^2 u}{\partial y^2}$$

在极坐标系中的形式.

解　由直角坐标与极坐标的关系 $x=r\cos\theta$、$y=r\sin\theta$ 知，u 是 r、θ 的函数 $u=F(x,y)=F(r\cos\theta,r\sin\theta)=\Phi(r,\theta)$，而 $r=\sqrt{x^2+y^2}$，$\theta=\arctan\dfrac{y}{x}$，故

$$\frac{\partial u}{\partial x}=\frac{\partial u}{\partial r}\frac{\partial r}{\partial x}+\frac{\partial u}{\partial \theta}\frac{\partial \theta}{\partial x},\ \frac{\partial u}{\partial y}=\frac{\partial u}{\partial r}\frac{\partial r}{\partial y}+\frac{\partial u}{\partial \theta}\frac{\partial \theta}{\partial y}.$$

而

$$\frac{\partial r}{\partial x}=\frac{x}{\sqrt{x^2+y^2}}=\frac{x}{r}=\cos\theta,\ \frac{\partial r}{\partial y}=\frac{y}{\sqrt{x^2+y^2}}=\frac{y}{r}=\sin\theta,$$

$$\frac{\partial\theta}{\partial x}=-\frac{y}{x^2+y^2}=-\frac{\sin\theta}{r},\frac{\partial\theta}{\partial y}=\frac{x}{x^2+y^2}=\frac{\cos\theta}{r}.$$

从而

$$\frac{\partial u}{\partial x}=\frac{\partial u}{\partial r}\cos\theta-\frac{\partial u}{\partial\theta}\frac{\sin\theta}{r},\frac{\partial u}{\partial y}=\frac{\partial u}{\partial r}\sin\theta+\frac{\partial u}{\partial\theta}\frac{\cos\theta}{r},\quad(8.4.9)$$

式（8.4.9）中的两式平方后相加，得

$$\left(\frac{\partial u}{\partial x}\right)^2+\left(\frac{\partial u}{\partial y}\right)^2=\left(\frac{\partial u}{\partial r}\right)^2+\frac{1}{r^2}\left(\frac{\partial u}{\partial\theta}\right)^2.$$

对式（8.4.9）中的两式分别关于 x、y 求导，再相加，得

$$\frac{\partial^2 u}{\partial x^2}+\frac{\partial^2 u}{\partial y^2}=\frac{\partial^2 u}{\partial r^2}+\frac{1}{r^2}\frac{\partial^2 u}{\partial\theta^2}+\frac{1}{r}\frac{\partial u}{\partial r}$$

（请读者详细推导）.

2. 全微分形式不变性

设 $z=z(u,v)$，$u=u(x,y)$，$v=v(x,y)$均可微，则

$$\begin{aligned}dz&=\frac{\partial z}{\partial x}dx+\frac{\partial z}{\partial y}dy\\&=\left(\frac{\partial z}{\partial u}\frac{\partial u}{\partial x}+\frac{\partial z}{\partial v}\frac{\partial v}{\partial x}\right)dx+\left(\frac{\partial z}{\partial u}\frac{\partial u}{\partial y}+\frac{\partial z}{\partial v}\frac{\partial v}{\partial y}\right)dy\\&=\frac{\partial z}{\partial u}\left(\frac{\partial u}{\partial x}dx+\frac{\partial u}{\partial y}dy\right)+\frac{\partial z}{\partial v}\left(\frac{\partial v}{\partial x}dx+\frac{\partial v}{\partial y}dy\right)\\&=\frac{\partial z}{\partial u}du+\frac{\partial z}{\partial v}dv.\end{aligned}$$

这说明，当 z 是 u、v 的函数时，不论 u、v 是自变量还是中间变量，z 的全微分形式不变：

$$dz=\frac{\partial z}{\partial u}du+\frac{\partial z}{\partial v}dv.$$

这对计算全微分和求偏导数都是有益的. 此外，全微分满足与求导类似的四则运算法则：

（1）$d(u\pm v)=du\pm dv$.

（2）$d(uv)=u\,dv+v\,du$，$d(Cu)=C\,du$（C 为常数）.

（3）$d\left(\frac{u}{v}\right)=\frac{v\,du-u\,dv}{v^2}(v\neq0)$.

例 8　求函数 $z=e^{\arctan\frac{x}{x^2+y^2}}$ 的全微分与偏导数.

解　令 $z=e^w$，$w=\arctan u$，$u=\frac{x}{v}$，$v=x^2+y^2$，于是由全微分形式不变性，得

$$\begin{aligned}dz&=e^{w}dw=e^{w}\frac{du}{1+u^{2}}=e^{w}\frac{1}{1+u^{2}}\frac{vdx-xdv}{v^{2}}\\&=e^{\arctan\frac{x}{x^{2}+y^{2}}}\frac{(x^{2}+y^{2})dx-x(2xdx+2ydy)}{(x^{2}+y^{2})^{2}+x^{2}}\\&=e^{\arctan\frac{x}{x^{2}+y^{2}}}\frac{(y^{2}-x^{2})dx-2xydy}{(x^{2}+y^{2})^{2}+x^{2}},\end{aligned}$$

故

$$\frac{\partial z}{\partial x}=e^{\arctan\frac{x}{x^{2}+y^{2}}}\frac{y^{2}-x^{2}}{(x^{2}+y^{2})^{2}+x^{2}},\frac{\partial z}{\partial y}=e^{\arctan\frac{x}{x^{2}+y^{2}}}\frac{-2xy}{(x^{2}+y^{2})^{2}+x^{2}}.$$

例 9 设 $u=f(x,y,z)$，$y=\varphi(x,t)$，$t=\psi(x,z)$，其中 f，φ，ψ 均可微，求 u 的两个偏导数.

解 由全微分形式不变性，得

$$\begin{aligned}du&=\frac{\partial f}{\partial x}dx+\frac{\partial f}{\partial y}dy+\frac{\partial f}{\partial z}dz\\&=\frac{\partial f}{\partial x}dx+\frac{\partial f}{\partial y}\left(\frac{\partial\varphi}{\partial x}dx+\frac{\partial\varphi}{\partial t}dt\right)+\frac{\partial f}{\partial z}dz\\&=\frac{\partial f}{\partial x}dx+\frac{\partial f}{\partial y}\left[\frac{\partial\varphi}{\partial x}dx+\frac{\partial\varphi}{\partial t}\left(\frac{\partial\psi}{\partial x}dx+\frac{\partial\psi}{\partial z}dz\right)\right]+\frac{\partial f}{\partial z}dz\\&=\left(\frac{\partial f}{\partial x}+\frac{\partial f}{\partial y}\frac{\partial\varphi}{\partial x}+\frac{\partial f}{\partial y}\frac{\partial\varphi}{\partial t}\frac{\partial\psi}{\partial x}\right)dx+\left(\frac{\partial f}{\partial y}\frac{\partial\varphi}{\partial t}\frac{\partial\psi}{\partial z}+\frac{\partial f}{\partial z}\right)dz,\end{aligned}$$

故

$$\frac{\partial u}{\partial x}=\frac{\partial f}{\partial x}+\frac{\partial f}{\partial y}\frac{\partial\varphi}{\partial x}+\frac{\partial f}{\partial y}\frac{\partial\varphi}{\partial t}\frac{\partial\psi}{\partial x},\frac{\partial u}{\partial z}=\frac{\partial f}{\partial y}\frac{\partial\varphi}{\partial t}\frac{\partial\psi}{\partial z}+\frac{\partial f}{\partial z}.$$

有时通过全微分求所有一阶偏导数，比用链式法则求偏导数会显得灵活方便，不易出错.

练习 6. 利用全微分形式不变性和微分运算法则，求下列函数的全微分和偏导数.

(1) $u=f(x-y,x+y)$； (2) $u=f\left(xy,\frac{x}{y}\right)$；

(3) $u=f(\sin x+\sin y,\cos x-\cos z)$.

8.5 隐函数求导法

由于实际问题中的变量关系经常很复杂，研究实际问题时经常会碰到隐函数，如研究常微分方程、平面曲线方程 $F(x,y)=0$、空间曲面方程 $F(x,y,z)=0$，以及空间曲线方程 $\begin{cases}F(x,y,z)=0,\\G(x,y,z)=0\end{cases}$ 等. 下面讨论如何由隐函数方程求偏导数.

1. 一个方程的情况

在一元函数微分学中，我们曾介绍过隐函数

$$F(x,y)=0 \tag{8.5.1}$$

的求导法. 现在利用复合函数的链式法则给出隐函数（8.5.1）的求导公式，并指出隐函数存在的一个充分条件.

定理 8.5（隐函数存在定理） 设点(x_0,y_0)满足方程$F(x,y)=0$，在点(x_0,y_0)的某邻域内，函数$F(x,y)$有连续偏导数$F'_x(x,y)$和$F'_y(x,y)$，且

$$F'_y(x_0,y_0)\neq 0,$$

则方程

$$F(x,y)=0$$

在点(x_0,y_0)的某邻域内，确定唯一的一个函数$y=f(x)$，满足

$$F(x,f(x))=0,\quad y_0=f(x_0),$$

而且在x_0的某邻域内$y=f(x)$是单值的、有连续的导数，求导公式为

$$\frac{\mathrm{d}y}{\mathrm{d}x}=-\frac{F'_x(x,y)}{F'_y(x,y)}. \tag{8.5.2}$$

（证明从略）. 仅推导式（8.5.2）. 对恒等式

$$F(x,f(x))\equiv 0$$

两边关于x求导，由全导数公式，得

$$F'_x(x,y)+F'_y(x,y)\frac{\mathrm{d}y}{\mathrm{d}x}=0.$$

因$F'_y(x,y)$连续，$F'_y(x_0,y_0)\neq 0$，所以在点(x_0,y_0)的某邻域内，$F'_y(x,y)\neq 0$. 于是

$$\frac{\mathrm{d}y}{\mathrm{d}x}=-\frac{F'_x(x,y)}{F'_y(x,y)}.$$

例如，方程$xy-\mathrm{e}^x+\mathrm{e}^y=0$，这里记$F(x,y)=xy-\mathrm{e}^x+\mathrm{e}^y$，因$F(0,0)=0$，又$F'_x(x,y)=y-\mathrm{e}^x$和$F'_y(x,y)=x+\mathrm{e}^y$都在点$(0,0)$的邻域上连续，且$F'_y(0,0)=1\neq 0$，所以方程在$(0,0)$附近确定一个隐函数，且

$$\frac{\mathrm{d}y}{\mathrm{d}x}=-\frac{y-\mathrm{e}^x}{x+\mathrm{e}^y}.$$

用同样的方法可以推出多元隐函数的偏导数公式. 比如由三元方程式

$$F(x,y,z)=0 \tag{8.5.3}$$

确定的二元隐函数$z=f(x,y)$有偏导数公式

$$\frac{\partial z}{\partial x}=-\frac{F'_x(x,y,z)}{F'_z(x,y,z)},\quad \frac{\partial z}{\partial y}=-\frac{F'_y(x,y,z)}{F'_z(x,y,z)}\qquad (F'_z\neq 0). \tag{8.5.4}$$

例 1　设 $x^2+y^2+z^2-4z=0$，求 $\frac{\partial^2 z}{\partial x^2}$.

解　设 $F(x,y,z)=x^2+y^2+z^2-4z$，则 $F'_x=2x$，$F'_z=2z-4$，

$$\frac{\partial z}{\partial x}=\frac{x}{2-z},$$

再对 x 求一次偏导，注意 z 为 x、y 的函数

$$\frac{\partial^2 z}{\partial x^2}=\frac{(2-z)+x\frac{\partial z}{\partial x}}{(2-z)^2}=\frac{(2-z)+x\left(\frac{x}{2-z}\right)}{(2-z)^2}=\frac{(2-z)^2+x^2}{(2-z)^3}.$$

练习 1. 求下列方程所确定的隐函数 z 的一阶和二阶偏导数.

(1) $\frac{x}{z}=\ln\frac{z}{y}$；　　(2) $x^2-2y^2+z^2-4x+2z-5=0$.

例 2　设有隐函数 $F\left(\frac{x}{z},\frac{y}{z}\right)=0$，其中 F 的偏导数连续，求 $\frac{\partial z}{\partial x},\frac{\partial z}{\partial y}$.

解　由隐函数、复合函数求导法，得

$$\frac{\partial z}{\partial x}=-\frac{F'_1\cdot z^{-1}}{F'_1\cdot(-xz^{-2})+F'_2\cdot(-yz^{-2})}=\frac{zF'_1}{xF'_1+yF'_2},$$

$$\frac{\partial z}{\partial y}=-\frac{F'_2\cdot z^{-1}}{F'_1\cdot(-xz^{-2})+F'_2\cdot(-yz^{-2})}=\frac{zF'_2}{xF'_1+yF'_2}.$$

例 3　求由方程 $xyz+\sqrt{x^2+y^2+z^2}=\sqrt{2}$ 所确定的函数 $z=z(x,y)$ 在点 $(1,0,-1)$ 处的全微分 $\mathrm{d}z$.

解　在原方程的两边求微分，可得

$$yz\mathrm{d}x+xz\mathrm{d}y+xy\mathrm{d}z+\frac{x\mathrm{d}x+y\mathrm{d}y+z\mathrm{d}z}{\sqrt{x^2+y^2+z^2}}=0.$$

将 $x=1$，$y=0$，$z=-1$ 代入上式，化简后得到

$$\mathrm{d}z=\mathrm{d}x-\sqrt{2}\mathrm{d}y.$$

练习 2. 利用全微分形式不变性，求下列隐函数 z 的全微分及偏导数.

(1) $xyz+\sqrt{x^2+y^2+z^2}=\sqrt{2}$；

(2) $z-y-x+x\mathrm{e}^{z-y-x}=0$.

2. **方程组的情况**

下面讨论由联立方程组所确定的隐函数的求导法方法. 设由方程组

$$\begin{cases} F(x,y,u,v)=0, \\ G(x,y,u,v)=0 \end{cases} \tag{8.5.5}$$

确定两个二元函数

$$u=u(x,y),\quad v=v(x,y).$$

将恒等式

$$\begin{cases} F(x,y,u(x,y),v(x,y))=0, \\ G(x,y,u(x,y),v(x,y))=0 \end{cases}$$

两边关于 x 求偏导，由链式法则，得到

$$\begin{cases} \dfrac{\partial F}{\partial x}+\dfrac{\partial F}{\partial u}\dfrac{\partial u}{\partial x}+\dfrac{\partial F}{\partial v}\dfrac{\partial v}{\partial x}=0, \\ \dfrac{\partial G}{\partial x}+\dfrac{\partial G}{\partial u}\dfrac{\partial u}{\partial x}+\dfrac{\partial G}{\partial v}\dfrac{\partial v}{\partial x}=0. \end{cases}$$

解这个以$\dfrac{\partial u}{\partial x}$和$\dfrac{\partial v}{\partial x}$为未知量的代数方程组，当系数行列式不为零时，即

$$\begin{vmatrix} \dfrac{\partial F}{\partial u} & \dfrac{\partial F}{\partial v} \\ \dfrac{\partial G}{\partial u} & \dfrac{\partial G}{\partial v} \end{vmatrix} \neq 0,$$

解得

$$\frac{\partial u}{\partial x}=-\begin{vmatrix} \dfrac{\partial F}{\partial x} & \dfrac{\partial F}{\partial v} \\ \dfrac{\partial G}{\partial x} & \dfrac{\partial G}{\partial v} \end{vmatrix} \Bigg/ \begin{vmatrix} \dfrac{\partial F}{\partial u} & \dfrac{\partial F}{\partial v} \\ \dfrac{\partial G}{\partial u} & \dfrac{\partial G}{\partial v} \end{vmatrix},\quad \frac{\partial v}{\partial x}=-\begin{vmatrix} \dfrac{\partial F}{\partial u} & \dfrac{\partial F}{\partial x} \\ \dfrac{\partial G}{\partial u} & \dfrac{\partial G}{\partial x} \end{vmatrix} \Bigg/ \begin{vmatrix} \dfrac{\partial F}{\partial u} & \dfrac{\partial F}{\partial v} \\ \dfrac{\partial G}{\partial u} & \dfrac{\partial G}{\partial v} \end{vmatrix}. \tag{8.5.6}$$

上面出现的由函数的偏导数构成的行列式称为**雅可比行列式**. 为简便起见，记

$$\begin{vmatrix} \dfrac{\partial F}{\partial u} & \dfrac{\partial F}{\partial v} \\ \dfrac{\partial G}{\partial u} & \dfrac{\partial G}{\partial v} \end{vmatrix} = \frac{\partial(F,G)}{\partial(u,v)}.$$

于是

$$\frac{\partial u}{\partial x}=-\frac{\partial(F,G)}{\partial(x,v)}\Bigg/\frac{\partial(F,G)}{\partial(u,v)},\quad \frac{\partial v}{\partial x}=-\frac{\partial(F,G)}{\partial(u,x)}\Bigg/\frac{\partial(F,G)}{\partial(u,v)}. \tag{8.5.6$'$}$$

如果方程组 (8.5.5) 中不出现 y，则 u、v 是 x 的一元函数，

式（8.5.6）就是其导数公式．若出现 y，则类似地有

$$\frac{\partial u}{\partial y}=-\frac{\partial(F,G)}{\partial(y,v)}\bigg/\frac{\partial(F,G)}{\partial(u,v)},\quad \frac{\partial v}{\partial y}=-\frac{\partial(F,G)}{\partial(u,y)}\bigg/\frac{\partial(F,G)}{\partial(u,v)}. \tag{8.5.7}$$

例 4　设 $\begin{cases}x^2+y^2+z^2=50,\\ x+2y+3z=4,\end{cases}$ 求 $\dfrac{\mathrm{d}y}{\mathrm{d}x}$，$\dfrac{\mathrm{d}z}{\mathrm{d}x}$.

解　令 $F(x,y,z)=x^2+y^2+z^2-50$，$G(x,y,z)=x+2y+3z-4$．这里确定 y 和 z 是 x 的函数．由

$$\frac{\partial(F,G)}{\partial(y,z)}=\begin{vmatrix}\dfrac{\partial F}{\partial y} & \dfrac{\partial F}{\partial z}\\ \dfrac{\partial G}{\partial y} & \dfrac{\partial G}{\partial z}\end{vmatrix}=\begin{vmatrix}2y & 2z\\ 2 & 3\end{vmatrix}=2(3y-2z),$$

$$\frac{\partial(F,G)}{\partial(x,z)}=\begin{vmatrix}\dfrac{\partial F}{\partial x} & \dfrac{\partial F}{\partial z}\\ \dfrac{\partial G}{\partial x} & \dfrac{\partial G}{\partial z}\end{vmatrix}=\begin{vmatrix}2x & 2z\\ 1 & 3\end{vmatrix}=2(3x-z),$$

$$\frac{\partial(F,G)}{\partial(y,x)}=\begin{vmatrix}\dfrac{\partial F}{\partial y} & \dfrac{\partial F}{\partial x}\\ \dfrac{\partial G}{\partial y} & \dfrac{\partial G}{\partial x}\end{vmatrix}=\begin{vmatrix}2y & 2x\\ 2 & 1\end{vmatrix}=2(y-2x),$$

于是

$$\frac{\mathrm{d}y}{\mathrm{d}x}=-\frac{\partial(F,G)}{\partial(x,z)}\bigg/\frac{\partial(F,G)}{\partial(y,z)}=\frac{z-3x}{3y-2z},$$

$$\frac{\mathrm{d}z}{\mathrm{d}x}=-\frac{\partial(F,G)}{\partial(y,x)}\bigg/\frac{\partial(F,G)}{\partial(y,z)}=\frac{2x-y}{3y-2z}.$$

练习 3. 求下列方程组所确定的隐函数的导数或偏导数．

(1) $\begin{cases}z=x^2+y^2,\\ x^2+2y^2+3z^2=20.\end{cases}$ 求 $\dfrac{\mathrm{d}y}{\mathrm{d}x}$，$\dfrac{\mathrm{d}z}{\mathrm{d}x}$；

(2) $\begin{cases}u=f\ (ux,\ v+y),\\ v=g\ (u-x,\ v^2y),\end{cases}$ 其中 f、g 具有一阶连续偏导数，求 $\dfrac{\partial u}{\partial x},\dfrac{\partial v}{\partial x}$；

(3) $\begin{cases}x=\mathrm{e}^u+u\sin v,\\ y=\mathrm{e}^u-u\cos v,\end{cases}$ 求 $\dfrac{\partial u}{\partial x}$ 及 $\dfrac{\partial v}{\partial y}$.

例 5　设 $u=u(x)$ 由方程组 $u=f(x,y,z)$，$g(x,y,z)=0$，$h(x,z)=0$ 确定，其中 f，g，h 均可微，且 $g'_y\neq 0$，$h'_z\neq 0$，

求 u'.

解法 1　对隐函数方程组确定的函数求导，首要的是认准变量间的关系，分清自变量和因变量. 这里 u 是 x 的一元函数，所以 y、z 也都应是 x 的函数. 由方程组

$$g(x,y,z)=0,\quad h(x,z)=0$$

确定 y、z 是 x 的函数. 分别对 $u=f(x,y,z)$, $g(x,y,z)=0$, $h(x,z)=0$ 两边关于 x 求导，得

$$\begin{cases} u'=f'_x+f'_y y'+f'_z z', \\ g'_x+g'_y y'+g'_z z'=0, \\ h'_x+h'_z z'=0. \end{cases},$$

解关于 u'，z'，y'的方程，得

$$\frac{\mathrm{d}u}{\mathrm{d}x}=f'_x+f'_y y'+f'_z z'=f'_x+f'_y\frac{g'_z h'_x-g'_x h'_z}{g'_y h'_z}-f'_z\frac{h'_x}{h'_z}.$$

解法 2　隐函数方程组的偏导数公式（8.5.6）可推广到 n 个方程上去. 如本题，设

$$F(x,y,z,u)=f(x,y,z)-u,$$

则
$$\begin{aligned}\frac{\mathrm{d}u}{\mathrm{d}x}&=-\frac{\partial(F,g,h)}{\partial(x,y,z)}\Bigg/\frac{\partial(F,g,h)}{\partial(u,y,z)} \\ &=-\begin{vmatrix} f'_x & f'_y & f'_z \\ g'_x & g'_y & g'_z \\ h'_x & 0 & h'_z \end{vmatrix}\Bigg/\begin{vmatrix} -1 & f'_y & f'_z \\ 0 & g'_y & g'_z \\ 0 & 0 & h'_z \end{vmatrix} \\ &=f'_x+f'_y\frac{g'_z h'_x-g'_x h'_z}{g'_y h'_z}-f'_z\frac{h'_x}{h'_z}.\end{aligned}$$

解法 3　对每个方程两边取全微分，得

$$\begin{cases} \mathrm{d}u=f'_x\mathrm{d}x+f'_y\mathrm{d}y+f'_z\mathrm{d}z, \\ g'_x\mathrm{d}x+g'_y\mathrm{d}y+g'_z\mathrm{d}z=0, \\ h'_x\mathrm{d}x+h'_z\mathrm{d}z=0. \end{cases}$$

注意要求的是$\frac{\mathrm{d}u}{\mathrm{d}x}$，在该式中 x 是唯一的自变量. 由后两式解出 $\mathrm{d}y$、$\mathrm{d}z$，代入第一式，不难得到$\frac{\mathrm{d}u}{\mathrm{d}x}$.

练习 4. 设 $y=f(x,t)$，而 t 是由方程 $F(x,y,t)=0$ 所确定的 x、y 的函数，其中 f、F 均有一阶连续的偏导数，求$\frac{\mathrm{d}y}{\mathrm{d}x}$.

练习 5. 设 $u=f(x,y,z)$, $\varphi(x^2,\mathrm{e}^y,z)=0$, $y=\sin x$，其中 f、φ 具有一阶连续的偏导数，且$\frac{\partial\varphi}{\partial z}\neq 0$，求$\frac{\mathrm{d}u}{\mathrm{d}x}$.

8.6 偏导数的几何应用

8.6.1 空间曲线的切线与法平面

设曲线 l 以参数方程

$$x=x(t),\quad y=y(t),\quad z=z(t),\quad t\in I \tag{8.6.1}$$

给出. $P_0(x_0,y_0,z_0)$和 $P_1(x_0+\Delta x,y_0+\Delta y,z_0+\Delta z)$是曲线 l 上的两个点，对应的参量分别为 t_0 和 $t_0+\Delta t$. 于是割线 P_0P_1 的方向向量是 $\{\Delta x,\ \Delta y,\ \Delta z\}$ 或

$$\left\{\frac{\Delta x}{\Delta t},\frac{\Delta y}{\Delta t},\frac{\Delta z}{\Delta t}\right\}.$$

设 $x'(t_0),y'(t_0),z'(t_0)$都存在且不同时为零. 因为点 P_1 沿曲线 l 趋于点 P_0 时 ($\Delta t\to 0$)，割线的极限位置是曲线 l 在点 P_0 处的**切线**，所以向量

$$\boldsymbol{\tau}=\{x'(t_0),y'(t_0),z'(t_0)\} \tag{8.6.2}$$

是切线的方向向量，称为曲线 l 在点 P_0 处的**切向量**. 故曲线 l 在 P_0 处的切线方程为

$$\frac{x-x_0}{x'(t_0)}=\frac{y-y_0}{y'(t_0)}=\frac{z-z_0}{z'(t_0)}. \tag{8.6.3}$$

过点 P_0 与切线垂直的平面，称为曲线 l 在点 P_0 处的**法平面**（见图 8.8），其方程为

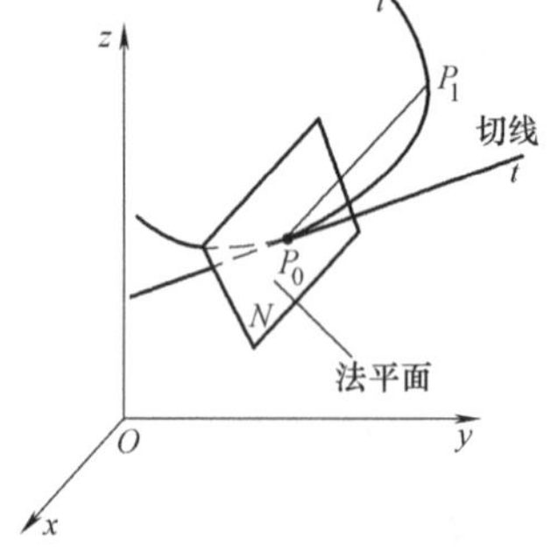

图　8.8

$$x'(t_0)(x-x_0)+y'(t_0)(y-y_0)+z'(t_0)(z-z_0)=0. \tag{8.6.4}$$

例 1　求曲线 $x=t$，$y=t^2$，$z=t^3$ 在点 $P_0(1,1,1)$处的切线方程和法平面方程.

解　因 $x'=1$，$y'=2t$，$z'=3t^2$，且点 $P_0(1,1,1)$对应参数 $t=1$，所以曲线在点 P_0 处的切向量 $\boldsymbol{\tau}=\{1,2,3\}$. 于是所求的切线方程为

$$\frac{x-1}{1}=\frac{y-1}{2}=\frac{z-1}{3},$$

法平面方程为

$$(x-1)+2(y-1)+3(z-1)=0,$$

即

$$x+2y+3z-6=0.$$

练习 1. 求下列曲线在指定点处的切线方程与法平面方程.

(1) $x=at, y=bt^2, z=ct^3$，在 $t=1$ 的对应点；

(2) $x=\cos t+\sin^2 t, y=\sin t(1-\cos t), z=\cos t$，在 $t=\dfrac{\pi}{2}$ 的对应点；

(3) $x=y^2, z=x^2$，点 $(1,1,1)$；

(4) $2x^2+y^2+z^2=45, x^2+2y^2=z$，点 $(-2,1,6)$.

练习 2. 在曲线 $x=t$，$y=t^2$，$z=t^3$ 上求出一点，使曲线在该点的切线平行于平面 $x+2y+z=4$.

练习 3. 证明：螺旋线 $x=a\cos\theta$，$y=a\sin\theta$，$z=k\theta$ 上任一点的切向量与 z 轴正向的夹角为定角.

例 2　设曲线 $x=x(t), y=y(t), z=z(t)$ 在任一点的法平面都过原点，证明：此曲线必在以原点为球心的某球面上.

证明　任取曲线上一点 $(x(t),y(t),z(t))$，曲线过该点的法平面方程为

$$x'(t)[X-x(t)]+y'(t)[Y-y(t)]+z'(t)[Z-z(t)]=0.$$

因原点 $(0,0,0)$ 在法平面上，故有

$$x(t)x'(t)+y(t)y'(t)+z(t)z'(t)=0,$$

即

$$[x^2(t)+y^2(t)+z^2(t)]'=0,$$

于是

$$x^2(t)+y^2(t)+z^2(t)=C. \qquad \square$$

例 3　在抛物柱面 $y=6x^2$ 与 $z=12x^2$ 的交线上，求对应 $x=\dfrac{1}{2}$ 的点处的切向量.

解　取 x 为参数，所述交线的参数方程为

$$x=x, \quad y=6x^2, \quad z=12x^2.$$

于是，$x'=1, y'=12x, z'=24x$. 所以交线上与 $x=\dfrac{1}{2}$ 对应的点处的切向量为

$$\boldsymbol{\tau}=\{1,6,12\}.$$

设曲线 l 以方程组

$$\begin{cases}F(x,y,z)=0,\\ G(x,y,z)=0\end{cases} \tag{8.6.5}$$

给出. $P_0(x_0,y_0,z_0)\in l$，设 F、G 的偏导数在 P_0 处连续，且 $\{F'_x,F'_y,F'_z\}$ 与 $\{G'_x,G'_y,G'_z\}$ 线性无关. 方程组（8.6.5）确定两个变量是另一个变量的显函数，由隐函数求导法，不难得到曲线 l 在点 P_0 处的切向量

$$\boldsymbol{\tau}=\left\{\begin{vmatrix}F'_y & F'_z\\ G'_y & G'_z\end{vmatrix},\ \begin{vmatrix}F'_z & F'_x\\ G'_z & G'_x\end{vmatrix},\ \begin{vmatrix}F'_x & F'_y\\ G'_x & G'_y\end{vmatrix}\right\}_{P_0}. \tag{8.6.6}$$

三个二阶行列式中至少有一个不为零［请读者推出式（8.6.6），并写出切线方程及法平面方程］.

例 4　求曲线

$$\begin{cases}2x^2+3y^2+z^2=9,\\ z^2=3x^2+y^2\end{cases}$$

上点 $P_0(1,-1,2)$处的切线方程与法平面方程.

解　设 $F=2x^2+3y^2+z^2-9$，$G=3x^2+y^2-z^2$，则

$$F'_x=4x,F'_y=6y,F'_z=2z,$$

$$G'_x=6x,G'_y=2y,G'_z=-2z,$$

所以在点 $P_0(1,-1,2)$处的切向量为

$$\boldsymbol{\tau}=\left\{\begin{vmatrix}6y & 2z\\ 2y & -2z\end{vmatrix},\begin{vmatrix}2z & 4x\\ -2z & 6x\end{vmatrix},\begin{vmatrix}4x & 6y\\ 6x & 2y\end{vmatrix}\right\}_{P_0}=\{32,40,28\}.$$

于是所求的切线方程为

$$\frac{x-1}{8}=\frac{y+1}{10}=\frac{z-2}{7}.$$

法平面方程为

$$8(x-1)+10(y+1)+7(z-2)=0,$$

即

$$8x+10y+7z-12=0.$$

8.6.2　曲面的切平面与法线

设曲面 Σ 由隐函数方程

$$F(x,y,z)=0 \tag{8.6.7}$$

给出，点 $P_0(x_0,y_0,z_0)\in\Sigma$，函数 $F(x,y,z)$ 在 P_0 处可微，F'_x，F'_y，F'_z 在点 P_0 处不同时为零. 在曲面 Σ 上过 P_0 任意作一条（光滑）曲线，设其方程为

$$x=x(t),y=y(t),z=z(t). \tag{8.6.8}$$

点 P_0 对应参数 t_0，于是有

$$F(x(t),y(t),z(t))\equiv 0.$$

两边在 t_0 处求导，由全导数公式，得

$$F'_x(x_0,y_0,z_0)x'(t_0)+F'_y(x_0,y_0,z_0)y'(t_0)+ F'_z(x_0,y_0,z_0)z'(t_0)=0.$$

此式表明：向量

$$\boldsymbol{n}=\{F'_x(x_0,y_0,z_0),F'_y(x_0,y_0,z_0),F'_z(x_0,y_0,z_0)\} \tag{8.6.9}$$

与曲线（8.6.8）在 P_0 处的切向量 $\boldsymbol{\tau}=\{x'(t_0),y'(t_0),z'(t_0)\}$ 垂直. 由曲线（8.6.8）的任意性知，曲面 Σ 上过点 P_0 的任何（光滑）曲线在 P_0 处的切线都与向量 $\boldsymbol{n}$ 垂直，从而这些切线都在一个平面上，称此平面为曲面在点 P_0 处的**切平面**，$\boldsymbol{n}$ 为其法向量，也称 $\boldsymbol{n}$ 为曲面在点 P_0 处的**法向量**. 故曲面 Σ 在 P_0 处的切平面方程为

$$F'_x(x_0,y_0,z_0)(x-x_0)+F'_y(x_0,y_0,z_0)(y-y_0)+ F'_z(x_0,y_0,z_0)(z-z_0)=0. \tag{8.6.10}$$

过点 P_0 且以法向量 $\boldsymbol{n}$ 为方向向量的直线称为曲面在 P_0 处的**法线**，其方程为

$$\frac{x-x_0}{F'_x(x_0,y_0,z_0)}=\frac{y-y_0}{F'_y(x_0,y_0,z_0)}=\frac{z-z_0}{F'_z(x_0,y_0,z_0)}. \tag{8.6.11}$$

练习 4. 求曲面 $x^3+y^3+z^3+xyz-6=0$ 在点 $(1,2,-1)$ 处的切平面方程和法线方程.

练习 5. 设 $f(u,v)$ 可微，证明曲面 $f(ax-bz,ay-cz)=0$ 上任一点的切平面都与某一定直线平行，其中 a，b，c 是不同时为零的常数.

练习 6. 设 $f(u,v)$ 可微，证明曲面 $f\left(\dfrac{y-b}{x-a},\ \dfrac{z-c}{x-a}\right)=0$ 上任一点的切平面都过定点.

练习 7. 证明：曲面 $xyz=a^3$ $(a>0)$ 上任一点处的切平面和三个坐标面所围四面体的体积是一常数.

现在从几何上考查曲线（8.6.5），它是两个曲面的交线，所以它的切向量同时垂直于两个曲面的法向量，故

$$\boldsymbol{\tau}=\boldsymbol{n}_F\times\boldsymbol{n}_G=\begin{vmatrix}\boldsymbol{i} & \boldsymbol{j} & \boldsymbol{k}\\ F'_x & F'_y & F'_z\\ G'_x & G'_y & G'_z\end{vmatrix}$$

是曲线（8.6.5）的切向量，与式（8.6.6）完全一致.

当曲面 Σ 由显函数

$$z=f(x,y)\tag{8.6.12}$$

给出，且 $f(x,y)$ 可微时，将曲面方程变为

$$F(x,y,z)=f(x,y)-z=0,$$

从而有

$$F'_x(x_0,y_0,z_0)=f'_x(x_0,y_0),\ F'_y(x_0,y_0,z_0)=f'_y(x_0,y_0),$$
$$F'_z(x_0,y_0,z_0)=-1.$$

即曲面在点 $P_0(x_0,y_0,z_0)$ 处的法向量为

$$\boldsymbol{n}=\{f'_x(x_0,y_0),f'_y(x_0,y_0),-1\}.\tag{8.6.13}$$

故曲面在点 $P_0(x_0,y_0,z_0)$ 处的切平面方程为

$$z-z_0=f'_x(x_0,y_0)(x-x_0)+f'_y(x_0,y_0)(y-y_0),\tag{8.6.14}$$

法线方程为

$$\frac{x-x_0}{f'_x(x_0,y_0)}=\frac{y-y_0}{f'_y(x_0,y_0)}=\frac{z-z_0}{-1}.\tag{8.6.15}$$

练习 8. 求曲面 $z=\sqrt{x^2+y^2}$ 上点 $(3,4,5)$ 处的切平面方程和法线方程.

练习 9. 在曲面 $z=xy$ 上求一点，使过该点的法线垂直于平面 $x+3y+z+9=0$，并写出此法线方程.

例 5　求由曲线 $\begin{cases}3x^2+2y^2=12,\\ z=0\end{cases}$ 绕 y 轴旋转一周得到的旋转面在点 $M(0,\sqrt{3},\sqrt{2})$ 处的指向外侧的单位法线向量.

解　该旋转面的方程为 $3(x^2+z^2)+2y^2=12$. 该旋转面在 M 点指向外侧的法线向量为 $\{6x,4y,6z\}|_M=\{0,4\sqrt{3},6\sqrt{2}\}$，单位化后，即得指向外侧的单位法线向量为 $\frac{1}{\sqrt{30}}\{0,2\sqrt{3},3\sqrt{2}\}$.

练习 10. 设 $f'(x)\neq 0$，证明：旋转曲面 $z=f(\sqrt{x^2+y^2})$ 上任一点的法线都与旋转轴 z 相交.

设曲面 Σ 以参数方程

$$x=x(u,v),\ y=y(u,v),\ z=z(u,v)\tag{8.6.16}$$

给出，其中，u、v 为双参变量. 求 (u_0,v_0) 对应的点 $M_0(x_0,y_0,z_0)$ 处的法向量 $\boldsymbol{n}$.

固定 $v=v_0$，让 u 为变量，得到曲面 Σ 上一条所谓的 u 曲线

$$x=x(u,v_0),\ y=y(u,v_0),\ z=z(u,v_0).$$

它在 M_0 处的切向量为

$$t_u=\left\{\frac{\partial x}{\partial u},\frac{\partial y}{\partial u},\frac{\partial z}{\partial u}\right\}\Bigg|_{\substack{u=u_0\\v=v_0}}.$$

同样，固定 $u=u_0$，得到另一条所谓的 v 曲线，它在 M_0 处的切向量为

$$t_v=\left\{\frac{\partial x}{\partial v},\frac{\partial y}{\partial v},\frac{\partial z}{\partial v}\right\}\Bigg|_{\substack{u=u_0\\v=v_0}}.$$

曲面 Σ 的法向量 $\boldsymbol{n}_{M_0}$ 同时与 $\boldsymbol{t}_u$、$\boldsymbol{t}_v$ 垂直，故有公式

$$\boldsymbol{n}_{M_0}=\begin{vmatrix}\boldsymbol{i} & \boldsymbol{j} & \boldsymbol{k}\\ x'_u, & y'_u, & z'_u\\ x'_v, & y'_v, & z'_v\end{vmatrix}_{M_0}. \tag{8.6.17}$$

例 6　求马鞍面 $x=u+v, y=u-v, z=uv$ 上 $u=1$，$v=1$ 对应点处的切平面方程.

解　$u=1$，$v=1$ 时对应的点为(2,0,1)，曲面的法向量为

$$\boldsymbol{n}=\begin{vmatrix}\boldsymbol{i} & \boldsymbol{j} & \boldsymbol{k}\\ 1 & 1 & v\\ 1 & -1 & u\end{vmatrix}_{\substack{u=1\\v=1}}=\{2,0,-2\},$$

故所求的切平面方程为

$$2(x-2)-2(z-1)=0,$$

即 $z=x-1$.

练习 11. 求曲面 $x=u+v$，$y=u^2+v^2$，$z=u^3+v^3$ 上 $(u_0,v_0)=(2,1)$对应点处的切平面方程和法线方程.

练习 12. 求螺旋面 $x=u\cos v$，$y=u\sin v$，$z=av$ 的法线与 z 轴的夹角 θ.

8.6.3　二元函数全微分的几何意义

因为切平面方程 (8.6.14) 右边的表达式恰好是二元函数 $z=f(x,y)$在点 $M_0(x_0,y_0)$ 处的全微分，所以式 (8.6.14) 说明：二元函数 $z=f(x,y)$在点 $M_0(x_0,y_0)$处的全微分等于其切平面竖坐标的增量（见图 8.9).

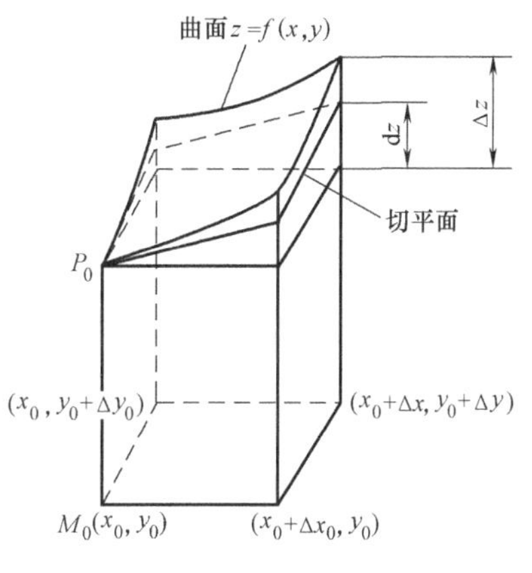

图　8.9

8.7 多元函数的一阶泰勒公式与极值

8.7.1 多元函数的一阶泰勒公式

同一元函数一样，无论是为了理论探索还是实际应用，考虑用多元多项式来近似多元函数，都是十分必要的. 例如，在用全微分估计误差时，如果对精度要求不是很高，用全微分代替全增量将是一种简单而有效的方法，但当对精度要求较高时，就需要用到多元函数的泰勒公式，这里为了解决多元函数极值问题，仅介绍多元函数的一阶泰勒公式和二元函数的 n 阶泰勒公式.

定理 8.6　若 n 元函数 $u=f(\boldsymbol{X})$ 在 $\boldsymbol{X}_0=(x_{10},\cdots,x_{n0})^{\mathrm{T}}$ 的某邻域 $U_\delta(\boldsymbol{X}_0)$ 内有二阶连续偏导数，简记为 $f(\boldsymbol{X})\in C^2(U_\delta(\boldsymbol{X}_0))$，则 $\forall\,\boldsymbol{X}\in U_\delta(\boldsymbol{X}_0)$，有一阶泰勒公式

$$f(\boldsymbol{X})=f(\boldsymbol{X}_0)+\left(\frac{\partial(f)}{\partial(x_1,\cdots,x_n)}\right)_{X_0}\Delta\boldsymbol{X}+\frac{1}{2!}(\Delta\boldsymbol{X})^{\mathrm{T}}\boldsymbol{H}(\boldsymbol{X}^*)\Delta\boldsymbol{X},\tag{8.7.1}$$

其中

$$\boldsymbol{X}=(x_1,\cdots,x_n)^{\mathrm{T}},\Delta\boldsymbol{X}=(\Delta x_1,\cdots,\Delta x_n)^{\mathrm{T}},$$

$$\Delta x_i=x_i-x_{i0},i=1,\ \cdots,\ n,$$

$$\boldsymbol{H}=\begin{pmatrix}f''_{x_1x_1} & \cdots & f''_{x_1x_n}\\ \vdots & & \vdots\\ f''_{x_nx_1} & \cdots & f''_{x_nx_n}\end{pmatrix},\quad \boldsymbol{X}^*=\boldsymbol{X}_0+\theta\Delta\boldsymbol{X},\qquad 0<\theta<1.\tag{8.7.2}$$

证明　设 t 的一元函数

$$\varphi(t)=f(\boldsymbol{X}_0+t\Delta\boldsymbol{X})=f(x_{10}+t\Delta x_1,\cdots,x_{n0}+t\Delta x_n)$$

为辅助函数，则

$$\varphi(1)=f(\boldsymbol{X}),\quad \varphi(0)=f(\boldsymbol{X}_0).$$

由全导数公式知

$$\begin{aligned}\varphi'(t)&=f'_{x_1}\Delta x_1+\cdots+f'_{x_n}\Delta x_n\\&=\left(\frac{\partial(f)}{\partial(x_1,\cdots,x_n)}\right)_{\boldsymbol{X}_0+t\Delta\boldsymbol{X}}\Delta\boldsymbol{X}=(\Delta\boldsymbol{X})^{\mathrm{T}}\begin{pmatrix}f'_{x_1}\\ \vdots\\ f'_{x_n}\end{pmatrix}_{\boldsymbol{X}_0+t\Delta\boldsymbol{X}},\end{aligned}$$

$$\varphi''(t)=(\Delta\boldsymbol{X})^{\mathrm{T}}\left(\frac{\partial(f'_{x_1},\cdots,f'_{x_n})}{\partial(x_1,\cdots,x_n)}\right)_{\boldsymbol{X}_0+t\Delta\boldsymbol{X}}$$

$$\Delta\boldsymbol{X}=(\Delta\boldsymbol{X})^{\mathrm{T}}\begin{pmatrix} f''_{x_1x_1} & \cdots & f''_{x_1x_n} \\ \vdots & & \vdots \\ f''_{x_nx_1} & \cdots & f''_{x_nx_n} \end{pmatrix}_{\boldsymbol{X}_0+t\Delta\boldsymbol{X}}\Delta\boldsymbol{X}.$$

利用 $\varphi(t)$的一阶麦克劳林公式

$$\varphi(t)=\varphi(0)+\varphi'(0)t+\frac{1}{2!}\varphi''(\theta t)t^2,\quad 0<\theta<1.$$

令 $t=1$，便得到多元函数 $f(\boldsymbol{X})$的一阶泰勒公式（8.7.1）.

式（8.7.2）的矩阵 $\boldsymbol{H}$ 叫作 n 元函数 $f(\boldsymbol{X})$的黑塞（Hessian）矩阵.

定理 8.7　若二元函数 $u=f(x,y)$在点(x_0,y_0)的某邻域 $U_\delta(x_0,y_0)$内有 $n+1$ 阶连续偏导数，$\forall(x,y)\in U_\delta(x_0,y_0)$，有 n 阶泰勒公式

$$f(x,y)=f(x_0,y_0)+\sum_{k=1}^{n}\left[(x-x_0)\frac{\partial}{\partial x}+(y-y_0)\frac{\partial}{\partial y}\right]^k f(x_0,y_0)+R_n,$$

其中，$\frac{\partial}{\partial x}$、$\frac{\partial}{\partial y}$为偏导算子；$\left[(x-x_0)\frac{\partial}{\partial x}+(y-y_0)\frac{\partial}{\partial y}\right]^k$ 是牛顿二项展开形式的算子，作用在 f 上；R_n 称为余项，

$$R_n=\frac{1}{(n+1)!}\left[(x-x_0)\frac{\partial}{\partial x}+(y-y_0)\frac{\partial}{\partial y}\right]^{n+1}\cdot$$

$$f(x_0+\theta(x-x_0),y_0+\theta(y-y_0)),0<\theta<1.$$

证明　与定理 8.6 的证明类似. □

练习 1. 求 $f(x,y)=\sin x\sin y$ 在点$\left(\frac{\pi}{4},\ \frac{\pi}{4}\right)$处的一阶泰勒公式.

8.7.2 多元函数的极值

定义 8.12　设 n 元函数 $u=f(\boldsymbol{X})$在点 $\boldsymbol{X}_0$ 的某邻域 $U_\delta(\boldsymbol{X}_0)$内有定义，且

$$f(\boldsymbol{X})\leqslant f(\boldsymbol{X}_0)\qquad [f(\boldsymbol{X})\geqslant f(\boldsymbol{X}_0)],$$

则称函数 $u=f(\boldsymbol{X})$在点 $\boldsymbol{X}_0$ 处取**极大（小）值** $f(\boldsymbol{X}_0)$，并称 $\boldsymbol{X}_0$ 为**极值点**.

极大值与极小值统称为函数的**极值**.

例如，二元函数 $f(x,y)=3x^2+4y^2$（图形是椭圆抛物面）在点(0,0)处取极小值 $f(0,0)=0$. 二元函数 $g(x,y)=1-\sqrt{x^2+(y-1)^2}$（锥面）在点(0,1)处取极大值 $g(0,1)=1$.

定理 8.8（极值的必要条件） 设函数 $u=f(x_1,\cdots,x_n)$ 在点 $\boldsymbol{X}_0=(x_{10},\cdots,x_{n0})$ 处取极值，且在该点处函数的偏导数都存在，则必有

$$\left[\frac{\partial(f)}{\partial(x_1,\cdots,x_n)}\right]_{\boldsymbol{X}_0}=\boldsymbol{0}. \tag{8.7.3}$$

证明 因为 $f(x_1,\cdots,x_n)$ 在 $(x_{10},\cdots,x_{n0})$ 处取极值，所以一元函数 $f(x_1,x_{20},\cdots,x_{n0})$ 在 x_{10} 处取极值，故 $f'_{x_1}(x_{10},\cdots,x_{n0})=0$. 同理可证，在 $\boldsymbol{X}_0$ 处 f 对其他变元的偏导数也等于零.

凡使式（8.7.3）成立的点 $\boldsymbol{X}_0=(x_{10},\cdots,x_{n0})$，均称为函数 $u=f(\boldsymbol{X})$ 的**驻点**. 可微函数的极值点必为驻点，但驻点不一定是极值点，例如 $z=x^2-y^2$，显然原点 $(0,0)$ 是驻点，却不是极值点（是马鞍形的鞍点）. 所以，驻点是否为极值点还要进一步判定.

定理 8.9（极值的充分条件） 设 $\boldsymbol{X}_0$ 是函数 $f(\boldsymbol{X})$ 的驻点，$f(\boldsymbol{X})\in C^2(U_\delta(\boldsymbol{X}_0))$. 若 $f(\boldsymbol{X})$ 在点 $\boldsymbol{X}_0$ 的黑塞矩阵 $\boldsymbol{H}(\boldsymbol{X}_0)$ 正定（负定），则 $f(\boldsymbol{X}_0)$ 为 $f(\boldsymbol{X})$ 的极小值（极大值）；若 $\boldsymbol{H}(\boldsymbol{X}_0)$ 不定，则 $f(\boldsymbol{X}_0)$ 不是 $f(\boldsymbol{X})$ 的极值.

证明 由于 $\boldsymbol{X}_0$ 是 $f(\boldsymbol{X})$ 的驻点，所以

$$\left[\frac{\partial(f)}{\partial(x_1,\cdots,x_n)}\right]_{\boldsymbol{X}_0}=\boldsymbol{0}.$$

因此，由 $f(\boldsymbol{X})$ 在 $\boldsymbol{X}_0$ 处的一阶泰勒公式（8.7.1），得

$$f(\boldsymbol{X})-f(\boldsymbol{X}_0)=\frac{1}{2!}(\Delta\boldsymbol{X})^{\mathrm{T}}\boldsymbol{H}(\boldsymbol{X}^*)\Delta\boldsymbol{X}. \tag{8.7.4}$$

其中，$\boldsymbol{X}^*=\boldsymbol{X}_0+\theta\Delta\boldsymbol{X},\quad 0<\theta<1$.

$\boldsymbol{H}(\boldsymbol{X}_0)$ 正定等价于它的各阶顺序主子式

$$\det\boldsymbol{H}_k(\boldsymbol{X}_0)>0, k=1,\cdots,n.$$

因为 $\boldsymbol{H}(\boldsymbol{X})$ 的所有元 $f''_{x_ix_j}(i,j=1,\cdots,n)$ 在 $U_\delta(\boldsymbol{X}_0)$ 内连续，所以 $\det\boldsymbol{H}_k(\boldsymbol{X})\in C(U_\delta(\boldsymbol{X}_0))$，$k=1$，$\cdots$，$n$. 从而存在一个正数 $\delta_1\leqslant\delta$，使得当 $\boldsymbol{X}\in U_{\delta_1}(\boldsymbol{X}_0)$ 时，有

$$\det\boldsymbol{H}_k(\boldsymbol{X})>0,\qquad k=1,\cdots,n.$$

故当 $\boldsymbol{X}\in U_{\delta_1}(\boldsymbol{X}_0)$ 时，$\boldsymbol{H}(\boldsymbol{X})$ 正定. 于是，当 $\|\Delta\boldsymbol{X}\|\leqslant\delta_1$ 时，$\boldsymbol{X}^*\in U_{\delta_1}(\boldsymbol{X}_0)$，从而 $\boldsymbol{H}(\boldsymbol{X}^*)$ 正定，于是式（8.7.4）右边为正定二次型，由此可见，$f(\boldsymbol{X}_0)$ 为 $f(\boldsymbol{X})$ 的极小值.

当 $\boldsymbol{H}(\boldsymbol{X}_0)$ 不定时，它的正负惯性指数皆大于零. 由于 $f(\boldsymbol{X})\in C^2$，所以当 $\|\Delta\boldsymbol{X}\|$ 很小时，$\boldsymbol{H}(\boldsymbol{X}^*)$ 和 $\boldsymbol{H}(\boldsymbol{X}_0)$ 的正负惯性指数相同. 于是 $\boldsymbol{H}(\boldsymbol{X}^*)$ 不定，式（8.7.4）右边为变号二次型，可见 $f(\boldsymbol{X}_0)$ 不是 $f(\boldsymbol{X})$ 的极值. □

推论 设 (x_0,y_0) 为二元函数 $f(x,y)$ 的驻点，且 $f(x,y)\in$

$C^2(U(x_0,y_0))$，记

$$f''_{xx}(x_0,y_0)=A,f''_{xy}(x_0,y_0)=B,f''_{yy}(x_0,y_0)=C.$$

(i) 若 $A>0$，且 $AC-B^2>0$，则 $f(x_0,y_0)$为极小值；

(ii) 若 $A<0$，且 $AC-B^2>0$，则 $f(x_0,y_0)$为极大值；

(ii) 若 $AC-B^2<0$，则 $f(x_0,y_0)$不是极值.

例 1　求证：函数 $z=(1+e^y)\cos x-ye^y$ 有无穷多个极大值点，但无极小值点.

证明　由

$$\begin{cases}\dfrac{\partial z}{\partial x}=(1+e^y)(-\sin x)=0,\\ \dfrac{\partial z}{\partial y}=e^y(\cos x-1-y)=0,\end{cases}$$

得无穷多个驻点

$$x=k\pi,y=\cos k\pi-1,k=0,\pm1,\pm2,\cdots,$$

$$A=\frac{\partial^2 z}{\partial x^2}=(1+e^y)(-\cos x),$$

$$B=\frac{\partial^2 z}{\partial x\partial y}=-e^y\sin x,$$

$$C=\frac{\partial^2 z}{\partial y^2}=(\cos x-2-y)e^y.$$

当 $x=2k\pi(k=0,\pm1,\pm2,\cdots)$时，$y=0$，

$$A=-2<0,\quad AC-B^2=2>0,$$

故$(2k\pi,0)$，$k=0,\pm1,\cdots$为极大值点；

当 $x=(2k+1)\pi$ 时，$y=-2$，

$$AC-B^2=-(1+e^{-2})\cdot e^{-2}<0,$$

故$((2k+1)\pi,-2)$不是极值点.

综上所述，此函数有无穷多个极大值点，无极小值点.

练习 2. 求下列函数的极值：

(1) $z=3axy-x^3-y^3,a>0$；

(2) $z=e^{2x}(x+2y+y^2)$.

练习 3. 已知函数 $z=z(x,y)$在区域 D 内满足方程$\dfrac{\partial^2 z}{\partial x^2}\dfrac{\partial^2 z}{\partial y^2}+a\dfrac{\partial z}{\partial x}+b\dfrac{\partial z}{\partial y}+c=0$（常数 $c>0$），证明：在 D 内函数 $z=z(x,y)$无极值.

同一元函数一样，求多元可微函数在有界闭域上的最大（小）

值时，可先求出函数在该闭域内的一切驻点上的函数值，以及函数在闭域的边界上的最大（小）值，这些函数值中最大（小）的便是所求的最大（小）值．但要注意，即使多元可微函数在区域内有唯一驻点，且取极大值，也未必是最大值！

例 2　设 $f(x,y)=\sin x+\cos y+\cos(x-y)$，求 $f(x,y)$ 在区域：$0\leqslant x\leqslant\frac{\pi}{2},0\leqslant y\leqslant\frac{\pi}{2}$ 内的最大值 M 和最小值 m．

解　首先，将闭区域内的驻点解出来．由

$$\begin{cases}\dfrac{\partial f}{\partial x}=\cos x-\sin(x-y)=0,\\\dfrac{\partial f}{\partial y}=-\sin y+\sin(x-y)=0,\end{cases}$$

推得

$$\sin y=\cos x=\sin\left(\frac{\pi}{2}-x\right).$$

又因为 $0\leqslant x,y\leqslant\frac{\pi}{2}$，故有 $y=\frac{\pi}{2}-x$，

$$0=\frac{\partial f}{\partial x}=\cos x-\sin\left(2x-\frac{\pi}{2}\right)=\cos x+\cos(2x),$$

解得 $x=\frac{\pi}{3}$，$y=\frac{\pi}{6}$，即驻点为 $\left(\frac{\pi}{3},\frac{\pi}{6}\right)$．函数在驻点处的值 $f\left(\frac{\pi}{3},\frac{\pi}{6}\right)=\frac{3\sqrt{3}}{2}$．另外，在边界上，$f(x,y)$ 的最小值为 0，最大值为 $1+\sqrt{2}$．将边界上的最大值、最小值与闭区域内部的驻点处的函数值进行比较，得到 $f(x,y)$ 在闭区域 $0\leqslant x,y\leqslant\frac{\pi}{2}$ 内的最大值为 $\frac{3}{2}\sqrt{3}$，最小值为 0．

练习 4. 求函数 $f(x,y)=2x^3-4x^2+2xy-y^2$ 在矩形闭区域：$-2\leqslant x\leqslant 2$，$-1\leqslant y\leqslant 1$ 上的最大值与最小值．此题的结果说明什么？

练习 5. 在 xOy 平面上求一点，使得它到 $x=0$，$y=0$ 及 $x+2y-16=0$ 三条直线的距离的平方和最小．

练习 6. 证明：周长为常数 $2p$ 的三角形中，等边三角形面积最大．

例 3　求由 $x^2+y^2+z^2-2x+2y-4z-10=0$ 确定的函数 $z=f(x,y)$ 的极值．

解　两边分别对 x、y 求偏导，得

$$\begin{cases}2x+2zz'_x-2-4z'_x=0,\\2y+2zz'_y+2-4z'_y=0.\end{cases}$$

设在点(x_0,y_0)处达到极值，则在该点处 $z'_x=z'_y=0$，代入上式，得

$$\begin{cases}2x_0-2=0,\\2y_0+2=0.\end{cases}$$

解出 $x_0=1$，$y_0=-1$. 代入到原方程中得 $z=6$，$z=-2$（请读者计算出二阶偏导数，并推导出极大值为 6，极小值为-2）.

8.7.3 条件极值与拉格朗日乘数法

极值问题有两类. 其一，求函数在给定的区域上的极值，对自变量没有其他要求，这种极值称为**无条件极值**，如本节例 2. 其二，对自变量另有一些附加的约束条件限制下的极值，称为**条件极值**. 如求内接于椭球$\frac{x^2}{a^2}+\frac{y^2}{b^2}+\frac{z^2}{c^2}=1$的体积最大的长方体的体积，且该长方体的各个面平行于坐标面. 设长方体在第一卦限的顶点坐标为(x,y,z)，则问题转化为求体积函数 $V=8xyz$ 在附加条件$\frac{x^2}{a^2}+\frac{y^2}{b^2}+\frac{z^2}{c^2}=1$下的最值问题. 对此条件极值问题，我们可以从约束条件中解出 $z=c\sqrt{1-\frac{x^2}{a^2}-\frac{y^2}{b^2}}$. 代入体积函数中，将问题化为新的函数 $V=8cxy\sqrt{1-\frac{x^2}{a^2}-\frac{y^2}{b^2}}$的无条件极值问题来处理. 但有时这样做很困难，甚至是做不到的. 下面根据以上处理问题的思想，推导出一个直接的方法——拉格朗日乘数法.

设函数

$$z=f(x,y) \tag{8.7.5}$$

在约束条件

$$\varphi(x,y)=0 \tag{8.7.6}$$

下，在点(x_0,y_0)处取极值. 在(x_0,y_0)的某邻域内，函数 $f(x,y)$ 与 $\varphi(x,y)$均有连续的偏导数，且 $\varphi'_y(x_0,y_0)\neq0$. 于是由隐函数存在定理知，方程 $\varphi(x,y)=0$ 在(x_0,y_0)的某邻域内确定一个单值连续可微函数 $y=y(x)$其中，$y_0=y(x_0)$. 从而一元函数

$$z=f(x,y(x))$$

在 x_0 处取极值. 由取极值的必要条件知

$$\left.\frac{\mathrm{d}z}{\mathrm{d}x}\right|_{x_0}=f'_x(x_0,y_0)+f'_y(x_0,y_0)\left.\frac{\mathrm{d}y}{\mathrm{d}x}\right|_{x_0}=0.$$

又由隐函数求导法，得

$$\left.\frac{\mathrm{d}y}{\mathrm{d}x}\right|_{x=x_0}=-\frac{\varphi'_x(x_0,y_0)}{\varphi'_y(x_0,y_0)},$$

从而有

$$f'_x(x_0,y_0)-\frac{f'_y(x_0,y_0)}{\varphi'_y(x_0,y_0)}\varphi'_x(x_0,y_0)=0.$$

设

$$\frac{f'_y(x_0,y_0)}{\varphi'_y(x_0,y_0)}=-\lambda_0,$$

则 x_0，y_0，λ_0 必须满足

$$\begin{cases}f'_x(x_0,y_0)+\lambda_0\varphi'_x(x_0,y_0)=0,\\ f'_y(x_0,y_0)+\lambda_0\varphi'_y(x_0,y_0)=0,\\ \varphi(x_0,y_0)=0.\end{cases}$$

这恰好相当于函数

$$F(x,y,\lambda)=f(x,y)+\lambda\varphi(x,y) \tag{8.7.7}$$

在(x_0,y_0,λ_0)处取无条件极值的必要条件.

总之，求函数（8.7.5）在条件（8.7.6）下的条件极值，可以通过函数（8.7.7）取无条件极值来解决. 如果(x_0,y_0,λ_0)是函数（8.7.7）的驻点，则(x_0,y_0)就是条件极值的嫌疑点，这种方法叫作**拉格朗日乘数法**. 函数（8.7.7）称为**拉格朗日函数**.

拉格朗日乘数法对一般多元函数在多个附加条件下的条件极值问题也适用. 比如，求函数

$$u=f(x_1,\cdots,x_n)$$

在条件

$$\varphi_i(x_1,\cdots,x_n)=0 \qquad (i=1,2,\cdots,m,\text{且 } m<n)$$

下的条件极值. 可以从函数

$$F(x_1,\cdots,x_n,\lambda_1,\cdots,\lambda_m)=f(x_1,\cdots,x_n)+\sum_{i=1}^{m}\lambda_i\varphi_i(x_1,\cdots,x_n)$$

的驻点$(x_1,\cdots,x_n,\lambda_1,\cdots,\lambda_m)$中得到条件极值的嫌疑点$(x_1,\cdots,x_n)$.

例 4　求内接于椭球$\frac{x^2}{a^2}+\frac{y^2}{b^2}+\frac{z^2}{c^2}=1$的、体积最大的长方体的体积，且长方体的各个面平行于坐标面.

解法 1　设内接于椭球且各个面平行于坐标面的长方体在第

一卦限的顶点坐标为(x,y,z)，则长方体的体积为

$$V=8xyz,$$

拉格朗日函数为

$$F=xyz+\lambda\left(\frac{x^2}{a^2}+\frac{y^2}{b^2}+\frac{z^2}{c^2}-1\right).$$

根据拉格朗日乘数法，需解下列方程组

$$yz+\lambda\frac{2x}{a^2}=0, \tag{1}$$

$$xz+\lambda\frac{2y}{b^2}=0, \tag{2}$$

$$xy+\lambda\frac{2z}{c^2}=0, \tag{3}$$

$$\frac{x^2}{a^2}+\frac{y^2}{b^2}+\frac{z^2}{c^2}=1. \tag{4}$$

式(1)$\times x+$式(2)$\times y+$式(3)$\times z$，可得 $3xyz=-2\lambda$.

将 λ 分别代入式(1)～式(3)可得

$$x=\frac{a}{\sqrt{3}},y=\frac{b}{\sqrt{3}},z=\frac{c}{\sqrt{3}}.$$

不难证明，当长方体在第一卦限内的顶点坐标为$\left(\frac{a}{\sqrt{3}},\frac{b}{\sqrt{3}},\frac{c}{\sqrt{3}}\right)$时，内接于椭球的长方体的最大体积为

$$V_{\max}=\frac{8}{3\sqrt{3}}abc.$$

解法 2　原问题等价于求$\frac{x^2}{a^2}\cdot\frac{y^2}{b^2}\cdot\frac{z^2}{c^2}$的最大值，而此三个数之和等于 1. 而

$$\sqrt[3]{\frac{x^2}{a^2}\cdot\frac{y^2}{b^2}\cdot\frac{z^2}{c^2}}\leqslant\frac{1}{3}\left(\frac{x^2}{a^2}+\frac{y^2}{b^2}+\frac{z^2}{c^2}\right)=\frac{1}{3}.$$

另外，不难验证，当$\frac{x^2}{a^2}=\frac{y^2}{b^2}=\frac{z^2}{c^2}=\frac{1}{3}$时，即当 $x=\frac{a}{\sqrt{3}}$，$y=\frac{b}{\sqrt{3}}$，$z=\frac{c}{\sqrt{3}}$时，有

$$\sqrt[3]{\frac{x^2}{a^2}\cdot\frac{y^2}{b^2}\cdot\frac{z^2}{c^2}}=\frac{1}{3}.$$

综合起来，我们得出，当长方体在第一卦限的顶点的坐标为$\left(\frac{a}{\sqrt{3}},\frac{b}{\sqrt{3}},\frac{c}{\sqrt{3}}\right)$时，内接于椭球的长方体的最大体积为

$$V_{\max}=\frac{8}{3\sqrt{3}}abc.$$

解法 3　设长方体的棱与坐标轴平行，在第一卦限内的顶点为 $M(x,y,z)$，则

$$V=8xyz=8cxy\sqrt{1-\frac{x^2}{a^2}-\frac{y^2}{b^2}}.\qquad D:\frac{x^2}{a^2}+\frac{y^2}{b^2}<1,x>0,y>0.$$

因为

$$\frac{\partial V}{\partial x}=\frac{8cy}{\sqrt{1-\frac{x^2}{a^2}-\frac{y^2}{b^2}}}\left(1-2\frac{x^2}{a^2}-\frac{y^2}{b^2}\right),$$

$$\frac{\partial V}{\partial y}=\frac{8cx}{\sqrt{1-\frac{x^2}{a^2}-\frac{y^2}{b^2}}}\left(1-\frac{x^2}{a^2}-2\frac{y^2}{b^2}\right).$$

令 $\frac{\partial V}{\partial x}=0,\frac{\partial V}{\partial y}=0$，解得唯一的驻点 $x=\frac{a}{\sqrt{3}},y=\frac{b}{\sqrt{3}}$. 又由于 V 的最大值显然存在且在区域 D 内，故所求的最大体积为

$$V_{\max}=V\left(\frac{a}{\sqrt{3}},\frac{b}{\sqrt{3}}\right)=\frac{8\sqrt{3}}{9}abc.$$

练习 7. 在曲面 $z=\sqrt{2+x^2+4y^2}$ 上求一点，使它到平面 $x-2y+3z=1$ 的距离最近.

例 5　求旋转抛物面 $z=x^2+y^2$ 与平面 $x+y+z=1$ 的交线上到坐标原点最近的点与最远的点.

解　设

$$F(x,y,z,\lambda_1,\lambda_2)=x^2+y^2+z^2+\lambda_1(x^2+y^2-z)+\lambda_2(x+y+z-1).$$

令 F 的所有偏导数为零，得

$$2x+2\lambda_1x+\lambda_2=0,\qquad 2y+2\lambda_1y+\lambda_2=0,\qquad 2z-\lambda_1+\lambda_2=0,$$

$$x^2+y^2-z=0,\qquad x+y+z-1=0.$$

解得两个嫌疑点

$$M_1\left(-\frac{1+\sqrt{3}}{2},-\frac{1+\sqrt{3}}{2},2+\sqrt{3}\right),\quad M_2\left(\frac{\sqrt{3}-1}{2},\frac{\sqrt{3}-1}{2},2-\sqrt{3}\right).$$

由于

$$|OM_1|=\sqrt{9+5\sqrt{3}},\qquad |OM_2|=\sqrt{9-5\sqrt{3}},$$

所以，与原点最近的点是 M_2，最远的点是 M_1.

练习 8. 将长为 l 的线段分为三段，一段围成圆，一段围成正方形，一段围成正三角形，问如何分 l 才能使它们的面积之和最小，并求这个最小值.

8.8 方向导数与梯度

如果在空间（或部分空间区域）D 上，每个点都对应着某个物理量的一个确定值. 我们把该物理量在 D 上的这种分布称为该物理量的场. 若分布不随时间变化，称为**稳定场**；否则，称为**不稳定场**. 物理量为数量的场叫作**数量场**. 物理量为向量的场叫作**向量场**. 例如，温度场、密度场、电位场都是数量场，而力场、速度场、电场强度场都是向量场. 如果 D 是平面区域，相应的场叫**平面场**.

在稳定的数量场中，物理量 u 的分布是点 P 的数量函数 $u=u(P),P\in D$. 在稳定的向量场中，物理量 $\boldsymbol{A}$ 的分布是点 P 的向量函数 $\boldsymbol{A}=\boldsymbol{A}(P)$，$P\in D$.

本节只介绍稳定的数量场（就是区域 D 上的点函数）的两个重要概念.

8.8.1 方向导数

在数量场 $u=u(P),P\in D$ 中，使 u 取同一值 C 的点的集合 $\{P\mid u(P)=C,P\in D\}$ 称为数量场的一个**等值面**. 它通常是空间曲面，例如，温度场中的等温面，电位场中的等位面.

所有等值面充满了场，并把场分“层”，不同的等值面不相交，场内每一点都有且仅有一个等值面通过（见图 8.10).

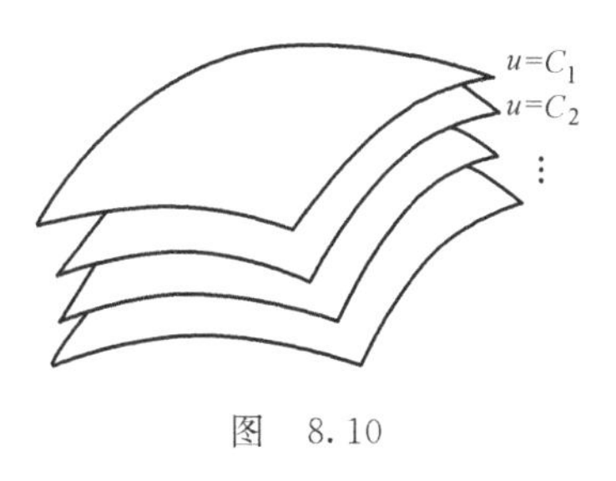

图 8.10

在平面数量场 $v=v(P),P\in D$ 中，取同一数值 C 的点的集合称为**等值线**. 如地形图上的等高线，地面气象图上的等压线等. 图 8.11 画出了 $v=\sqrt{4-x^2-y^2}$ 的图形及等值线.

考察数量场 $u=u(P),P\in D$ 在一点处沿指定方向的变化率问题是数量场研究中的核心问题之一.

定义 8.13　设点 $P_0\in D$，l 是从 P_0 引出的射线（见图 8.12),

$\boldsymbol{l}$ 为其方向向量. 在射线 l 上取一邻近点 P_0 的动点 P，记 $|PP_0|=\rho$，如果当 $P\xrightarrow{l}P_0$ 时，比式

$$\frac{\Delta u}{\rho}=\frac{u(P)-u(P_0)}{|PP_0|}$$

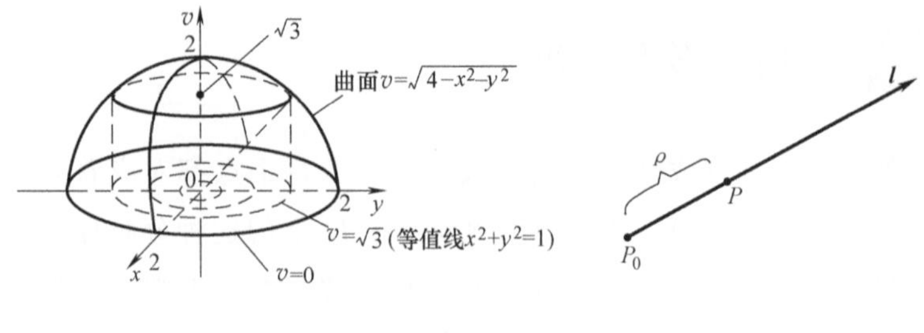

图　8.11　　　　图　8.12

的极限存在，则称之为场（函数）$u=u(P)$在点 P_0 处沿 $\boldsymbol{l}$ 方向的**方向导数**，记为$\left.\frac{\partial u}{\partial \boldsymbol{l}}\right|_{P_0}$，即

$$\left.\frac{\partial u}{\partial \boldsymbol{l}}\right|_{P_0}=\lim_{\rho\to 0}\frac{\Delta u}{\rho}=\lim_{P\to P_0}\frac{u(P)-u(P_0)}{|PP_0|}.$$

由定义 8.13 知，方向导数就是函数 $u=u(P)$沿指定方向对距离 ρ 的变化率，当$\left.\frac{\partial u}{\partial \boldsymbol{l}}\right|_{P_0}>0$ 时，函数 u 在 P_0 处沿 $\boldsymbol{l}$ 方向是增加的；当$\left.\frac{\partial u}{\partial \boldsymbol{l}}\right|_{P_0}<0$ 时，函数 u 在 P_0 处沿 $\boldsymbol{l}$ 方向是减小的.

如果引进空间直角坐标系 $Oxyz$，数量场 $u=u(P)$，$P\in D$ 可以通过 D 上的三元函数 $u=u(x,y,z)$表达. 关于方向导数的存在性及其计算，有下面的定理.

定理 8.10　设 $u=u(x,y,z)$在点 $P_0(x_0,y_0,z_0)$处可微，则函数 $u(x,y,z)$在点 P_0 处沿任意指定方向 $\boldsymbol{l}$ 的方向导数都存在，且

$$\left.\frac{\partial u}{\partial \boldsymbol{l}}\right|_{P_0}=\left.\frac{\partial u}{\partial x}\right|_{P_0}\cos\alpha+\left.\frac{\partial u}{\partial y}\right|_{P_0}\cos\beta+\left.\frac{\partial u}{\partial z}\right|_{P_0}\cos\gamma \quad (8.8.1)$$

其中，$\cos\alpha,\cos\beta,\cos\gamma$ 是 $\boldsymbol{l}$ 的方向余弦.

证明　在射线 l 上取邻近 P_0 的动点 $P(x_0+\Delta x,y_0+\Delta y,z_0+\Delta z)$，由直线的参数方程知，$\Delta x=\rho\cos\alpha,\Delta y=\rho\cos\beta,\Delta z=\rho\cos\gamma$　$(\rho=|PP_0|)$. 因函数 u 在点 P_0 处可微，故

$$\Delta u=u(P)-u(P_0)=\left.\frac{\partial u}{\partial x}\right|_{P_0}\Delta x+\left.\frac{\partial u}{\partial y}\right|_{P_0}\Delta y+\left.\frac{\partial u}{\partial z}\right|_{P_0}\Delta z+o(\rho).$$

两边同除以 ρ，令 $\rho\to 0$，取极限，即得所证. □

由式（8.8.1）知，计算方向导数时只需知道 $\boldsymbol{l}$ 的方向及函数

的偏导数．但是务必注意，偏导数存在不足以保证各方向导数都存在．

例 1　求 $u=x^2y+y^2z+z^2x$ 在点 $P_0(1,1,1)$ 处沿向量 $\boldsymbol{l}=\boldsymbol{i}-2\boldsymbol{j}+\boldsymbol{k}$ 方向的方向导数．

解　由于

$$\frac{\partial u}{\partial x}=2xy+z^2,\frac{\partial u}{\partial y}=2yz+x^2,\frac{\partial u}{\partial z}=2zx+y^2$$

都连续，又

$$\left.\frac{\partial u}{\partial x}\right|_{(1,1,1)}=3,\ \left.\frac{\partial u}{\partial y}\right|_{(1,1,1)}=3,\ \left.\frac{\partial u}{\partial z}\right|_{(1,1,1)}=3.$$

且 $\boldsymbol{l}$ 的方向余弦

$$\cos\alpha=\frac{1}{\sqrt{6}},\cos\beta=\frac{-2}{\sqrt{6}},\cos\gamma=\frac{1}{\sqrt{6}},$$

所以

$$\left.\frac{\partial u}{\partial \boldsymbol{l}}\right|_{(1,1,1)}=\frac{3}{\sqrt{6}}+\frac{-6}{\sqrt{6}}+\frac{3}{\sqrt{6}}=0.$$

练习 1. 求 $u=xyz$ 在点 $M(3,4,5)$ 处沿锥面 $z=\sqrt{x^2+y^2}$ 的法线方向的方向导数．

练习 2. 求 $u=1-\frac{x^2}{a^2}-\frac{y^2}{b^2}$ 在点 $\left(\frac{a}{\sqrt{2}},\ \frac{b}{\sqrt{2}}\right)$ 处沿曲线 $\frac{x^2}{a^2}+\frac{y^2}{b^2}=1$ 的内法线的方向导数．

练习 3. 求函数 $w=\mathrm{e}^{-2y}\ln(x+z^2)$ 在点 $(\mathrm{e}^2,1,\mathrm{e})$ 处沿曲面 $x=\mathrm{e}^{u+v}$，$y=\mathrm{e}^{u-v}$，$z=\mathrm{e}^{uv}$ 的法向量的方向导数［注意思考：以参数方程给出的曲面（双参数）如何求法向量］．

例 2　试构造一个函数 $f(x,y)$，使 $f'_x(0,0)$ 及 $f'_y(0,0)$ 均存在，但在原点处沿任何既不平行于 x 轴又不垂直于 x 轴的方向 $\boldsymbol{l}$ 的方向导数 $\frac{\partial f}{\partial \boldsymbol{l}}$ 不存在．

解　令

$$f(x,y)=\begin{cases}1, & xy=0,\\ 0, & xy\neq 0,\end{cases}$$

则 $f(x,y)$ 在原点处的两个偏导数为零，而它在原点处沿其他方向均不连续，故方向导数不存在．

8.8.2　梯度

方向导数描述了函数 $u=u(P)$ 在一点处沿某一方向的变化

率，但从一点发出的射线有无穷多条，沿哪个方向变化率最大？这个最大的变化率为多少？为解决这些问题，下面我们在函数可微的情况下来分析一下，此时点 $P(x,y,z)$ 处方向导数的公式

$$\frac{\partial u}{\partial \boldsymbol{l}}=\frac{\partial u}{\partial x}\cos\alpha+\frac{\partial u}{\partial y}\cos\beta+\frac{\partial u}{\partial z}\cos\gamma.$$

它等于下述两个向量的数量积：

$$\boldsymbol{l}^0=\cos\alpha\boldsymbol{i}+\cos\beta\boldsymbol{j}+\cos\gamma\boldsymbol{k},$$

$$\boldsymbol{G}=\frac{\partial u}{\partial x}\boldsymbol{i}+\frac{\partial u}{\partial y}\boldsymbol{j}+\frac{\partial u}{\partial z}\boldsymbol{k},$$

其中，$\boldsymbol{l}^0$ 是 $\boldsymbol{l}$ 方向的单位向量，它与点 P 和函数 $u=u(P)$ 的位置无关；$\boldsymbol{G}$ 依赖于点 P 的位置和函数 $u=u(P)$，与 $\boldsymbol{l}$ 的方向无关.

$$\frac{\partial u}{\partial \boldsymbol{l}}=\boldsymbol{G}\cdot\boldsymbol{l}^0=|\boldsymbol{G}|\cos(\boldsymbol{G},\boldsymbol{l})=\mathrm{Prj}_{\boldsymbol{l}}\boldsymbol{G}.$$

这说明方向导数等于向量 $\boldsymbol{G}$ 在 $\boldsymbol{l}$ 上的投影. 只要知道向量 $\boldsymbol{G}$，任何方向的方向导数就都清楚了. 所以 $\boldsymbol{G}$ 在数量场（函数）的研究中十分重要. 当 $\boldsymbol{l}$ 与 $\boldsymbol{G}$ 方向一致时，方向导数最大，等于 $|\boldsymbol{G}|$. 所以，向量 $\boldsymbol{G}$ 的方向是函数 $u(P)$ 在点 P 处变化率最大的方向，其模 $|\boldsymbol{G}|$ 是这个最大的变化率.

定义 8.14　数量场（函数）$u(P)$ 在点 P 处的**梯度**是个向量，其方向为 $u(P)$ 在点 P 的变化率最大的方向，其大小（模）恰好等于这个最大的变化率，记为 $\mathbf{grad}\ u$.

在空间直角坐标系下，梯度的表达式为

$$\mathbf{grad}\ u=\frac{\partial u}{\partial x}\boldsymbol{i}+\frac{\partial u}{\partial y}\boldsymbol{j}+\frac{\partial u}{\partial z}\boldsymbol{k}.\tag{8.8.2}$$

梯度 $\left\{\frac{\partial u}{\partial x},\frac{\partial u}{\partial y},\frac{\partial u}{\partial z}\right\}$ 恰好是过点 P 的等值面 $u(x,y,z)=C$ 在点 P 处的一个法向量（见图 8.13）.

由梯度的定义、式（8.8.2）以及求导法则，可以直接推出下列性质及运算法则.

（1）方向导数等于梯度在该方向上的投影，即

$$\frac{\partial u}{\partial \boldsymbol{l}}=\mathrm{Prj}_{\boldsymbol{l}}\boldsymbol{G}.$$

(2)梯度 $\mathbf{grad}\ u(P)$ 垂直于过点 P 的等值面，并指向 $u(P)$ 增大的方向.

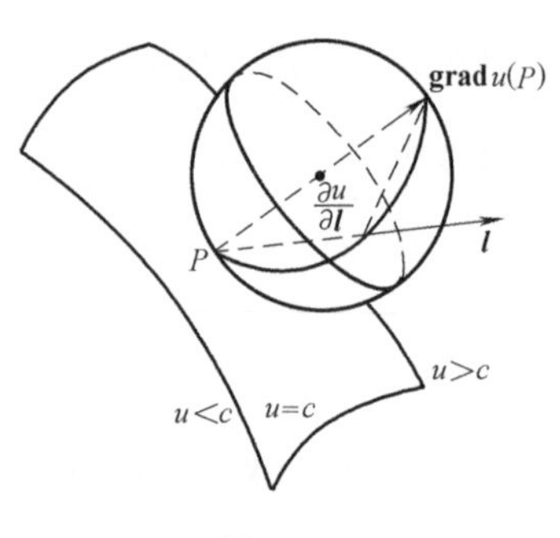

图　8.13

（3）梯度运算法则：

ⅰ) **grad** $C=\mathbf{0}$ （C 为常数）.

ⅱ) **grad** $(C_1u_1+C_2u_2)=C_1\,\mathbf{grad}\,u_1+C_2\,\mathbf{grad}\,u_2$ （C_1、C_2 为常数）.

ⅲ) **grad** $(u_1u_2)=u_1\,\mathbf{grad}\,u_2+u_2\,\mathbf{grad}\,u_1$.

ⅳ) **grad** $\left(\dfrac{u_1}{u_2}\right)=(u_2\,\mathbf{grad}\,u_1-u_1\,\mathbf{grad}\,u_2)/u_2^2$ （$u_2\neq 0$）.

ⅴ) **grad** $f(u)=f'(u)\,\mathbf{grad}\,u$.

其中，u，u_1，u_2，f 都是可微的函数.

例 3　求电位 $u=\dfrac{q}{4\pi\varepsilon r}$ 的梯度.

解　设 $\boldsymbol{r}=x\boldsymbol{i}+y\boldsymbol{j}+z\boldsymbol{k}$，$r=|\boldsymbol{r}|$，由法则ⅴ，有

$$\mathbf{grad}\,u=-\frac{q}{4\pi\varepsilon r^2}\mathbf{grad}\,r,$$

$$\mathbf{grad}\,r=\frac{\partial r}{\partial x}\boldsymbol{i}+\frac{\partial r}{\partial y}\boldsymbol{j}+\frac{\partial r}{\partial z}\boldsymbol{k}=\frac{x}{r}\boldsymbol{i}+\frac{y}{r}\boldsymbol{j}+\frac{z}{r}\boldsymbol{k}=\boldsymbol{r}^0,$$

故

$$\mathbf{grad}\,u=-\frac{q}{4\pi\varepsilon r^2}\boldsymbol{r}^0=-\boldsymbol{E},$$

这说明电场强度 $\boldsymbol{E}$ 是与电位 u 的梯度相反的向量.

练习 4. 求数量场 $u=x^2+y^2-2z^2+3xy+xyz-2z-3y$ 在点$(1,2,3)$处的梯度，和沿方向 $\boldsymbol{l}=\{1,-1,0\}$ 的方向导数.

练习 5. 设数量场 $u=x^2+2y^2+3z^2+xy+3x-2y-6z$，求：

(1) 梯度为零向量的点；

(2) 在点$(2,0,1)$处，沿哪一个方向，u 的变化率最大，并求此最大变化率；

(3) 使其梯度垂直于 Oz 轴的点.

最后，介绍一个“美妙和谐”的向量微分算子∇. 在空间直角坐标系 $Oxyz$ 下，记作

$$\nabla=\boldsymbol{i}\,\frac{\partial}{\partial x}+\boldsymbol{j}\,\frac{\partial}{\partial y}+\boldsymbol{k}\,\frac{\partial}{\partial z},$$

称之为**哈密顿**（Hamilton）**算子**，符号∇读作“那勃勒”(Nabla)，则

$$\mathbf{grad}\,u=\nabla u.$$

8.9 例题

例 1　已知 $u=f(t), t=\ln\sqrt{x^2+y^2+z^2}$，满足

$$\frac{\partial^2 u}{\partial x^2}+\frac{\partial^2 u}{\partial y^2}+\frac{\partial^2 u}{\partial z^2}=(x^2+y^2+z^2)^{-\frac{3}{2}}, \qquad (*)$$

求 $f(t)$.

解　$\frac{\partial u}{\partial x}=f'(t)\frac{x}{x^2+y^2+z^2}$,

$$\frac{\partial^2 u}{\partial x^2}=f''(t)\frac{x^2}{(x^2+y^2+z^2)^2}+f'(t)\frac{y^2+z^2-x^2}{(x^2+y^2+z^2)^2},$$

根据此题中 x，y，z 地位同等，可直接得到$\frac{\partial^2 u}{\partial y^2}$和$\frac{\partial^2 u}{\partial z^2}$，代入式(*)，得

$$f''(t)\frac{1}{x^2+y^2+z^2}+f'(t)\frac{1}{x^2+y^2+z^2}=\frac{1}{(x^2+y^2+z^2)^{3/2}}.$$

整理上式，并注意到$\sqrt{x^2+y^2+z^2}=\mathrm{e}^t$，得

$$f''(t)+f'(t)=\mathrm{e}^{-t}.$$

这是二阶常系数非齐次线性微分方程，其通解为

$$f(t)=C_1+C_2\mathrm{e}^{-t}-t\mathrm{e}^{-t}.$$

例 2　设 $z=f(x,u,v)$，$u=g(x,y)$，$v=h(x,y,u)$，f,g,h 均可微，求$\frac{\partial z}{\partial x}$及$\frac{\partial z}{\partial y}$.

解法 1　在多元复合函数中，如果有的变量既是中间变量又是自变量，则此时利用全微分形式不变性去求偏导数会很方便，且不易出错. 分别取三个式子的全微分，得

$$\mathrm{d}z=f'_x\mathrm{d}x+f'_u\mathrm{d}u+f'_v\mathrm{d}v,$$

$$\mathrm{d}u=g'_x\mathrm{d}x+g'_y\mathrm{d}y,$$

$$\mathrm{d}v=h'_x\mathrm{d}x+h'_y\mathrm{d}y+h'_u\mathrm{d}u.$$

利用后两式，将 $\mathrm{d}u$、$\mathrm{d}v$ 用 $\mathrm{d}x$、$\mathrm{d}y$ 表示，再代入第一式，得

$$\begin{aligned}\mathrm{d}z&=f'_x\mathrm{d}x+f'_u(g'_x\mathrm{d}x+g'_y\mathrm{d}y)+f'_v[h'_x\mathrm{d}x+h'_y\mathrm{d}y+h'_u(g'_x\mathrm{d}x+g'_y\mathrm{d}y)]\\&=(f'_x+f'_ug'_x+f'_vh'_x+f'_vh'_ug'_x)\mathrm{d}x+(f'_ug'_y+f'_vh'_y+f'_vh'_ug'_y)\mathrm{d}y,\end{aligned}$$

故

$$\frac{\partial z}{\partial x}=f'_x+f'_ug'_x+f'_vh'_x+f'_vh'_ug'_x,$$

$$\frac{\partial z}{\partial y}=f'_ug'_y+f'_vh'_y+f'_vh'_ug'_y.$$

解法 2　用隐函数求导法也很方便. 设

$$F_1=z-f(x,u,v),F_2=u-g(x,y),F_3=v-h(x,y,u),$$

则

$$\frac{\partial(F_1,F_2,F_3)}{\partial(z,u,v)}=\begin{vmatrix}1 & -f'_u & -f'_v\\ 0 & 1 & 0\\ 0 & -h'_u & 1\end{vmatrix}=1,$$

$$\frac{\partial(F_1,F_2,F_3)}{\partial(x,u,v)}=\begin{vmatrix}-f'_x & -f'_u & -f'_v\\ -g'_x & 1 & 0\\ -h'_x & -h'_u & 1\end{vmatrix}$$

$$=-f'_x-f'_vh'_ug'_x-f'_vh'_x-f'_ug'_x,$$

$$\frac{\partial(F_1,F_2,F_3)}{\partial(y,u,v)}=\begin{vmatrix}0 & -f'_u & -f'_v\\ -g'_y & 1 & 0\\ -h'_y & -h'_u & 1\end{vmatrix}$$

$$=-f'_vh'_ug'_y-f'_vh'_y-f'_ug'_y.$$

故

$$\frac{\partial z}{\partial x}=f'_x+f'_vh'_ug'_x+f'_vh'_x+f'_ug'_x,$$

$$\frac{\partial z}{\partial y}=f'_vh'_ug'_y+f'_vh'_y+f'_ug'_y.$$

例 3　隐函数 $z=z(x,y)$ 由方程

$$x^2+y^2+4z^2-4xz+2z-1=0$$

确定，求其极值.

解　令

$$\frac{\partial z}{\partial x}=-\frac{x-2z}{4z-2x+1}=0,\frac{\partial z}{\partial y}=-\frac{y}{4z-2x+1}=0.$$

解得 $x=2z,y=0$，代入原方程得 $z=\frac{1}{2}$，故驻点为(1,0). 又

$$A=\left.\frac{\partial^2 z}{\partial x^2}\right|_{(1,0)}=-1,B=\left.\frac{\partial^2 z}{\partial x\partial y}\right|_{(1,0)}=0,C=\left.\frac{\partial^2 z}{\partial y^2}\right|_{(1,0)}=-1.$$

$A<0$，$AC-B^2=1>0$，所以当 $x=1,y=0$ 时，z 取极大值$\frac{1}{2}$.

此题也可将 $f=z$ 视为目标函数，求其在条件 $x^2+y^2+4z^2-4xz+2z-1=0$ 下的条件极值.

例 4　求实二次型

$$f(x,y,z)=Ax^2+By^2+Cz^2+2Dyz+2Ezx+2Fxy$$

在单位球面 $x^2+y^2+z^2=1$ 上的最大值与最小值.

解　设拉格朗日函数

$$F=f(x,y,z)+\lambda(1-x^2-y^2-z^2).$$

由方程组

$$\begin{cases}F_x'=2[(A-\lambda)x+Fy+Ez]=0,\\ F_y'=2[Fx+(B-\lambda)y+Dz]=0,\\ F_z'=2[Ex+Dy+(C-\lambda)z]=0,\\ x^2+y^2+z^2=1\end{cases}\qquad(*)$$

中最后一个方程知 x，y，z 不全为零，故前三个方程构成的齐次线性方程组有非零解，因此系数行列式

$$\begin{vmatrix}A-\lambda & F & E\\ F & B-\lambda & D\\ E & D & C-\lambda\end{vmatrix}=0.$$

所以拉格朗日乘数 λ_0 是二次型矩阵

$$\boldsymbol{G}=\begin{pmatrix}A & F & E\\ F & B & D\\ E & D & C\end{pmatrix}$$

的特征值. 由方程组（$*$）解得的 $(x_0,y_0,z_0)^{\mathrm{T}}$，是 $\boldsymbol{G}$ 的属于特征值 λ_0 的单位特征向量. 此时二次型的值为

$$f(x_0,y_0,z_0)=(x_0,y_0,z_0)\boldsymbol{G}\begin{pmatrix}x_0\\ y_0\\ z_0\end{pmatrix}=\lambda_0(x_0^2+y_0^2+z_0^2)=\lambda_0.$$

由此可见，这个条件极值问题的最大值就是 $\boldsymbol{G}$ 的最大特征值 $\lambda_{\max}$，最小值就是 $\boldsymbol{G}$ 的最小特征值 $\lambda_{\min}$.

请读者通过等值面、二次曲面对这个问题做几何的思考.

例 5　某处地下埋有物品 E，该物品在大气中散发着特有的气味，气味的浓度在地平面上的分布为 $v=\mathrm{e}^{-k(x^2+2y^2)}$（$k$ 为正的常数），警犬在点 (x_0,y_0) 处嗅到气味后，沿着气味最浓的方向搜寻，求警犬搜寻的路线.

解法 1　设警犬搜寻路线为 $y=y(x)$，在各点 (x,y) 处前进的方向是曲线 $y=y(x)$ 的切向量 $\left\{1,\dfrac{\mathrm{d}y}{\mathrm{d}x}\right\}$ 的方向，而气味最浓的方向是 v 的梯度方向

$$\mathbf{grad}\ v=\mathrm{e}^{-k(x^2+2y^2)}(-k)(2x\boldsymbol{i}+4y\boldsymbol{j}).$$

故 $y=y(x)$ 满足初值问题

$$\begin{cases}x\dfrac{\mathrm{d}y}{\mathrm{d}x}=2y,\\ y|_{x_0}=y_0.\end{cases}$$

由分离变量法，解得：

当 $x_0\neq 0$ 时，搜寻曲线为 $y=\dfrac{y_0}{x_0^2}x^2$；

当 $x_0=0$ 时，搜寻曲线为 $x=0$.

解法 2　气味的等值线为

$$x^2+2y^2=C,$$

两边求导，得到等值线满足的微分方程

$$x+2yy'=0.$$

由于警犬沿着气味的梯度方向搜寻，所以搜寻曲线与气味等值线正交，即搜寻曲线的切线的斜率与等值线的斜率为负倒数关系. 故搜寻曲线满足初值问题

$$\begin{cases}xy'-2y=0,\\ y|_{x_0}=y_0.\end{cases}$$

以下同解法 1.

习题 8

1. 设函数 $f(x,y)$ 在闭域：$|x|\leqslant a$，$|y|\leqslant b$ 上连续，且是正定的，即当 $(x,y)\neq(0,0)$ 时，$f(x,y)>0$，$f(0,0)=0$. 试证对适当小的正数 C，方程 $f(x,y)=C$ 的图形中含有一条包围着原点 $(0,0)$ 的闭曲线.

2. 已知方程 $\dfrac{\partial^2 u}{\partial x^2}+\dfrac{\partial^2 u}{\partial y^2}=0$ 有形如 $u=\varphi\left(\dfrac{y}{x}\right)$ 的解，求出此解.

3. 函数 $z=f(x,y)$ 在凸的区域 D 上，$\dfrac{\partial z}{\partial x}\equiv 0$ 的充要条件是什么？$\dfrac{\partial^2 z}{\partial x\partial y}\equiv 0$ 的充要条件是什么？$\mathrm{d}z\equiv 0$ 的充要条件是什么？（凸的区域 D，是指 D 内任意两点间的直线段都位于 D 内的区域.）

4. 若 $f'_x(x_0,y_0)$ 存在，$f'_y(x,y)$ 在点 (x_0,y_0) 处连续，试证函数 $f(x,y)$ 在点 (x_0,y_0) 处可微.

5. 已知二元函数 $z=f(x,y)$ 可微，两个偏增量分别为

$$\Delta_x z=(2+3x^2y^2)\Delta x+3xy^2(\Delta x)^2+y^2(\Delta x)^3,$$

$$\Delta_y z=2x^3y\Delta y+x^3(\Delta y)^2,$$

且 $f(0,0)=1$，求 $f(x,y)$.

6. 证明下列函数 u 满足指定的方程.

(1) 设 $u=\varphi(x+at)+\psi(x-at)$，其中 φ、ψ 具有二阶导数，证明：u 满足方程

$$\frac{\partial^2 u}{\partial t^2}=a^2\frac{\partial^2 u}{\partial x^2}.$$

(2) 设 $z=f(x+\varphi(y))$，其中 φ 可微，f 具有二阶连续的导数，证明：

$$\frac{\partial z}{\partial x}\frac{\partial^2 z}{\partial x\partial y}=\frac{\partial z}{\partial y}\frac{\partial^2 z}{\partial x^2}.$$

(3) 如果函数 $u=f(x,y,z)$ 满足关系

$$f(tx,ty,tz)=t^k f(x,y,z),$$

则称此函数为 k **次齐次函数**. 证明：当 f 可微时，k 次齐次函数满足方程

$$x\frac{\partial f}{\partial x}+y\frac{\partial f}{\partial y}+z\frac{\partial f}{\partial z}=kf(x,y,z).$$

反之，满足此方程的函数，必为 k 次齐次函数.

7. 已知函数 $z=f(x,y)$ 有连续的二阶偏导数，且满足方程 $a^2\dfrac{\partial^2 z}{\partial x^2}-\dfrac{\partial^2 z}{\partial y^2}=0$，做变换，令 $u=x+ay$，$v=x-ay$，试求 z 作为 u、v 的函数所应满足的方程.

8. 设变换 $u=x-2y$ 和 $v=x+ay$ 可把方程 $6\dfrac{\partial^2 z}{\partial x^2}+\dfrac{\partial^2 z}{\partial x\partial y}-\dfrac{\partial^2 z}{\partial y^2}=0$ 简化为 $\dfrac{\partial^2 z}{\partial u\partial v}=0$，求常数 a.

9. 设 $u=f(x,y,z)$ 可微，且满足关系 $\frac{u'_x}{x}=\frac{u'_y}{y}=\frac{u'_z}{z}$，试证经过变换 $x=\rho\sin\varphi\cos\theta$，$y=\rho\sin\varphi\sin\theta$，$z=\rho\cos\varphi$ 后，u 仅是 ρ 的函数.

10. 设 $z=z(x,y)$ 由方程 $ax+by+cz=\Phi(x^2+y^2+z^2)$ 所确定，其中 Φ 可微，证明：

$$(cy-bz)\frac{\partial z}{\partial x}+(az-cx)\frac{\partial z}{\partial y}=bx-ay.$$

11. 设函数 $z=z(x,y)$ 是由方程 $F(x+zy^{-1},y+zx^{-1})=0$ 所确定. 证明：

$$x\frac{\partial z}{\partial x}+y\frac{\partial z}{\partial y}=z-xy.$$

12. 设函数 $z=z(x,y)$ 是由方程 $\frac{x}{z}=\varphi\left(\frac{y}{z}\right)$ 所确定，其中 φ 具有连续的二阶导数，证明：

$$\frac{\partial^2 z}{\partial x^2}\cdot\frac{\partial^2 z}{\partial y^2}=\left(\frac{\partial^2 z}{\partial x\partial y}\right)^2.$$

13. 已知函数 $z=z(x,y)$ 可微，且 $\frac{\partial z}{\partial x}\neq 0$，满足方程 $(x-z)\frac{\partial z}{\partial x}+y\frac{\partial z}{\partial y}=0$，若将 x 作为 y、z 的函数，它应满足怎样的方程?

14. 求曲线 $F(x,y)=0$ 的曲率，设 F 具有二阶连续的偏导数.

15. 设函数 $z=f(x,y)$ 具有二阶连续偏导数，且 $\frac{\partial z}{\partial y}\neq 0$，证明：对函数值域内任意给定的值 C 而言，$f(x,y)=C$ 为直线的充要条件是

$$(z'_y)^2 z''_{xx}-2z'_x z'_y z''_{xy}+(z'_x)^2 z''_{yy}=0.$$

16. 证明：曲面 $e^{2x-z}=f\ (\pi y-\sqrt{2}z)$ 是柱面，其中 f 可微.

17. 某公司通过电台和报纸做某种商品的销售广告，根据统计资料，销售收入 R（万元）与电台广告费用 x（万元）及报纸广告费用 y（万元）之间有如下经验关系：

$$R=15+14x+32y-8xy-2x^2-10y^2.$$

(1) 在广告费不限的情况下，求最优广告策略；

(2) 若提供的广告费为 1.5 万元，求相应的最优广告策略.

18. 设生产某种产品必须投入两种要素，x_1 和 x_2 分别为两种要素的投入量，Q 为产品的产出量. 若生产函数为 $Q=2x_1^{\alpha}x_2^{\beta}$，其中 α、β 为正的常数，且 $\alpha+\beta=1$. 假设两种要素的价格分别为 P_1 和 P_2，问当产出量为 12 时，两种要素各投入多少可使得投入的总费用最少?

19. 求椭球面 $\frac{x^2}{3}+\frac{y^2}{2}+z^2=1$ 被平面 $x+y+z=0$ 截得的椭圆的长半轴与短半轴.

20. 确定正数 a，使椭球面 $x^2+\frac{y^2}{4}+\frac{z^2}{9}=a^2$ 与平面 $3x-2y+z=34$ 相切.

21. 修建一个容积为 V 的长方体的水池（无盖），已知底面与侧面单位面积造价比为 3∶2，问如何设计水池的长 x、宽 y、高 z，使总造价最低.

22. 将正数 a 分成 n 个非负数之和，使其乘积最大，并由此证明 n 个正数的几何平均值不超过其算术平均值.

23. 三角形的顶点分别在三条不相交的曲线 $f(x,y)=0$、$\varphi(x,y)=0$ 及 $\psi(x,y)=0$ 上，其中 f，φ，ψ 均可微，且 $f'_y\varphi'_y\psi'_y\neq 0$. 如果三角形的面积能取得极值，试证面积取极值时的三角形的顶点处，曲线的法线必过三角形的垂心.

24. 证明光滑曲面 $G(x,y,z)=0$ 上离原点最近的点处的法线必过原点.

25. 指出数量场 $u=u(x,y,z)$ 在一点 (x_0,y_0,z_0) 处的梯度、方向导数、等值面及全微分之间的关系.

26. 计算 $\mathbf{grad}\left[\boldsymbol{c}\cdot\boldsymbol{r}+\frac{1}{2}\ln(\boldsymbol{c}\cdot\boldsymbol{r})\right]$，其中 $\boldsymbol{c}$ 为常向量，$\boldsymbol{r}$ 为向径，且 $\boldsymbol{c}\cdot\boldsymbol{r}>0$.

27. 证明：$\mathbf{grad}\ u$ 为常向量的充要条件是 u 为线性函数 $u=ax+by+cz+d$.

28. 海平面上点 (x_0,y_0) 处，一条鲨鱼嗅到水中有血腥味后，随时会向着血腥味最浓的方向游动，设海水中海平面上点 (x,y) 处血液浓度（每百万份水中含血的份数）为 $C=\exp(-(x^2+2y^2)/10^4)$，求鲨鱼游动的路线.

29. 若函数 $f(x,y)$ 在点 (x_0,y_0) 处沿任何方向的方向导数都存在，且相等，那么 $f(x,y)$ 在点 (x_0,y_0) 处，偏导数是否存在? 是否可微?

30. 设 $z=\sin(xy)$，求 $\frac{\partial^3 z}{\partial x\partial y^2}$，$\frac{\partial^3 z}{\partial y\partial x\partial y}$，$\frac{\partial^3 z}{\partial y^2\partial x}$.

31. 设 $x=f(u,v,w)$, $y=g(u,v,w)$, $z=h(u,v,w)$确定，且 u，v，w 是 x，y，z 的函数，并求$\frac{\partial u}{\partial x}$.

32. 设 $x=\varphi(u,v)$, $y=\psi(u,v)$, $z=f(u,v)$确定 z 是 x、y 的二元函数，试求出偏导数$\frac{\partial z}{\partial x}$及$\frac{\partial z}{\partial y}$的计算公式.

33. 已知 $z=f(x,y)$在点 P_0 处可微，$\boldsymbol{l}_1=\{2,-2\}$，$\boldsymbol{l}_2=\{-2,0\}$. 且$\left.\frac{\partial u}{\partial \boldsymbol{l}_1}\right|_{P_0}=1$，$\left.\frac{\partial u}{\partial \boldsymbol{l}_2}\right|_{P_0}=-3$，求 z 在 P_0 处的梯度、全微分，及沿 $\boldsymbol{l}=\{3,2\}$ 方向的方向导数.

34. 设函数 $u=F(x,y,z)$在条件 $\varphi(x,y,z)=0$ 和 $\psi(x,y,z)=0$ 下，在点(x_0,y_0,z_0)处取极值 m. 试证三个曲面 $F(x,y,z)=m$、$\varphi(x,y,z)=0$ 和 $\psi(x,y,z)=0$ 在点(x_0,y_0,z_0)处的三条法线共面. 其中，F，φ，ψ 都具有连续的一阶偏导数，且每个函数的三个偏导数不同时为零.

35. 利用求条件极值的方法，证明：对任何正数 a，b，c，都有不等式

$$abc^3\leqslant 27\left(\frac{a+b+c}{5}\right)^5.$$

36. 已知四边形的四条边的边长分别为 a，b，c，d，问何时四边形面积最大?

37. 某建筑物的房顶为椭球状，假设其方程为 $\frac{x^2}{4}+\frac{y^2}{3}+\frac{z^2}{2}=1$，问雨水落在房顶上的点$(x_0,y_0,z_0)$处后，受重力的作用而向下滑落的曲线方程.

第9章 多元函数积分学

9.1 二重积分的概念与性质

9.1.1 二重积分的概念

实例1 设二元函数 $z=f(x,y)$ 在 xOy 平面的有界闭区域 σ 上非负、连续，研究以曲面 $z=f(x,y)$ 为顶，σ 为底，σ 的边界线为准线，母线平行于 z 轴的柱面为侧面的**曲顶柱体**的体积.

我们知道，平顶柱体的高是不变的，它的体积可以用公式

$$体积=高\times底面积$$

来计算。关于曲顶柱体，当点 (x,y) 在区域 σ 上变动时，高度 $f(x,y)$ 为一个变量，因此它的体积不能直接用上式来定义和计算. 为了解决此问题，我们回忆第6章中引入的定积分的概念，它的两个要素是被积函数与积分区间. 处理问题的主导思想是："整体由局部构成，局部线性化，近似中寻精确"，通过"分割、作积、求和、取极限"四步解决问题.

首先，用一组曲线将 σ 分成 n 个小区域

$$\Delta\sigma_1,\ \Delta\sigma_2,\ \cdots,\ \Delta\sigma_n,$$

分别以这些小区域的边界为准线，作母线平行于 z 轴的柱面，这些柱面将几何体分成 n 个细曲顶柱体，由于 $f(x,y)$ 连续，对同一个小闭区域来说，$f(x,y)$ 变化很小，这时细曲顶柱体可以近似看成平顶柱体，我们在每个 $\Delta\sigma_i$（此小区域的面积也记为 $\Delta\sigma_i$）上任取一点 (ξ_i,η_i)，以 $f(\xi_i,\eta_i)$ 为高，以 $\Delta\sigma_i$ 为底的平顶柱体（见图9.1）的体积为

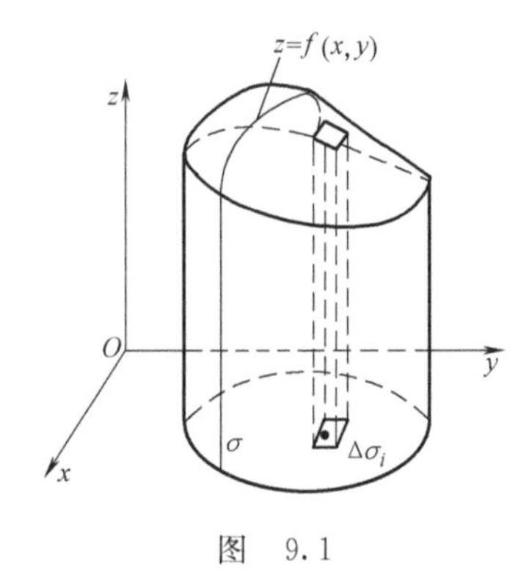

图 9.1

$$f(\xi_i,\eta_i)\Delta\sigma_i,\quad i=1,2,\cdots,n.$$

这些平顶柱体的体积之和为

$$\sum_{i=1}^{n} f(\xi_i,\eta_i)\Delta\sigma_i.$$

可以认为它是整个曲顶柱体的体积之近似值。令这些小区域直径的最大值趋于零，所得极限可以自然地被定义为曲顶柱体的体积.

实例 2　已知平板 σ 的质量面密度为 $\rho=\rho(x,y)$，求平板 σ 的质量.

采用实例 1 的解题思想，用一组曲线将 σ 分成 n 个小区域

$$\Delta\sigma_1,\ \Delta\sigma_2,\ \cdots,\ \Delta\sigma_n,$$

由于 $\rho(x,y)$ 连续，对同一个小闭区域来说，$\rho(x,y)$ 变化很小，这时小片可以近似看成匀质的，我们在每个 $\Delta\sigma_i$（此小区域的面积也记为 $\Delta\sigma_i$）上任取一点 (ξ_i,η_i)，以 $\rho(\xi_i,\eta_i)$ 为 $\Delta\sigma_i$ 的密度，则 $\Delta\sigma_i$ 的质量

$$\Delta m_i \approx \rho(\xi_i,\eta_i)\Delta\sigma_i,\qquad i=1,\ 2,\ \cdots,\ n.$$

这些小片的质量之和近似等于

$$\sum_{i=1}^{n} \rho(\xi_i,\ \eta_i)\Delta\sigma_i.$$

可以认为它是整个平板 σ 的质量之近似值（见图 9.2）。令这些小区域直径的最大值趋于零，所得极限可以自然地被定义为整个平板 σ 的质量.

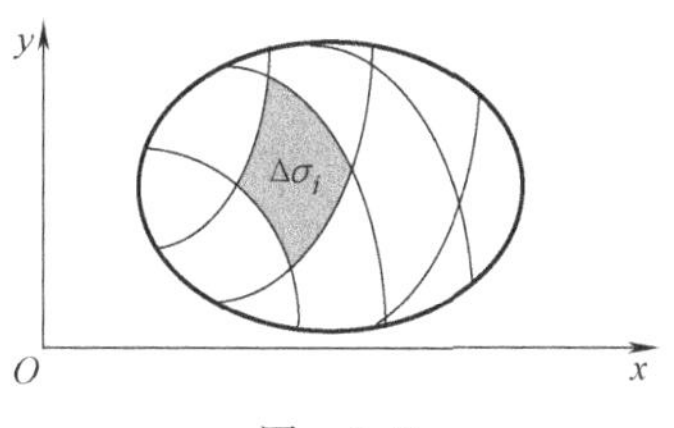

图　9.2

上面两个例子实际意义不同，但都可以归结为求二元函数与小面积乘积之和的极限，我们可以抽象出下面的定义.

定义 9.1　设 $f(x,y)$ 是有界闭域 σ 上的有界函数．将 σ 分割为 n 个小闭区域

$$\Delta\sigma_1,\ \Delta\sigma_2,\ \cdots,\ \Delta\sigma_n,$$

同时用它们表示其面积．称数 $d_i=\sup\limits_{P_1,P_2\in\Delta\sigma_i}\{d(P_1,P_2)\}$ 为 $\Delta\sigma_i$ 的直径，记

$$\lambda=\max_{1\leqslant i\leqslant n}\{d_i\}.$$

任取点 $P_i(\xi_i,\eta_i)\in\Delta\sigma_i(i=1,2,\cdots,n)$，作乘积的和式

$$\sum_{i=1}^{n} f(\xi_i,\eta_i)\Delta\sigma_i.$$

如果不论怎样分割 σ 以及怎样取点 (ξ_i,η_i)，极限

$$\lim_{\lambda\to 0}\sum_{i=1}^{n} f(\xi_i,\eta_i)\Delta\sigma_i$$

都存在，且为同一个值，则称此极限值为函数 $f(x,y)$ 在有界闭

域 σ 上的**二重积分**，记为 $\iint\limits_{\sigma} f(x,y)\mathrm{d}\sigma$，即

$$\iint\limits_{\sigma} f(x,y)\mathrm{d}\sigma = \lim_{\lambda\to 0}\sum_{i=1}^{n} f(\xi_i,\eta_i)\Delta\sigma_i, \tag{9.1.1}$$

此时也称 $f(x,y)$ 在 σ 上**可积**，称 $f(x,y)$ 为**被积函数**，$f(x,y)\mathrm{d}\sigma$ 为**被积表达式**，σ 为**积分域**，$\mathrm{d}\sigma$ 为 σ 的**面积元素**.

9.1.2 二重积分的性质

由二重积分的定义和极限运算的性质，不难看出二重积分具有下列性质. 为简便计，约定下面涉及的积分都是存在的.

性质 1　当 $f(x,y)\equiv 1$ 时，它在 σ 上的积分等于 σ 的面积，即

$$\iint\limits_{\sigma} 1\mathrm{d}\sigma = \sigma.$$

性质 2　线性性质

$$\iint\limits_{\sigma}[af(x,y)+bg(x,y)]\mathrm{d}\sigma = a\iint\limits_{\sigma} f(x,y)\mathrm{d}\sigma + b\iint\limits_{\sigma} g(x,y)\mathrm{d}\sigma,$$

其中，a、b 为常数.

性质 3　对积分域的可加性质

若将 σ 分割为两部分 σ_1、σ_2，则

$$\iint\limits_{\sigma} f(x,y)\mathrm{d}\sigma = \iint\limits_{\sigma_1} f(x,y)\mathrm{d}\sigma + \iint\limits_{\sigma_2} f(x,y)\mathrm{d}\sigma.$$

性质 4　比较性质

(i) 若 $f(x,y)\leqslant g(x,y)$，$\forall (x,y)\in\sigma$，则

$$\iint\limits_{\sigma} f(x,y)\mathrm{d}\sigma \leqslant \iint\limits_{\sigma} g(x,y)\mathrm{d}\sigma.$$

(ii) 特别地，

$$\left|\iint\limits_{\sigma} f(x,y)\mathrm{d}\sigma\right| \leqslant \iint\limits_{\sigma} |f(x,y)|\mathrm{d}\sigma.$$

练习 1. 比较下列各组积分的大小.

(1) $\iint\limits_{D}(x+y)^2\mathrm{d}\sigma$ 与 $\iint\limits_{D}(x+y)^3\mathrm{d}\sigma$，其中 $D:(x-2)^2+(y-2)^2\leqslant 2^2$；

(2) $\iint\limits_{D}\ln(x+y)\mathrm{d}\sigma$ 与 $\iint\limits_{D}xy\mathrm{d}\sigma$，其中 D 由直线 $x=0$，$y=0$，$x+y=\dfrac{1}{2}$，$x+y=1$ 围成.

性质 5　估值性质　若 $m\leqslant f(x,y)\leqslant M$, $\forall (x,y)\in\sigma$，则

$$m\sigma\leqslant\iint_{\sigma}f(x,y)\mathrm{d}\sigma\leqslant M\sigma.$$

性质 6　积分中值定理　若 $f(x,y)$在有界闭域 σ 上连续，则在 σ 上至少存在一点(ξ,η)，使得

$$\iint_{\sigma}f(x,y)\mathrm{d}\sigma=f(\xi,\eta)\sigma.$$

证明　因 $f(x,y)\in C(\sigma)$，故有最大值 M 和最小值 m，

$$m\leqslant f(x,y)\leqslant M,\ \forall (x,y)\in\sigma.$$

由估值性质，得

$$m\sigma\leqslant\iint_{\sigma}f(x,y)\mathrm{d}\sigma\leqslant M\sigma,$$

故

$$m\leqslant\frac{1}{\sigma}\iint_{\sigma}f(x,y)\mathrm{d}\sigma\leqslant M,$$

再由闭域上连续函数的介值定理知，存在一点$(\xi,\eta)\in\sigma$，使得

$$f(\xi,\eta)=\frac{1}{\sigma}\iint_{\sigma}f(x,y)\mathrm{d}\sigma.$$ □

性质 7　对称性质　在直角坐标系 Oxy 下，设积分域 σ 关于坐标轴 $x=0$ 对称. 若被积函数是 x 的奇函数，即满足 $f(-x,y)=-f(x,y)$，则

$$\iint_{\sigma}f(x,y)\mathrm{d}\sigma=0;$$

若被积函数是 x 的偶函数，即满足 $f(-x,y)=f(x,y)$，则

$$\iint_{\sigma}f(x,y)\mathrm{d}\sigma=2\iint_{\sigma^{+}}f(x,y)\mathrm{d}\sigma,$$

其中，$\sigma^{+}=\{(x,y)\,|\,(x,y)\in\sigma,\ x\geqslant0\}$.

由对积分域的可加性和二重积分的定义不难证明这条性质.

练习 2. $I=\iint_{\sigma}(x+y+10)\mathrm{d}\sigma$，积分域 σ 为圆域 $x^2+y^2\leqslant4$，估计积分值.

练习 3. 指出积分值：

$I=\iint_{D}|y|\mathrm{d}\sigma$，积分域 D：$0\leqslant x\leqslant1$，$-1\leqslant y\leqslant1$.

练习 4. 设 D 是 xOy 平面上以(1,1)、(−1,1)和(−1,−1)为顶点的三角形区域，D_1 是 D 在第一象限的部分，证明：

$$\iint_{D}(xy+\cos x\sin y)\mathrm{d}\sigma=2\iint_{D_1}\cos x\sin y\,\mathrm{d}\sigma.$$

关于二重积分的存在性，仅叙述如下定理，不予证明.

定理 9.1　若 $f(x,y)$ 在有界闭域 σ 上连续，则 $f(x,y)$ 在 σ 上可积.

9.2 二重积分的计算

本节仅借助于二重积分的几何意义来给出它的计算方法. 由 9.1 节实例 1 知，当 $f(P)\geqslant 0$ 时，二重积分 $\iint\limits_{\sigma} f(P)\mathrm{d}\sigma$ 可视为一曲顶柱体的体积；当 $f(P)<0$ 时，$\iint\limits_{\sigma} f(P)\mathrm{d}\sigma$ 等于一曲底柱体体积的负值；当 $f(P)$ 在 σ 上有正有负时，$\iint\limits_{\sigma} f(P)\mathrm{d}\sigma$ 表示平面片 σ 上、下柱体体积的代数和.

9.2.1 直角坐标系下二重积分的计算

设 σ 为 xOy 平面上一有界闭域，$f(x,y)\in C(\sigma)$，则二重积分

$$\iint\limits_{\sigma} f(x,y)\mathrm{d}\sigma=\sum_{i=1}^{n} f(\xi_i,\eta_i)\Delta\sigma_i \tag{9.2.1}$$

存在. 既然式 (9.2.1) 中的极限与 σ 的分割方法无关，用与坐标轴平行的直线网分割 σ，其典型的小片 $\Delta\sigma$ 为矩形，面积 $\Delta\sigma=\Delta x\Delta y$，所以，在直角坐标系下面积微元 $\mathrm{d}\sigma=\mathrm{d}x\mathrm{d}y$（见图 9.3）. 这时二重积分可表示为

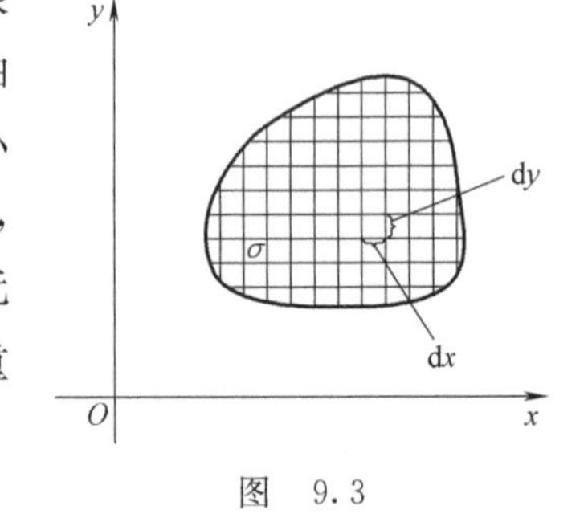

图　9.3

$$\iint\limits_{\sigma} f(x,\ y)\mathrm{d}x\mathrm{d}y.$$

1. σ 为 x-型闭域的情况

即 σ 可由不等式组

$$a\leqslant x\leqslant b,\qquad y_1(x)\leqslant y\leqslant y_2(x)$$

表示，其中 $y_1(x),y_2(x)\in C[a,b]$. 也就是说积分域 σ 夹在直线 $x=a$ 与 $x=b$ 之间，下边界线是 $y=y_1(x)$，上边界线是 $y=y_2(x)$（见图 9.4）. 在区间 $[a,b]$ 内用一组垂直于 x 轴的平面截此“曲顶柱体”，对每个 x，截面是一个曲边梯形（见图 9.5），其面积为

$$S(x)=\int_{y_1(x)}^{y_2(x)} f(x,y)\mathrm{d}y.$$

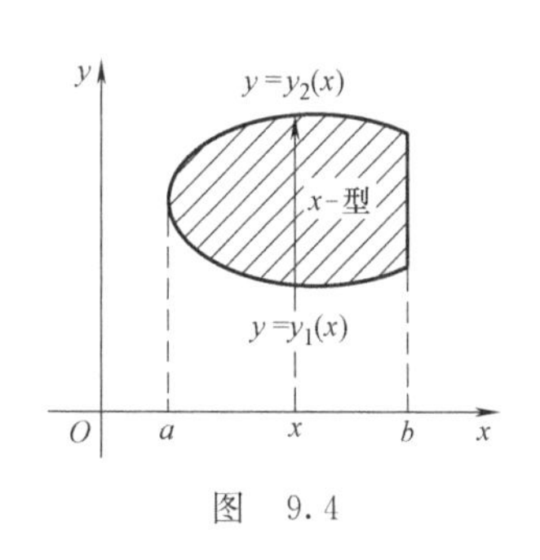

图　9.4

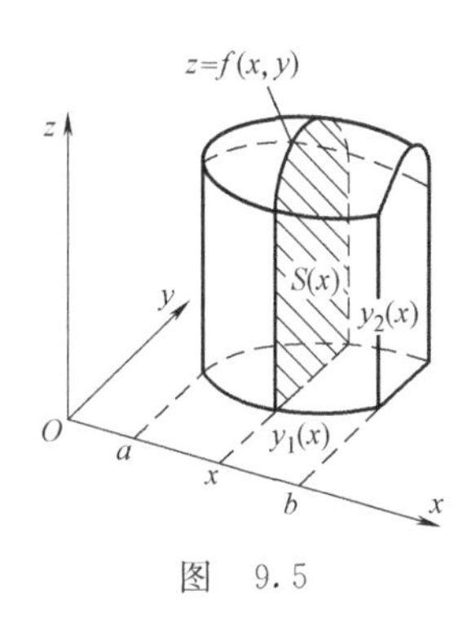

图　9.5

由已知平行截面面积的立体体积公式，得到这个曲顶柱体的体积为

$$V=\int_a^b S(x)\mathrm{d}x=\int_a^b\left[\int_{y_1(x)}^{y_2(x)} f(x,y)\mathrm{d}y\right]\mathrm{d}x.$$

习惯上，将上式右端的两次定积分记作

$$\int_a^b \mathrm{d}x\int_{y_1(x)}^{y_2(x)} f(x,y)\mathrm{d}y,$$

并把多元函数的这种二次以上的定积分称为**累次积分**. 这样就得到在直角坐标系下二重积分的一个计算公式

$$\iint\limits_{\sigma} f(x,y)\mathrm{d}x\mathrm{d}y=\int_a^b \mathrm{d}x\int_{y_1(x)}^{y_2(x)} f(x,y)\mathrm{d}y. \tag{9.2.2}$$

式 (9.2.2) 把二重积分化为累次积分. 计算时，先视 x 为常量，把 $f(x,y)$只看作是 y 的函数，对 y 从 $y_1(x)$到 $y_2(x)$作定积分；然后将算得的结果（x 的函数）作为被积函数，再对 x 从 a 到 b 作定积分.

2. σ 为 y-型闭域的情况

即 σ 可由不等式组 $c\leqslant y\leqslant d$，$x_1(y)\leqslant x\leqslant x_2(y)$表示，其中 $x_1(y),x_2(y)\in C[c,d]$（见图 9.6). 按照前面的推导方法，可以得到直角坐标系下二重积分的另一个计算公式

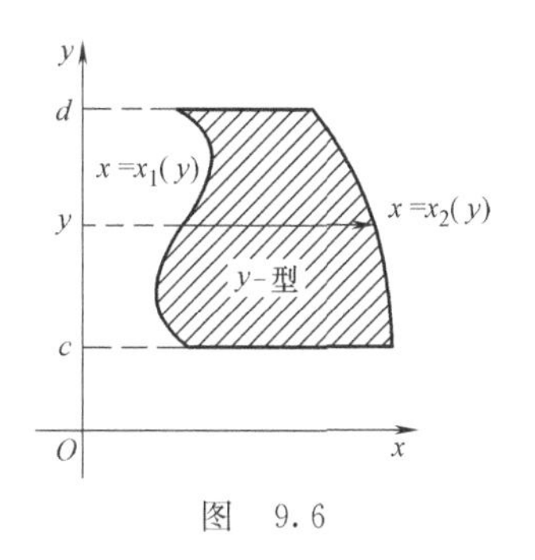

图　9.6

$$\iint\limits_{\sigma} f(x,y)\mathrm{d}x\mathrm{d}y=\int_c^d \mathrm{d}y\int_{x_1(y)}^{x_2(y)} f(x,y)\mathrm{d}x. \tag{9.2.3}$$

式 (9.2.3) 将二重积分化为另一种累次积分，先视 y 为常量，把 $f(x,y)$只看为 x 的函数，对 x 从 $x_1(y)$到 $x_2(y)$作定积分，然后再对 y 从 c 到 d 积分.

若函数 $f(x,y)$在积分域 σ 上不恒为正，则式 (9.2.2)、式 (9.2.3) 仍然成立. 如果积分域 σ 不属于 x-型或 y-型时，可将 σ 分割为几部分，使每个部分或者是 x-型或者是 y-型，然后利用区

域可加性计算积分. 式（9.2.2）、式（9.2.3）将二重积分化为两个不同次序的累次积分. 计算二重积分时，要根据积分域和被积函数来确定采用哪个公式.

练习 1. 画出下列积分域 σ 的图形，并把其上的二重积分 $\iint\limits_{\sigma} f(x, y)\mathrm{d}\sigma$ 化为不同次序的累次积分.

（1）σ 由直线 $x+y=1$，$x-y=1$，$x=0$ 围成；

（2）σ 由直线 $y=0$，$y=a$，$y=x$，$y=x-2a$（$a>0$）围成；

（3）$\sigma: xy\geqslant 1$，$y\leqslant x, 0\leqslant x\leqslant 2$；

（4）$\sigma: x^2+y^2\leqslant 1, x\geqslant y^2$；

（5）$\sigma: 4x^2+9y^2\geqslant 36$，$y^2\leqslant x+4$ 的有界域.

例 1 计算 $\iint\limits_{\sigma} xy\,\mathrm{d}x\,\mathrm{d}y$，其中 σ 是曲线 $y=x^2$ 和 $y^2=x$ 所围成的有界域.

解 画出积分域 σ，如图 9.7 所示，由方程组

$$\begin{cases} y=x^2, \\ y^2=x \end{cases}$$

求出图形顶点坐标 $O(0,0)$ 和 $B(1,1)$. 显然，σ 既是 x-型的，又是 y-型的；从被积函数看，先对哪个变量积分都一样. 这里选用式（9.2.2），因

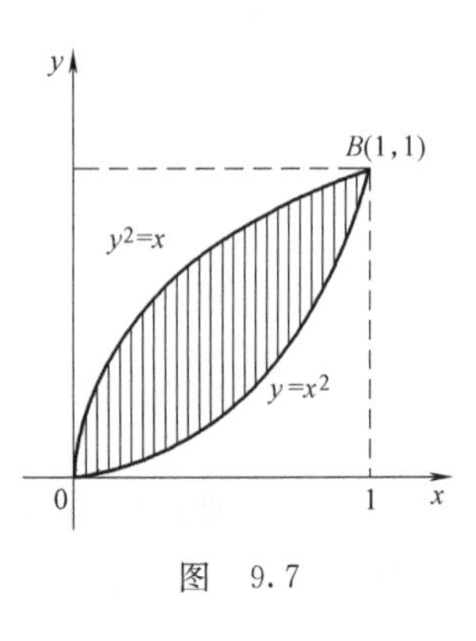

图 9.7

$$\sigma: 0\leqslant x\leqslant 1, x^2\leqslant y\leqslant \sqrt{x},$$

故

$$\iint\limits_{\sigma} xy\,\mathrm{d}x\,\mathrm{d}y = \int_0^1 \mathrm{d}x \int_{x^2}^{\sqrt{x}} xy\,\mathrm{d}y = \int_0^1 \frac{1}{2}xy^2\Big|_{x^2}^{\sqrt{x}}\mathrm{d}x$$

$$= \frac{1}{2}\int_0^1 (x^2 - x^5)\mathrm{d}x = \frac{1}{12}.$$

例 2 计算 $\iint\limits_{\sigma} \frac{x}{y}\mathrm{d}x\,\mathrm{d}y$，其中 σ 是由曲线 $xy=1$、$x=\sqrt{y}$ 和 $y=2$ 围成的有界域.

解 画出积分域 σ，如图 9.8 所示，求出顶点坐标 $A\left(\frac{1}{2},2\right)$，$B(\sqrt{2},2)$，$C(1,1)$. 这里 σ 是 y-型域，

$$\sigma: 1 \leqslant y \leqslant 2, \frac{1}{y} \leqslant x \leqslant \sqrt{y}.$$

从积分域和被积函数看，先对 x 积分有利，故由式 (9.2.3)，有

$$\iint_{\sigma} \frac{x}{y} \mathrm{d}x \mathrm{d}y = \int_1^2 \mathrm{d}y \int_{1/y}^{\sqrt{y}} \frac{x}{y} \mathrm{d}x = \int_1^2 \frac{x^2}{2y} \Bigg|_{1/y}^{\sqrt{y}} \mathrm{d}y$$

$$= \frac{1}{2} \int_1^2 (1 - y^{-3}) \mathrm{d}y = \frac{5}{16}.$$

如果用式 (9.2.2)，先对 y 积分. 那么，要先将 σ 用直线 $x=1$ 分为两块 x-型区域，而且积分时要用分部积分法，比较麻烦.

例 3　计算 $\iint\limits_{\sigma} \mathrm{e}^{x^2} \mathrm{d}x \mathrm{d}y$，其中 σ 由不等式 $0 \leqslant x \leqslant 1$，$0 \leqslant y \leqslant x$ 确定.

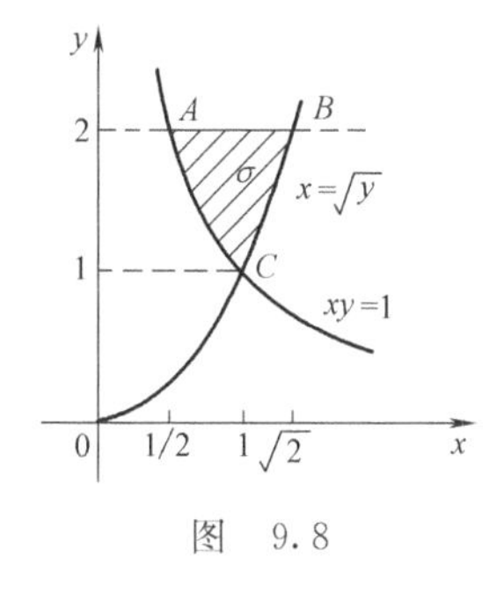

图　9.8

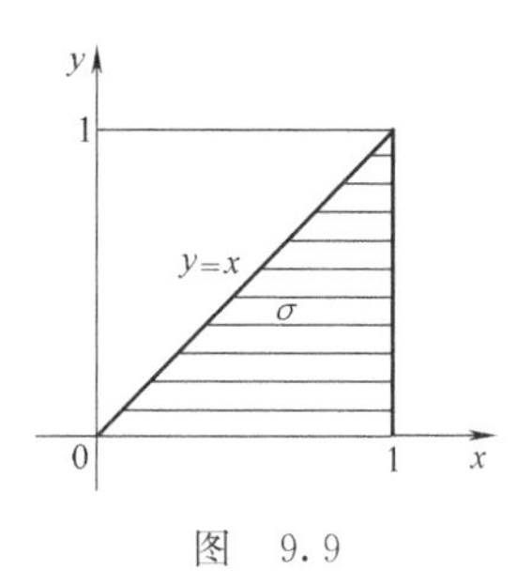

图　9.9

解　画出积分域如图 9.9 所示，若采用先 x 后 y 的累次积分公式 (9.2.3)，有

$$\iint_{\sigma} \mathrm{e}^{x^2} \mathrm{d}x \mathrm{d}y = \int_0^1 \mathrm{d}y \int_y^1 \mathrm{e}^{x^2} \mathrm{d}x,$$

就会遇到不能用初等函数表示的积分 $\int \mathrm{e}^{x^2} \mathrm{d}x$. 若采用先 y 后 x 的累次积分公式 (9.2.2)，则有

$$\iint_{\sigma} \mathrm{e}^{x^2} \mathrm{d}x \mathrm{d}y = \int_0^1 \mathrm{d}x \int_0^x \mathrm{e}^{x^2} \mathrm{d}y = \int_0^1 \mathrm{e}^{x^2} x \mathrm{d}x = \frac{1}{2} \mathrm{e}^{x^2} \Bigg|_0^1 = \frac{1}{2}(\mathrm{e} - 1).$$

计算二重积分时，选取适当的累次积分顺序十分重要，它不仅涉及计算的难易程度，而且有时还会关系到能否进行计算的问题. 计算二重积分，首先，要认定积分域（包括画图，确定边界及交点，图形的顶点）；然后，根据被积函数和积分域确定累次积分顺序和定积分的上、下限，把重积分化为累次积分；最后，计算累次积分.

练习 2. 计算下列二重积分.

(1) $\iint\limits_D \frac{x^2}{1+y^2}\mathrm{d}\sigma$，其中 D：$0\leqslant x\leqslant 1$，$0\leqslant y\leqslant 1$；

(2) $\iint\limits_D (x+y)\mathrm{d}\sigma$，其中 D 是以 $O(0,0)$，$A(1,0)$，$B(1,1)$ 为顶点的三角形区域；

(3) $\iint\limits_D \frac{x^2}{y^2}\mathrm{d}\sigma$，其中 D 是由 $y=2$，$y=x$，$xy=1$ 所围成的区域；

(4) $\iint\limits_D \cos(x+y)\mathrm{d}x\mathrm{d}y$，其中 D 是由 $x=0, y=x, y=\pi$ 所围成的区域；

(5) $\iint\limits_D \frac{x\sin y}{y}\mathrm{d}x\mathrm{d}y$，其中 D 由 $y=x$，$y=x^2$ 所围成；

(6) $\iint\limits_D y^2\mathrm{d}x\mathrm{d}y$，其中 D 由横轴和摆线 $x=a(t-\sin t)$，$y=a(1-\cos t)$的一拱（$0\leqslant t\leqslant 2\pi$，$a>0$）围成.

练习 3. 计算下列二重积分.

(1) $\iint\limits_\sigma [x^2y+\sin(xy^2)]\mathrm{d}x\mathrm{d}y$，其中 σ 是由 $x^2-y^2=1$，$y=0$，$y=1$ 所围成的区域；

(2) $\iint\limits_\sigma x|y|\mathrm{d}x\mathrm{d}y$，$D$：$y\leqslant x$，$x\leqslant 1$，$y\geqslant -\sqrt{2-x^2}$；

(3) $\iint\limits_\sigma (1-2x+\sin y^3)\mathrm{d}x\mathrm{d}y$，$D$：$x^2+y^2\leqslant R^2$.

例 4　求两个底圆半径都为 R 的直交圆柱面所围立体的体积.

解　设这两个圆柱面的方程为

$$x^2+y^2=R^2,\quad x^2+z^2=R^2.$$

利用立体关于坐标平面的对称性，只要计算出第一卦限部分的体积 V_1（见图 9.10），再乘以 8 即可. 几何体的顶面为 $z=\sqrt{R^2-x^2}$，底面为 $x^2+y^2\leqslant R^2$，$x\geqslant 0$，$y\geqslant 0$，如图 9.11 所示，故体积为

$$V=8V_1=8\iint\limits_D \sqrt{R^2-x^2}\,\mathrm{d}x\mathrm{d}y=8\int_0^R \mathrm{d}x\int_0^{\sqrt{R^2-x^2}}\sqrt{R^2-x^2}\,\mathrm{d}y$$

$$=8\int_0^R (R^2-x^2)\mathrm{d}x=\frac{16}{3}R^3.$$

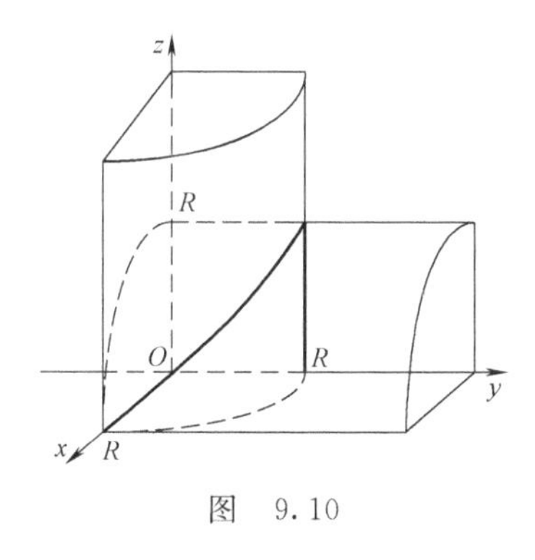

图　9.10

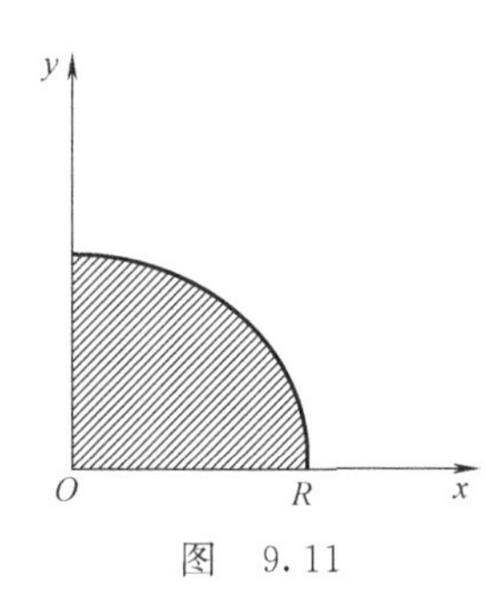

图　9.11

练习 4. 求由曲面 $z=x^2+y^2$，$y=x^2$，$y=1$，$z=0$ 所围成的立体的体积.

练习 5. 有一由曲线 $xy=1$ 及直线 $x+y=\dfrac{5}{2}$ 围成的平面板，质量面密度等于 $\dfrac{1}{x}$，求板的质量.

当 $f(x,y)\in C(\sigma)$ 时，$f(x,y)$ 在 σ 上的二重积分存在，且能化为不同次序的两种累次积分. 由于两种次序的累次积分计算上的差异，常常要考虑将一种次序的累次积分换为另一种次序的累次积分，称为**累次积分换序**.

例 5　交换累次积分 $\int_a^b \mathrm{d}x\int_a^x f(x,y)\mathrm{d}y$ 的积分次序.

解　首先，由给定的累次积分的上、下限，确定出对应的二重积分的积分域为

$$\sigma:\ a\leqslant x\leqslant b,\ a\leqslant y\leqslant x.$$

如图 9.12 所示，σ 既是 x-型域，也是 y-型域. 将 σ 表示为 y-型域，有，

$$\sigma: a\leqslant y\leqslant b,\ y\leqslant x\leqslant b.$$

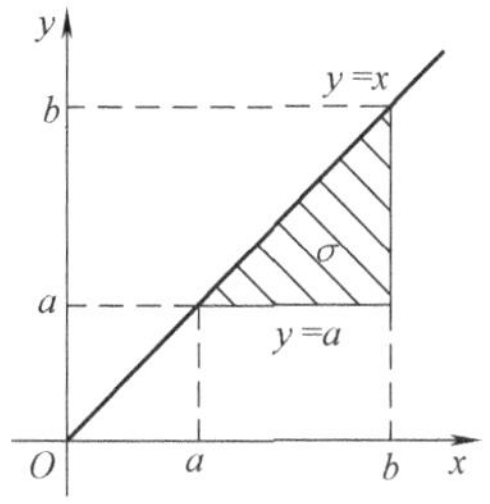

图　9.12

于是有

$$\int_a^b \mathrm{d}x\int_a^x f(x,y)\mathrm{d}y=\iint_\sigma f(x,y)\mathrm{d}\sigma=\int_a^b \mathrm{d}y\int_y^b f(x,y)\mathrm{d}x.$$

例 6　将下面的累次积分换序：

$$\int_0^{2a}\mathrm{d}x\int_{\sqrt{2ax-x^2}}^{\sqrt{2ax}} f(x,y)\mathrm{d}y\quad (a>0).$$

解　对应的二重积分的积分域为

$$\sigma: 0\leqslant x\leqslant 2a,\quad \sqrt{2ax-x^2}\leqslant y\leqslant\sqrt{2ax},$$

它是 x-型域（见图 9.13）. 要将 σ 表为 y-型域，需要把 σ 分为图

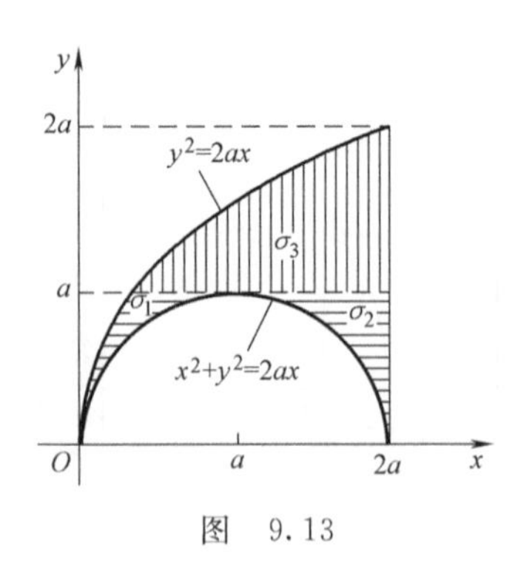

图　9.13

中的σ_1，σ_2，σ_3 三部分.

$$\sigma_1: 0\leqslant y\leqslant a,\ y^2/(2a)\leqslant x\leqslant a-\sqrt{a^2-y^2},$$

$$\sigma_2: 0\leqslant y\leqslant a,\ a+\sqrt{a^2-y^2}\leqslant x\leqslant 2a,$$

$$\sigma_3: a\leqslant y\leqslant 2a,\ y^2/(2a)\leqslant x\leqslant 2a,$$

故有

$$\int_0^{2a}\mathrm{d}x\int_{\sqrt{2ax-x^2}}^{\sqrt{2ax}}f(x,y)\mathrm{d}y$$

$$=\int_0^a\mathrm{d}y\int_{y^2/(2a)}^{a-\sqrt{a^2-y^2}}f(x,y)\mathrm{d}x+\int_0^a\mathrm{d}y\int_{a+\sqrt{a^2-y^2}}^{2a}f(x,y)\mathrm{d}x+$$

$$\int_a^{2a}\mathrm{d}y\int_{y^2/(2a)}^{2a}f(x,y)\mathrm{d}x.$$

练习 6. 画出下列累次积分的积分域σ，并改变累次积分的次序.

(1) $\int_1^{\mathrm{e}}\mathrm{d}x\int_0^{\ln x}f(x,y)\mathrm{d}y$；

(2) $\int_0^1\mathrm{d}x\int_x^{2x}f(x,y)\mathrm{d}y$；

(3) $\int_0^1\mathrm{d}y\int_{\sqrt{y}}^{\sqrt[3]{y}}f(x,y)\mathrm{d}x$；

(4) $\int_0^1\mathrm{d}y\int_{\sqrt{1-y^2}}^{-\sqrt{1-y^2}}f(x,y)\mathrm{d}x$；

(5) $\int_{1/2}^{1/\sqrt{2}}\mathrm{d}x\int_{1/2}^{x}f(x,y)\mathrm{d}y+\int_{1/\sqrt{2}}^{1}\mathrm{d}x\int_{x^2}^{x}f(x,y)\mathrm{d}y$；

(6) $\int_0^{\frac{a}{2}}\mathrm{d}y\int_{\sqrt{a^2-2ay}}^{\sqrt{a^2-y^2}}f(x,y)\mathrm{d}x+\int_{\frac{a}{2}}^{a}\mathrm{d}y\int_0^{\sqrt{a^2-y^2}}f(x,y)\mathrm{d}x$.

练习 7. 计算$\int_0^1\mathrm{d}x\int_{x^2}^1\dfrac{xy}{\sqrt{1+y^3}}\mathrm{d}y$.

例 7　证明：$\int_0^a\mathrm{d}x\int_0^x f(y)\mathrm{d}y=\int_0^a(a-x)f(x)\mathrm{d}x\quad(a>0)$.

证明　在左边的累次积分中，$f(y)$ 是 y 的抽象函数，不能具体计算. 所以，先进行累次积分的换序，将积分域（见图 9.14）

$$\sigma: 0\leqslant x\leqslant a, 0\leqslant y\leqslant x$$

表示为 y-型域

$$\sigma: 0\leqslant y\leqslant a, y\leqslant x\leqslant a,$$

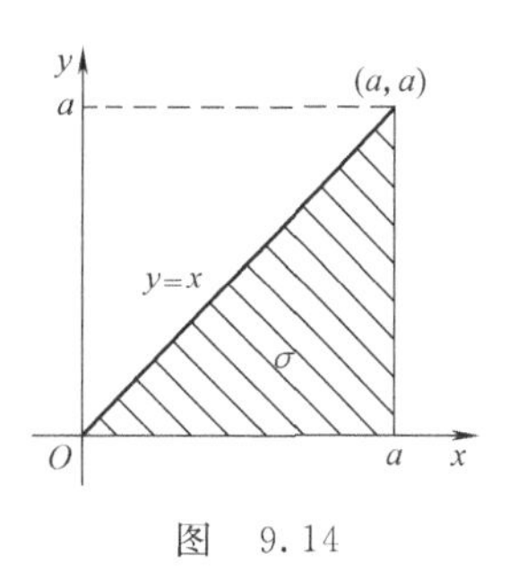

图　9.14

故有

$$\int_0^a \mathrm{d}x\int_0^x f(y)\mathrm{d}y=\int_0^a \mathrm{d}y\int_y^a f(y)\mathrm{d}x=\int_0^a f(y)(a-y)\mathrm{d}y$$

$$=\int_0^a (a-x)f(x)\mathrm{d}x.$$

□

9.2.2　极坐标系下二重积分的计算

计算二重积分 $\iint\limits_{\sigma} f(x,y)\mathrm{d}\sigma$ 还有另外一种方法，即利用极坐标系来计算二重积分. 首先，将积分域 σ 在极坐标系下表示成

$$\sigma: \alpha\leqslant\theta\leqslant\beta, r_1(\theta)\leqslant r\leqslant r_2(\theta),$$

其中，$r_1(\theta)$ 与 $r_2(\theta)$ 在区间 $[\alpha,\beta]$ 上单值连续（见图 9.15）.

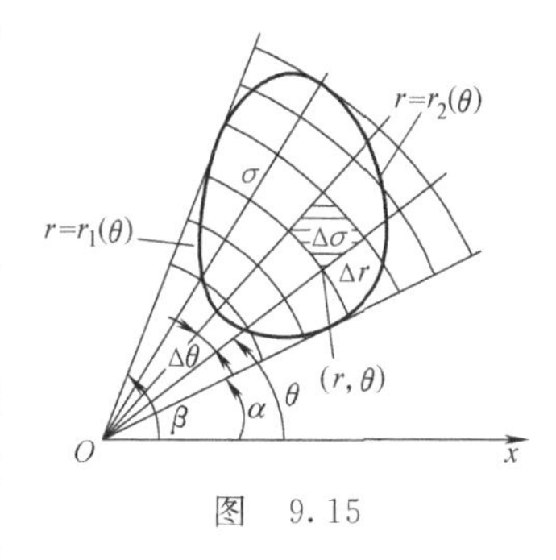

图　9.15

用 $r=$ 常数，$\theta=$ 常数的曲线网来分割 σ，分割后其典型的小闭区域是圆扇形，其面积 $\Delta\sigma\approx r\Delta r\Delta\theta$，其差是比 $\Delta r\Delta\theta$ 高阶的无穷小，从而**极坐标系下的面积微元**是

$$\mathrm{d}\sigma=r\mathrm{d}r\mathrm{d}\theta.$$

故直角坐标系下的二重积分化为极坐标系下的二重积分公式为

$$\iint\limits_{\sigma} f(x,y)\mathrm{d}x\mathrm{d}y=\iint\limits_{\sigma} f(r\cos\theta,r\sin\theta)r\mathrm{d}r\mathrm{d}\theta. \tag{9.2.4}$$

若把 $f(r\cos\theta,r\sin\theta)r$ 视为被积函数，把 r、θ 看作与 x、y 等同的两个变量，类比着 9.2.1 节中的式（9.2.3），就可将极坐标系下的二重积分化为累次积分.

$$\iint\limits_{\sigma} f(r\cos\theta,r\sin\theta)r\mathrm{d}r\mathrm{d}\theta=\int_{\alpha}^{\beta}\mathrm{d}\theta\int_{r_1(\theta)}^{r_2(\theta)} f(r\cos\theta,r\sin\theta)r\mathrm{d}r. \tag{9.2.5}$$

要强调指出的是，如何将积分域 σ 在极坐标系下表示出来. 首先，看 σ 所在的极角区间 $[\alpha,\beta]$，即 σ 夹在 $\theta=\alpha$ 与 $\theta=\beta$ 两条射线之间；然后，再看 σ 的靠近极点和远离极点的两条边界线的极

坐标方程 $r=r_1(\theta)$ 与 $r=r_2(\theta)$. 从而

$$\sigma: \alpha\leqslant\theta\leqslant\beta, r_1(\theta)\leqslant r\leqslant r_2(\theta).$$

特别地，如果极点在边界上的扇形区域(见图 9.16a)，则

$$\sigma: \alpha\leqslant\theta\leqslant\beta, 0\leqslant r\leqslant r(\theta).$$

如果极点在 σ 内部，边界线是 $r=r(\theta)$ 的区域 (见图 9.16b)，则

$$\sigma: 0\leqslant\theta\leqslant 2\pi, 0\leqslant r\leqslant r(\theta).$$

当积分域 σ 是圆、圆环、圆扇形，而被积函数是 x^2+y^2、x^2-y^2、xy 或 y/x 之一的复合函数时，化为极坐标系下的二重积分计算较方便.

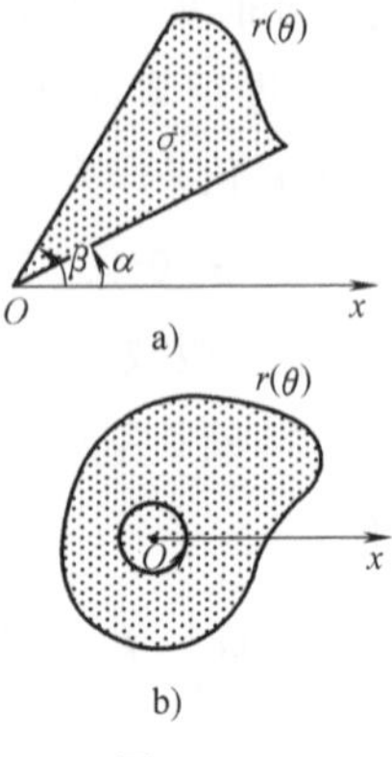

图　9.16

例 8　计算积分 $\iint\limits_{x^2+y^2\leqslant 1}(2x+y)^2\mathrm{d}x\mathrm{d}y$.

解　由对称性知：

$$\iint\limits_{x^2+y^2\leqslant 1} xy\,\mathrm{d}\sigma=0,\quad \iint\limits_{x^2+y^2\leqslant 1} x^2\,\mathrm{d}\sigma=\iint\limits_{x^2+y^2\leqslant 1} y^2\,\mathrm{d}\sigma,$$

故原积分为

$$\begin{aligned}\iint\limits_{x^2+y^2\leqslant 1}(4x^2+y^2)\mathrm{d}\sigma &=\frac{5}{2}\iint\limits_{x^2+y^2\leqslant 1}(x^2+y^2)\mathrm{d}\sigma\\ &=\frac{5}{2}\int_0^{2\pi}\mathrm{d}\theta\int_0^1 r^3\,\mathrm{d}r\\ &=\frac{5\pi}{4}.\end{aligned}$$

例 9　计算 $\iint\limits_{x^2+y^2\leqslant x+y}(x+y)\mathrm{d}x\mathrm{d}y$.

解法 1　用极坐标 (见图 9.17)，有

$$\begin{aligned}I &=\int_{-\frac{\pi}{4}}^{\frac{3\pi}{4}}\mathrm{d}\theta\int_0^{(\sin\theta+\cos\theta)} r^2(\sin\theta+\cos\theta)\mathrm{d}r\\ &=\frac{1}{3}\int_{-\frac{\pi}{4}}^{\frac{3\pi}{4}}(\sin\theta+\cos\theta)^4\,\mathrm{d}\theta\\ &=\frac{1}{3}\int_{-\frac{\pi}{4}}^{\frac{3\pi}{4}}(1+2\sin 2\theta+\sin^2 2\theta)\mathrm{d}\theta=\frac{\pi}{2}.\end{aligned}$$

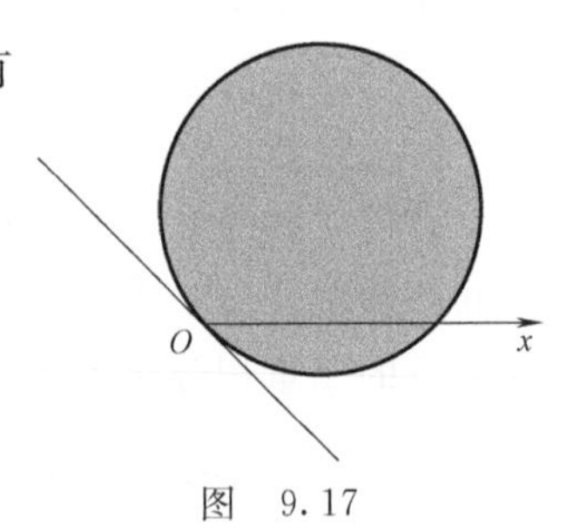

图　9.17

解法 2　做变换：$x=u+\dfrac{1}{2}, y=v+\dfrac{1}{2}$，则

$$I=\iint\limits_{u^2+v^2\leqslant\frac{1}{2}}(1+u+v)\mathrm{d}u\mathrm{d}v=\iint\limits_{u^2+v^2\leqslant\frac{1}{2}}\mathrm{d}u\mathrm{d}v=\frac{\pi}{2}.$$

练习 8. 计算下列二重积分.

(1) $\iint\limits_D \ln(1+x^2+y^2)\mathrm{d}\sigma$，其中 $D: x^2+y^2\leqslant 1$ 的圆域；

(2) $\iint\limits_D \sqrt{a^2-x^2-y^2}\,\mathrm{d}\sigma, D: x^2+y^2\leqslant ay, |y|\geqslant|x| (a>0)$；

(3) $\iint\limits_D \sin\sqrt{x^2+y^2}\,\mathrm{d}\sigma$，$D: \pi^2\leqslant x^2+y^2\leqslant 4\pi^2$；

(4) $\iint\limits_D (x^2+y^2)\mathrm{d}\sigma, D: x^2+y^2\geqslant 2x, x^2+y^2\leqslant 4x$；

(5) $\iint\limits_D (x^2+y^2)^{3/2}\mathrm{d}\sigma, D: x^2+y^2\leqslant 1, x^2+y^2\leqslant 2x$；

(6) $\iint\limits_D \arctan\frac{y}{x}\mathrm{d}x\mathrm{d}y, D: 1\leqslant x^2+y^2\leqslant 4, x\geqslant 0, y\geqslant 0$；

(7) $\iint\limits_D |x^2+y^2-4|\mathrm{d}x\mathrm{d}y, D: x^2+y^2\leqslant 16$；

(8) $\iint\limits_D \sqrt{x^2+y^2}\,\mathrm{d}x\mathrm{d}y, D: 0\leqslant x\leqslant a, 0\leqslant y\leqslant a$.

例 10　计算双纽线

$$(x^2+y^2)^2=2a^2(x^2-y^2)\quad(a>0).$$

所围图形的面积.

解　由直角坐标与极坐标的关系知，双纽线的极坐标方程为

$$r^2=2a^2\cos 2\theta.$$

其图形如图 9.18 所示，所围图形的面积为

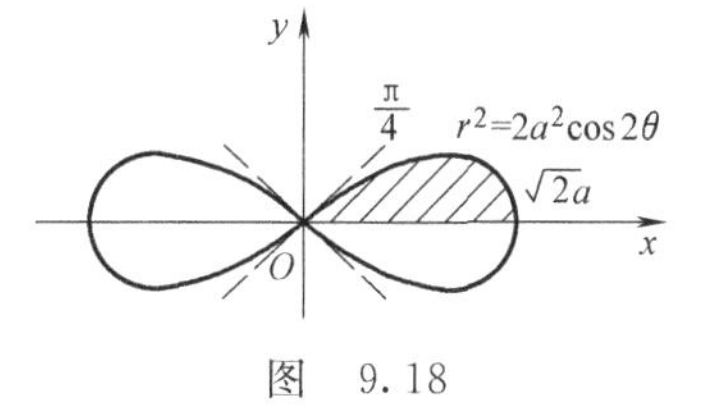

图　9.18

$$S=\iint\limits_\sigma \mathrm{d}\sigma=4\int_0^{\pi/4}\mathrm{d}\theta\int_0^{a\sqrt{2\cos 2\theta}} r\mathrm{d}r=2a^2.$$

练习 9. 用二重积分计算下列平面区域的面积：

(1) 心脏线 $r=a(1-\cos\theta)$ 内，圆 $r=a$ 外的公共区域；

(2) 曲线 $(x^2+y^2)^2=8a^2xy$ $(a>0)$ 围成的区域.

例 11　证明：概率积分 $\int_0^{+\infty}\mathrm{e}^{-x^2}\mathrm{d}x=\frac{\sqrt{\pi}}{2}$.

证明　据反常积分定义，有

$$\int_0^{+\infty} e^{-x^2}\,dx = \lim_{b\to+\infty}\int_0^b e^{-x^2}\,dx.$$

而

$$\left(\int_0^b e^{-x^2}\,dx\right)^2 = \int_0^b e^{-x^2}\,dx\int_0^b e^{-y^2}\,dy = \iint_D e^{-(x^2+y^2)}\,dx\,dy,$$

其中，D 是正方形域 $0\leqslant x\leqslant b, 0\leqslant y\leqslant b$，因为

$$\iint_{\sigma_1} e^{-(x^2+y^2)}\,dx\,dy \leqslant \iint_D e^{-(x^2+y^2)}\,dx\,dy \leqslant \iint_{\sigma_2} e^{-(x^2+y^2)}\,dx\,dy,$$

其中，σ_1 和 σ_2 是以原点为圆心，半径分别为 b 和 $\sqrt{2}\,b$ 的圆位于第一象限的部分（见图 9.19），而且

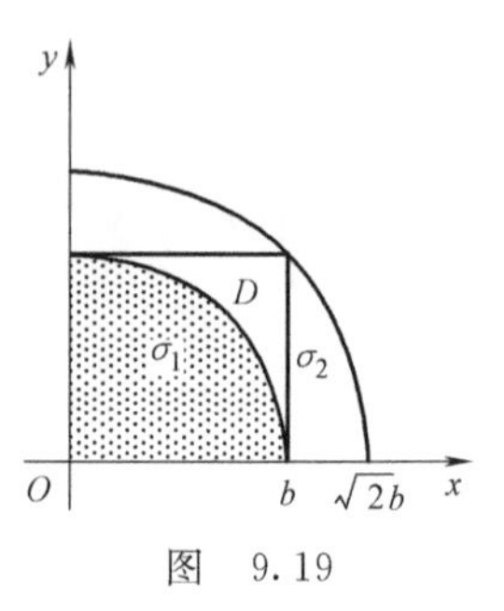

图　9.19

$$\iint_{\sigma_1} e^{-(x^2+y^2)}\,dx\,dy = \int_0^{\frac{\pi}{2}} d\theta\int_0^b e^{-r^2}\,r\,dr = \frac{\pi}{4}(1-e^{-b^2}),$$

$$\iint_{\sigma_2} e^{-(x^2+y^2)}\,dx\,dy = \int_0^{\frac{\pi}{2}} d\theta\int_0^{\sqrt{2}b} e^{-r^2}\,r\,dr = \frac{\pi}{4}(1-e^{-2b^2}).$$

所以有

$$\frac{\sqrt{\pi}}{2}\sqrt{1-e^{-b^2}} \leqslant \int_0^b e^{-x^2}\,dx \leqslant \frac{\sqrt{\pi}}{2}\sqrt{1-e^{-2b^2}}.$$

令 $b\to+\infty$，由两边夹挤准则，得

$$\int_0^{+\infty} e^{-x^2}\,dx = \frac{\sqrt{\pi}}{2}.$$ □

练习 10. 试做习题 9 第 5 题.

例 12　试将直角坐标系下累次积分

$$\int_0^1 dx\int_{\sqrt{1-x^2}}^{\sqrt{4-x^2}} f(x,y)\,dy + \int_1^2 dx\int_0^{\sqrt{4-x^2}} f(x,y)\,dy$$

化为极坐标系下的累次积分.

解　由于对应的二重积分域分别为

$$\sigma_1: 0\leqslant x\leqslant 1, \sqrt{1-x^2}\leqslant y\leqslant\sqrt{4-x^2},$$

$$\sigma_2: 1\leqslant x\leqslant 2, 0\leqslant y\leqslant\sqrt{4-x^2}.$$

它们并在一起是圆环在第一象限的部分（图 9.20），其极坐标表示为

$\sigma_1+\sigma_2: 0\leqslant\theta\leqslant\pi/2, 1\leqslant r\leqslant 2.$

从而

$$\int_0^1 dx\int_{\sqrt{1-x^2}}^{\sqrt{4-x^2}} f(x,y)dy$$
$$+\int_1^2 dx\int_0^{\sqrt{4-x^2}} f(x,y)dy$$
$$=\int_0^{\pi/2} d\theta\int_1^2 f(r\cos\theta, r\sin\theta) r dr.$$

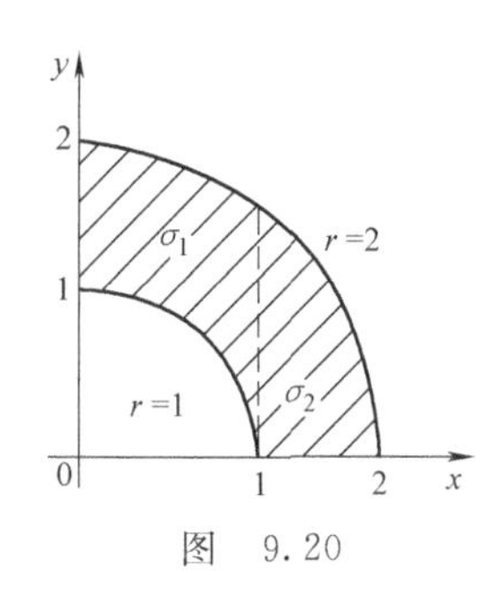

图　9.20

9.2.3 用二重积分计算曲面面积

设曲面 S 由单值连续函数

$$z=f(x,y),\quad (x,y)\in\sigma$$

给出，且 $f'_x(x,y)$ 与 $f'_y(x,y)$ 在有界闭域 σ 上连续（见图9.21）.

计算曲面 S 面积的核心方法是分割，将 σ 分成很多小片，设 $\Delta\sigma$ 为一典型小片，任取一点 $M(x,y)\in\Delta\sigma$，过曲面上的对应点 $P(x,y,f(x,y))$ 作曲面 S 的切平面 T. 再作以 $\Delta\sigma$ 的边界为准线、母线平行于 z 轴的柱面，柱面从曲面 S 和切平面 T 上分别截下 ΔS 和 ΔT. 如果同时用 $\Delta\sigma$、ΔS、ΔT 表示其面积数，由图9.22，显然有

$$\Delta S\approx\Delta T,\quad \Delta T=\frac{\Delta\sigma}{\cos\gamma},$$

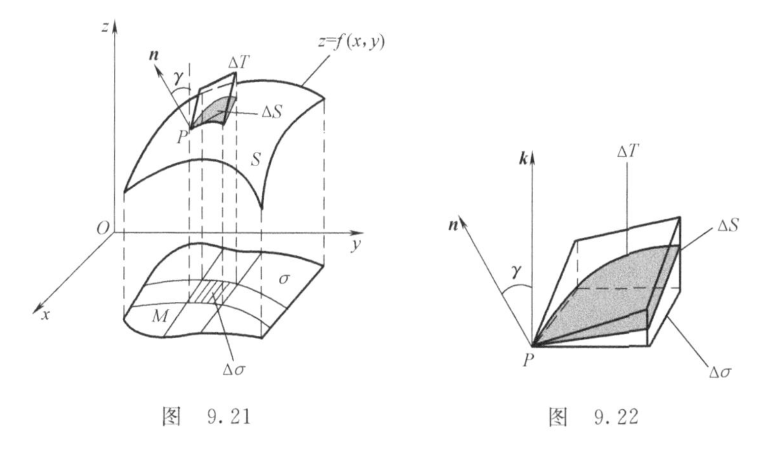

图　9.21　　　　图　9.22

其中，γ 为切平面 T 与 xOy 平面之间的二面角，等于点 P 处曲面 S 的法向量 $\boldsymbol{n}=\{-f'_x(x,y),-f'_y(x,y),1\}$ 与 Oz 轴正向 $\boldsymbol{k}$ 的夹角，故

$$\cos\gamma=\frac{1}{\sqrt{1+f'^2_x(x,y)+f'^2_y(x,y)}},$$

从而

$$\Delta S \approx \Delta T = \sqrt{1 + f_x'^2(x, y) + f_y'^2(x, y)}\,\Delta\sigma.$$

于是由二重积分的定义，得到**曲面面积计算公式**

$$S = \iint_{\sigma} \sqrt{1 + f_x'^2(x, y) + f_y'^2(x, y)}\,\mathrm{d}\sigma = \iint_{\sigma} \sqrt{1 + \left(\frac{\partial z}{\partial x}\right)^2 + \left(\frac{\partial z}{\partial y}\right)^2}\,\mathrm{d}\sigma. \tag{9.2.6}$$

习惯上，称被积表达式为**曲面面积微元**，记为 $\mathrm{d}S$，即

$$\mathrm{d}S = \sqrt{1 + \left(\frac{\partial z}{\partial x}\right)^2 + \left(\frac{\partial z}{\partial y}\right)^2}\,\mathrm{d}\sigma. \tag{9.2.7}$$

例 13　求被围在柱面 $x^2 + y^2 = Rx$ 内的上半球面 $z = \sqrt{R^2 - x^2 - y^2}$ 的面积 S（见图 9.23）.

解　由

$$\frac{\partial z}{\partial x} = \frac{-x}{\sqrt{R^2 - x^2 - y^2}},$$

$$\frac{\partial z}{\partial y} = \frac{-y}{\sqrt{R^2 - x^2 - y^2}},$$

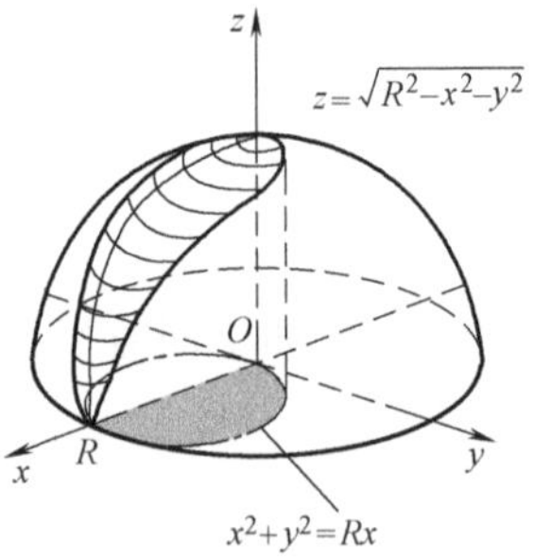

有

$$\sqrt{1 + \left(\frac{\partial z}{\partial x}\right)^2 + \left(\frac{\partial z}{\partial y}\right)^2} = \frac{R}{\sqrt{R^2 - x^2 - y^2}}$$

图　9.23

以及曲面在 xOy 平面上的投影域为圆

$$\sigma: x^2 + y^2 \leqslant Rx,$$

所以

$$S = \iint_{\sigma} \frac{R}{\sqrt{R^2 - x^2 - y^2}}\,\mathrm{d}\sigma = \int_{-\frac{\pi}{2}}^{\frac{\pi}{2}} \mathrm{d}\theta \int_0^{R\cos\theta} \frac{Rr}{\sqrt{R^2 - r^2}}\,\mathrm{d}r = \pi R^2 - 2R^2.$$

可见半球面截去两片例 13 那样的曲面后余下部分的面积，恰好等于边长为 $2R$ 的正方形的面积 $4R^2$.

练习 11. 求下列曲面的面积：

（1）锥面 $y^2 + z^2 = x^2$ 含在圆柱面 $x^2 + y^2 = a^2$ 内的部分；

（2）锥面 $z = \sqrt{x^2 + y^2}$ 被抛物柱面 $z^2 = 2x$ 截下的部分；

（3）旋转抛物面 $2z = x^2 + y^2$ 被圆柱面 $x^2 + y^2 = 1$ 截下的部分；

（4）双曲抛物面 $z = xy$ 被圆柱面 $x^2 + y^2 = a^2$ 截下的部分；

(5) 球面 $x^2+y^2+z^2=3a^2$ 含在旋转抛物面 $x^2+y^2-2az=0$ $(a>0)$ 内的部分.

练习 12. 设半径为 R 的球面 Σ 的球心在定球面 $x^2+y^2+z^2=a^2(a>0)$ 上，问 R 取何值时，球面 Σ 在定球面内部的那部分的面积最大.

9.3 广义二重积分

二重积分要求积分区域是有界集，被积函数是有界函数，但在实际问题中，又往往会遇到不满足以上条件的情形. 因此，正如从定积分推广到广义积分一样，我们也可讨论无界集上的二重积分和无界函数的二重积分，这些统称为广义（或反常）二重积分. 由于广义二重积分的复杂性，我们在这里仅引进常见的绝对收敛的广义二重积分的概念，且不做深入的讨论.

定义 9.2（瑕积分与无穷积分）

(1) 设 $f(x,y)$是定义在有界区域 σ 及其边界$\partial\sigma$ 上的非负函数. 在$\partial\sigma$ 上某些点的邻域中，$f(x,y)$无界，这种点叫作函数的**瑕点**. 假定 $f(x,y)$在σ 内的任何闭区域上可积，作σ 中任一有界闭域列$\{\sigma_n\}$，使得 $\sigma_n\subset\sigma_{n+1}$ 及 $\bigcup\limits_{n=1}^{\infty}\sigma_n=\sigma$. 如果

$$\lim_{n\to\infty}\iint_{\sigma_n} f(x,y)\mathrm{d}x\mathrm{d}y$$

存在且有限，并且与闭域列$\{\sigma_n\}$的取法无关，那么称**瑕积分**（或**广义积分**）$\iint\limits_{\sigma}f(x,y)\mathrm{d}x\mathrm{d}y$ 是收敛的，并规定瑕积分的值为

$$\iint_{\sigma}f(x,y)\mathrm{d}x\mathrm{d}y=\lim_{n\to\infty}\iint_{\sigma_n}f(x,y)\mathrm{d}x\mathrm{d}y.$$

否则，称 $f(x,y)$在σ 上的瑕积分（或广义积分）发散.

(2) 设$\sigma\subset\mathbf{R}^2$ 是一个无界闭区域，$f(x,y)$是定义在σ 上的非负函数，且在σ 内的任意有界闭区域上可积. 作σ 中任一有界闭域列$\{\sigma_n\}$，使得 $\sigma_n\subset\sigma_{n+1}$ 及 $\bigcup\limits_{n=1}^{\infty}\sigma_n=\sigma$. 如果

$$\lim_{n\to\infty}\iint_{\sigma_n} f(x,y)\mathrm{d}x\mathrm{d}y$$

存在且有限，并且与闭域列$\{\sigma_n\}$的取法无关，那么称无穷积分（或广义积分）$\iint\limits_{\sigma}f(x,y)\mathrm{d}x\mathrm{d}y$ 是收敛的，并规定无穷积分的值为

$$\iint_{\sigma} f(x,y)\mathrm{d}x\mathrm{d}y=\lim_{n\to\infty}\iint_{\sigma_n} f(x,y)\mathrm{d}x\mathrm{d}y.$$

否则，称 $f(x,y)$在 σ 上的无穷积分（或广义积分）发散.

定义 9.3（广义积分的绝对收敛） 在 $f(x,y)$可正可负的情形下，令

$$p(x,y)=\frac{1}{2}[|f(x,y)|+f(x,y)],$$

$$q(x,y)=\frac{1}{2}[|f(x,y)|-f(x,y)].$$

(1) 若 $p(x,y)$和 $q(x,y)$在 σ 上的瑕积分都收敛，则称 $f(x,y)$在 σ 上的瑕积分（或广义积分）绝对收敛，并规定瑕积分的值为

$$\iint_{\sigma} f(x,y)\mathrm{d}x\mathrm{d}y=\iint_{\sigma} p(x,y)\mathrm{d}x\mathrm{d}y-\iint_{\sigma} q(x,y)\mathrm{d}x\mathrm{d}y.$$

(2) 若 $p(x,y)$和 $q(x,y)$在 σ 上的无穷积分都收敛，则称 $f(x,y)$在 σ 上的无穷积分（或广义积分）绝对收敛，并规定无穷积分的值为

$$\iint_{\sigma} f(x,y)\mathrm{d}x\mathrm{d}y=\iint_{\sigma} p(x,y)\mathrm{d}x\mathrm{d}y-\iint_{\sigma} q(x,y)\mathrm{d}x\mathrm{d}y.$$

例 1 设 $\sigma=[0,1]\times[0,1]$. 计算广义二重积分 $\iint_{\sigma}\frac{y}{\sqrt{x}}\mathrm{d}x\mathrm{d}y$.

解 这是有界区域上无界函数的瑕积分. 令 $\sigma_n=\left[\frac{1}{n},1\right]\times[0,1]$，则 $\sigma_n\subset\sigma_{n+1}$，且当 $n\to\infty$时，$\sigma_n\to\sigma$，而

$$\iint_{\sigma_n}\frac{y}{\sqrt{x}}\mathrm{d}x\mathrm{d}y=\int_{\frac{1}{n}}^{1}\mathrm{d}x\int_{0}^{1}\frac{y}{\sqrt{x}}\mathrm{d}y=\frac{1}{2}\int_{\frac{1}{n}}^{1}\frac{1}{\sqrt{x}}\mathrm{d}x=1-\frac{1}{\sqrt{n}}.$$

因此

$$\iint_{\sigma}\frac{y}{\sqrt{x}}\mathrm{d}x\mathrm{d}y=\lim_{n\to\infty}\iint_{\sigma_n}\frac{y}{\sqrt{x}}\mathrm{d}x\mathrm{d}y=\lim_{n\to\infty}\left(1-\frac{1}{\sqrt{n}}\right)=1.$$

例 2 设 σ 是第一象限. 计算广义二重积分 $\iint_{\sigma}\frac{\mathrm{d}x\mathrm{d}y}{(1+x+y)^3}$.

解 这是无界区域上有界函数的无穷积分. 令 $\sigma_n=[0,n]\times[0,n]$，则 $\sigma_n\subset\sigma_{n+1}$，且当 $n\to\infty$时，$\sigma_n\to\sigma$，而

$$\begin{aligned}\iint_{\sigma_n}\frac{\mathrm{d}x\mathrm{d}y}{(1+x+y)^3}&=\int_0^n\mathrm{d}x\int_0^n\frac{\mathrm{d}y}{(1+x+y)^3}\\&=\frac{1}{2}\int_0^n\left[\frac{1}{(1+x)^2}-\frac{1}{(1+n+x)^2}\right]\mathrm{d}x\\&=\frac{1}{2}\left(1-\frac{1}{n+1}+\frac{1}{2n+1}-\frac{1}{n+1}\right),\end{aligned}$$

因此

$$\iint_{\sigma}\frac{\mathrm{d}x\mathrm{d}y}{(1+x+y)^3}=\lim_{n\to\infty}\iint_{\sigma_n}\frac{\mathrm{d}x\mathrm{d}y}{(1+x+y)^3}=\frac{1}{2}.$$

练习　计算下列广义二重积分.

(1) $\iint_{\sigma}\frac{1}{\sqrt{x^2+y^2}}\mathrm{d}x\mathrm{d}y$，其中 σ 是单位圆内的部分；

(2) $\iint_{\sigma}\frac{\mathrm{d}x\mathrm{d}y}{(1+x+y)^{\alpha}}$，其中 σ 是第一象限，α 为常数；

(3) $\iint_{\mathbf{R}^2}\mathrm{e}^{-(x^2+y^2)}\cos(x^2+y^2)\mathrm{d}x\mathrm{d}y$，其中 $\mathbf{R}^2$ 是整个平面.

9.4 三重积分的计算

9.4.1 三重积分的概念

定义 9.4　设 $f(x,y,z)$是空间有界闭域 Ω 上的有界函数. 将 Ω 分割为 n 个小闭区域

$$\Delta V_1,\ \Delta V_2,\ \cdots,\ \Delta V_n,$$

同时，也用它们表示其体积. 称 $d_i=\sup\limits_{P_1,P_2\in\Delta V_i}\{d(P_1,P_2)\}$ 为 ΔV_i 的直径，记

$$\lambda=\max_{1\leqslant i\leqslant n}\{d_i\}.$$

任取点 $P_i(\xi_i,\eta_i,\zeta_i)\in\Delta V_i(i=1,2,\cdots,n)$，作乘积的和式

$$\sum_{i=1}^{n}f(\xi_i,\eta_i,\zeta_i)\Delta V_i.$$

如果不论怎样分割 Ω 以及怎样取点(ξ_i,η_i,ζ_i)，极限

$$\lim_{\lambda\to 0}\sum_{i=1}^{n}f(\xi_i,\eta_i,\zeta_i)\Delta V_i$$

都存在，且为同一个值，则称此极限值为函数 $f(x,y,z)$在有界闭域 Ω 上的**三重积分**，记为 $\iiint\limits_{\Omega}f(x,y,z)\mathrm{d}V$，即

$$\iiint_{\Omega}f(x,y,z)\mathrm{d}V=\lim_{\lambda\to 0}\sum_{i=1}^{n}f(P_i)\Delta V_i,\tag{9.4.1}$$

此时也称 $f(x,y,z)$在 Ω 上**可积**，其中 $\mathrm{d}V$ 是**体积微元**

在直角坐标系 $Oxyz$ 下，若用平行于坐标面的三组平面分割积分域 V，则 ΔV_i 是小长方体，故**直角坐标系下的体积微元**是

$$\mathrm{d}V=\mathrm{d}x\mathrm{d}y\mathrm{d}z.$$

在直角坐标系下，三重积分可表为

$$\iiint_V f(P)\mathrm{d}V=\iiint_V f(x,y,z)\mathrm{d}x\mathrm{d}y\mathrm{d}z.$$

当函数 $f(x,y,z)$在闭区域 Ω 上连续时，式（9.4.1）右端的和的极限必定存在，也就是函数在有界闭区域上的三重积分必定存在，以后我们总假定函数在闭区域上是连续的，关于二重积分的一些术语，例如被积函数、积分区域等，也可相应地用到三重积分上，三重积分的性质也与 9.1 节中所叙述的二重积分的性质类似，这里不再重复。三重积分的物理意义为，已知物体 V 的质量体密度 $\mu=\mu(P)$，则该物体的质量为

$$m=\iiint_V \mu(P)\mathrm{d}V.$$

9.4.2 直角坐标系下三重积分的计算

计算三重积分同二重积分一样，需要化成累次积分来计算，我们主要介绍两种方法.

1. 投影法（先一后二法）

设 $f(x,y,z)\in C(V)$，V 在 xOy 平面上的投影区域为 σ_{xy}，V 的下边界面和上边界面依次为

$$z=z_1(x,y),z=z_2(x,y),(x,y)\in\sigma_{xy},$$

其中 $z_1\leqslant z_2$，且 z_1 与 z_2 在 σ_{xy} 上单值、连续（见图 9.24）. 从而积分域 V 可以表示为

$$V:(x,y)\in\sigma_{xy},z_1(x,y)\leqslant z\leqslant z_2(x,y).$$

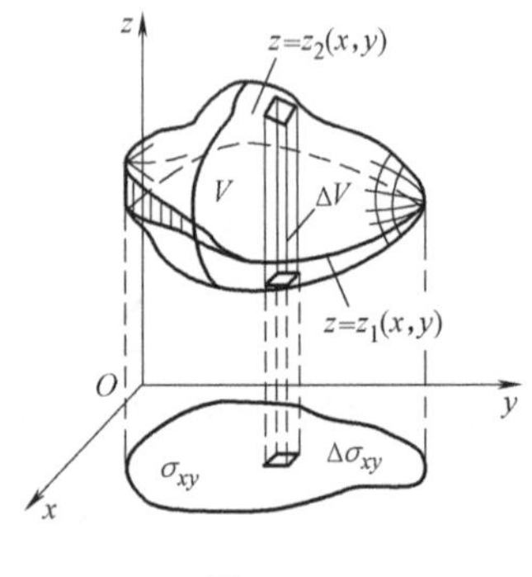

图　9.24

为了使下面的叙述更生动具体，我们设想 $f(x,y,z)$为质量的体密度. 那么，三重积分就表示分布在立体 V 上的总质量. 注意，这个总质量也可以认为分布在 V 的投影域 σ_{xy} 上.

先用两组平面 $x=x_i$ 和 $y=y_j$ 分割 V 及 σ_{xy}，设 $\Delta\sigma_{xy}$ 为 σ_{xy} 内典型的小片，ΔV 为 V 内对应的细丝体，即 ΔV 在 xOy 平面上的投影域为 $\Delta\sigma_{xy}$. 再用平面组 $z=z_k$ 分割 ΔV 为 ΔV_1，ΔV_2，…，ΔV_l，设点$(x,y,z_k)\in\Delta V_k$，则 ΔV 的质量（即 $\Delta\sigma_{xy}$ 上的质量）近似等于

$$\sum_{k=1}^{l} f(x,y,z_k)\Delta V_k = \left[\sum_{k=1}^{l} f(x,y,z_k)\Delta z_k\right]\Delta\sigma_{xy} \approx \left[\int_{z_1(x,y)}^{z_2(x,y)} f(x,y,z)\mathrm{d}z\right]\Delta\sigma_{xy},$$

（其中 Δz_k 是 ΔV_k 的高）这是 $\Delta\sigma_{xy}$ 上对应的立体 ΔV 的质量微元，再做二重积分便可得到分布在 σ 上的立体 V 的总质量，故有公式

$$\iiint_V f(x,y,z)\mathrm{d}x\mathrm{d}y\mathrm{d}z = \iint_{\sigma_{xy}} \mathrm{d}\sigma \int_{z_1(x,y)}^{z_2(x,y)} f(x,y,z)\mathrm{d}z. \tag{9.4.2}$$

这就是计算三重积分的**投影法**（先一后二法）. 先视 x、y 为常量，对 z 从 V 的下边界面到上边界面做定积分，然后在投影域 σ_{xy} 上做二重积分.

当 σ_{xy} 是 x-型闭域：$a\leqslant x\leqslant b,\ y_1(x)\leqslant y\leqslant y_2(x)$时，即积分域为

$$V: a\leqslant x\leqslant b,\ y_1(x)\leqslant y\leqslant y_2(x),\ z_1(x,y)\leqslant z\leqslant z_2(x,y).$$

由式（9.4.2）及二重积分计算公式，得到三重积分化为累次积分的一个公式

$$\iiint_V f(x,y,z)\mathrm{d}x\mathrm{d}y\mathrm{d}z = \int_a^b \mathrm{d}x \int_{y_1(x)}^{y_2(x)} \mathrm{d}y \int_{z_1(x,y)}^{z_2(x,y)} f(x,y,z)\mathrm{d}z. \tag{9.4.3}$$

类似地，不难写出当 σ_{xy} 为 y-型闭域时，三重积分化为累次积分的公式. 同样，也可以把积分域 V 向 yOz 或 zOx 坐标面投影. 所以，三重积分可以化为 6 种不同次序的累次积分. 解题时，要依据具体的被积函数 $f(x,y,z)$和积分域 V 选取适当的累次积分进行计算.

例 1　计算 $\displaystyle\iiint_V \frac{1}{(1+x+y+z)^3}\mathrm{d}V$，其中 V 由平面 $x+y+z=1$ 及三个坐标面围成.

解　画出积分域，如图 9.25 所示，V 在 xOy 平面的投影是图中带阴影的三角形区域，显然

$$V: 0\leqslant x\leqslant 1,\ 0\leqslant y\leqslant 1-x,\ 0\leqslant z\leqslant 1-x-y.$$

故

$$\iiint_V \frac{1}{(1+x+y+z)^3}\mathrm{d}V = \int_0^1 \mathrm{d}x \int_0^{1-x} \mathrm{d}y \int_0^{1-x-y} \frac{1}{(1+x+y+z)^3}\mathrm{d}z = \frac{1}{2}\left(\ln 2 - \frac{5}{8}\right).$$

例 2　计算 $I=\iiint\limits_{V} z\,\mathrm{d}V$，其中 V 是由曲面 $z=\sqrt{1-x^2-y^2}$ 及平面 $z=0$ 围成的上半球体.

解　积分域 V 如图 9.26 所示，在 xOy 平面投影域为圆 $x^2+y^2\leqslant 1$，故

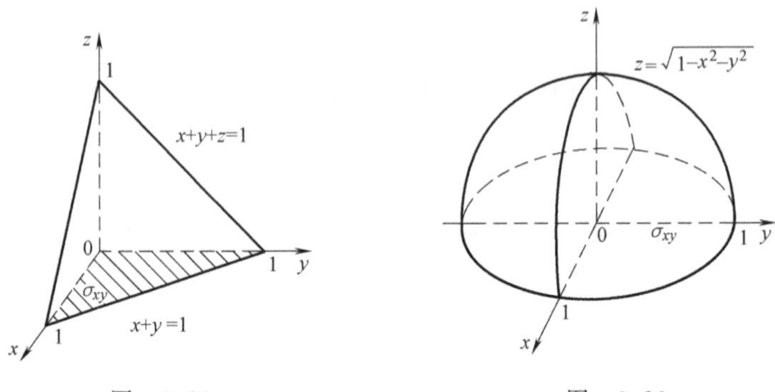

图　9.25　　　　图　9.26

$$V:-1\leqslant x\leqslant 1,-\sqrt{1-x^2}\leqslant y\leqslant\sqrt{1-x^2},$$
$$0\leqslant z\leqslant\sqrt{1-x^2-y^2}.$$
$$I=\iint\limits_{\sigma_{xy}}\mathrm{d}\sigma\int_0^{\sqrt{1-x^2-y^2}} z\,\mathrm{d}z=\frac{1}{2}\iint\limits_{\sigma_{xy}}(1-x^2-y^2)\,\mathrm{d}\sigma=\frac{\pi}{4}.$$

在三重积分的计算中，注意积分域关于坐标面的对称性及被积函数对相关变量的奇偶性将会简化运算. 如在例 2 的积分域 V 上，有

$$\iiint\limits_{V} xz\,\mathrm{d}V=0,\quad \iiint\limits_{V}(y^3+z)\,\mathrm{d}V=\iiint\limits_{V} z\,\mathrm{d}V=\frac{\pi}{4}.$$

练习 1. 将三重积分 $\iiint\limits_{V} f(x,y,z)\,\mathrm{d}V$ 化为直角坐标系下的累次积分，积分域 V 分别如下：

(1) 由曲面 $z=x^2+2y^2$ 及 $z=2-x^2$ 所围成的区域；

(2) 由曲面 $z=1-\sqrt{x^2+y^2}$，平面 $z=x\,(x\geqslant 0)$ 及 $x=0$ 所围成的区域；

(3) 由不等式组 $0\leqslant x\leqslant\sin z$，$x^2+y^2\leqslant 1$，$0\leqslant z\leqslant\pi$ 所确定的区域.

练习 2. 在直角坐标系下，计算下列三重积分.

(1) $\iiint\limits_{V} xy^2z^3\,\mathrm{d}V$，其中 V 是由曲面 $z=xy$，$y=x$，$x=1$，$z=0$ 所围成的区域；

(2) $\iiint\limits_V y\cos(x+z)\,\mathrm{d}V$，其中 V 是由柱面 $y=\sqrt{x}$ 和平面 $y=0$，$z=0$，$x+z=\dfrac{\pi}{2}$ 所围成的区域.

2. **截面法**（先二后一法）

在式（9.4.2）中，若将对 z、y 的累次积分理解为二重积分，注意到此时 x 不变，这个二重积分的积分域是垂直于 x 轴的平面与 V 的截面 σ_x，所以，三重积分还可以这样计算，若积分域夹在 $x=a$ 与 $x=b$ 两个平面之间，在区间 $[a,b]$ 内任取 x，作垂直于横轴的平面截 V，设截面为 σ_x，则

$$\iiint\limits_V f(x,y,z)\,\mathrm{d}V=\int_a^b \mathrm{d}x\iint\limits_{\sigma_x} f(x,y,z)\,\mathrm{d}y\,\mathrm{d}z. \tag{9.4.4}$$

这就是计算三重积分的**截面法**（先二后一法）．当被积函数仅与变量 x 有关，且截面 σ_x 的面积易知时，用式（9.4.4）较简便．截面法的公式还有两个，请读者自己给出.

比如，用截面法计算例 2 中的三重积分，因 σ_z 是圆 $x^2+y^2=1-z^2$，$0\leqslant z\leqslant 1$，故

$$I=\int_0^1 z\,\mathrm{d}z\iint\limits_{\sigma_z}\mathrm{d}x\,\mathrm{d}y=\int_0^1 \pi(1-z^2)z\,\mathrm{d}z=\frac{\pi}{4}.$$

例 3 计算 $I=\iiint\limits_V z^2\,\mathrm{d}V$，其中 V：$\dfrac{x^2}{a^2}+\dfrac{y^2}{b^2}+\dfrac{z^2}{c^2}\leqslant 1$.

解 如图 9.27 所示，过 z 轴上的区间 $[-c,c]$ 内任一点 z 作垂直于竖轴的平面截 V，得

$$\sigma_z:\frac{x^2}{a^2}+\frac{y^2}{b^2}\leqslant 1-\frac{z^2}{c^2},$$

故

$$\iiint\limits_V z^2\,\mathrm{d}V=\int_{-c}^{c} z^2\,\mathrm{d}z\iint\limits_{\sigma_z}\mathrm{d}x\,\mathrm{d}y,$$

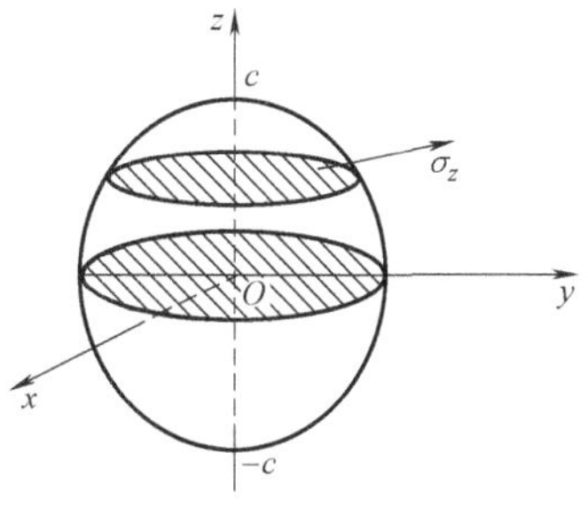

图 9.27

其中，$\iint\limits_{\sigma_z}\mathrm{d}x\,\mathrm{d}y$ 等于椭圆 $\dfrac{x^2}{a^2}+\dfrac{y^2}{b^2}\leqslant 1-\dfrac{z^2}{c^2}$ 的面积

$$\pi ab\sqrt{1-\frac{z^2}{c^2}}\cdot\sqrt{1-\frac{z^2}{c^2}}=\pi ab\left(1-\frac{z^2}{c^2}\right),$$

所以

$$\iiint\limits_V z^2 \mathrm{d}V = 2\pi ab\int_0^c z^2\left(1-\frac{z^2}{c^2}\right)\mathrm{d}z = \frac{4}{15}\pi abc^3.$$

练习 3. 在直角坐标系下，计算下列三重积分.

(1) $\iiint\limits_V z^2\mathrm{d}x\mathrm{d}y\mathrm{d}z$，其中 V 是由 $\frac{x}{a}+\frac{y}{b}+\frac{z}{c}=1$，$x=0$，$y=0$，$z=0$ 所围成的区域；

(2) $\iiint\limits_V (x+y+z)\mathrm{d}V$，其中 V 是由不等式组 $0\leqslant x\leqslant a$，$0\leqslant y\leqslant b$，$0\leqslant z\leqslant c$ 所限定的区域；

(3) $\iiint\limits_V y[1+xf(z)]\mathrm{d}V$，其中 V 是由不等式组 $-1\leqslant x\leqslant 1$，$x^3\leqslant y\leqslant 1$，$0\leqslant z\leqslant x^2+y^2$ 所限定的区域. 函数 $f(z)$ 为任一连续函数.

练习 4. 有一融化过程中的雪堆，高 $h=h(t)$ （t 为时间），表面方程为 $z=h(t)-\frac{2(x^2+y^2)}{h(t)}$ （长度单位为 cm，时间单位为 h）. 已知体积减少的速率与表面积成正比（比例系数为 0.9）. 问原高为 $h(0)=130\text{cm}$ 的这个雪堆全部融化需要多少小时？

9.4.3 柱坐标系下三重积分的计算

设点 $P(x,y,z)$ 在 xOy 坐标面上的投影点 M 的极坐标为 (r,θ)，则称有序数组 (r,θ,z) 为点 P 的**柱（面）坐标**. r 表示点 P 到 z 轴的距离，$0\leqslant r<+\infty$；θ 是 zOx（$x\geqslant 0$）半平面绕 z 轴正向逆时针转到点 P 的转角，$0\leqslant\theta\leqslant 2\pi$；$z$ 是点 P 的竖坐标，$-\infty<z<+\infty$.

柱坐标的三组坐标面是（见图 9.28）：

$r=$常数，是以 z 轴为轴的圆柱面族；

$\theta=$常数，是过 z 轴的半平面族；

$z=$常数，是与 xOy 平面平行的平面族.

显然，点 P 的直角坐标 (x,y,z) 与柱坐标 (r,θ,z) 的关系是

$$x=r\cos\theta,\ y=r\sin\theta,\ z=z.$$

用三组坐标面分割积分域 V，典型的小块是直角扇形柱体（见图 9.29），由 r，θ，z 各取一个增量 Δr，$\Delta\theta$，Δz 所构成的直角扇形柱体体积 $\Delta V\approx r\Delta r\Delta\theta\Delta z$. 其差是比 $\Delta r\Delta\theta\Delta z$ 高阶的无穷小，故**柱坐标系下体积微元**是

$$dV = r\,dr\,d\theta\,dz.$$

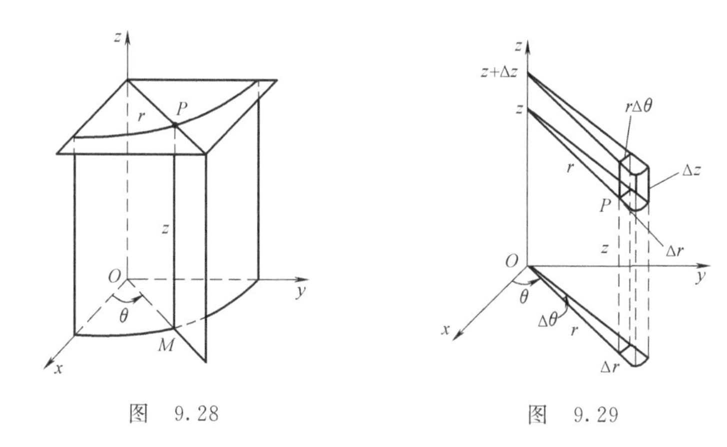

图 9.28　　　　图 9.29

由以上分析知，直角坐标系下三重积分与柱坐标系下三重积分的关系是

$$\iiint\limits_V f(x,y,z)\,dx\,dy\,dz = \iiint\limits_V f(r\cos\theta, r\sin\theta, z)\,r\,dr\,d\theta\,dz. \tag{9.4.5}$$

柱坐标系下三重积分的计算，只要把 $f(r\cos\theta, r\sin\theta, z)r$ 视为被积函数，把 r，θ，z 与 x，y，z 等同地看为三个变量，类比着式（9.4.2）就可得到柱坐标系下三重积分化为累次积分的计算公式. 比如，首先，将 V 在 xOy 面上的投影域 σ_{xy} 用极坐标下等式表示为：$\alpha \leqslant \theta \leqslant \beta$，$r_1(\theta) \leqslant r \leqslant r_2(\theta)$，然后确定 V 的下边界面 $z = z_1(r,\theta)$ 和上边界面 $z = z_2(r,\theta)$. 从而

$$V: \alpha \leqslant \theta \leqslant \beta, r_1(\theta) \leqslant r \leqslant r_2(\theta), z_1(r,\theta) \leqslant z \leqslant z_2(r,\theta).$$

故

$$\iiint\limits_V f(r\cos\theta, r\sin\theta, z)\,r\,dr\,d\theta\,dz = \int_\alpha^\beta d\theta \int_{r_1(\theta)}^{r_2(\theta)} r\,dr \int_{z_1(r,\theta)}^{z_2(r,\theta)} f(r\cos\theta, r\sin\theta, z)\,dz.$$

当积分域 V 在 xOy 面上的投影是圆、圆环、圆扇形，且被积函数是 x^2+y^2，x^2-y^2，xy，x/y 之一与 z 的复合函数时，用柱坐标计算三重积分较方便.

例 4　求曲面 $2z = x^2 + y^2$ 与 $z = 2$ 所围立体的质量 m，已知立体内任一点的质量的体密度 μ 与该点到 z 轴的距离的平方成正比（见图 9.30）.

解　由给定的条件知，体密度函数为

$$\mu = k(x^2 + y^2)\ (\text{常数 } k > 0),$$

于是

$$m=\iiint\limits_V k(x^2+y^2)\mathrm{d}V.$$

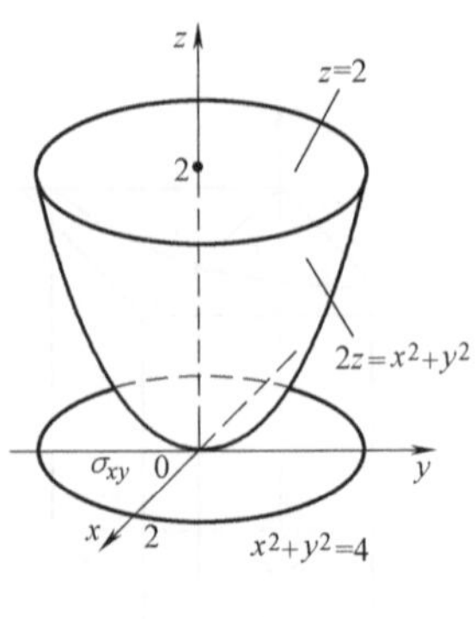

图　9.30

因为 $2z=x^2+y^2$ 与 $z=2$ 的交线是平面 $z=2$ 上的圆 $x^2+y^2=2^2$，所以 V 在 xOy 面的投影域 σ_{xy} 是半径为 2 的圆盘：

$$\sigma_{xy}: 0\leqslant\theta\leqslant 2\pi, 0\leqslant r\leqslant 2.$$

V 的下边界面是 $z=\dfrac{1}{2}(x^2+y^2)$，即 $z=\dfrac{1}{2}r^2$；上边界面是 $z=2$，故

$$m=\iiint\limits_V kr^3\mathrm{d}r\mathrm{d}\theta\mathrm{d}z=\int_0^{2\pi}\mathrm{d}\theta\int_0^2 kr^3\mathrm{d}r\int_{r^2/2}^2\mathrm{d}z=\frac{16}{3}k\pi.$$

柱坐标系下三重积分化为累次积分，也应注意选取积分顺序．下面举一个例子说明．

例 5　设 Ω 是由 $z=16(x^2+y^2)$，$z=4(x^2+y^2)$ 和 $z=64$ 围成，计算 $\iiint\limits_\Omega(x^2+y^2)\mathrm{d}V$.

解　$$\iiint\limits_\Omega(x^2+y^2)\mathrm{d}V=\int_0^{64}\mathrm{d}z\int_0^{2\pi}\mathrm{d}\theta\int_{\frac{\sqrt{z}}{4}}^{\frac{\sqrt{z}}{2}}r^3\mathrm{d}r=2560\pi.$$

例 6　计算 $\iiint\limits_V\dfrac{\mathrm{e}^{z^2}}{\sqrt{x^2+y^2}}\mathrm{d}x\mathrm{d}y\mathrm{d}z$，其中 V 是由锥面 $z=\sqrt{x^2+y^2}$ 与平面 $z=1$、$z=2$ 所围成的锥台体.

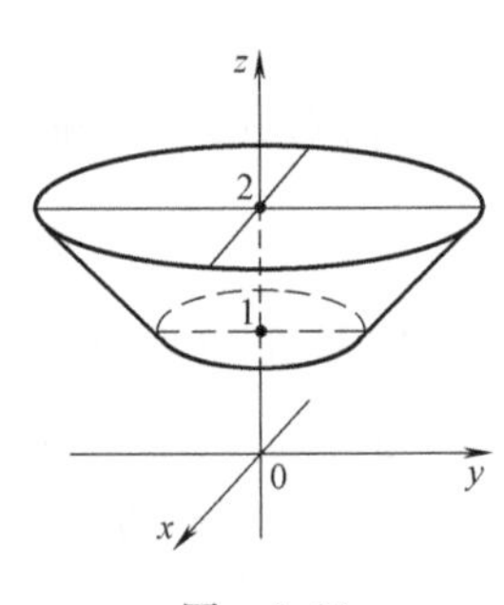

图　9.31

解　积分域如图 9.31 所示．注意分母及 z 轴穿过积分域，这是一个反常三重积分，但在柱坐标系下可以化成常义三重积分

$$\iiint\limits_V\frac{\mathrm{e}^{z^2}}{\sqrt{x^2+y^2}}\mathrm{d}x\mathrm{d}y\mathrm{d}z=\iiint\limits_V\mathrm{e}^{z^2}\mathrm{d}r\mathrm{d}\theta\mathrm{d}z,$$

如果利用式（9.4.5），先对 z 积分将遭遇到积分 $\int\mathrm{e}^{z^2}\mathrm{d}z$．故应先对 r、θ 积分，后对 z 积分，即

$$\iiint\limits_V\mathrm{e}^{z^2}\mathrm{d}r\mathrm{d}\theta\mathrm{d}z=\int_1^2\mathrm{e}^{z^2}\mathrm{d}z\int_0^{2\pi}\mathrm{d}\theta\int_0^z\mathrm{d}r=2\pi\int_1^2\mathrm{e}^{z^2}z\mathrm{d}z=\pi(\mathrm{e}^4-\mathrm{e}).$$

此题也可先对 r，再对 z，最后对 θ 积分．都相当于截面法，前者是 z 截面，后者是 θ 截面．

练习 5. 将下列累次积分化为柱坐标系下的累次积分，并计算之.

(1) $\int_0^1 \mathrm{d}x\int_0^{\sqrt{1-x^2}}\mathrm{d}y\int_0^{\sqrt{1-x^2-y^2}}(x^2+y^2)\mathrm{d}z$；

(2) $\int_0^2 \mathrm{d}x\int_0^{\sqrt{2x-x^2}}\mathrm{d}y\int_0^a z\sqrt{x^2+y^2}\,\mathrm{d}z$.

练习 6. 计算下列三重积分.

(1) $\iiint\limits_V (z+x^2+y^2)\mathrm{d}V$，其中 V 是由曲线 $\begin{cases} y^2=2z, \\ x=0 \end{cases}$ 绕 z 轴旋转一周而成的曲面与平面 $z=4$ 所围成的立体；

(2) $\iiint\limits_V \dfrac{1}{1+x^2+y^2}\mathrm{d}V$，其中 V 是由锥面 $x^2+y^2=z^2$ 及平面 $z=1$ 所围的空间区域；

(3) $\iiint\limits_V (x^2+y^2)\mathrm{d}V$，其中 V 是旋转抛物面 $2z=x^2+y^2$ 与平面 $z=2$、$z=8$ 围成的空间区域.

练习 7. 用三重积分求下列立体的体积 V.

(1) 由曲面 $az=x^2+y^2$，$2az=a^2-x^2-y^2$ ($a>0$) 所围成的立体；

(2) 由不等式组 $x^2+y^2-z^2\leqslant 0$，$x^2+y^2+z^2\leqslant a^2$ 所确定的立体。

练习 8. 设 $f(x)$ 连续，$F(t)=\iiint\limits_V [z^2+f(x^2+y^2)]\mathrm{d}V$，其中 V 由不等式组 $0\leqslant z\leqslant h$，$x^2+y^2\leqslant t^2$ 确定，求 $\dfrac{\mathrm{d}F}{\mathrm{d}t}$.

9.4.4 球坐标系下三重积分的计算

设 $P(x,y,z)$ 为空间内任一点，点 P 到原点 O 的距离记为 $\rho=|OP|$，$0\leqslant\rho<+\infty$；有向线段 $\overrightarrow{OP}$ 与 z 轴正向的夹角记为 φ，$0\leqslant\varphi\leqslant\pi$；$zOx$ ($x\geqslant 0$) 半平面绕 z 轴正向逆时针转到 P 的转角记为 θ，$0\leqslant\theta\leqslant 2\pi$，称有序数组 (ρ,φ,θ) 为点 P 的**球（面）坐标**.

球坐标的三组坐标面是（见图 9.32）：

$\rho=$ 常数，是以原点为球心的球面族；

$\varphi=$ 常数，是以原点为顶点，z 轴为轴的圆锥面族；

$\theta=$ 常数，是过 z 轴的半平面族.

由图 9.32 不难看出，点 P 的直角坐标 (x,y,z) 与球坐标

(ρ,φ,θ)之间的关系是

$$x=\rho\sin\varphi\cos\theta,\ y=\rho\sin\varphi\sin\theta,\ z=\rho\cos\varphi.$$

用球坐标的三组坐标面分割积分域 V. 典型的小块是直角六面体，它由 ρ、φ、θ 各取一增量 $\Delta\rho$、$\Delta\varphi$、$\Delta\theta$ 形成的. 由图 9.33 知，这个直角六面体的体积 $\Delta V\approx\rho^2\sin\varphi\Delta\rho\Delta\varphi\Delta\theta$. 所以，在球坐标系下，体积微元是

$$\mathrm{d}V=\rho^2\sin\varphi\mathrm{d}\rho\mathrm{d}\varphi\mathrm{d}\theta.$$

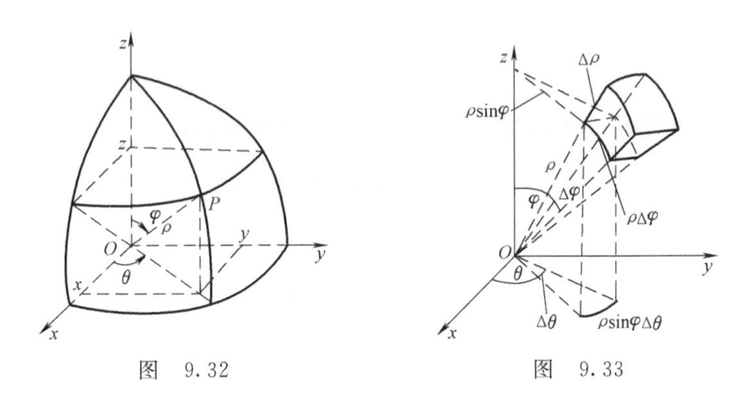

图　9.32　　　　图　9.33

故直角坐标系下三重积分与球坐标系下三重积分的关系是

$$\iiint\limits_V f(x,y,z)\mathrm{d}x\mathrm{d}y\mathrm{d}z=\iiint\limits_V f(\rho\sin\varphi\cos\theta,$$

$$\rho\sin\varphi\sin\theta,\rho\cos\varphi)\rho^2\sin\varphi\mathrm{d}\rho\mathrm{d}\varphi\mathrm{d}\theta. \qquad (9.4.6)$$

球坐标系下三重积分的计算，只需把 $f(\rho\sin\varphi\cos\theta,\rho\sin\varphi\sin\theta,\rho\cos\varphi)\rho^2\sin\varphi$ 视为被积函数，把 ρ、φ、θ 等同于 x、y、z 作为三个变量，类比着式（9.4.2）就可得到球坐标系下三重积分化为累次积分的计算公式. 首先，积分域 V 夹在两个半平面 $\theta=\alpha$ 与 $\theta=\beta$ 之间，即有 $\alpha\leqslant\theta\leqslant\beta$；在区间$[\alpha,\beta]$内任取一个 θ，作半平面截 V，如果截面区域 σ_θ 在这个半平面上以 z 为极轴的极坐标(ρ,φ)的范围是：$\varphi_1(\theta)\leqslant\varphi\leqslant\varphi_2(\theta)$，$\rho_1(\theta,\varphi)\leqslant\rho\leqslant\rho_1(\theta,\varphi)$，则

$$\iiint\limits_V f(\rho\sin\varphi\cos\theta,\rho\sin\varphi\sin\theta,\rho\cos\varphi)\rho^2\sin\varphi\mathrm{d}\rho\mathrm{d}\varphi\mathrm{d}\theta$$

$$=\int_\alpha^\beta\mathrm{d}\theta\int_{\varphi_1(\theta)}^{\varphi_2(\theta)}\sin\varphi\mathrm{d}\varphi\int_{\rho_1(\theta,\varphi)}^{\rho_2(\theta,\varphi)}f(\rho\sin\varphi\cos\theta,$$

$$\rho\sin\varphi\sin\theta,\rho\cos\varphi)\rho^2\sin\varphi\mathrm{d}\rho. \qquad (9.4.7)$$

当积分域 V 为球心在原点，或位于坐标轴上而球面过原点的球；或者是球的一部分；或者是顶点在原点，以坐标轴为轴的圆锥体，且被积分函数是 $x^2+y^2+z^2$ 的函数时，用球坐标计算三重积分较简便.

例 7　计算 $\iiint\limits_{x^2+y^2+z^2\leqslant 1}(ax+by)^2\mathrm{d}V$.

解　由积分域对称性，知

$$\iiint\limits_{\Omega}xy\mathrm{d}V=0,\ \iiint\limits_{\Omega}x^2\mathrm{d}V=\iiint\limits_{\Omega}y^2\mathrm{d}V=\iiint\limits_{\Omega}z^2\mathrm{d}V=\frac{1}{3}\iiint\limits_{\Omega}(x^2+y^2+z^2)\mathrm{d}V,$$

得

$$\begin{aligned}原积分&=\frac{1}{3}(a^2+b^2)\iiint\limits_{\Omega}(x^2+y^2+z^2)\mathrm{d}V\\&=\frac{a^2+b^2}{3}\int_0^{2\pi}\mathrm{d}\theta\int_0^{\pi}\sin\varphi\mathrm{d}\varphi\int_0^1\rho^4\mathrm{d}\rho=\frac{4}{15}\pi(a^2+b^2).\end{aligned}$$

例 8　求半径为 R 的球体体积.

解　取球心为坐标原点，则

$$V:0\leqslant\theta\leqslant 2\pi,\ 0\leqslant\varphi\leqslant\pi,\ 0\leqslant\rho\leqslant R.$$

$$V=\iiint\limits_{V}\mathrm{d}V=\int_0^{2\pi}\mathrm{d}\theta\int_0^{\pi}\sin\varphi\mathrm{d}\varphi\int_0^R\rho^2\mathrm{d}\rho=\frac{4}{3}\pi R^3.$$

例 9　计算 $I=\iiint\limits_{V}\sqrt{x^2+y^2+z^2}\mathrm{d}V$，其中 V：$x^2+y^2+z^2\geqslant 2Rz$，且 $x^2+y^2+z^2\leqslant 2R^2$，$z\geqslant 0$.

解　画积分域如图 9.34 所示，又因被积函数是 $x^2+y^2+z^2$ 的函数，所以选用球坐标系.

$$V:0\leqslant\theta\leqslant 2\pi,\ \frac{\pi}{4}\leqslant\varphi\leqslant\frac{\pi}{2},\ 2R\cos\varphi\leqslant\rho\leqslant\sqrt{2}R.$$

$$I=\iiint\limits_{V}\rho^3\sin\varphi\mathrm{d}\rho\mathrm{d}\varphi\mathrm{d}\theta=\int_0^{2\pi}\mathrm{d}\theta\int_{\pi/4}^{\pi/2}\sin\varphi\mathrm{d}\varphi\int_{2R\cos\varphi}^{\sqrt{2}R}\rho^3\mathrm{d}\rho=\frac{4}{5}\sqrt{2}\pi R^4.$$

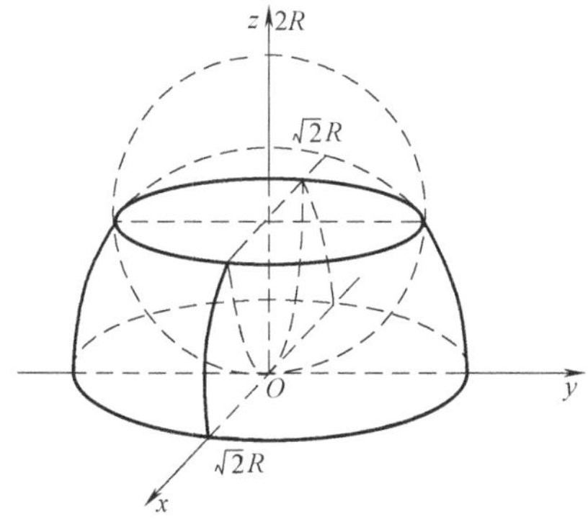

图　9.34

练习 9. 计算下列三重积分.

(1) $\iiint\limits_{V}(x^2+y^2)\mathrm{d}V$，其中 V 是由两个半球面 $z=$

$\sqrt{A^2-x^2-y^2}$，$z=\sqrt{a^2-x^2-y^2}$ $(A>a)$ 及平面 $z=0$ 所围成的区域；

(2) $\iiint\limits_V (x+z)\mathrm{d}V$，其中 V 是由锥面 $z=\sqrt{x^2+y^2}$ 与球面 $z=\sqrt{1-x^2-y^2}$ 所围成的区域；

(3) $\iiint\limits_V \dfrac{x^2+y^2}{z^2}\mathrm{d}V$，其中 V 是由不等式组 $x^2+y^2+z^2\geqslant 1$，$x^2+y^2+(z-1)^2\leqslant 1$ 所确定的空间区域；

(4) $\iiint\limits_V (x^3y-3xy^2+3xy)\mathrm{d}V$，其中 V 是球体 $(x-1)^2+(y-1)^2+(z-2)^2\leqslant 1$.

例 10　设有一高为 h、母线长为 l 的正圆锥，其质量体密度 μ 为常数. 另有一质量为 m 的质点在锥的顶点上，试求锥对质点的万有引力.

解　取坐标如图 9.35 所示，由对称性知，引力 $\boldsymbol{F}$ 在 x 轴与 y 轴上的分量均为零，只需求其在 z 轴上的分量 F_z，显然

$$V: 0\leqslant\theta\leqslant 2\pi, 0\leqslant\varphi\leqslant\arccos\frac{h}{l}, 0\leqslant\rho\leqslant\frac{h}{\cos\varphi}.$$

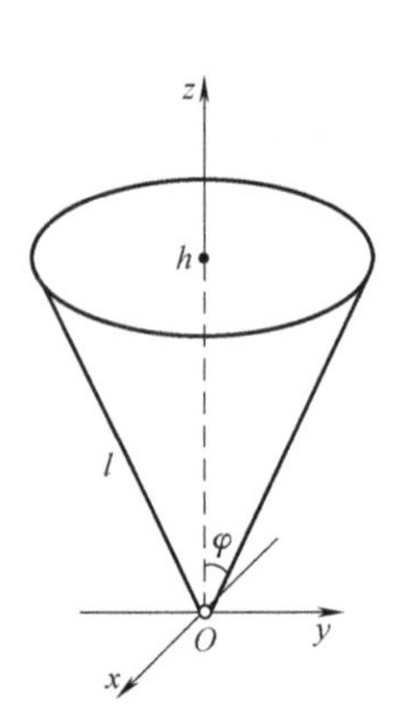

图　9.35

与定积分应用一样，在重积分的应用题中也常用微元法.

在 V 内任一点 (ρ,φ,θ) 处取体积微元

$$\mathrm{d}V=\rho^2\sin\varphi\mathrm{d}\rho\mathrm{d}\varphi\mathrm{d}\theta.$$

它对质点 m 的引力在 z 轴方向上的分量为

$$\mathrm{d}F_z=\frac{Gm\mu\mathrm{d}V}{\rho^2}\cos\varphi=Gm\mu\sin\varphi\cos\varphi\mathrm{d}\rho\mathrm{d}\varphi\mathrm{d}\theta,$$

式中，G 为引力常数. 从而

$$\begin{aligned}F_z&=\iiint\limits_V Gm\mu\sin\varphi\cos\varphi\mathrm{d}\rho\mathrm{d}\varphi\mathrm{d}\theta\\&=\int_0^{2\pi}\mathrm{d}\theta\int_0^{\arccos(h/l)}Gm\mu\sin\varphi\cos\varphi\mathrm{d}\varphi\int_0^{h/\cos\varphi}\mathrm{d}\rho\\&=2\pi G\mu mh\left(1-\frac{h}{l}\right),\end{aligned}$$

故所求的万有引力为

$$\boldsymbol{F}=\left\{0,0,2\pi G\mu mh\left(1-\frac{h}{l}\right)\right\}.$$

练习 10. 设球体 $x^2+y^2+z^2\leqslant a^2$ 的质量体密度 $\rho=1$. 在球外点 $(0,0,h)$ 处有一单位质点，$h>a$. 试将此球对这个质点的万有引力 $\boldsymbol{F}$ 在 z 轴上的分量 F_z 表示为三重积分.

例 11　已知在极坐标系下，对数螺线

$$r=a\mathrm{e}^{\theta/4},0\leqslant\theta\leqslant\pi \qquad (a>0)$$

绕极轴旋转一周所围成的旋转体 V（见图 9.36），其内各点质量的体密度等于点到极点的距离，求 V 的质量 m.

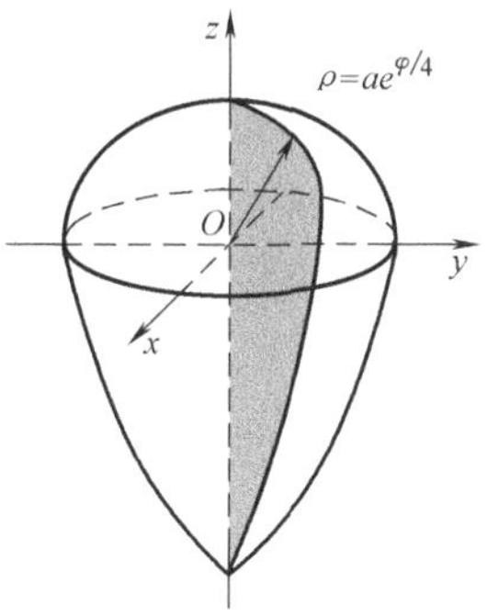

图　9.36

解　取极轴为正 z 轴，则 r、θ 相当于球坐标中的 ρ、φ. 所以球坐标系下旋转面的方程是

$$\rho=a\mathrm{e}^{\varphi/4},0\leqslant\varphi\leqslant\pi.$$

故

$$V:0\leqslant\theta\leqslant2\pi,0\leqslant\varphi\leqslant\pi,0\leqslant\rho\leqslant a\mathrm{e}^{\varphi/4}.$$

$$\begin{aligned}m&=\iiint\limits_V\rho\mathrm{d}V=\iiint\limits_V\rho\rho^2\sin\varphi\mathrm{d}\rho\mathrm{d}\varphi\mathrm{d}\theta\\&=\int_0^{2\pi}\mathrm{d}\theta\int_0^{\pi}\sin\varphi\mathrm{d}\varphi\int_0^{a\mathrm{e}^{\varphi/4}}\rho^3\mathrm{d}\rho\\&=\frac{\pi}{2}\int_0^{\pi}a^4\mathrm{e}^{\varphi}\sin\varphi\mathrm{d}\varphi\\&=\frac{\pi a^4}{2}\ \frac{1}{2}\mathrm{e}^{\varphi}(\sin\varphi-\cos\varphi)\Big|_0^{\pi}=\frac{\pi a^4}{4}(\mathrm{e}^{\pi}+1).\end{aligned}$$

由此例可知，极坐标系下曲线绕极轴旋转一周得到的旋转面所围的立体上的三重积分，也可考虑在球坐标下计算.

重积分的计算，首先，要画出积分域，根据积分域及被积函数选取坐标系，务必注意在选定的坐标系下面积微元或体积微元是什么. 然后，用不等式表示出积分域的范围，从而确定累次积分的上、下限. 最后，进行累次积分运算.

练习 11. 已知曲面 $x=\sqrt{y-z^2}$ 与 $\frac{1}{2}\sqrt{y}=x$ 及平面 $y=1$ 所围立体的体密度为 $|z|$，求其质量 m.

9.5　第一型曲线积分的概念和计算

9.5.1　第一型曲线积分的概念和性质

曲线形构件的质量　在设计曲线形构件时，为了合理地使用

材料，应该根据构件的各部分受力情况，把构件各点处的粗细设计得不一样，因此可以认为构件的线密度为变量，假设构件所占的位置在 xOy 平面的一段曲线弧 L 上，它的端点是 A 与 B，在 L 上任意一点 (x,y) 处，其线密度为 $\mu(x,y)$，现在要计算构件的质量 M。

如果构件线密度为常数，那么构件的质量等于线密度乘长度，现在构件的线密度为变数，为克服此困难，可以用 L 上的点 M_1，M_2，…，M_{n-1} 将曲线分为 n 段（见图 9.37).

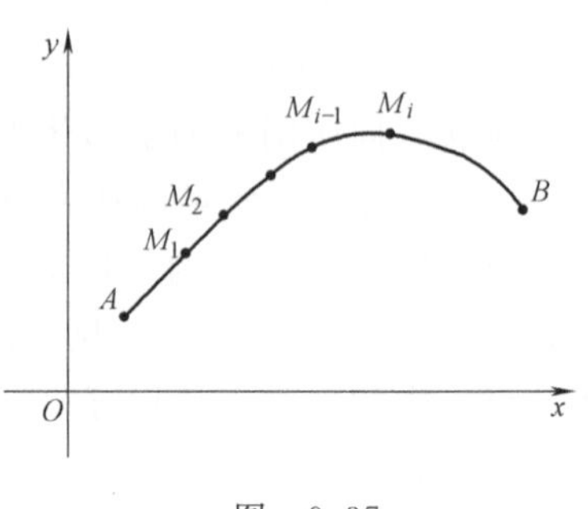

图　9.37

取其中的一小段 $\widehat{M_{i-1}M_i}$ 来分析。在线密度连续变化的前提下，只要这小段很短，就可以用这段上的任意一点 (ξ_i,η_i) 处的线密度来替代小段上其他点的线密度，小段的质量为

$$\Delta m_i \approx \mu(\xi_i,\eta_i)\Delta s_i,$$

其中，Δs_i 表示 $\widehat{M_{i-1}M_i}$ 的长度，于是整个构件的质量近似等于

$$M \approx \sum_{i=1}^{n}\mu(\xi_i,\eta_i)\Delta s_i,$$

令 $\lambda=\max\{\Delta s_1,\Delta s_2,\cdots,\Delta s_n\}$，为计算质量的精确值，取上式右端当 $\lambda\to 0$ 时的极限，得到

$$M=\lim_{\lambda\to 0}\sum_{i=1}^{n}\mu(\xi_i,\eta_i)\Delta s_i.$$

现在给出下面的定义：

定义 9.5　设 L 为 xOy 平面的一段光滑曲线弧，函数 $f(x,y)$ 在 L 上有界，在 L 上任意插入 $n-1$ 个点 M_1，M_2，…，M_{n-1} 将曲线分为 n 段，设第 i 段的长度为 Δs_i，(ξ_i,η_i) 为第 i 段上的任意一点，做乘积 $f(\xi_i,\eta_i)\Delta s_i\,(i=1,2,\cdots,n)$，并做和 $\sum\limits_{i=1}^{n}f(\xi_i,\eta_i)\Delta s_i$，令 $\lambda=\max\{\Delta s_1,\Delta s_2,\cdots,\Delta s_n\}$，如果当 $\lambda\to 0$ 时乘积和的极限总是存在且相等，则称此极限为函数 $f(x,y)$ 在曲线 L 上**对弧长的曲线积分**（或称**第一型曲线积分**）记为 $\int_L f(x,y)\mathrm{d}s$，其中，$\mathrm{d}s$ 是 L 的**弧长微元**，即

$$\int_L f(x,y)\mathrm{d}s=\lim_{\lambda\to 0}\sum_{i=1}^{n}f(\xi_i,\eta_i)\Delta s_i,$$

其中，$f(x,y)$为积分函数；L 为积分弧段.

如果 L 是闭曲线，那么函数 $f(x,y)$在闭曲线 L 上**对弧长的曲线积分**记为$\oint_L f(x,y)\mathrm{d}s$.

上述定义可以推广到积分函数为 $f(x,y,z)$，积分弧段为空间曲线 Γ 的情形，即函数 $f(x,y,z)$在曲线 Γ 上**对弧长的曲线积分**

$$\int_\Gamma f(x,y,z)\mathrm{d}s=\lim_{\lambda\to 0}\sum_{i=1}^{n} f(\xi_i,\eta_i,\zeta_i)\Delta s_i.$$

由对弧长的曲线积分的定义可知，对弧长的曲线积分具有 9.1 节给出的二重积分的所有性质.

9.5.2 第一型曲线积分的计算

定理 9.2 设 l 是以 A、B 为端点的平面曲线段（见图 9.38），由参数方程 $x=x(t)$，$y=y(t)$，$\alpha\leqslant t\leqslant\beta$ 给出，且 $x(t)$与 $y(t)$在区间$[\alpha,\beta]$上连续可微（即曲线 l 是光滑的）. 如果函数 $f(x,y)$在 l 上连续，则对弧长的曲线积分（第一型曲线积分）存在，且

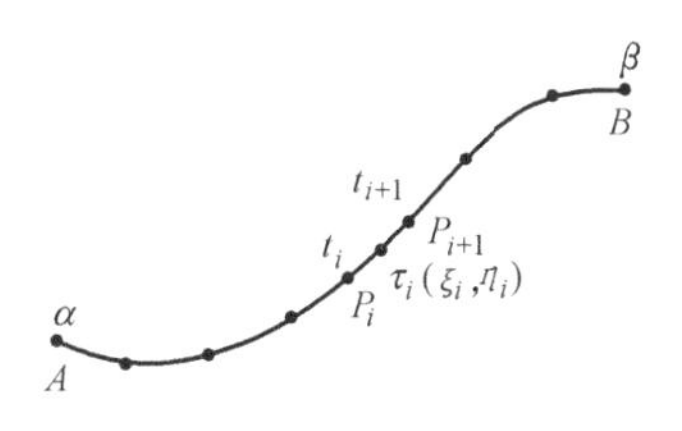

图 9.38

$$\int_l f(x,y)\mathrm{d}s=\int_\alpha^\beta f(x(t),y(t))\sqrt{x'^2(t)+y'^2(t)}\,\mathrm{d}t.$$

证明 可积性证明略，下面研究计算公式. 设点 A 对应 $t=\alpha$，点 B 对应 $t=\beta$. 因被积函数 $f(x,y)$中点(x,y)在曲线 l 上，所以它是 t 的函数 $f(x(t),y(t))$. 又由曲线弧长公式和积分中值定理知

$$\Delta s_i=\int_{t_i}^{t_{i+1}}\sqrt{x'^2(t)+y'^2(t)}\,\mathrm{d}t=\sqrt{x'^2(\tau_i)+y'^2(\tau_i)}\,\Delta t_i.$$

注意在对弧长的积分定义中，$\int_l f(x,\ y)\mathrm{d}s=\lim\limits_{\lambda\to\infty}\sum\limits_{i=1}^{n} f(\xi_i,\ \eta_i)\Delta s_i$ 的点(ξ_i,η_i)为任意的，故在已知函数可积时，计算积分可选$(\xi_i,\eta_i)=(x(\tau_i),y(\tau_i))$，即

$$\begin{aligned}\int_l f(x,y)\mathrm{d}s&=\lim_{\lambda\to\infty}\sum_{i=1}^{n} f(\xi_i,\eta_i)\Delta s_i\\&=\lim_{\lambda\to 0}\sum_{i=1}^{n} f(x(\tau_i),y(\tau_i))\sqrt{x'^2(\tau_i)+y'^2(\tau_i)}\,\Delta t_i\\&=\int_\alpha^\beta f(x(t),y(t))\sqrt{x'^2(t)+y'^2(t)}\,\mathrm{d}t.\end{aligned}$$

□

于是对弧长的曲线积分可化为定积分计算，即

$$\int_l f(x,y)\mathrm{d}s=\int_\alpha^\beta f(x(t),y(t))\sqrt{x'^2(t)+y'^2(t)}\,\mathrm{d}t. \tag{9.5.1}$$

注意，这里弧长微元 $\mathrm{d}s$ 就是弧微分.

$$\mathrm{d}s=\sqrt{x'^2(t)+y'^2(t)}\,\mathrm{d}t.$$

因为 $\mathrm{d}s>0$ 时，必须有 $\mathrm{d}t>0$，故式（9.5.1）中的定积分上限必须大于下限！由此可见，

$$\int_{\widehat{AB}} f(P)\mathrm{d}s=\int_{\widehat{BA}} f(P)\mathrm{d}s,$$

这是第一型曲线积分的一个特性，它与定积分不同.

如果 l 是空间曲线段 $\widehat{AB}$：

$$x=x(t),y=y(t),z=z(t),\alpha\leqslant t\leqslant\beta,$$

则有公式

$$\int_l f(x,y,z)\mathrm{d}s=\int_\alpha^\beta f(x(t),y(t),z(t))\sqrt{x'^2(t)+y'^2(t)+z'^2(t)}\,\mathrm{d}t. \tag{9.5.2}$$

例 1　计算

$$\int_l y\,\mathrm{d}s,$$

其中：(1) l 为曲线 $y^2=4x$ 上点 $(0,0)$ 与点 $(1,2)$ 之间的弧段；(2) l 为心脏线 $r=a(1+\cos\theta)$ 的下半部分（见图 9.39）.

解　(1) 对于曲线 l：$x=\frac{1}{4}y^2$，$0\leqslant y\leqslant 2$（视 y 为参量），有

$$\mathrm{d}s=\sqrt{x_y'^2+1}\,\mathrm{d}y=\sqrt{1+\frac{y^2}{4}}\,\mathrm{d}y,$$

故由式（9.5.1）得

$$\int_l y\,\mathrm{d}s=\int_0^2 y\sqrt{1+\frac{y^2}{4}}\,\mathrm{d}y=\frac{4}{3}(2\sqrt{2}-1).$$

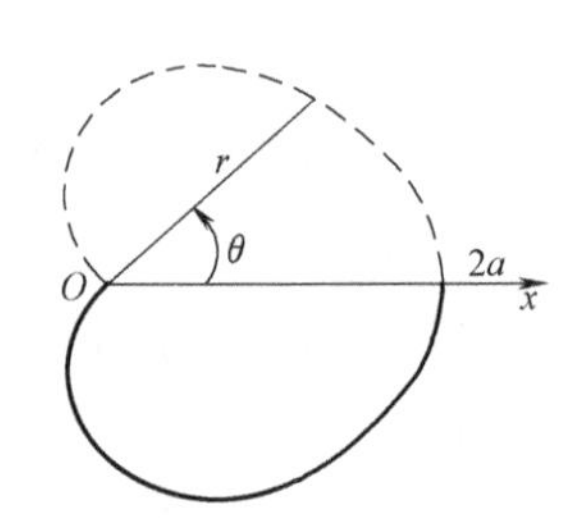

图　9.39

(2) 对于心脏线 $l:r=a(1+\cos\theta),\pi\leqslant\theta\leqslant 2\pi$，有

$$x=r\cos\theta=a(1+\cos\theta)\cos\theta,y=r\sin\theta=a(1+\cos\theta)\sin\theta$$

（视 θ 为参数），又极坐标系下弧微分为

$$\begin{aligned}\mathrm{d}s&=\sqrt{r^2(\theta)+r'^2(\theta)}\,\mathrm{d}\theta=\sqrt{a^2(1+\cos\theta)^2+a^2\sin^2\theta}\,\mathrm{d}\theta\\&=a\sqrt{2(1+\cos\theta)}\,\mathrm{d}\theta.\end{aligned}$$

故由式（9.5.1），得

$$\int_l y\,\mathrm{d}s=\int_\pi^{2\pi}\sqrt{2}a^2(1+\cos\theta)^{3/2}\sin\theta\,\mathrm{d}\theta=-\frac{16}{5}a^2.$$

例 2　计算$\int_{\widehat{BB'}} x|y|\mathrm{d}s$，其中$\widehat{BB'}$是椭圆$x=a\cos t$，$y=b\sin t$ $(a>b>0)$的右半部分（见图 9.40）.

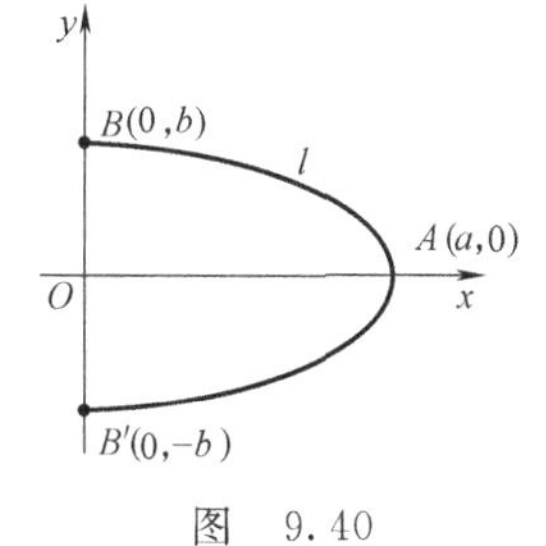

图　9.40

解　因$\widehat{BB'}$：$x=a\cos t$，$y=b\sin t$，$-\dfrac{\pi}{2}\leqslant t\leqslant\dfrac{\pi}{2}$，又

$$\begin{aligned}\mathrm{d}s&=\sqrt{x_t'^2+y_t'^2}\,\mathrm{d}t\\&=\sqrt{a^2\sin^2 t+b^2\cos^2 t}\,\mathrm{d}t,\end{aligned}$$

故由式（9.5.1），得

$$\begin{aligned}\int_{\widehat{BB}} x|y|\mathrm{d}s&=\int_{-\frac{\pi}{2}}^{\frac{\pi}{2}} a\cos t\,|b\sin t|\sqrt{a^2\sin^2 t+b^2\cos^2 t}\,\mathrm{d}t\\&=2ab\int_0^{\frac{\pi}{2}}\cos t\sin t\sqrt{a^2-(a^2-b^2)\cos^2 t}\,\mathrm{d}t\\&=\frac{2ab}{3(a+b)}(a^2+ab+b^2).\end{aligned}$$

练习 1. 计算下列对弧长的（第一型）曲线积分：

(1) $\int_l\sqrt{2y}\,\mathrm{d}s$，其中$l$为摆线$x=a(t-\sin t)$，$y=a(1-\cos t)$的一拱；

(2) $\int_l(x^{\frac{4}{3}}+y^{\frac{4}{3}})\mathrm{d}s$，其中$l$为星形线$x=a\cos^3 t$，$y=a\sin^3 t$ $(0\leqslant t\leqslant\pi/2)$在第一象限内的弧；

(3) $\oint_c\sqrt{x^2+y^2}\,\mathrm{d}s$，其中$c$是圆周$x^2+y^2=ax$；

(4) $\int_l x\,\mathrm{d}s$，其中l为双曲线$xy=1$上点$\left(\dfrac{1}{2},\ 2\right)$到点$(1,1)$的弧段；

(5) $\int_l|y|\mathrm{d}s$，其中l为$x=\sqrt{1-y^2}$；

(6) $\oint_c \mathrm{e}^{\sqrt{x^2+y^2}}\mathrm{d}s$，其中$c$为曲线$x^2+y^2=a^2$、直线$y=x$及$x$轴正半轴在第一象限内所围平面区域的边界线；

(7) $\oint_c(2xy+3x^2+4y^2)\mathrm{d}s$，其中$c$为椭圆$\dfrac{x^2}{4}+\dfrac{y^2}{3}=1$，设其周长为$a$；

(8) $\oint_c(2x^2+3y^2)\mathrm{d}s$，其中$c$是曲线$x^2+y^2=2(x+y)$.

例 3　如图 9.41 所示，设l是圆柱螺线的一段，且

$$l: x=a\cos t, y=a\sin t, z=bt, 0\leqslant t\leqslant 2\pi.$$

(1) 计算 l 的弧长；(2) 计算 $\int_l \frac{\mathrm{d}s}{x^2+y^2+z^2}$.

解　弧微分

$$\mathrm{d}s=\sqrt{(-a\sin t)^2+(a\cos t)^2+b^2}\,\mathrm{d}t=\sqrt{a^2+b^2}\,\mathrm{d}t.$$

(1) 由式 (9.5.2)，得弧长

$$s=\int_l \mathrm{d}s=\int_0^{2\pi}\sqrt{a^2+b^2}\,\mathrm{d}t=2\pi\sqrt{a^2+b^2}.$$

(2) 由式 (9.5.2)，得

$$\int_l \frac{\mathrm{d}s}{x^2+y^2+z^2}=\int_0^{2\pi}\frac{\sqrt{a^2+b^2}}{a^2+b^2t^2}\mathrm{d}t=\frac{\sqrt{a^2+b^2}}{ab}\arctan\frac{2\pi b}{a}.$$

最后指出，当 $f(x,y)\geqslant 0$ 时，平面曲线 l 上的第一型曲线积分

$$\int_l f(x,y)\mathrm{d}s$$

在几何上表示以 l 为准线，母线平行于 z 轴的柱面之介于平面 $z=0$ 和曲面 $z=f(x,y)$ 之间那部分的面积（见图 9.42）.

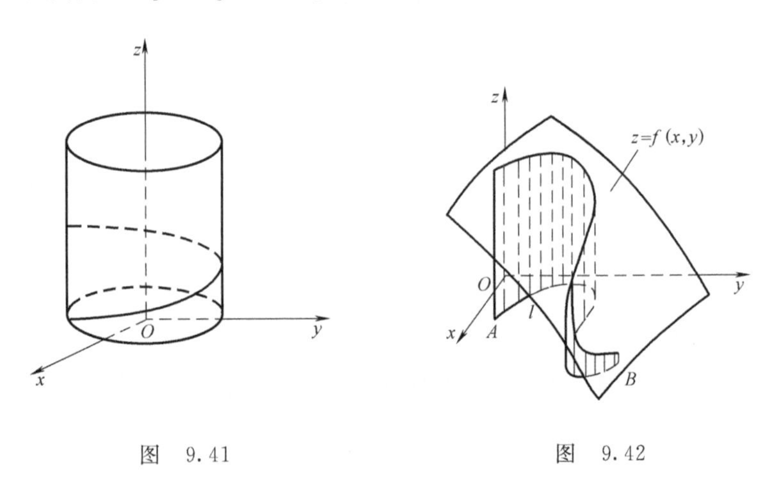

图　9.41　　　　图　9.42

练习 2. 计算下列对弧长的（第一型）曲线积分：

(1) $\int_L z\mathrm{d}s$，其中 L 为空间曲线 $x=t\cos t, y=t\sin t, z=t$，从 $t=0$ 到 $t=t_0$ 的弧段；

(2) $\int_L \frac{z^2}{x^2+y^2}\mathrm{d}s$，其中 L 为螺线 $x=a\cos t, y=a\sin t$，$z=at$ 从 $t=0$ 到 $t=2\pi$ 的弧段；

(3) $\oint_L (2yz+2zx+2xy)\mathrm{d}s$，其中 L 是空间圆周

$$\begin{cases}x^2+y^2+z^2=a^2,\\ x+y+z=\dfrac{3}{2}a;\end{cases}$$

(4) $\oint_L (x^2+y^2)\mathrm{d}s$，其中 L 是空间圆周 $\begin{cases}x^2+y^2+z^2=1,\\ x+y+z=0.\end{cases}$

例 4　求圆柱面 $\left(x-\dfrac{R}{2}\right)^2+y^2=\left(\dfrac{R}{2}\right)^2$ 被截在球 $x^2+y^2+z^2=R^2$ 内部的柱面的面积（见图 9.43）.

解　由图形的对称性，只需求第一卦限内的面积，再求它的四倍. 柱面与 xOy 平面的交线

$$l: r=R\cos\theta, 0\leqslant\theta\leqslant\frac{\pi}{2}.$$

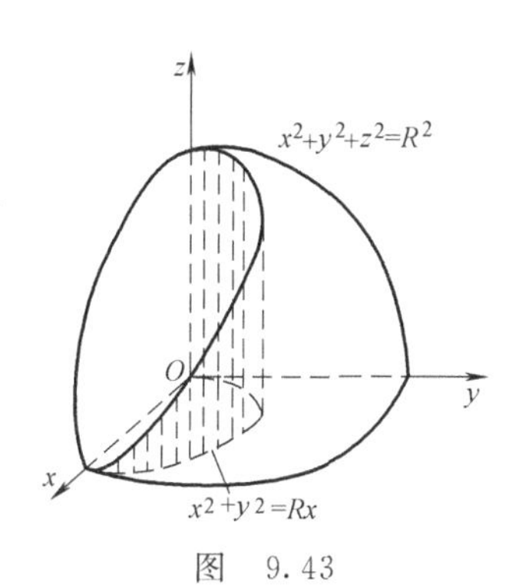

图　9.43

弧微分为

$$\mathrm{d}s=\sqrt{r^2+r'^2}\,\mathrm{d}\theta=R\,\mathrm{d}\theta,$$

故所求的面积

$$S=4\int_l \sqrt{R^2-x^2-y^2}\,\mathrm{d}s=4\int_0^{\pi/2}\sqrt{R^2-R^2\cos^2\theta}R\,\mathrm{d}\theta=4R^2.$$

练习 3. 求下列柱面片的面积.

(1) 圆柱面 $x^2+y^2=R^2$ 界于坐标面 xOy 及柱面 $z=R+\dfrac{x^2}{R}$之间的一块；

(2) 圆柱面 $x^2+y^2=1$ 被抛物柱面 $x=z^2$ 截下的一块（用定积分表示，不必计算）.

9.6 第一型曲面积分

9.6.1 对面积的曲面积分的定义

在工程问题中，有时需要计算薄板的质量，即已知空间曲面片 S，其面密度为 $\mu(x,y,z)$，求质量 M.

采用 9.5.1 节介绍的“分割、作积、求和、取极限”的方法可得

$$M=\lim_{\lambda\to 0}\sum_{i=1}^{n}\mu(x_i, y_i, z_i)\Delta S_i.$$

这样的极限还会在其他问题中遇到，抽出其具体意义，得到第一型曲面积分的定义.

定义 9.6　设曲面 Σ 是光滑的，$f(x,y,z)$是曲面 Σ 上的有界函数. 将 Σ 分割为 n 个小闭区域

$$\Delta S_1,\ \Delta S_2,\ \cdots,\ \Delta S_n,$$

同时用它们表示其面积. 称数 $d_i=\sup\limits_{P_1,P_2\in\Delta S_i}\{d(P_1,P_2)\}$为 ΔS_i 的直径，记

$$\lambda=\max_{1\leqslant i\leqslant n}\{d_i\}.$$

任取点 $P_i(\xi_i,\eta_i,\zeta_i)\in\Delta S_i(i=1,2,\cdots,n)$，作乘积的和式

$$\sum_{i=1}^{n}f(\xi_i,\eta_i,\zeta_i)\Delta S_i.$$

如果不论怎样分割 Σ 以及怎样取点(ξ_i,η_i,ζ_i)，极限

$$\lim_{\lambda\to 0}\sum_{i=1}^{n}f(\xi_i,\eta_i,\zeta_i)\Delta S_i$$

都存在，且为同一个值，则称此极限值为函数 $f(x,y,z)$在曲面 Σ 上**对面积的曲面积分**（或称**第一型曲面积分**），记为$\iint_{\Sigma}f(x,y,z)\mathrm{d}S$，即

$$\iint_{\Sigma}f(x,y,z)\mathrm{d}S=\lim_{\lambda\to 0}\sum_{i=1}^{n}f(\xi_i,\eta_i,\zeta_i)\Delta S_i,$$

其中，$\mathrm{d}S$ 是**曲面的面积微元**；$f(x,y,z)$ 叫作**被积函数**；Σ 叫作**积分曲面**.

由对面积的曲面积分定义可知，它具有和二重积分类似的性质，这里不再赘述.

9.6.2 对面积的曲面积分的计算

设空间曲面 Σ 的方程为

$$z=z(x,y),(x,y)\in\sigma_{xy},$$

其中，σ_{xy} 为曲面 Σ 在 xOy 平面上的投影域. 函数 $f(x,y,z)$在曲面 Σ 上连续，则对面积的曲面积分（第一型曲面积分）

$$\iint_{\Sigma}f(x,y,z)\mathrm{d}S=\lim_{\lambda\to 0}\sum_{i=1}^{n}f(x_i,y_i,z_i)\Delta S_i$$

存在.（证明略）

如果 $z(x,y)$在 σ_{xy} 上有连续的一阶偏导数，则由 9.2 节中的式（9.2.6）及 9.1 节的积分中值定理，得

$$\Delta S_i=\iint_{\Delta\sigma_i}\sqrt{1+\left(\frac{\partial z}{\partial x}\right)^2+\left(\frac{\partial z}{\partial y}\right)^2}\mathrm{d}\sigma=\sqrt{1+\left(\frac{\partial z}{\partial x}\right)_i^2+\left(\frac{\partial z}{\partial y}\right)_i^2}\Delta\sigma_i.$$

其中，$\Delta\sigma_i$ 是 ΔS_i 在 xOy 平面上的投影域（见图 9.44），$\left(\frac{\partial z}{\partial x}\right)_i$ 和 $\left(\frac{\partial z}{\partial y}\right)_i$ 分别表示在 $\Delta\sigma_i$ 内某点 (x_i,y_i) 处的两个偏导数. 因被积函数 $f(x,y,z)$ 中的点 (x,y,z) 在曲面 S 上，所以它是关于 x 与 y 的二元函数 $f(x,y,z(x,y))$. 于是由二重积分的定义知

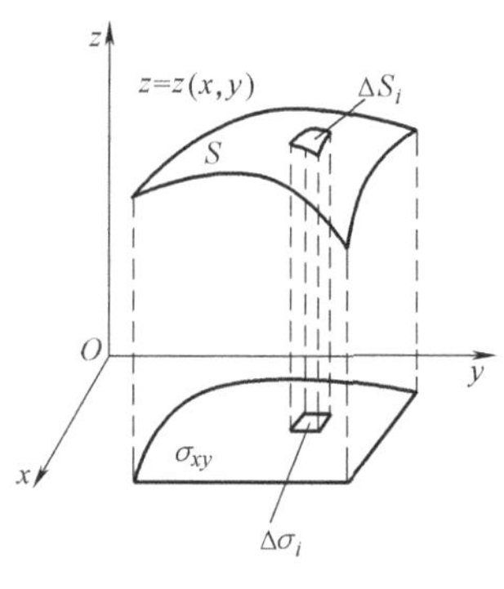

图　9.44

$$\lim_{\lambda\to 0}\sum_{i=1}^{n} f(x_i,y_i,z_i)\Delta S_i$$

$$=\lim_{\lambda\to 0}\sum_{i=1}^{n} f(x_i,y_i,z(x_i,y_i))\sqrt{1+\left(\frac{\partial z}{\partial x}\right)_i^2+\left(\frac{\partial z}{\partial y}\right)_i^2}\,\Delta\sigma_i$$

$$=\iint_{\sigma_{xy}} f(x,y,z(x,y))\sqrt{1+\left(\frac{\partial z}{\partial x}\right)^2+\left(\frac{\partial z}{\partial y}\right)^2}\,\mathrm{d}\sigma.$$

于是，对面积的曲面积分可化为二重积分计算，即

$$\iint_S f(x,y,z)\mathrm{d}S=\iint_{\sigma_{xy}} f(x,y,z(x,y))\sqrt{1+\left(\frac{\partial z}{\partial x}\right)^2+\left(\frac{\partial z}{\partial y}\right)^2}\,\mathrm{d}\sigma. \tag{9.6.1}$$

根据曲面 Σ 的不同情况，可以把对面积的曲面积分转化为在其他坐标面的投影域上的二重积分. 所以，计算对面积的曲面积分时，首先，应根据曲面 Σ 选好投影面，确定投影域并写出曲面 Σ 的方程；然后，算出曲面面积微元；最后，将曲面方程代入被积函数，由式（9.6.1）右端的二重积分进行计算.

例 1　计算 $\iint_S (x^2+y^2+z^2)\mathrm{d}S$，其中 S 为锥面 $z=\sqrt{x^2+y^2}$ 介于平面 $z=0$ 及 $z=1$ 之间的部分（见图 9.45）.

解　曲面 S 的方程为

$$z=\sqrt{x^2+y^2}.$$

$$\frac{\partial z}{\partial x}=\frac{x}{\sqrt{x^2+y^2}},\ \frac{\partial z}{\partial y}=\frac{y}{\sqrt{x^2+y^2}},$$

$$\sqrt{1+\left(\frac{\partial z}{\partial x}\right)^2+\left(\frac{\partial z}{\partial y}\right)^2}=\sqrt{2}.$$

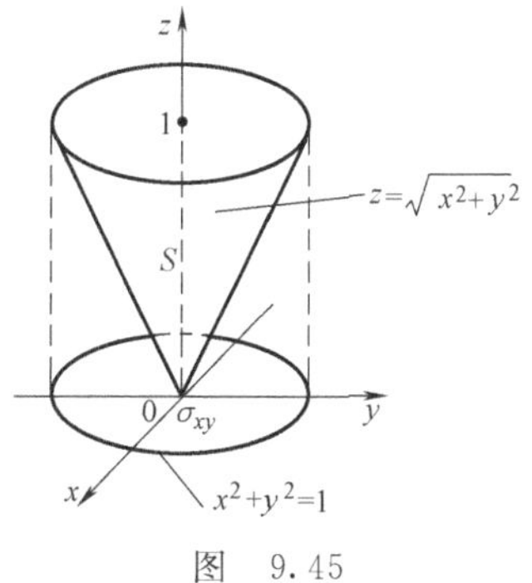

图　9.45

又曲面 S 在 xOy 平面上投影域是圆盘 $\sigma_{xy}: x^2+y^2\leqslant 1$，所以

$$\iint_S (x^2+y^2+z^2)\mathrm{d}S=\iint_{\sigma_{xy}} 2\sqrt{2}(x^2+y^2)\mathrm{d}\sigma$$

$$=2\sqrt{2}\int_0^{2\pi}\mathrm{d}\theta\int_0^1 r^3\mathrm{d}r=\sqrt{2}\pi.$$

例 2　计算$\iint_S (x^3+x^2y+z)\mathrm{d}S$，其中 S 为球面 $z=\sqrt{a^2-x^2-y^2}$ 之位于平面 $z=h(0<h<a)$ 上方的部分（见图 9.46）.

解　由对称性知

$$\iint_S (x^3+x^2y+z)\mathrm{d}S=\iint_S z\mathrm{d}S,$$

曲面 S 的方程是 $z=\sqrt{a^2-x^2-y^2}$，所以 $\dfrac{\partial z}{\partial x}=\dfrac{-x}{\sqrt{a^2-x^2-y^2}}$，$\dfrac{\partial z}{\partial y}=\dfrac{-y}{\sqrt{a^2-x^2-y^2}}$，

$$\sqrt{1+\left(\frac{\partial z}{\partial x}\right)^2+\left(\frac{\partial z}{\partial y}\right)^2}=\frac{a}{\sqrt{a^2-x^2-y^2}}.$$

曲面 S 在 xOy 平面上的投影域是圆盘 σ_{xy}：

$$x^2+y^2\leqslant a^2-h^2.$$

故

$$\iint_S (x^3+x^2y+z)\mathrm{d}S=\iint_S z\mathrm{d}S$$

$$=\iint_{\sigma_{xy}}\sqrt{a^2-x^2-y^2}\,\frac{a}{\sqrt{a^2-x^2-y^2}}\mathrm{d}\sigma$$

$$=\pi a(a^2-h^2).$$

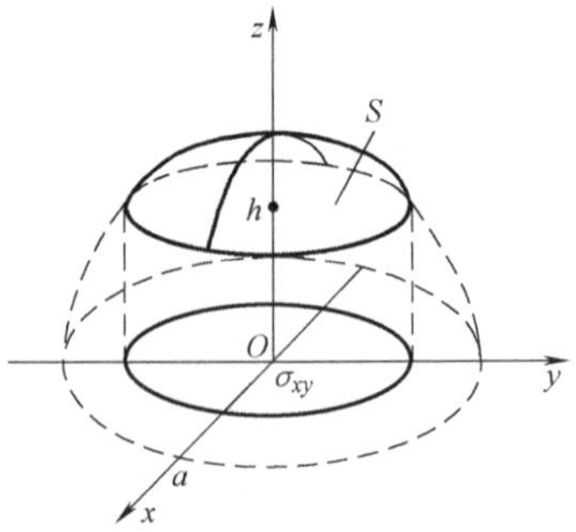

图　9.46

值得注意的是，在球面上的第一型曲面积分用球坐标计算有时是方便的. 如本例，曲面 S：

$$\rho=a,\ 0\leqslant\theta\leqslant 2\pi,\ 0\leqslant\varphi\leqslant\arccos\frac{h}{a},$$

曲面面积微元为

$$\mathrm{d}S=a^2\sin\varphi\mathrm{d}\varphi\mathrm{d}\theta.$$

所以

$$\iint_S (x^3+x^2y+z)\mathrm{d}S=\iint_S z\mathrm{d}S=\int_0^{2\pi}\mathrm{d}\theta\int_0^{\arccos\frac{h}{a}} a^3\cos\varphi\sin\varphi\mathrm{d}\varphi$$

$$=\pi a(a^2-h^2).$$

练习 1. 计算下列对面积的（第一型）曲面积分.

(1) $\iint_S x^2y^2\mathrm{d}S$，其中 S 为上半球面 $z=\sqrt{R^2-x^2-y^2}$；

(2) $\iint_S \frac{1}{x^2+y^2+z^2}\mathrm{d}S$，其中 S 是下半球面 $z=-\sqrt{R^2-x^2-y^2}$；

(3) $\iint_S |y|\sqrt{z}\,\mathrm{d}S$，其中 S 是曲面 $z=x^2+y^2$ ($z\leqslant 1$).

例 3　计算 $I=\oiint_S xyz\,\mathrm{d}S$，其中 S 是平面 $x+y+z=1$ 与三个坐标面围成的四面体的表面.

解　若以 S_1、S_2、S_3 依次表示该四面体在 xOy，yOz、zOx 坐标面上的三个表面（见图 9.47），则因 S_1 的方程为 $z=0$，所以

$$\iint_{S_1} xyz\,\mathrm{d}S=0.$$

同理有

$$\iint_{S_2} xyz\,\mathrm{d}S=0,\quad \iint_{S_3} xyz\,\mathrm{d}S=0.$$

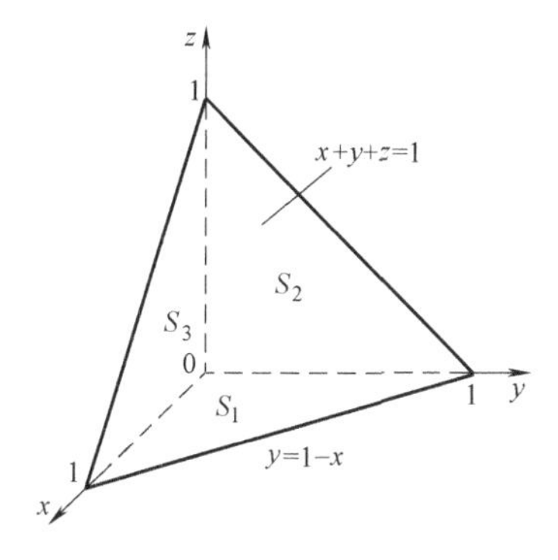

图　9.47

第四个表面 S_4 的方程为

$$z=1-x-y,$$
$$0\leqslant x\leqslant 1,0\leqslant y\leqslant 1-x,$$

故 $z'_x=-1, z'_y=-1, \sqrt{1+z'^2_x+z'^2_y}=\sqrt{3}$. 于是

$$I=\oiint_S xyz\,\mathrm{d}S=\iint_{S_4} xyz\,\mathrm{d}S=\iint_{\sigma_{xy}} xy(1-x-y)\sqrt{3}\,\mathrm{d}x\mathrm{d}y$$
$$=\int_0^1\mathrm{d}x\int_0^{1-x}\sqrt{3}\,xy(1-x-y)\mathrm{d}y=\frac{\sqrt{3}}{120}.$$

练习 2. 计算下列对面积的（第一型）曲面积分.

(1) $\iint_S (xy+yz+zx)\mathrm{d}S$，其中 S 为锥面 $z=\sqrt{x^2+y^2}$ 被曲面 $x^2+y^2=2ax$ ($a>0$) 所截下的部分；

(2) $\iint_S \left(2x+\frac{4}{3}y+z\right)\mathrm{d}S$，其中 S 为平面 $\frac{x}{2}+\frac{y}{3}+\frac{z}{4}=1$ 在第一卦限中的部分；

(3) $\oiint_\Sigma (3x^2+y^2+2z^2)\mathrm{d}S$，其中 Σ 为球面 $(x-1)^2+(y-1)^2+(z-1)^2=3$.

练习 3. 已知抛物面薄壳 $z=\frac{1}{2}(x^2+y^2)(0\leqslant z\leqslant 1)$ 的质量面密度为 $\mu(x,y,z)=z$，求此薄壳的质量.

练习 4. 设 S 为椭球面 $\frac{x^2}{2}+\frac{y^2}{2}+z^2=1$ 的上半部分，点 $P(x,y,z)\in S$，Π 为 S 在点 P 处的切平面，$\rho(x,y,z)$ 为原点 $(0,0,0)$ 到平面 Π 的距离，求

$$\iint_S \frac{z}{\rho(x,y,z)}\mathrm{d}S.$$

9.7 积分的应用举例

我们已经学习了二重积分、三重积分、对弧长的曲线积分以及对面积的曲面积分，这些积分有广泛的应用，比如，求平面区域的面积，曲面的面积，立体的体积，曲线的弧长，物体的质量等. 本节仅介绍物体的质心及转动惯量的求法. 读者应从中学会将有关实际问题转化为积分问题的计算方法. 为书写简单，本节用 $\int_\Omega f(P)\mathrm{d}\Omega$ 代表以上所有积分，所得结论对以上积分都适合.

9.7.1 物体的质心

由静力学知，当质点系 $P_i(x_i,y_i,z_i)(i=1,2,\cdots,n)$ 的各点质量为 m_i 时，质心的坐标是

$$\bar{x}=\frac{\sum_{i=1}^{n}m_ix_i}{\sum_{i=1}^{n}m_i},\quad \bar{y}=\frac{\sum_{i=1}^{n}m_iy_i}{\sum_{i=1}^{n}m_i},\quad \bar{z}=\frac{\sum_{i=1}^{n}m_iz_i}{\sum_{i=1}^{n}m_i}.$$

如果在一个几何形体 Ω 上，质量分布密度为连续函数 $\mu(P)$，$P\in\Omega$. 将 Ω 分割为 n 个直径很小的部分 $\Delta\Omega_i(i=1,2,\cdots,n)$，任取一点 $P_i\in\Delta\Omega_i$，把 $\Delta\Omega_i$ 看成是质量为 $\mu(P_i)\Delta\Omega_i$（这里 $\Delta\Omega_i$ 也表示其度量）位于点 P_i 的质点. 这样得到 n 个质点的质点系，求出其质心，再让分割无限细密，取极限，就得到质心的坐标为

$$\bar{x}=\frac{\int_\Omega \mu(P)x\mathrm{d}\Omega}{\int_\Omega \mu(P)\mathrm{d}\Omega},\quad \bar{y}=\frac{\int_\Omega \mu(P)y\mathrm{d}\Omega}{\int_\Omega \mu(P)\mathrm{d}\Omega},\quad \bar{z}=\frac{\int_\Omega \mu(P)z\mathrm{d}\Omega}{\int_\Omega \mu(P)\mathrm{d}\Omega}. \tag{9.7.1}$$

这里 Ω 包括空间立体、曲面、曲线及平面片和平面上的曲线.

由式（9.7.1）知，物体的质心的横坐标，等于物体对平面 $x=0$ 的总静距（也称一次距）$\int_{\Omega}\mu(P)x\,\mathrm{d}\Omega$ 与总质量 $\int_{\Omega}\mu(P)\,\mathrm{d}\Omega$ 之商，质心的纵坐标、竖坐标也有类似的结论. 当密度 $\mu(P)$ 为常数时，质心也叫**形心**. 不难从式（9.7.1）消去 μ，得到形心的坐标.

例 1　求位于两圆 $r=2\sin\theta$ 与 $r=4\sin\theta$ 之间的均质薄板 σ 的质心（见图 9.48）

解　由于薄板 σ 关于 y 轴对称，且是均质的（面密度 μ 为常数），故 $\overline{x}=0$，只需求 $\overline{y}$，因为

$$m=\iint_{\sigma}\mu\,\mathrm{d}\sigma=\mu(\pi\cdot 2^2-\pi\cdot 1^2)=3\pi\mu$$

$$M_y=\iint_{\sigma}\mu y\,\mathrm{d}\sigma=\int_0^{\pi}\mathrm{d}\theta\int_{2\sin\theta}^{4\sin\theta}\mu r^2\sin\theta\,\mathrm{d}r$$

$$=\frac{112}{3}\mu\int_0^{\pi/2}\sin^4\theta\,\mathrm{d}\theta=7\pi\mu,$$

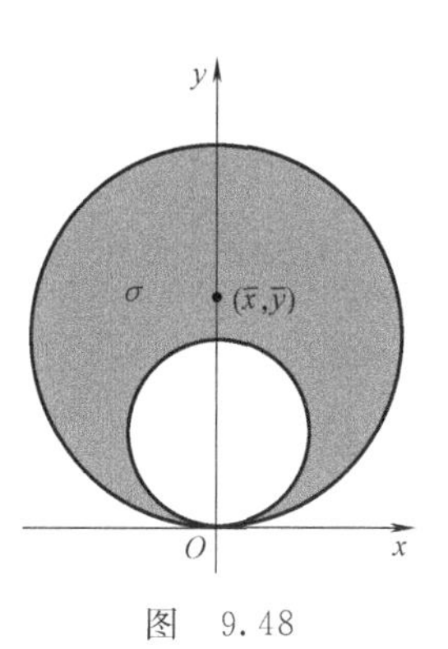

图　9.48

所以，$\overline{y}=\dfrac{7}{3}$，即质心为点$\left(0,\dfrac{7}{3}\right)$.

练习 1. 设平面薄片是由抛物线 $y=x^2$ 及直线 $y=x$ 所围成，其面密度为 $\mu=x^2y$，求该薄片的质心位置.

例 2　已知图 9.49 中球底锥的体密度 $\mu=k(x^2+y^2+z^2)$，k 为常数，求其质心.

解　由图 9.49 知，球底锥 V 关于坐标面 yOz 及 zOx 对称，又密度函数是关于 x 与 y 的偶函数，故质心必在 z 轴上，只需求 $\overline{z}$. 因为

$$m=\iiint_V k(x^2+y^2+z^2)\,\mathrm{d}V$$

$$=\int_0^{2\pi}\mathrm{d}\theta\int_0^{\beta}k\sin\varphi\,\mathrm{d}\varphi\int_0^R\rho^4\,\mathrm{d}\rho$$

$$=\frac{2\pi}{5}kR^5(1-\cos\beta),$$

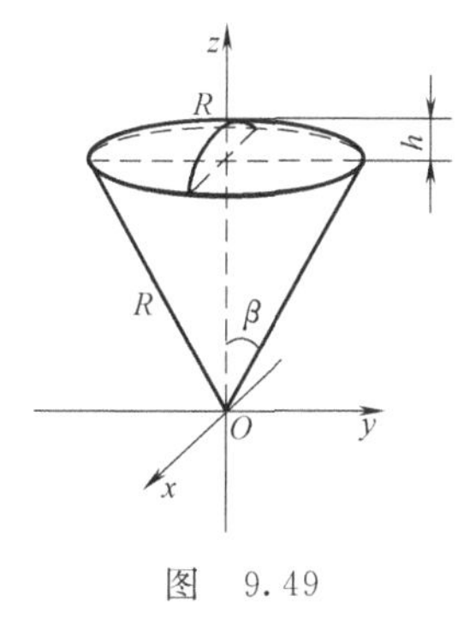

图　9.49

及

$$M_z=\iiint_V k(x^2+y^2+z^2)z\,\mathrm{d}V=\int_0^{2\pi}\mathrm{d}\theta\int_0^{\beta}k\sin\varphi\cos\varphi\,\mathrm{d}\varphi\int_0^R\rho^5\,\mathrm{d}\rho$$

$$=\frac{\pi}{6}kR^6(1-\cos^2\beta),$$

所以

$$\bar{z}=\frac{5}{12}R(1+\cos\beta)=\frac{5}{12}(2R-h),$$

其中，$h=R(1-\cos\beta)$. 于是球底锥的质心是点$\left(0,0,\frac{5}{12}(2R-h)\right)$.

练习 2. 设均质立体由旋转抛物面 $z=x^2+y^2$ 及平面 $z=1$ 所围成，试求其质心.

练习 3. 设均质立体由抛物柱面 $y=\sqrt{x}$，$y=2\sqrt{x}$，平面 $z=0$ 及 $x+z=6$ 四个面围成，求其质心.

练习 4. 设锥面形薄壳 $z=\frac{h}{R}\sqrt{x^2+y^2}$ $(0\leqslant z\leqslant h, R$ 与 h 为常数）的面密度 $\mu=1$，求其质心.

练习 5. 求八分之一的球面 $x^2+y^2+z^2=R^2(x\geqslant0,y\geqslant0,z\geqslant0)$的边界线的质心，设曲线的线密度 $\rho=1$.

9.7.2 转动惯量

转动惯量是力学中的一个重要概念，研究刚体转动时要用到它. 由力学知，n 个质点对一个定轴的转动惯量为

$$\sum_{i=1}^{n}r_i^2m_i,$$

其中，m_i 和 r_i 分别表示第 i 个质点的质量和它到定轴的距离.

对一个刚体 Ω，设质量密度分布是 Ω 上点 P 的连续函数 $\mu(P)$. 该如何求 Ω 对某一定轴的转动惯量呢？这里用“微元法”去做. 在 Ω 内任取一微元刚体 $\Delta\Omega$，任取点 $P\in\Delta\Omega$. 设点 P 到定轴的距离为 r，则有质量微元 $\mu(P)\Delta\Omega$，和对应的转动惯量微元：

$$r^2\mu(P)\Delta\Omega,$$

从而刚体 Ω 对定轴的转动惯量（也称二次矩）为

$$I=\int_\Omega r^2\mu(P)\mathrm{d}\Omega.$$

若在空间取定直角坐标系 $Oxyz$，则刚体 Ω 对 x 轴、y 轴、z 轴的转动惯量分别为

$$\begin{aligned}I_x&=\int_\Omega(y^2+z^2)\mu\mathrm{d}\Omega\\ I_y&=\int_\Omega(x^2+z^2)\mu\mathrm{d}\Omega\\ I_z&=\int_\Omega(x^2+y^2)\mu\mathrm{d}\Omega,\end{aligned}\tag{9.7.2}$$

其中，$\mu=\mu(P)$是密度函数. 这里 Ω 可以是空间立体、曲面、曲

线及平面片和平面曲线.

例 3　求密度为 1 的旋转抛物体：$x^2+y^2\leqslant z\leqslant 1$（记为 Ω）绕 z 轴的转动惯量 I.

解　$$I=\iiint_{\Omega}(x^2+y^2)\mathrm{d}V=\int_0^1\mathrm{d}z\iint_{x^2+y^2\leqslant z}(x^2+y^2)\mathrm{d}x\mathrm{d}y$$

$$=\int_0^1\mathrm{d}z\int_0^{2\pi}\mathrm{d}\theta\int_0^{\sqrt{z}}r^3\mathrm{d}r=\frac{\pi}{2}\int_0^1 z^2\mathrm{d}z=\frac{\pi}{6}.$$

练习 6. 求半径为 r、高为 h 的均匀圆柱体绕其轴线的转动惯量，设其体密度为 $\mu=1$.

练习 7. 由上半球面 $x^2+y^2+z^2=2$ 与锥面 $z=\sqrt{x^2+y^2}$ 所围的均匀物体，设其体密度为 μ_0，求其对 z 轴的转动惯量 I_z.

例 4　有一均质圆柱螺线 l：

$$x=a\cos t,\ y=a\sin t,\ z=bt,\ 0\leqslant t\leqslant 2\pi.$$

求：(1) 求 l 的质心；(2) 求 l 对 z 轴的转动惯量 I_z.

解　空间曲线 l 的弧微分为

$$\mathrm{d}s=\sqrt{x_t'^2+y_t'^2+z_t'^2}\,\mathrm{d}t=\sqrt{(-a\sin t)^2+(a\cos t)^2+b^2}\,\mathrm{d}t$$

$$=\sqrt{a^2+b^2}\,\mathrm{d}t.$$

(1) 设线密度为常数 μ，由于

$$m=\int_l\mu\mathrm{d}s=\int_0^{2\pi}\mu\sqrt{a^2+b^2}\,\mathrm{d}t=2\pi\mu\sqrt{a^2+b^2}$$

$$M_x=\int_l\mu x\mathrm{d}s=\int_0^{2\pi}\mu a\cos t\sqrt{a^2+b^2}\,\mathrm{d}t=0$$

$$M_y=\int_l\mu y\mathrm{d}s=\int_0^{2\pi}\mu a\sin t\sqrt{a^2+b^2}\,\mathrm{d}t=0$$

$$M_z=\int_l\mu z\mathrm{d}s=\int_0^{2\pi}\mu bt\sqrt{a^2+b^2}\,\mathrm{d}t=2\pi^2b\mu\sqrt{a^2+b^2}.$$

所以，l 的质心为点 $(0,0,\pi b)$.

(2) l 对 z 轴的转动惯量为

$$I_z=\int_l(x^2+y^2)\mu\mathrm{d}s=\int_0^{2\pi}a^2\mu\sqrt{a^2+b^2}\,\mathrm{d}t$$

$$=2\pi\mu a^2\sqrt{a^2+b^2}=a^2m,$$

其中，$m=2\pi\mu\sqrt{a^2+b^2}$ 是 l 的质量.

练习 8. 已知均质的半球壳 $z=\sqrt{a^2-x^2-y^2}$ 的面密度为 μ_0，求其对 z 轴的转动惯量 I_z（试用球坐标计算 I_z）.

练习 9. 已知物质曲线

$$\begin{cases}x^2+y^2+z^2=R^2,\\ x^2+y^2=Rx\end{cases}\quad (z\geqslant 0)$$

的线密度为$\sqrt{x}$，求其对三个坐标轴的转动惯量之和 $I_x+I_y+I_z$.

9.8 重积分的变量代换

可以由换元积分法计算定积分 $\int_a^b f(x)\mathrm{d}x$，设变换 $x=\varphi(t)$ 是单调的、有连续的导数，且 $a=\varphi(\alpha)$，$b=\varphi(\beta)$，则有定积分换元公式

$$\int_a^b f(x)\mathrm{d}x=\int_\alpha^\beta f(\varphi(t))\varphi'(t)\mathrm{d}t.$$

这里不但要把 $x=\varphi(t)$代到被积函数 $f(x)$中，而且还要考虑微元区间 $\mathrm{d}x$ 与 $\mathrm{d}t$ 的关系：

$$\mathrm{d}x=\varphi'(t)\mathrm{d}t,$$

其中 $\varphi'(t)$是微元区间 $\mathrm{d}x$ 与 $\mathrm{d}t$ 的比. 最后，要把积分区间（x 的变化范围）化为新的区间（t 的变化范围）.

对重积分，也有类似的换元积分公式. 如 9.2 节中介绍的直角坐标系下二重积分化为极坐标系下二重积分的变换公式(9.2.5)，有

$$\iint_\sigma f(x,y)\mathrm{d}x\mathrm{d}y=\iint_\sigma f(r\cos\theta,r\sin\theta)r\mathrm{d}r\mathrm{d}\theta.$$

实质上，这就是进行变量代换

$$\begin{cases}x=r\cos\theta,\\ y=r\sin\theta\end{cases}$$

的结果. 还有直角坐标系下三重积分化为柱坐标系或球坐标系下的三重积分的变换公式，都是变量代换的结果. 下面将以二重积分为主，介绍重积分的变量代换.

对二重积分 $\iint_{\sigma_{xy}} f(x,y)\mathrm{d}\sigma_{xy}$ 做变量代换

$$\begin{cases}x=x(u,v),\\ y=y(u,v).\end{cases}\tag{9.8.1}$$

设变换（9.8.1）是 xOy 平面区域 σ_{xy} 和 uOv 平面区域 σ_{uv} 之间的一对一的映射，$x=x(u,v)$ 与 $y=y(u,v)$ 具有连续的一阶偏导数.

新的二重积分是什么？核心问题是 σ_{uv} 内的面积微元 $\mathrm{d}\sigma_{uv}$ 与 σ_{xy} 内的面积微元 $\mathrm{d}\sigma_{xy}$ 的关系. 为此，在 σ_{uv} 内取一小矩形 $ABCD$（其面积记为 $\Delta\sigma_{uv}$），其中 $A(u,v)$，$B(u+\Delta u,v)$，$C(u+\Delta u,v+\Delta v)$，$D(u,v+\Delta v)$，如图 9.50a 所示. 在变换（9.8.1）下，小矩形 $ABCD$ 变为 σ_{xy} 的内小曲边四边形 $A_1B_1C_1D_1$（它的面积记为 $\Delta\sigma_{xy}$），如图 9.50b 所示，四个顶点的坐标分别为

$A_1(x_1,y_1)$，其中 $x_1=x(u,v),y_1=y(u,v)$；

$B_1(x_2,y_2)$，其中 $x_2=x(u+\Delta u,v),y_2=y(u+\Delta u,v)$；

$C_1(x_3,y_3)$，其中 $x_3=x(u+\Delta u,v+\Delta v),y_3=y(u+\Delta u,v+\Delta v)$；

$D_1(x_4,y_4)$，其中 $x_4=x(u,v+\Delta v),y_4=y(u,v+\Delta v)$.

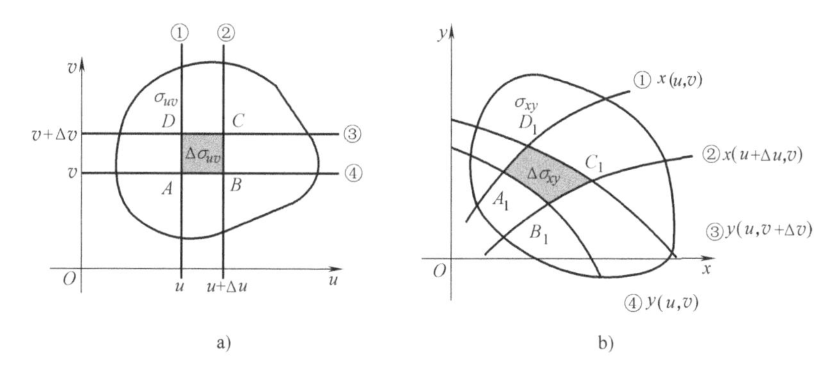

图　9.50

利用二元函数的一阶泰勒公式，则有

$$\begin{cases}x_2=x(u,v)+\dfrac{\partial x}{\partial u}\Delta u+o(\Delta u),\\[2ex] y_2=y(u,v)+\dfrac{\partial y}{\partial u}\Delta u+o(\Delta u).\end{cases}$$

$$\begin{cases}x_3=x(u,v)+\dfrac{\partial x}{\partial u}\Delta u+\dfrac{\partial x}{\partial v}\Delta v+o(\sqrt{\Delta u^2+\Delta v^2}),\\[2ex] y_3=y(u,v)+\dfrac{\partial y}{\partial u}\Delta u+\dfrac{\partial y}{\partial v}\Delta v+o(\sqrt{\Delta u^2+\Delta v^2}).\end{cases}$$

$$\begin{cases}x_4=x(u,v)+\dfrac{\partial x}{\partial v}\Delta v+o(\Delta v),\\[2ex] y_4=y(u,v)+\dfrac{\partial y}{\partial v}\Delta v+o(\Delta v).\end{cases}$$

如果略去高阶无穷小 $o(\Delta u)$，$o(\Delta v)$，$o(\sqrt{\Delta u^2+\Delta v^2})$，则

$$x_2-x_1\approx x_3-x_4\approx\frac{\partial x}{\partial u}\Delta u,y_2-y_1\approx y_3-y_4\approx\frac{\partial y}{\partial u}\Delta u,$$

$$x_4-x_1\approx x_3-x_2\approx\frac{\partial x}{\partial v}\Delta v,y_4-y_1\approx y_3-y_2\approx\frac{\partial y}{\partial v}\Delta v.$$

由此可见,小曲边四边形 $A_1B_1C_1D_1$ 的两对对边的长度近似相等.视 $A_1B_1C_1D_1$ 为平行四边形,则其面积近似为

$$|\overrightarrow{A_1B_1}\times\overrightarrow{A_1D_1}|.$$

因为

$$\overrightarrow{A_1B_1}=(x_2-x_1)\boldsymbol{i}+(y_2-y_1)\boldsymbol{j}\approx\frac{\partial x}{\partial u}\Delta u\boldsymbol{i}+\frac{\partial y}{\partial u}\Delta u\boldsymbol{j},$$

$$\overrightarrow{A_1D_1}=(x_4-x_1)\boldsymbol{i}+(y_4-y_1)\boldsymbol{j}\approx\frac{\partial x}{\partial v}\Delta v\boldsymbol{i}+\frac{\partial y}{\partial v}\Delta v\boldsymbol{j},$$

从而得到

$$\begin{aligned}\Delta\sigma_{xy}&\approx|\overrightarrow{A_1B_1}\times\overrightarrow{A_1D_1}|\\&\approx\left|\begin{vmatrix}\boldsymbol{i}&\boldsymbol{j}&\boldsymbol{k}\\\frac{\partial x}{\partial u}\Delta u&\frac{\partial y}{\partial u}\Delta u&0\\\frac{\partial x}{\partial v}\Delta v&\frac{\partial y}{\partial v}\Delta v&0\end{vmatrix}\right|=\left|\begin{vmatrix}\frac{\partial x}{\partial u}&\frac{\partial y}{\partial u}\\\frac{\partial x}{\partial v}&\frac{\partial y}{\partial v}\end{vmatrix}\Delta u\Delta v\right|.\end{aligned}$$

于是有面积微元

$$\mathrm{d}\sigma_{xy}=\left|\begin{vmatrix}\frac{\partial x}{\partial u}&\frac{\partial y}{\partial u}\\\frac{\partial x}{\partial v}&\frac{\partial y}{\partial v}\end{vmatrix}\right|\mathrm{d}\sigma_{uv}=\left|\frac{\partial(x,y)}{\partial(u,v)}\right|\mathrm{d}\sigma_{uv}.\qquad(9.8.2)$$

$\left|\frac{\partial(x,y)}{\partial(u,v)}\right|$ 表示在变换(9.8.1)之下面积微元 $\mathrm{d}\sigma_{xy}$ 与 $\mathrm{d}\sigma_{uv}$ 的比.

所以,在变换(9.8.1)下,二重积分的换元积分公式为

$$\iint_{\sigma}f(x,y)\mathrm{d}x\mathrm{d}y=\iint_{\sigma_{uv}}f(x(u,v),y(u,v))\left|\frac{\partial(x,y)}{\partial(u,v)}\right|\mathrm{d}u\mathrm{d}v.\qquad(9.8.3)$$

顺便指出,为了使变换(9.8.1)是一对一的,需要使其雅可比行列式不等于零.

容易算出直角坐标到极坐标变换

$$x=r\cos\theta,y=r\sin\theta$$

的雅可比行列式

$$\begin{vmatrix}\frac{\partial x}{\partial r}&\frac{\partial y}{\partial r}\\\frac{\partial x}{\partial\theta}&\frac{\partial y}{\partial\theta}\end{vmatrix}=\begin{vmatrix}\cos\theta&\sin\theta\\-r\sin\theta&r\cos\theta\end{vmatrix}=r.$$

例 1　计算 $\iint\limits_{\sigma} y^2 \mathrm{d}\sigma$，其中 σ 为由 $x>0$，$y>0$，$1\leqslant xy\leqslant 3$，$1\leqslant \dfrac{y}{x}\leqslant 2$ 所限定的区域.

解　先画出区域 σ（见图 9.51），显然，若取 $u=xy$，$v=\dfrac{y}{x}$，或从其解出

$$x=\sqrt{\frac{u}{v}},\ y=\sqrt{uv}$$

时，区域 σ 亦可表示为

$$1\leqslant u\leqslant 3,\ 1\leqslant v\leqslant 2,$$

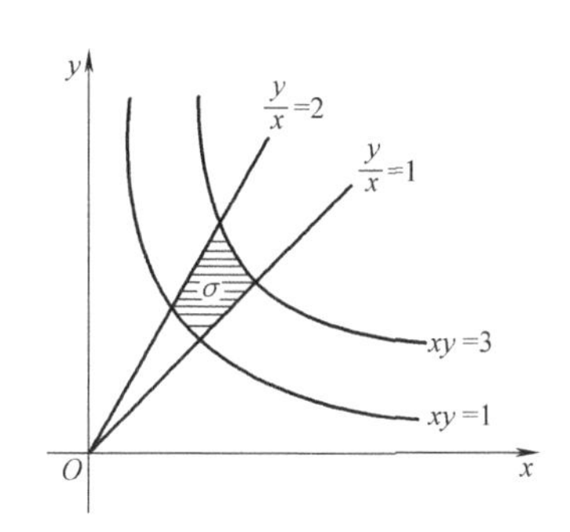

图　9.51

由于雅可比行列式

$$\frac{\partial(x,y)}{\partial(u,v)}=\begin{vmatrix} \dfrac{1}{2\sqrt{uv}} & \dfrac{\sqrt{v}}{2\sqrt{u}} \\ \dfrac{-\sqrt{u}}{2v\sqrt{v}} & \dfrac{\sqrt{u}}{2\sqrt{v}} \end{vmatrix}=\frac{1}{2v},$$

所以

$$\iint\limits_{\sigma} y^2 \mathrm{d}\sigma=\iint\limits_{\sigma} uv\left|\frac{1}{2v}\right|\mathrm{d}u\mathrm{d}v=\frac{1}{2}\int_1^3 u\mathrm{d}u\int_1^2 \mathrm{d}v=2.$$

练习 1. 计算 $\iint\limits_{\sigma} x^3y^3\mathrm{d}\sigma$，其中 σ 是由四条抛物线 $y^2=px$，$y^2=qx$，$x^2=ay$，$x^2=by$ 所围成的闭区域（$0<p<q$，$0<a<b$）.

例 2　计算 $\iint\limits_{\sigma}[(x+y)^2+(x-y)^2]\mathrm{d}\sigma$，其中区域 σ 是以 $(0,0)$，$(1,1)$，$(2,0)$ 和 $(1,-1)$ 为顶点的正方形.

解　先画出区域 σ（见图 9.52），显然，若取

$$u=x+y,\ v=x-y$$

或

$$x=\frac{1}{2}(u+v),\ y=\frac{1}{2}(u-v),$$

则区域 σ 可表示为

$$0\leqslant u\leqslant 2,\ 0\leqslant v\leqslant 2.$$

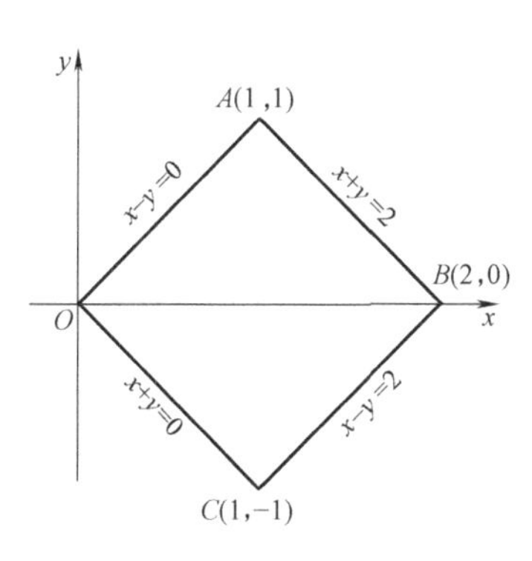

图　9.52

而此时

$$\frac{\partial(x,y)}{\partial(u,v)}=\begin{vmatrix}\frac{\partial x}{\partial u} & \frac{\partial y}{\partial u}\\ \frac{\partial x}{\partial v} & \frac{\partial y}{\partial v}\end{vmatrix}=\begin{vmatrix}\frac{1}{2} & \frac{1}{2}\\ \frac{1}{2} & -\frac{1}{2}\end{vmatrix}=-\frac{1}{2},$$

从而有

$$\begin{aligned}\iint_{\sigma}[(x+y)^2+(x-y)^2]\mathrm{d}\sigma&=\iint_{\sigma}(u^2+v^2)\cdot\frac{1}{2}\mathrm{d}u\mathrm{d}v\\&=\frac{1}{2}\int_0^2\mathrm{d}u\int_0^2(u^2+v^2)\mathrm{d}v\\&=\frac{16}{3}.\end{aligned}$$

练习 2. 计算 $\iint\limits_{\sigma}\mathrm{e}^{\frac{y-x}{y+x}}\mathrm{d}\sigma$，其中 σ 是由 x 轴、y 轴和直线 $x+y=2$ 所围成的闭区域.

例 3　用变量代换 $x=ar\cos\theta, y=br\sin\theta$，计算椭圆 $\frac{x^2}{a^2}+\frac{y^2}{b^2}=1$ 的面积.

解　由所给变量代换知 $0\leqslant r\leqslant 1, 0\leqslant\theta\leqslant 2\pi$，且

$$\frac{\partial(x,y)}{\partial(r,\theta)}=\begin{vmatrix}\frac{\partial x}{\partial r} & \frac{\partial y}{\partial r}\\ \frac{\partial x}{\partial \theta} & \frac{\partial y}{\partial \theta}\end{vmatrix}=\begin{vmatrix}a\cos\theta & b\sin\theta\\ -ar\sin\theta & br\cos\theta\end{vmatrix}=abr.$$

于是有

$$\iint\limits_{\sigma}1\mathrm{d}\sigma=\iint_{\sigma_{r\theta}}abr\,\mathrm{d}r\,\mathrm{d}\theta=ab\int_0^{2\pi}\mathrm{d}\theta\int_0^1 r\,\mathrm{d}r=\pi ab.$$

练习 3. 计算 $\iint\limits_{\sigma}\sqrt{1-\frac{x^2}{a^2}-\frac{y^2}{b^2}}\mathrm{d}\sigma$，其中 σ 是椭圆 $\frac{x^2}{a^2}+\frac{y^2}{b^2}=1$ 所围成的闭区域.

同样，若 $x=x(u,v,w), y=y(u,v,w), z=z(u,v,w)$ 有连续的一阶偏导数，且其雅可比行列式

$$\frac{\partial(x,y,z)}{\partial(u,v,w)}=\begin{vmatrix}\frac{\partial x}{\partial u} & \frac{\partial y}{\partial u} & \frac{\partial z}{\partial u}\\ \frac{\partial x}{\partial v} & \frac{\partial y}{\partial v} & \frac{\partial z}{\partial v}\\ \frac{\partial x}{\partial w} & \frac{\partial y}{\partial w} & \frac{\partial z}{\partial w}\end{vmatrix}\neq 0,$$

则有三重积分的换元积分公式

$$\begin{aligned}&\iiint_{V_{xyz}} f(x,y,z)\mathrm{d}x\mathrm{d}y\mathrm{d}z\\=&\iiint_{V_{uvw}} f(x(u,v,w),y(u,v,w),z(u,v,w))\\&\left|\frac{\partial(x,y,z)}{\partial(u,v,w)}\right|\mathrm{d}u\mathrm{d}v\mathrm{d}w.\end{aligned}\tag{9.8.4}$$

不难得到，在直角坐标到柱坐标的变换

$$x=r\cos\theta,\ y=r\sin\theta,\ z=z$$

下，有

$$\frac{\partial(x,y,z)}{\partial(r,\theta,z)}=r;$$

在直角坐标到球坐标的变换

$$x=\rho\sin\varphi\cos\theta,\ y=\rho\sin\varphi\sin\theta,\ z=\rho\cos\varphi$$

下，有

$$\frac{\partial(x,y,z)}{\partial(\rho,\varphi,\theta)}=\rho^2\sin\varphi.$$

例 4　计算椭球体$\frac{x^2}{a^2}+\frac{y^2}{b^2}+\frac{z^2}{c^2}\leqslant 1$的体积.

解　做变换

$$\begin{cases}x=a\rho\sin\varphi\cos\theta,\\y=b\rho\sin\varphi\sin\theta,\\z=c\rho\cos\varphi,\end{cases}$$

则

$$\left|\frac{\partial(x,y,z)}{\partial(\rho,\varphi,\theta)}\right|=abc\rho^2\sin\varphi.$$

且椭球体由不等式组

$$0\leqslant\theta\leqslant 2\pi,\ 0\leqslant\varphi\leqslant\pi,\ 0\leqslant\rho\leqslant 1$$

确定. 于是，椭球体积为

$$\begin{aligned}\iiint_V \mathrm{d}V&=\iiint_V abc\rho^2\sin\varphi\mathrm{d}\rho\mathrm{d}\varphi\mathrm{d}\theta=abc\int_0^{2\pi}\mathrm{d}\theta\int_0^{\pi}\sin\varphi\mathrm{d}\varphi\int_0^1\rho^2\mathrm{d}\rho\\&=\frac{4}{3}\pi abc.\end{aligned}$$

练习 4. 计算曲面$\left(\frac{x}{a}\right)^{\frac{2}{3}}+\left(\frac{y}{a}\right)^{\frac{2}{3}}+\left(\frac{z}{a}\right)^{\frac{2}{3}}=1$所围成立体 V 的体积.

9.9 例题

例 1　计算 $\iint_D |\cos(x+y)|\mathrm{d}\sigma$，其中 D 是由直线 $x=\frac{\pi}{2}$，$y=0$，$y=x$ 所围成.

解　先画出区域 D（见图 9.53），用直线 $y+x=\frac{\pi}{2}$ 将 D 分为两部分 D_1 与 D_2，于是有

$$|\cos(x+y)|=\begin{cases}\cos(x+y), & (x,y)\in D_1,\\ -\cos(x+y), & (x,y)\in D_2.\end{cases}$$

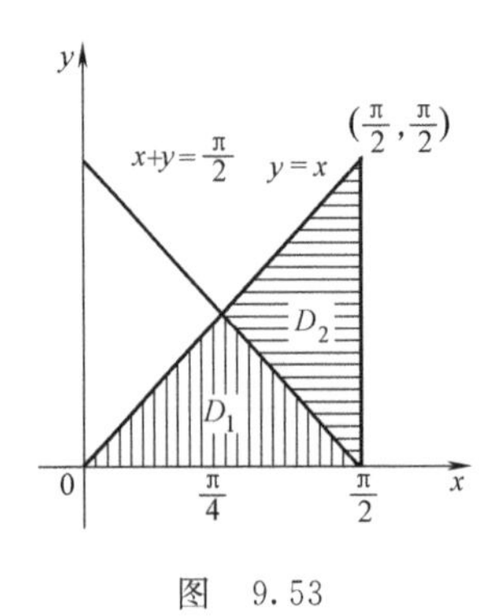

图　9.53

从而

$$\iint_D |\cos(x+y)|\mathrm{d}\sigma$$
$$=\iint_{D_1}\cos(x+y)\mathrm{d}\sigma-\iint_{D_2}\cos(x+y)\mathrm{d}\sigma.$$

由于

$$\iint_{D_1}\cos(x+y)\mathrm{d}\sigma=\int_0^{\frac{\pi}{4}}\mathrm{d}y\int_y^{\frac{\pi}{2}-y}\cos(x+y)\mathrm{d}x$$
$$=\int_0^{\frac{\pi}{4}}(1-\sin 2y)\mathrm{d}y,$$

$$\iint_{D_2}\cos(x+y)\mathrm{d}\sigma=\int_{\frac{\pi}{4}}^{\frac{\pi}{2}}\mathrm{d}x\int_{\frac{\pi}{2}-x}^{x}\cos(x+y)\mathrm{d}y=\int_{\frac{\pi}{4}}^{\frac{\pi}{2}}(\sin 2x-1)\mathrm{d}x,$$

所以

$$\iint_D |\cos(x+y)|\mathrm{d}\sigma=\int_0^{\frac{\pi}{4}}(1-\sin 2t)\mathrm{d}t+\int_{\frac{\pi}{4}}^{\frac{\pi}{2}}(1-\sin 2t)\mathrm{d}t$$
$$=\int_0^{\frac{\pi}{2}}(1-\sin 2t)\mathrm{d}t=\frac{\pi}{2}-1.$$

当被积函数带有绝对值时，常常利用积分域的可加性质，把

积分域分为几部分，以便去掉绝对值.

例 2　求双纽线 $r^2=2a^2\sin2\theta$ 所围图形的面积.

解　画出双纽线，如图 9.54 所示. 当 θ 由 0 增至 $\frac{\pi}{2}$ 时，画出双纽线的一叶；当 θ 由 π 增至 $\frac{3\pi}{2}$ 时，画出另一叶. 图形关于原点对称，故所求面积为

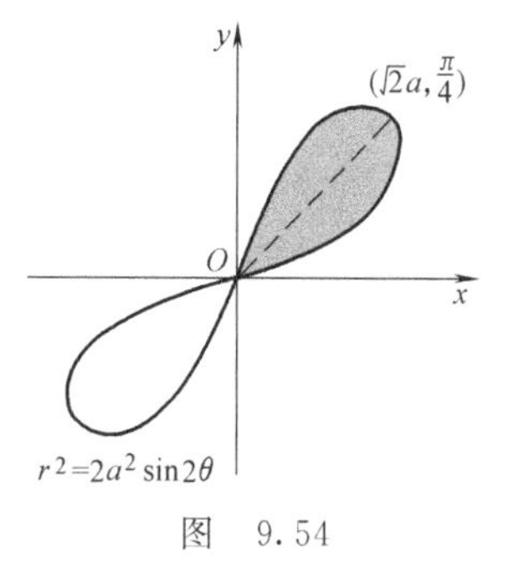

图　9.54

$$S=2\iint_{\sigma}1\mathrm{d}\sigma=2\int_0^{\frac{\pi}{2}}\mathrm{d}\theta\int_0^{a\sqrt{2\sin2\theta}}r\,\mathrm{d}r$$

$$=2\int_0^{\frac{\pi}{2}}a^2\sin2\theta\mathrm{d}\theta=2a^2.$$

例 3　计算积分 $\int_0^1\frac{x^b-x^a}{\ln x}\mathrm{d}x(a,\ b>0)$.

解　观察积分可发现

$$\frac{x^b-x^a}{\ln x}=\int_a^b x^y\mathrm{d}y,$$

所以，原积分可化为累次积分，利用累次积分换序可得

$$\int_0^1\frac{x^b-x^a}{\ln x}\mathrm{d}x=\int_0^1\mathrm{d}x\int_a^b x^y\mathrm{d}y=\int_a^b\mathrm{d}y\int_0^1 x^y\mathrm{d}x=\ln\frac{1+b}{1+a}.$$

例 4　求证：

$$\left[\int_a^b f(x)g(x)\mathrm{d}x\right]^2\leqslant\int_a^b f^2(x)\mathrm{d}x\int_a^b g^2(x)\mathrm{d}x.$$

证明　在正方形域 D：$a\leqslant x\leqslant b,a\leqslant y\leqslant b$ 上，因为

$$\iint_D[f(x)g(y)-f(y)g(x)]^2\mathrm{d}\sigma\geqslant0,$$

故有

$$\iint_D f^2(x)g^2(y)\mathrm{d}\sigma+\iint_D f^2(y)g^2(x)\mathrm{d}\sigma\geqslant$$

$$2\iint_D f(x)g(x)f(y)g(y)\mathrm{d}\sigma.$$

注意到积分域 D 是正方形，x 与 y 地位对等，所以上式左边两个积分相等. 将上式两边化为累次积分，得

$$2\int_a^b f^2(x)\mathrm{d}x\int_a^b g^2(y)\mathrm{d}y\geqslant2\int_a^b f(x)g(x)\mathrm{d}x\int_a^b f(y)g(y)\mathrm{d}y,$$

从而有

$$\left[\int_a^b f(x)g(x)\mathrm{d}x\right]^2\leqslant\int_a^b f^2(x)\mathrm{d}x\int_a^b g^2(x)\mathrm{d}x.$$ □

例 5　有一半径为 a 的均质半球体，在其大圆上拼接一个材料相同的、半径为 a 的圆柱体. 问柱的高为多少时，拼接后的立体质心在球心处.

解　设圆柱高为 H，取坐标如图 9.55 所示. 由对称性知质心在 z 轴上. 要使质心在球心（坐标原点）处，只需

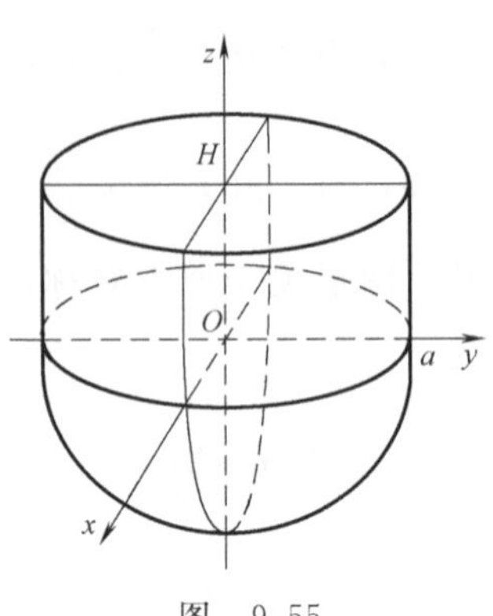

图　9.55

$$\bar{z}=\frac{\iiint_V \mu z\,\mathrm{d}V}{\iiint_V \mu\,\mathrm{d}V}=\frac{\iiint_V z\,\mathrm{d}V}{\iiint_V \mathrm{d}V}=0,$$

其中，常数 μ 为质量的体密度. 由于

$$\begin{aligned}\iiint_V z\,\mathrm{d}V&=\iiint_{\text{半球}} z\,\mathrm{d}V+\iiint_{\text{柱}} z\,\mathrm{d}V\\&=\int_0^{2\pi}\mathrm{d}\theta\int_{\frac{\pi}{2}}^{\pi}\cos\varphi\sin\varphi\,\mathrm{d}\varphi\int_0^a\rho^3\,\mathrm{d}\rho+\int_0^{2\pi}\mathrm{d}\theta\int_0^a r\,\mathrm{d}r\int_0^H z\,\mathrm{d}z\\&=-\frac{1}{4}\pi a^4+\frac{1}{2}\pi a^2H^2.\end{aligned}$$

要使 $\bar{z}=0$，只需

$$-\frac{1}{4}\pi a^4+\frac{1}{2}\pi a^2H^2=0,$$

由此解得 $H=\frac{\sqrt{2}}{2}a$，即圆柱体的高应为$\frac{\sqrt{2}}{2}a$.

例 6　求极坐标系中的心脏线 $r=a(1-\cos\theta)$ $(a>0,\ 0\leqslant\theta\leqslant\pi)$ 与极轴所围成的平面区域绕极轴旋转一周所得的旋转体体积.

解　取 Oz 轴为极轴正向(见图 9.56)，则旋转体表面的球坐标方程为

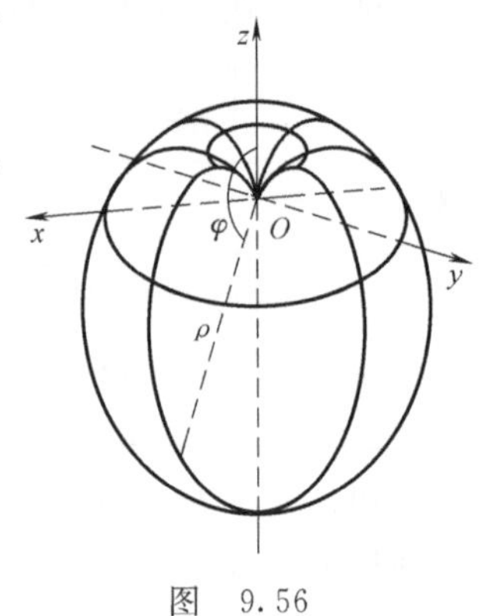

图　9.56

$$\rho=a(1-\cos\varphi),$$

于是所求的体积为

$$\begin{aligned}V&=\iiint_V 1\,\mathrm{d}V=\int_0^{2\pi}\mathrm{d}\theta\int_0^{\pi}\mathrm{d}\varphi\int_0^{a(1-\cos\varphi)}\rho^2\sin\varphi\,\mathrm{d}\rho\\&=2\pi\int_0^{\pi}\sin\varphi\,\frac{a^3(1-\cos\varphi)^3}{3}\mathrm{d}\varphi\\&=\frac{8}{3}\pi a^3.\end{aligned}$$

例 7　计算空间曲线积分 $\oint_c (z+y^2)\mathrm{d}s$，其中 c 为球面 $x^2+y^2+z^2=R^2$ 与平面 $x+y+z=0$ 的交线.

解　若将曲线 c 化为参数方程会比较麻烦，因而考虑将所给线积分化为定积分来计算的方法是不可取的. 现在根据曲线 c 是球面 $x^2+y^2+z^2=R^2$ 与平面 $x+y+z=0$ 的交线这一特点：x、y、z 地位相等，可以轮换，曲线的方程不变. 又由于

$$\oint_c (z+y^2)\mathrm{d}s = \oint_c z\mathrm{d}s + \oint_c y^2\mathrm{d}s,$$

因此，可以利用曲线 c 的方程与其变量 x、y、z 具有轮换性来计算. 因为

$$\oint_c x\mathrm{d}s = \oint_c y\mathrm{d}s = \oint_c z\mathrm{d}s,$$

所以

$$\oint_c z\mathrm{d}s = \frac{1}{3}\oint_c (x+y+z)\mathrm{d}s = \frac{1}{3}\oint_c 0\mathrm{d}s = 0.$$

又因为

$$\oint_c x^2\mathrm{d}s = \oint_c y^2\mathrm{d}s = \oint_c z^2\mathrm{d}s,$$

所以

$$\oint_c y^2\mathrm{d}s = \frac{1}{3}\oint_c (x^2+y^2+z^2)\mathrm{d}s = \frac{1}{3}R^2\oint_c \mathrm{d}s = \frac{1}{3}R^2 2\pi R,$$

于是有

$$\oint_c (z+y^2)\mathrm{d}s = \frac{2}{3}\pi R^3.$$

计算曲线、曲面积分时，利用曲线和曲面方程来简化被积函数是很巧妙的方法.

例 8　半径为 R、高为 h 的圆柱面均匀带电，电荷面密度为常数 σ. 求底圆中心处的电场强度 $\boldsymbol{E}(0)=\{E_x(0),E_y(0),E_z(0)\}$.

解　取坐标如图 9.57 所示. 由对称性知，$E_x(0)=0$，$E_y(0)=0$，仅需求 $E_z(0)$. 在柱面上取一面积微元 $\mathrm{d}S$，具有电荷量微元 $\sigma\mathrm{d}S$，它在点 O 处产生的电场强度沿 z 轴的分量为

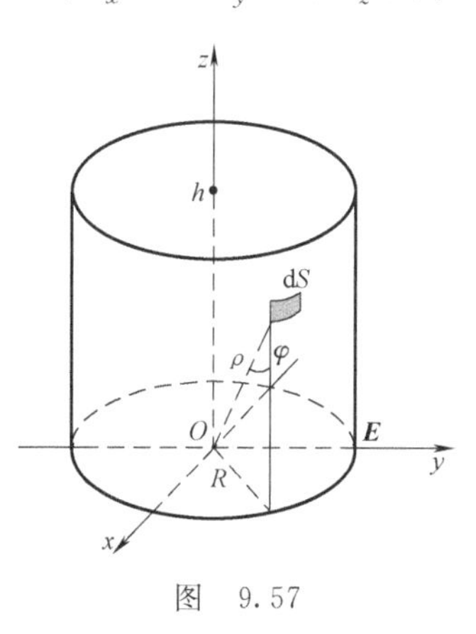

图　9.57

$$\mathrm{d}E_z(0) = \frac{-k\sigma\mathrm{d}S}{\rho^2}\cos\varphi = \frac{-k\sigma z}{\rho^3}\mathrm{d}S = \frac{-k\sigma z}{(R^2+z^2)^{3/2}}\mathrm{d}S,$$

其中，k 为常数，ρ 表示面积微元到原点 O 的距离．于是

$$E_z(0)=\iint_S \frac{-k\sigma z}{(R^2+z^2)^{3/2}}\mathrm{d}S,$$

这里积分曲面是柱面．深入理解对面积的曲面积分的定义，会发现采用柱坐标将十分方便．这时曲面 S 的方程为

$$r=R,0\leqslant\theta\leqslant 2\pi,0\leqslant z\leqslant H.$$

显然，柱面上的面积微元为

$$\mathrm{d}S=R\,\mathrm{d}\theta\,\mathrm{d}z.$$

于是

$$E_z(0)=\iint_S \frac{-k\sigma z}{(R^2+z^2)^{3/2}}R\,\mathrm{d}\theta\,\mathrm{d}z=-k\sigma R\int_0^{2\pi}\mathrm{d}\theta\int_0^H\frac{z\,\mathrm{d}z}{(R^2+z^2)^{3/2}}$$

$$=-2\pi k\sigma\left(1-\frac{R}{\sqrt{R^2+H^2}}\right),$$

即

$$\boldsymbol{E}(0)=\left\{0,0,-2\pi k\sigma\left(1-\frac{R}{\sqrt{R^2+H^2}}\right)\right\}.$$

习题 9

1. 求曲面 $\sqrt{x}+\sqrt{y}+\sqrt{z}=\sqrt{a}$ $(a>0)$ 与三个坐标面所围成的立体的体积。

2. 计算 $\iint_D \mathrm{d}x\mathrm{d}y$，其中 D 是由不等式组：$x\geqslant 0, y\geqslant 0, (x^2+y^2)^3\leqslant 4a^2x^2y^2$ 所确定的区域 $(a>0)$.

3. 已知 $f(x)$ 具有三阶连续的导数，且 $f(0)=f'(0)=f''(0)=-1, f(2)=-\frac{1}{2}$，计算累次积分

$$I=\int_0^2\mathrm{d}x\int_0^x\sqrt{(2-x)(2-y)}\,f'''(y)\mathrm{d}y.$$

4. 计算二重积分 $\iint\limits_{\sigma}\sqrt{|y-x^2|}\,\mathrm{d}x\mathrm{d}y$，其中 σ 是由直线 $x=-1, x=1, y=0$ 及 $y=2$ 所围成的区域.

5. 设函数 $f(x)$ 在区间 $[0,1]$ 上连续，并设 $\int_0^1 f(x)\mathrm{d}x=A$，求 $\int_0^1\mathrm{d}x\int_x^1 f(x)f(y)\mathrm{d}y$.

6. 计算 $\int_{-\infty}^{+\infty}\int_{-\infty}^{+\infty}\min\{x, y\}\mathrm{e}^{-(x^2+y^2)}\mathrm{d}x\mathrm{d}y$.

7. 函数 $\dfrac{\sin(\pi\sqrt{x^2+y^2})}{x^2+y^2}$ 在圆环 D：$1\leqslant x^2+y^2\leqslant 4$ 上的二重积分（　　）

(A) 不存在　　(B) 存在，且为正值

(C) 存在，且为负值　　(D) 存在，且为零

8. 证明：抛物面 $z=x^2+y^2+1$ 上任意点处的切平面与抛物面 $z=x^2+y^2$ 所围成的立体的体积为一定值，并求出此值.

9. 求抛物面 $z=x^2+y^2+1$ 的一个切平面，使得它与该抛物面及圆柱面 $(x-1)^2+y^2=1$ 围成的立体体积最小，并求出这个最小的体积.

10. 设有一个由 $y=\ln x, y=0, x=\mathrm{e}$ 所围成的均质薄片，面密度 $\mu=1$，求此薄片绕直线 $x=t$ 的转动惯量 $I(t)$，并求 $I(t)$ 的最小值.

11. 设有一半径为 R、高为 H 的圆柱形容器，盛有 $\frac{2}{3}H$ 高的水．现将其放在离心机上高速旋转，受离心力的作用，水面呈旋转抛物面形，问当水刚要溢出容器时，液面的最低点在何处？

12. 设 $f(t)$ 连续，试证：

$$\iint\limits_D f(x-y)\mathrm{d}x\mathrm{d}y=\int_{-A}^{A}f(t)(A-|t|)\mathrm{d}t,$$

其中，A 为正的常数：$D:|x|\leqslant A/2,|y|\leqslant A/2$.

13. 设函数 $f(x)$ 在区间$[0,1]$上连续、正值、且单调下降，试证：

$$\frac{\int_0^1 xf^2(x)\mathrm{d}x}{\int_0^1 xf(x)\mathrm{d}x}\leqslant\frac{\int_0^1 f^2(x)\mathrm{d}x}{\int_0^1 f(x)\mathrm{d}x}.$$

14. 试证：

$$\iiint_{x^2+y^2+z^2\leqslant 1} f(z)\mathrm{d}x\mathrm{d}y\mathrm{d}z=\pi\int_{-1}^1 f(u)(1-u^2)\mathrm{d}u.$$

并利用这个式子计算

$$\iiint_{x^2+y^2+z^2\leqslant 1}(z^4+z^2\sin^3 z)\mathrm{d}x\mathrm{d}y\mathrm{d}z.$$

15. 已知函数 $F(t)=\iiint_\Omega f(x^2+y^2+z^2)\mathrm{d}x\mathrm{d}y\mathrm{d}z$，其中 f 为可微函数，积分域 Ω 为球体 $x^2+y^2+z^2\leqslant t^2$，求 $F'(t)$.

16. 计算 $\iiint_V\left|\sqrt{x^2+y^2+z^2}-1\right|\mathrm{d}V$，其中 V 是由锥面 $z=\sqrt{x^2+y^2}$ 与平面 $z=1$ 所围成的立体.

17. 求 $\iiint_V(x+2y+3z)\mathrm{d}V$，其中 V 为圆锥体，其顶点在原点 $(0,0,0)$ 处，其底为以点$(1,1,1)$为圆心、1 为半径的圆，且底面位于平面 $x+y+z=3$ 上.

18. 试证：由连续曲线 $y=f(x)>0$，直线 $x=a$，$x=b$，及 x 轴所围的曲边梯形绕 x 轴旋转一周所形成的旋转体，当体密度 $\mu=1$ 时，对 x 轴的转动惯量为

$$I_x=\frac{\pi}{2}\int_a^b f^4(x)\mathrm{d}x.$$

19. 已知

$$f(x,y,z)=\begin{cases}x^2+y^2, & \text{当 } z\geqslant\sqrt{x^2+y^2}\text{ 时},\\ 0, & \text{当 } z<\sqrt{x^2+y^2}\text{ 时},\end{cases}$$

计算曲面积分 $\iint_{x^2+y^2+z^2=R^2} f(x,y,z)\mathrm{d}S$.

20. 理解曲面积分的定义，试通过球面坐标计算均质球壳 $x^2+y^2+z^2=R^2$ 对 z 轴的转动惯量 I_z，设面密度为 μ_0.

21. 证明不等式

$$\oiint_\Sigma(x+y+z+\sqrt{3}a)^3\mathrm{d}S\geqslant 108\pi a^5\quad(a>0),$$

其中，Σ 是球面 $x^2+y^2+z^2-2ax-2ay-2az+2a^2=0$.

22. 试用曲线积分求平面曲线段 $l:y=\frac{1}{3}x^3+2x(0\leqslant x\leqslant 1)$绕直线 $L:y=\frac{4}{3}x$ 旋转一周所产生的旋转面的面积 S.

23. 计算对弧长的曲线积分 $\int_l(|x|+|y|)^2(1+\sin xy)\mathrm{d}s$，其中 l 是以原点为圆心的单位圆圆周.

24. 设悬链线 $y=\frac{a}{2}\left(\mathrm{e}^{\frac{x}{a}}-\mathrm{e}^{-\frac{x}{a}}\right)$ 上每一点的密度与该点的纵坐标成反比，且在点$(0,a)$处的密度等于 δ，试求曲线在横坐标 $x_1=0$ 及 $x_2=a$ 之间一段的质量$(a>0)$.

第 10 章 第二型曲线积分、第二型曲面积分与向量场

第 9 章将积分的方法推广到几何形体 Ω 上的多元函数 $f(P)$ 上去．本章根据实际需要，把积分方法推广到向量场内的有向曲线与有向曲面上，本章介绍第二型曲线积分与第二型曲面积分．同时介绍向量场的两个基本概念——散度与旋度．

10.1 第二型曲线积分

我们知道，在物理学中存在着各种各样的场，如高度场、温度场、密度场、电位场、流速场、力场和磁场等。一般来说，我们把分布着某种物理量的空间区域称为**场**。在数学上表现为定义在某一空间区域上的数值函数或向量函数。当这个函数为数量值函数时，称为**数量场**；当这个函数为向量函数时，称为**向量场**，按照这个分类，上述几种场中，高度场、温度场、密度场和电位场是数量场，而流速场、力场和磁场则是向量场．

如果场中的物理量仅与点 P 的位置有关，而与时间无关，那么这种场成为**定常场**或**稳定场**，根据场是数量场或向量场分别记作 $u(P)$，$P\in D$，$D\subseteq\mathbf{R}^3$ 或 $\mathbf{A}(P)$，$P\in D$，$D\subseteq\mathbf{R}^3$；如果场中的物理量不仅与点的位置有关，而且也与时间 t 有关，则称为**非定常场**或**时变场**，分别记作 $u(P,t)$，$P\in D$，$D\subseteq\mathbf{R}^3$，$t\in\mathbf{R}_+$ 或 $\mathbf{A}(P,t)$，$P\in D$，$D\subseteq\mathbf{R}^3$，$t\in\mathbf{R}_+$．本书中仅讨论定常场．对于场的研究，应该从宏观和微观两方面入手，也就是说既要掌握场中物理量的总体分布情况，也要揭示物理量在场中各点的变化规律．

10.1.1 变力做功与第二型曲线积分的概念

首先，讨论场力做功问题，进而给出第二型曲线积分的概念．

例 1 设有一平面连续力场

$$\boldsymbol{F}(x,y)=P(x,y)\boldsymbol{i}+Q(x,y)\boldsymbol{j},(x,y)\in D.$$

一质点在场内从点 A 沿光滑曲线 l 移动到点 B，求场力 $\boldsymbol{F}$ 对质点做的功 W.

解　当 $\boldsymbol{F}$ 为常力，l 为有向直线段 $\overrightarrow{AB}$ 时，力所做的功为

$$W=\boldsymbol{F}\cdot\overrightarrow{AB}.$$

一般情况下，借助定积分的方法来确定力对质点做的功．首先，用曲线弧 l 上的任意 $n+1$ 个点

$$A=M_0,M_1,M_2,\cdots,M_{n-1},M_n=B$$

将 $\widehat{AB}$ 分为 n 段，设 $M_k(x_k,y_k)$，$\Delta x_k=x_k-x_{k-1}$，$\Delta y_k=y_k-y_{k-1}(k=1,2,\cdots,n)$，记 $\lambda=\max\limits_{1\leqslant k\leqslant n}\{M_{k-1}M_k$ 的弧长$\}$．然后，任取一个典型的有向弧段 $\widehat{M_{k-1}M_k}$ 来分析（见图 10.1）．由于它光滑且很短，所以可以用位移向量 $\overrightarrow{M_{k-1}M_k}=\Delta x_k\boldsymbol{i}+\Delta y_k\boldsymbol{j}$ 近似替代 $\widehat{M_{k-1}M_k}$，又因 $P(x,y)$，$Q(x,y)$ 是连续的，可以用 $\widehat{M_{k-1}M_k}$ 上任一点 (ξ_k,η_k) 处的力 $\boldsymbol{F}(\xi_k,\eta_k)=P(\xi_k,\eta_k)\boldsymbol{i}+Q(\xi_k,\eta_k)\boldsymbol{j}$ 近似代替其上的变力．则变力 $\boldsymbol{F}(x,y)$ 沿有向弧面 $\widehat{M_{k-1}M_k}$ 所做的功

$$\Delta W_k\approx\boldsymbol{F}(\xi_k,\eta_k)\cdot\overrightarrow{M_{k-1}M_k},$$

即

$$\Delta W_k\approx P(\xi_k,\eta_k)\Delta x_k+Q(\xi_k,\eta_k)\Delta y_k.$$

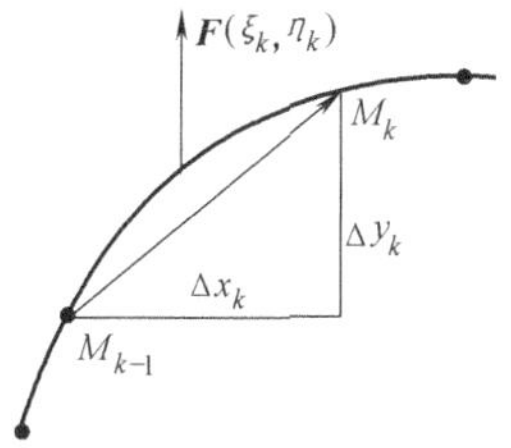

图　10.1

于是

$$W=\sum_{k=1}^{n}\Delta W_k\approx\sum_{k=1}^{n}\boldsymbol{F}(\xi_k,\eta_k)\cdot\overrightarrow{M_{k-1}M_k}$$

$$=\sum_{k=1}^{n}[P(\xi_k,\eta_k)\Delta x_k+Q(\xi_k,\eta_k)\Delta y_k].$$

最后，让分点数无限增加，使小弧段中最长的弧长 $\lambda\to0$，取极限，就得到所求的功

$$W=\lim_{\lambda\to0}\sum_{k=1}^{n}\boldsymbol{F}(\xi_k,\eta_k)\cdot\overrightarrow{M_{k-1}M_k}$$

$$=\lim_{\lambda\to0}\sum_{k=1}^{n}[P(\xi_k,\eta_k)\Delta x_k+Q(\xi_k,\eta_k)\Delta y_k].$$

从本问题中抽去它们的实际意义，就产生了下面重要的概念．

定义 10.1　设 l 是 xOy 平面上由点 A 到点 B 的一条光滑的有向曲线段，向量函数

$$\boldsymbol{F}(x,y)=P(x,y)\boldsymbol{i}+Q(x,y)\boldsymbol{j}$$

在 l 上有定义．用 l 上的点

$$A=M_0,M_1,M_2,\cdots,M_{n-1},M_n=B$$

将$\widehat{AB}$分为n段，设$M_k(x_k,y_k)$，$\Delta x_k=x_k-x_{k-1}$，$\Delta y_k=y_k-y_{k-1}(k=1,2,\cdots,n)$；在每个有向弧段$\widehat{M_{k-1}M_k}$上任取一点$(\xi_k,\eta_k)$，构造点乘积的和式

$$\sum_{k=1}^{n}\boldsymbol{F}(\xi_k,\eta_k)\overrightarrow{M_{k-1}M_k}=\sum_{k=1}^{n}[P(\xi_k,\eta_k)\Delta x_k+Q(\xi_k,\eta_k)\Delta y_k].$$

记$\lambda=\max\limits_{1\leqslant k\leqslant n}\{\widehat{M_{k-1}M_k}$ **的弧长**$\}$，如果极限

$$\lim_{\lambda\to 0}\sum_{k=1}^{n}\boldsymbol{F}(\xi_k,\eta_k)\cdot\overrightarrow{M_{k-1}M_k}$$

$$=\lim_{\lambda\to 0}\sum_{k=1}^{n}[P(\xi_k,\eta_k)\Delta x_k+Q(\xi_k,\eta_k)\Delta y_k]$$

存在，且与M_k以及$(\xi_k,\eta_k)(k=1,2,\cdots,n)$的取法无关，则称此极限值为**向量函数$\boldsymbol{F}(x,y)$在有向弧$l$上的曲线积分**，或称为函数$P(x,y)$与$Q(x,y)$在有向曲线弧$l(\widehat{AB})$上的**第二型曲线积分**，记为

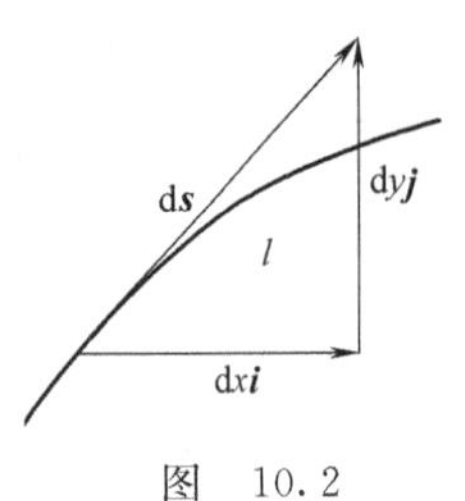

图 10.2

$$\int_l \boldsymbol{F}\cdot d\boldsymbol{s}\ \text{或}\ \int_l P(x,y)dx+Q(x,y)dy,$$

其中，$d\boldsymbol{s}$称为**弧长微元向量**，$d\boldsymbol{s}=dx\boldsymbol{i}+dy\boldsymbol{j}$，其方向为有向曲线$l$的正向的切线方向（见图10.2）.

称

$$\int_l P(x,y)dx=\lim_{\lambda\to 0}\sum_{k=1}^{n}P(\xi_k,\eta_k)\Delta x_k \tag{10.1.1}$$

为函数$P(x,y)$沿有向弧l**对坐标x的曲线积分**.

称

$$\int_l Q(x,y)dy=\lim_{\lambda\to 0}\sum_{k=1}^{n}Q(\xi_k,\eta_k)\Delta y_k \tag{10.1.2}$$

为函数$Q(x,y)$沿有向弧l**对坐标y的曲线积分**.

类似地，可以定义向量函数

$$\boldsymbol{F}(x,y,z)=P(x,y,z)\boldsymbol{i}+Q(x,y,z)\boldsymbol{j}+R(x,y,z)\boldsymbol{k}$$

在空间有向曲线弧Γ上的曲线积分

$$\int_\Gamma \boldsymbol{F}\cdot d\boldsymbol{s}=\int_\Gamma P dx+Q dy+R dz,$$

其中，$d\boldsymbol{s}=dx\boldsymbol{i}+dy\boldsymbol{j}+dz\boldsymbol{k}$，而

$$\int_\Gamma P dx=\lim_{\lambda\to 0}\sum_{k=1}^{n}P(\xi_k,\eta_k,\zeta_k)\Delta x_k,$$

$$\int_\Gamma Q dy=\lim_{\lambda\to 0}\sum_{k=1}^{n}Q(\xi_k,\eta_k,\zeta_k)\Delta y_k,$$

$$\int_{\Gamma} R\mathrm{d}z=\lim_{\lambda\to 0}\sum_{k=1}^{n} R(\xi_k, \eta_k, \zeta_k)\Delta z_k$$

分别称为函数 P，Q，R 沿有向曲线段 Γ 对坐标 x，y，z 的曲线积分.

这样，本节例 1 中力 $\boldsymbol{F}$ 所做的功 $\boldsymbol{W}=\int_{\widehat{AB}}\boldsymbol{F}\cdot\mathrm{d}\boldsymbol{s}$.

当被积函数在积分路径上连续时，第二型曲线积分存在.

由第二型曲线积分的定义易知它有下列性质（通过对坐标 x 的曲线积分表述，假设所涉及的积分都存在）：

性质 1（线性性） $\int_{\widehat{AB}}(k_1 f_1+k_2 f_2)\mathrm{d}x=k_1\int_{\widehat{AB}} f_1\mathrm{d}x+k_2\int_{\widehat{AB}} f_2\mathrm{d}x$（$k_1$，$k_2$ 为常数）；

性质 2（弧段可加性） $\int_{\widehat{AB}} f\mathrm{d}x=\int_{\widehat{AC}} f\mathrm{d}x+\int_{\widehat{CB}} f\mathrm{d}x$（点 C 位于 $\widehat{AB}$ 上）；

性质 3（有向性） $\int_{\widehat{AB}} f\mathrm{d}x=-\int_{\widehat{BA}} f\mathrm{d}x$.

性质 3 说明：第二型曲线积分与积分路径的方向有关，若改变它（把 $\widehat{AB}$ 换为 $\widehat{BA}$），则积分值会差一个符号. 这是与定积分一致的，但与第一型曲线积分不同，为什么？

10.1.2 第二型曲线积分的计算

设以 A 为起点、B 为终点的平面曲线段 $\widehat{AB}$ 的参数方程为

$$x=x(t),\ y=y(t)\quad (t\text{ 在 }\alpha\text{ 与 }\beta\text{ 之间}),$$

起点 A 对应 $t=\alpha$，终点 B 对应 $t=\beta$，函数 $x(t)$，$y(t)\in C^1$（曲线段 $\widehat{AB}$ 是光滑的），且其导数不同时为零. 函数 $P(x,y)$ 与 $Q(x,y)$ 在 $\widehat{AB}$ 上连续. 在这些条件下，函数 $P(x,y)$ 与 $Q(x,y)$ 沿有向曲线段 $\widehat{AB}$ 的第二型曲线积分存在. 下面说明它的计算方法.

设定义 10.1 中的分点 M_k 对应 $t=t_k$，由拉格朗日中值定理，有

$$\Delta x_k=x_k-x_{k-1}=x(t_k)-x(t_{k-1})=x'(\tau_k)\Delta t_k,$$

其中，$\Delta t_k=t_k-t_{k-1}$；τ_k 是介于 t_k 与 t_{k-1} 之间的一点. 于是由定义 10.1，有

$$\int_{\widehat{AB}} P(x,y)\mathrm{d}x=\lim_{\lambda\to 0}\sum_{k=1}^{n} P(x(\tau_k), y(\tau_k))x'(\tau_k)\Delta t_k.$$

由于 $\lambda\to 0$ 时，必有 $\max\limits_{k}|\Delta t_k|\to 0$，所以上式右边的和式的极限恰

好等于函数 $P(x(t),\ y(t))x'(t)$ 从 α 到 β 区间上的定积分 $\int_\alpha^\beta P(x(t),y(t))x'(t)\mathrm{d}t$，于是有公式

$$\int_{\widehat{AB}} P(x,y)\mathrm{d}x=\int_\alpha^\beta P(x(t),\ y(t))x'(t)\mathrm{d}t, \tag{10.1.3}$$

同理，有

$$\int_{\widehat{AB}} Q(x,y)\mathrm{d}y=\int_\alpha^\beta Q(x(t),\ y(t))y'(t)\mathrm{d}t. \tag{10.1.4}$$

三维空间光滑曲线上的第二型曲线积分也有类似的结果.

总之，第二型曲线积分可以化为定积分来计算. 只要将曲线的参数方程代入到被积表达式中，曲线起点对应的参数为定积分下限，终点对应的参数为上限（这是与第一型曲线积分不同的），就化为定积分了.

例如，有向曲线段 $\widehat{AB}$ 的方程为

$$y=y(x),$$

当 A 的坐标为 $(a,y(a))$，B 的坐标为 $(b,y(b))$ 时，视 x 为参量，就有

$$\int_{\widehat{AB}} P(x,y)\mathrm{d}x=\int_a^b P(x,y(x))\mathrm{d}x,$$

$$\int_{\widehat{AB}} Q(x,y)\mathrm{d}y=\int_a^b Q(x,y(x))y'(x)\mathrm{d}y.$$

例 2　计算 $\int_{\widehat{AB}} xy\mathrm{d}x$，其中 $\widehat{AB}$ 是抛物线 $y^2=x$ 上从点 $A(1,-1)$ 到点 $B(1,1)$ 的有向弧段.

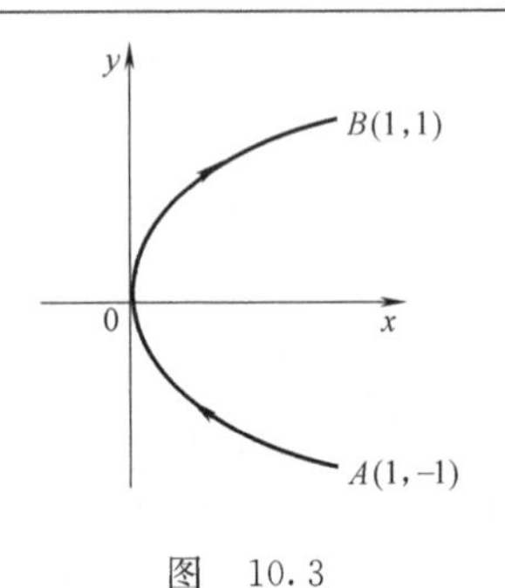

图　10.3

解　如图 10.3 所示，若把 $\widehat{AB}$ 表示为 x 的函数，需将 $\widehat{AB}$ 分为两段：$\widehat{AO}$：$y=-\sqrt{x}$，x 从 1 变到 0；$\widehat{OB}$：$y=\sqrt{x}$，x 从 0 变到 1，因此，

$$\begin{aligned}\int_{\widehat{AB}} xy\mathrm{d}x &= \int_{\widehat{AO}} xy\mathrm{d}x+\int_{\widehat{OB}} xy\mathrm{d}x\\ &=\int_1^0 -x\sqrt{x}\,\mathrm{d}x+\int_0^1 x\sqrt{x}\,\mathrm{d}x\\ &=2\int_0^1 x^{3/2}\mathrm{d}x=\frac{4}{5}.\end{aligned}$$

若把 $\widehat{AB}$ 的方程写为关于 y 的函数 $x=y^2$，y 从 -1 变到 1，则

$$\begin{aligned}\int_{\widehat{AB}} xy\mathrm{d}x &= \int_{-1}^1 y^2y\mathrm{d}y^2\\ &=2\int_{-1}^1 y^4\mathrm{d}y=\frac{4}{5}.\end{aligned}$$

需要注意的是：本例中 $\overset{\frown}{AB}$ 关于 x 轴对称，被积函数 xy 是 y 的奇函数，但这个第二型曲线积分不等于零. 这是因为第二型曲线积分是在有向曲线上进行的，还有方向问题，所以它与第一型曲线积分不同，在 10.1.1 节介绍第二型曲线积分的性质时并未提到过对称性. 当然，把它化为定积分后，若定积分有对称性则是可以利用的.

例 3　计算 $\int_c (x^2+y^2)\mathrm{d}x+(x^2-y^2)\mathrm{d}y$，其中 c 为曲线 $y=1-|1-x|$ 从对应于 $x=0$ 的点到 $x=2$ 的点（见图 10.4）.

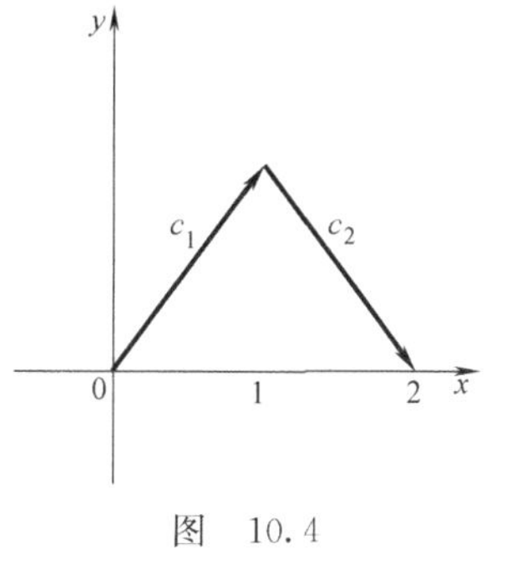

图　10.4

解　将 c 分为两段 c_1 和 c_2，即

$$\int_c=\int_{c_1}+\int_{c_2}.$$

在 c_1 上 $y=x$，$\mathrm{d}x=\mathrm{d}y$

$$\int_{c_1}(x^2+y^2)\mathrm{d}x+(x^2-y^2)\mathrm{d}y=2\int_0^1 x^2\mathrm{d}x=\frac{2}{3},$$

在 c_2 上 $x=2-y$，$\mathrm{d}x=-\mathrm{d}y$，所以

$$\int_{c_2}(x^2+y^2)\mathrm{d}x+(x^2-y^2)\mathrm{d}y=-2\int_1^0 y^2\mathrm{d}y=\frac{2}{3},$$

故

$$\int_c(x^2+y^2)\mathrm{d}x+(x^2-y^2)\mathrm{d}y=\frac{4}{3}.$$

练习 1. 计算 $\oint_l x\mathrm{d}y$，其中 l 是由坐标轴和直线 $\frac{x}{2}+\frac{y}{3}=1$ 所围成的三角形逆时针方向的回路.

练习 2. 计算 $\int_l (x^2-2xy)\mathrm{d}x+(y^2-2xy)\mathrm{d}y$，其中 l 为抛物线 $y=x^2$ 上，对应于 x 由 -1 增加到 1 的那一段弧.

例 4　计算 $\int_l x^2\mathrm{d}x+(y-x)\mathrm{d}y$，其中：

（1）l 是上半圆周 $y=\sqrt{a^2-x^2}$，逆时针方向；

（2）l 是 x 轴上由点 $A(a,0)$ 到点 $B(-a,0)$ 的线段.

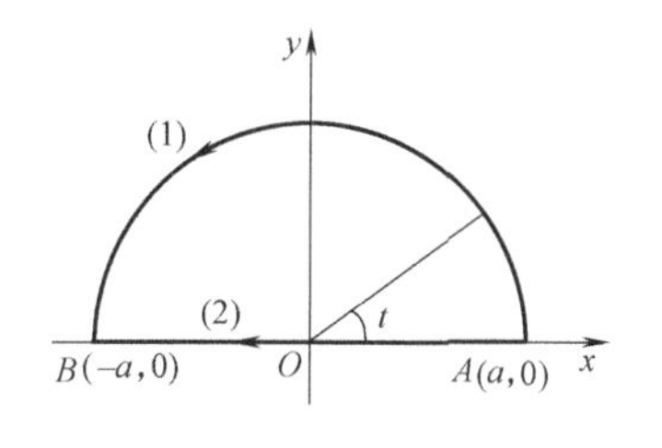

图　10.5

解　（1）如图 10.5 所示，l 的参数方程为

$$x=a\cos t,\ y=a\sin t.$$

A 点对应 $t=0$，B 点对应 $t=\pi$，于是

$$\begin{aligned}\int_l x^2\mathrm{d}x+(y-x)\mathrm{d}y &= \int_0^\pi a^2\cos^2 t\,\mathrm{d}(a\cos t)+(a\sin t-a\cos t)\mathrm{d}(a\sin t)\\ &= \int_0^\pi a^3\cos^2 t\,\mathrm{d}\cos t+\int_0^\pi a^2\sin t\,\mathrm{d}\sin t-\\ &\quad \int_0^\pi a^2\cos^2 t\,\mathrm{d}t\\ &= -\frac{2}{3}a^3-\frac{\pi}{2}a^2.\end{aligned}$$

(2) l 的方程为

$$y=0.$$

x 从 a 到 $-a$，于是

$$\int_l x^2\mathrm{d}x+(y-x)\mathrm{d}y=\int_a^{-a}x^2\mathrm{d}x=-\frac{2}{3}a^3.$$

练习 3. 计算 $\int_l (2a-y)\mathrm{d}x-(a-y)\mathrm{d}y$，其中 l 为旋轮线 $x=a(t-\sin t)$，$y=a(1-\cos t)$ 的一拱，$0\leqslant t\leqslant 2\pi$.

练习 4. 计算 $\oint_l \frac{(x+y)\mathrm{d}x-(x-y)\mathrm{d}y}{x^2+y^2}$，其中 l 为圆周 $x^2+y^2=a^2$，顺时针方向.

练习 5. 计算 $\int_l 2x\mathrm{e}^{xy}\mathrm{d}x+y\mathrm{e}^{xy}\mathrm{d}y$，其中 l 是从点 $A(1,0)$ 沿椭圆 $x^2+\frac{y^2}{2}=1$ 至点 $B(0,\sqrt{2})$，逆时针的弧段.

练习 6. 设 $\widehat{MEN}$ 是由点 $(0,-1)$ 沿右半圆 $x=\sqrt{1-y^2}$ 经点 $E(1,0)$ 到点 $N(0,1)$ 的弧段，求 $\int_{\widehat{MEN}}|y|\mathrm{d}x+y^3\mathrm{d}y$.

练习 7. 设 $\widehat{AB}$ 在极坐标系下的方程为 $r=f(\theta)$，其中 $f(\theta)$ 在 $[0,2\pi]$ 上具有连续的导数，且 $\theta=\alpha$ 对应点 A，$\theta=\beta$ 对应点 $B(0\leqslant\alpha\leqslant\beta\leqslant 2\pi)$，试证：

$$\int_{\widehat{AB}}-y\mathrm{d}x+x\mathrm{d}y=\int_\alpha^\beta f^2(\theta)\mathrm{d}\theta.$$

例 5 位于原点 $(0,0,0)$ 处的电荷 q 产生的静电场中，一单位正电荷沿光滑曲线

$$\Gamma: x=x(t),\ y=y(t),\ z=z(t),$$

从点 A 移动到点 B，设 A 对应 $t=\alpha$，B 对应 $t=\beta$，求电场力所做的功 W.

解　设点 $M(x, y, z)$ 的向径为 $\overrightarrow{OM}=\boldsymbol{r}$，即

$$\boldsymbol{r}=x\boldsymbol{i}+y\boldsymbol{j}+z\boldsymbol{k},\ r=|\boldsymbol{r}|=\sqrt{x^2+y^2+z^2}.$$

根据库仑定律，位于点 M 处的单位正电荷受到的电场力为

$$\boldsymbol{F}=\frac{q}{r^3}\boldsymbol{r}=\frac{q}{r^3}\{x,y,z\},$$

因此所求的功

$$W=\int_\Gamma \boldsymbol{F}\cdot \mathrm{d}\boldsymbol{s}=\int_\Gamma \frac{q}{r^3}\boldsymbol{r}\cdot \mathrm{d}\boldsymbol{s}=q\int_\Gamma \frac{x\mathrm{d}x+y\mathrm{d}y+z\mathrm{d}z}{(x^2+y^2+z^2)^{3/2}}$$

$$=q\int_\alpha^\beta \frac{xx'+yy'+zz'}{(x^2+y^2+z^2)^{3/2}}\mathrm{d}t=q\int_{r(\alpha)}^{r(\beta)}\frac{\mathrm{d}r}{r^2}=q\left[\frac{1}{r(\alpha)}-\frac{1}{r(\beta)}\right].$$

其中，$r(\alpha)$ 和 $r(\beta)$ 分别是点 A 和 B 到原点的距离.

这个例子表明，静电场中电场力做功只与单位正电荷运动的起点和终点的位置有关，而与运动的路径无关．凡是具有这种特性的力场，都叫作**保守力场**，如重力场也是保守力场.

练习 8. 设 xOy 平面内有一力场 $\boldsymbol{F}(M)$，它的方向指向原点，大小等于点 M 到原点的距离.

(1) 求质点从点 $A(a,0)$ 沿椭圆 $\dfrac{x^2}{a^2}+\dfrac{y^2}{b^2}=1$，逆时针移动到点 $B(0,b)$ 时，力场做的功；

(2) 质点按逆时针方向沿椭圆 $\dfrac{x^2}{a^2}+\dfrac{y^2}{b^2}=1$ 运动一周时，力场做的功.

10.1.3 第二型曲线积分与第一型曲线积分的关系

虽然第二型曲线积分和第一型曲线积分有着不同的物理背景及不同的特征，但它们之间还是有联系的.

设 L 是 xOy 平面上从点 A 到点 B 的有向曲线弧. 设 L 的方程为

$$x=x(t),\ y=y(t).$$

当 t 单调地从 α 变到 β 时，相应的点 $M(x,y)$ 从起点 A 运动到终点 B. 并设 $x(t)$ 与 $y(t)$ 有连续的导数，且不同时为零. $P(x,y)$ 与 $Q(x,y)$ 在 L 上连续，则由式 (10.1.3) 和式 (10.1.4)，得

$$\int_L P(x,y)\mathrm{d}x+Q(x,y)\mathrm{d}y$$

$$=\int_\alpha^\beta [P(x(t),y(t))x'(t)+Q(x(t),y(t))y'(t)]\mathrm{d}t.$$

我们不妨假定 $\alpha<\beta$. [若 $\alpha>\beta$，则令 $s=-t$，L 的方程可写为 $x=x(-s)$，$y=y(-s)$，当 s 单调地从 $-\alpha$ 变到 $-\beta$ 时，相应的点 $M(x,y)$ 从起点 A 运动到终点 B.] 由于向量 $\boldsymbol{t}=\{x'(t),y'(t)\}$ 是 L 上点 $M(x(t),y(t))$ 处的一个切向量，它的指向与 t 增大时 $M(x,y)$ 的运动方向一致. 故当 $\alpha<\beta$ 时，这个走向就是有向弧 L 的走向，我们称这种与有向弧 L 的走向一致的切向量为**有向曲线弧的切向量**. 现在有向曲线弧 L 的切向量就是 $\boldsymbol{t}=\{x'(t),y'(t)\}$，其方向余弦为

$$\cos\alpha=\frac{x'(t)}{\sqrt{x'^2(t)+y'^2(t)}},$$

$$\cos\beta=\frac{y'(t)}{\sqrt{x'^2(t)+y'^2(t)}},$$

由对弧长的曲线积分的计算公式知

$$\begin{aligned}&\int_L[P(x,y)\cos\alpha+Q(x,y)\cos\beta]\mathrm{d}s\\&=\int_\alpha^\beta[P(x(t),y(t))\cos\alpha+Q(x(t),y(t))\cos\beta]\sqrt{x'^2(t)+y'^2(t)}\,\mathrm{d}t\\&=\int_\alpha^\beta[P(x(t),y(t))x'(t)+Q(x(t),y(t))y'(t)]\mathrm{d}t,\end{aligned}$$

故

$$\begin{aligned}&\int_L P(x,y)\mathrm{d}x+Q(x,y)\mathrm{d}y\\&=\int_L[P(x,y)\cos\alpha+Q(x,y)\cos\beta]\mathrm{d}s.\end{aligned}\tag{10.1.5}$$

类似地，三维空间曲线弧 Γ 上的两类曲线积分的关系为

$$\int_\Gamma P(x,y,z)\mathrm{d}x=\int_\Gamma P(x,y,z)\cos\alpha\mathrm{d}s,$$

$$\int_\Gamma Q(x,y,z)\mathrm{d}y=\int_\Gamma Q(x,y,z)\cos\beta\mathrm{d}s,$$

$$\int_\Gamma R(x,y,z)\mathrm{d}z=\int_\Gamma R(x,y,z)\cos\gamma\mathrm{d}s,$$

其中，$\alpha=\alpha(x,y,z)$，$\beta=\beta(x,y,z)$，$\gamma=\gamma(x,y,z)$ 为有向曲线弧 Γ 上点 $M(x,y,z)$ 处的切向量的方向角.

练习 9. 设 Γ 是光滑的、弧长为 s 的曲线段，函数 $P(x,y,z)$，$Q(x,y,z)$，$R(x,y,z)$ 在 Γ 上连续，且 $M=\max\limits_{\Gamma}\{\sqrt{P^2+Q^2+R^2}\}$，证明：

$$\left|\int_\Gamma P\mathrm{d}x+Q\mathrm{d}y+R\mathrm{d}z\right|\leqslant Ms.$$

10.2 格林公式

牛顿-莱布尼茨公式 $\int_a^b F'(x)\mathrm{d}x=F(b)-F(a)$ 将定积分与被积函数的原函数在积分区间端点的值联系起来. 类似地，本节介绍的格林公式把平面区域上的二重积分和区域的边界上的曲线积分联系起来. 在流体力学中，格林公式和斯托克斯公式（将在10.6 节介绍）揭示了环量与旋度的关系，它们在数学上和物理场论中都是重要的.

我们先要了解一些与平面区域相关的概念，设 D 为平面区域，如果 D 内任一闭曲线所围的部分都属于 D，则称 D 为**平面单连通区域**，否则，称 D 为**平面复连通区域**. 单连通区域 D 也可以这样描述：D 内任一条闭曲线都可以不经过 D 外的点而连续地收缩于 D 内某一点，或者通俗地说，单连通区域是没有“洞”（包括“点洞”）的区域. 例如，平面上的圆盘 $\{(x,y)\mid x^2+y^2<4\}$ 和上半平面 $\{(x,y)\mid y>0\}$ 都是单连通区域，而平面上的圆环域、去心圆盘都是复连通区域.

设 D 是平面区域，L 是它的边界曲线，我们规定 L 关于 D 的正向为：当观察者沿 L 的这一方向行走时，D 内在他临近处的部分总在他的左侧。例如，对于区域 $\{(x,y)\mid x^2+y^2<4\}$，逆时针方向的圆周 $x^2+y^2=4$ 是它的正向边界；对于区域 $\{(x,y)\mid x^2+y^2>1\}$，顺时针方向的圆周 $x^2+y^2=1$ 是它的正向边界；而对于区域 $\{(x,y)\mid 1<x^2+y^2<4\}$，逆时针方向的圆周 $x^2+y^2=4$ 与顺时针方向的圆周 $x^2+y^2=1$ 共同组成了它的正向边界.

定理 10.1　设 xOy 平面上的闭区域 D 由分段光滑且不自相交的闭曲线 C 围成，函数 $P(x,y)$ 与 $Q(x,y)$ 在 D 上有连续的一阶偏导数，则有格林公式

$$\oint_C P(x,y)\mathrm{d}x+Q(x,y)\mathrm{d}y=\iint_D\left(\frac{\partial Q}{\partial x}-\frac{\partial P}{\partial y}\right)\mathrm{d}x\mathrm{d}y,\tag{10.2.1}$$

其中，闭曲线积分按 C 的正向进行 .

证明　设区域 D 是 x-型的，即由不等式组

$$a\leqslant x\leqslant b,\ y_1(x)\leqslant y\leqslant y_2(x)$$

确定（见图 10.6)，则由二重积分计算法知

$$-\iint_D \frac{\partial P}{\partial y}\mathrm{d}x\mathrm{d}y = -\int_a^b \mathrm{d}x \int_{y_1(x)}^{y_2(x)} \frac{\partial P}{\partial y}\mathrm{d}y$$

$$= \int_a^b [P(x,y_1(x)) - P(x,y_2(x))]\mathrm{d}x,$$

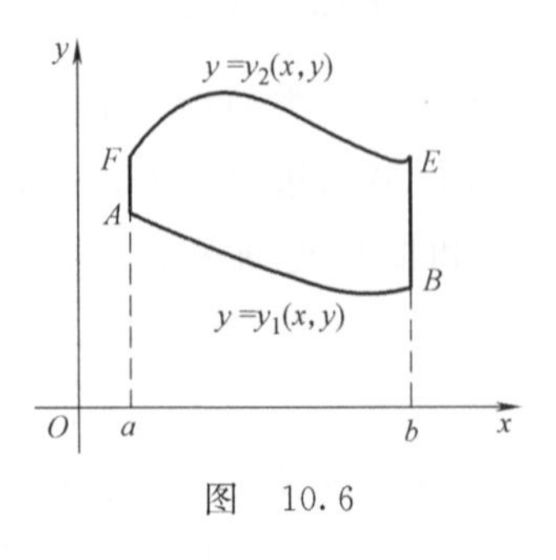

图　10.6

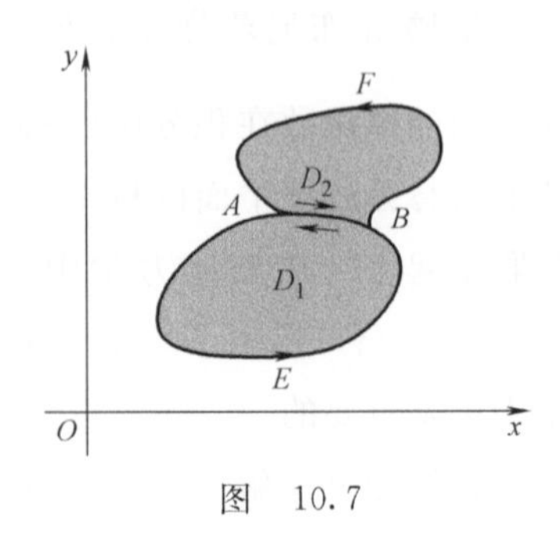

图　10.7

而由曲线积分计算法，得

$$\oint_C P(x,y)\mathrm{d}x = \int_{\widehat{AB}+\overline{BE}+\widehat{EF}+\overline{FA}} P(x,y)\mathrm{d}x$$

$$= \int_a^b P(x,y_1(x))\mathrm{d}x + \int_b^a P(x,y_2(x))\mathrm{d}x$$

$$= \int_a^b [P(x,y_1(x)) - P(x,y_2(x))]\mathrm{d}x,$$

因此，有

$$-\iint_D \frac{\partial P}{\partial y}\mathrm{d}x\mathrm{d}y = \oint_C P(x,y)\mathrm{d}x.$$

当 D 不是 x-型区域时，只要用一些分段光滑的曲线把 D 分为几块 x-型区域，便可推出上面的等式. 对于如图 10.7 所示的区域 D，可用弧段 $\widehat{AB}$ 将 D 分为 D_1、D_2 两块 x-型区域. 利用上面的结果和重积分的性质及第二型曲线积分的性质，得到

$$-\iint_D \frac{\partial P}{\partial y}\mathrm{d}x\mathrm{d}y = -\iint_{D_1} \frac{\partial P}{\partial y}\mathrm{d}x\mathrm{d}y - \iint_{D_2} \frac{\partial P}{\partial y}\mathrm{d}x\mathrm{d}y$$

$$= \oint_{\widehat{AEBA}} P\mathrm{d}x + \oint_{\widehat{ABFA}} P\mathrm{d}x$$

$$= \int_{\widehat{AEB}} P\mathrm{d}x + \int_{\widehat{BA}} P\mathrm{d}x + \int_{\widehat{AB}} P\mathrm{d}x + \int_{\widehat{BFA}} P\mathrm{d}x$$

$$= \oint_{\widehat{AEBFA}} P\mathrm{d}x = \oint_C P\mathrm{d}x.$$

同理可证

$$\iint_D \frac{\partial Q}{\partial x}\mathrm{d}x\mathrm{d}y = \oint_C Q\mathrm{d}y. \qquad \square$$

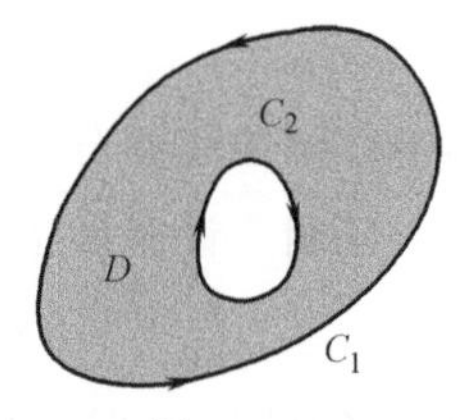

图　10.8

特别需要注意的是当 D 为复连通域（图 10.8）时，定理 10.1 仍成立.

格林公式还有另一种形式．设 t 为曲线

C 的同向切向量. $\boldsymbol{n}$ 为 C 的外法向量. 将 $\boldsymbol{n}$ 沿逆时针方向转 90°即得 $\boldsymbol{t}$. 由图 10.9 可知，它们与两坐标轴正向间的夹角满足关系

$$(\widehat{\boldsymbol{t},x})=\pi-(\widehat{\boldsymbol{n},y}),$$
$$(\widehat{\boldsymbol{t},y})=(\widehat{\boldsymbol{n},x}),$$

于是由两类曲线积分的关系

$$\oint_C P\mathrm{d}x+Q\mathrm{d}y=\oint_C[P\cos(\widehat{\boldsymbol{t},x})+Q\cos(\widehat{\boldsymbol{t},y})]\mathrm{d}s,$$

得

$$\oint_C[-P\cos(\widehat{\boldsymbol{n},y})+Q\cos(\widehat{\boldsymbol{n},x})]\mathrm{d}s=\iint_D\left(\frac{\partial Q}{\partial x}-\frac{\partial P}{\partial y}\right)\mathrm{d}x\mathrm{d}y.$$

将上式中 Q 换为 P，P 换为 $-Q$，得到格林公式的另一种形式：

$$\oint_C[P\cos(\widehat{\boldsymbol{n},x})+Q\cos(\widehat{\boldsymbol{n},y})]\mathrm{d}s=\iint_D\left(\frac{\partial P}{\partial x}+\frac{\partial Q}{\partial y}\right)\mathrm{d}x\mathrm{d}y. \tag{10.2.2}$$

式 (10.2.2) 在物理上揭示了平面流速场的过边界的净流量和散度的关系，下面介绍格林公式 (10.2.1) 的一个简单应用：若令 $P(x,y)=-y$，$Q(x,y)=x$，则有

$$\oint_C x\mathrm{d}y-y\mathrm{d}x=2\iint_D\mathrm{d}x\mathrm{d}y=2S,$$

其中，S 为区域 D 的面积，所以闭曲线 C 所围的区域 D 的面积 S 可由曲线积分计算，即

$$S=\frac{1}{2}\oint_C x\mathrm{d}y-y\mathrm{d}x. \tag{10.2.3}$$

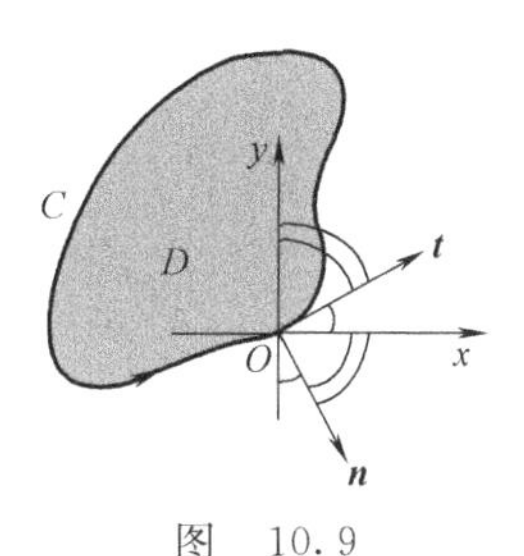

图　10.9

例 1　求椭圆 $x=a\cos t$，$y=b\sin t$ $(0\leqslant t\leqslant 2\pi)$ 所围图形的面积 S.

解　由式 (10.2.3)，得

$$S=\frac{1}{2}\oint_C x\mathrm{d}y-y\mathrm{d}x=\frac{1}{2}\int_0^{2\pi}ab(\cos^2t+\sin^2t)\mathrm{d}t=\pi ab.$$

在计算上，格林公式为平面曲线积分，特别是闭曲线上的积分开拓了一条新的途径.

练习 1. 利用曲线积分计算星形线 $x=a\cos^3t$，$y=a\sin^3t$ 所围图形的面积.

练习 2. 设 C 是 xOy 平面一顺时针方向的简单闭曲线，且

$$\oint_C(x-2y)\mathrm{d}x+(4x+3y)\mathrm{d}y=-9,$$

求曲线 C 所围的区域的面积.

例 2　估计积分 $I_R=\oint\limits_{x^2+y^2=R^2}\dfrac{y\mathrm{d}x-x\mathrm{d}y}{(x^2+xy+y^2)^2}$，并证明：$\lim\limits_{R\to\infty}I_R=0$.

解　先来考察被积式的分母，由

$$x^2+xy+y^2\geqslant\frac{x^2+y^2}{2}=\frac{R^2}{2}$$

和

$$I_R=\oint\limits_{x^2+y^2=R^2}\frac{y\mathrm{d}x-x\mathrm{d}y}{(x^2+xy+y^2)^2}=\oint\limits_{x^2+y^2=R^2}\frac{y\cos\alpha-x\cos\beta}{(x^2+xy+y^2)^2}\mathrm{d}s,$$

在 $x^2+y^2=R^2$ 上，$|y\cos\alpha-x\cos\beta|\leqslant\sqrt{x^2+y^2}\cdot\sqrt{\cos^2\alpha+\cos^2\beta}=\sqrt{x^2+y^2}$，故有

$$|I_R|\leqslant\frac{4}{R^4}\oint\limits_{x^2+y^2=R^2}\sqrt{x^2+y^2}\,\mathrm{d}s=\frac{4}{R^4}\cdot2\pi R^2=\frac{8\pi}{R^2},$$

由 $0\leqslant|I_R|\leqslant\dfrac{8\pi}{R^2}$，得 $\lim\limits_{R\to\infty}|I_R|=0$，从而 $\lim\limits_{R\to\infty}I_R=0$.

练习 3. 设 $u=u(x,y)$，$v=v(x,y)$，$w=w(x,y)$ 在有界闭区域 D 上有连续的一阶偏导数，C 是 D 的边界线，证明：

$$\iint_D\left(u\frac{\partial w}{\partial x}+v\frac{\partial w}{\partial y}\right)\mathrm{d}x\mathrm{d}y=\oint_{C^+}w(u\mathrm{d}y-v\mathrm{d}x)-\iint_D\left(\frac{\partial u}{\partial x}+\frac{\partial v}{\partial y}\right)w\mathrm{d}x\mathrm{d}y.$$

练习 4. 计算 $\oint_C x^2\mathrm{d}x+x\mathrm{e}^{y^2}\mathrm{d}y$，其中 C 是由直线 $y=x-1$，$y=1$ 及 $x=1$ 所围成的三角形区域边界线的正向.

练习 5. 计算 $\oint_C(x^3-x^2y)\mathrm{d}x+(xy^2-y^3)\mathrm{d}y$，其中 C 是圆周 $x^2+y^2=a^2(a>0)$ 顺时针方向一周.

练习 6. 计算 $\oint_C y(2x-1)\mathrm{d}x-x(x+1)\mathrm{d}y$，其中 C 是正向椭圆 $b^2x^2+a^2y^2=a^2b^2$ 一周.

练习 7. 计算

$$\oint_C\mathrm{e}^x[(1-\cos y)\mathrm{d}x-(y-\sin y)\mathrm{d}y],$$

其中，C 为区域 $0<x<\pi$，$0<y<\sin x$ 的边界的正向闭曲线.

对平面闭曲线上的第二型曲线积分，当 $\dfrac{\partial Q}{\partial x}-\dfrac{\partial P}{\partial y}$ 比较简单时，常常考虑通过格林公式化为二重积分来计算．

例 3　计算 $J=\int_{\widehat{AO}}(e^x\sin y-my)dx+(e^x\cos y-m)dy$，其中 $\widehat{AO}$ 是从点 $A(a,0)$ 到点 $O(0,0)$ 的上半圆周 $x^2+y^2=ax$.

解　这里积分路径 $\widehat{AO}$ 不是闭曲线，但由

$$P=e^x\sin y-my,Q=e^x\cos y-m,$$

$$\frac{\partial Q}{\partial x}=e^x\cos y,\frac{\partial P}{\partial y}=e^x\cos y-m$$

知 $\frac{\partial Q}{\partial x}-\frac{\partial P}{\partial y}=m$，特别简单. 如图 10.10 所示，为了应用格林公式，在 $\widehat{AO}$ 的基础上再补充一段曲线，使之构成闭曲线. 因为在补充的曲线上还要算曲线积分，所以补充的曲线要简单，通常是取与坐标轴平行的直线段或折线. 这里补加直线段 $\overline{OA}$，则由格林公式，有

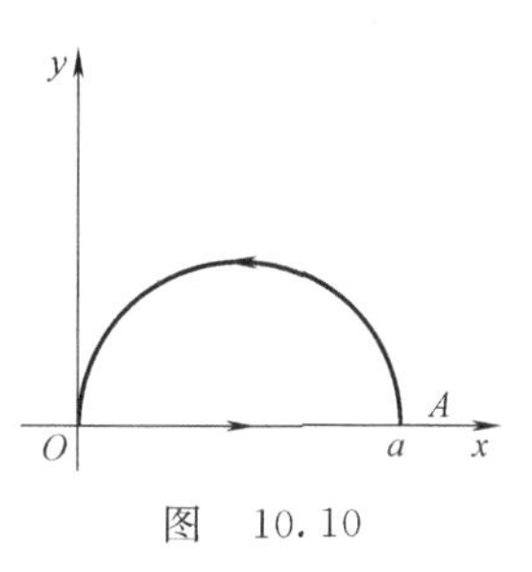

图　10.10

$$\oint_{\widehat{AO}+\overline{OA}}(e^x\sin y-my)dx+(e^x\cos y-m)dy$$

$$=\iint_D m\,dx\,dy=\frac{1}{8}m\pi a^2.$$

由于 $\overline{OA}$ 的方程为 $y=0$，$0\leqslant x\leqslant a$，故

$$\int_{\overline{OA}}(e^x\sin y-my)dx+(e^x\cos y-m)dy=\int_0^a 0dx=0,$$

因此

$$J=\frac{1}{8}m\pi a^2-0=\frac{1}{8}m\pi a^2.$$

练习 8. 计算 $\oint_C\frac{yx^2dx-xy^2dy}{1+\sqrt{x^2+y^2}}$，其中 C 是由曲线 l_1：$y=-\sqrt{1-x^2}$ 和直线 l_2：$y=0$（$-1\leqslant x\leqslant 1$）构成的顺时针闭曲线.

练习 9. 计算 $\int_l(x+y)^2dx+(x+y^2\sin y)dy$，其中 l 是从点 $A(1,1)$ 沿曲线到点 $B(-1,1)$ 的弧段.

练习 10. 计算 $\int_l\sqrt{x^2+y^2}\,dx+[x+y\ln(x+\sqrt{x^2+y^2})]dy$，其中 l 是从点 $B(2,1)$ 沿上半圆 $y=1+\sqrt{1-(x-1)^2}$ 至点 $A(0,1)$ 的弧段.

练习 11. 计算 $\int_l(3xy+\sin x)dx+(x^2-ye^y)dy$，其中 l

是从点（0,0）到点（4,8）的一段抛物线 $y=x^2-2x$.

练习 12. 计算曲线积分

$$I=\int_l [u'_x(x,y)+xy]\mathrm{d}x+u'_y(x,y)\mathrm{d}y,$$

其中，l 是从点 $A(0,1)$ 沿曲线到点 $B(\pi,0)$ 的曲线段. $u(x,y)$ 在 xOy 平面上具有二阶连续偏导数，且 $u(0,1)=1$，$u(\pi,0)=\pi$.

例 4　计算 $\oint_C \frac{(x+4y)\mathrm{d}y+(x-y)\mathrm{d}x}{x^2+4y^2}$，其中 C 为不过原点的任意正向闭曲线.

解　因为

$$\frac{\partial Q}{\partial x}=\frac{4y^2-x^2-8xy}{(x^2+4y^2)^2}=\frac{\partial P}{\partial y},\ (x,y)\neq(0,0),$$

当 C 所包围的区域内不含原点时，依据格林公式，有

$$\oint_C \frac{(x+4y)\mathrm{d}y+(x-y)\mathrm{d}x}{x^2+4y^2}=0.$$

当 C 所包围的区域内含有原点时，可以用曲线 C 的参数方程，化曲线积分为定积分计算. 由于本题中的曲线 C 未具体给出，这里采用抠除原点的方法. 考虑到被积函数的分母是 x^2+4y^2，为计算方便，补充椭圆周 C_1 ：$x=2\varepsilon\cos t$，$y=\varepsilon\sin t$，$t\in[0,2\pi]$，$\varepsilon>0$ 适当小（见图 10.11），则在以曲线 C 与 C_1^- 为边界的复连通区域上应用格林公式，得

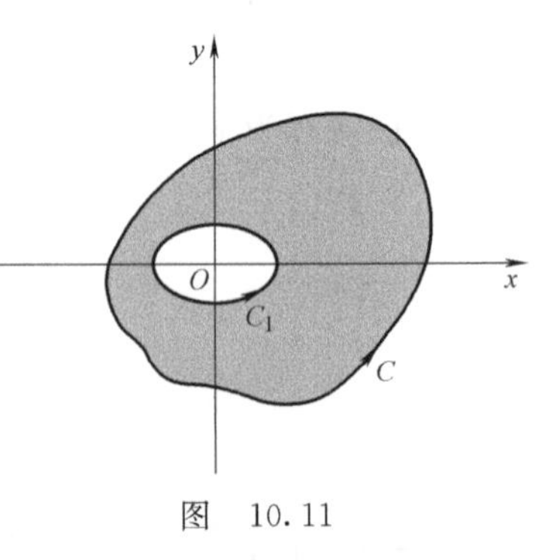

图　10.11

$$\oint_{C+C_1^-} \frac{(x+4y)\mathrm{d}y+(x-y)\mathrm{d}x}{x^2+4y^2}=0,$$

因此，

$$\begin{aligned}\oint_C \frac{(x+4y)\mathrm{d}y+(x-y)\mathrm{d}x}{x^2+4y^2}&=\oint_{C_1} \frac{(x+4y)\mathrm{d}y+(x-y)\mathrm{d}x}{x^2+4y^2}\\&=\frac{1}{4\varepsilon^2}\oint_{C_1}(x+4y)\mathrm{d}y+(x-y)\mathrm{d}x\\&=\frac{1}{4}\int_0^{2\pi}[(2\cos t+4\sin t)\cos t-\\&\quad(2\cos t-\sin t)2\sin t]\mathrm{d}t\\&=\frac{1}{2}\int_0^{2\pi}\mathrm{d}t=\pi.\end{aligned}$$

这种情况下，也可以先利用曲线方程简化被积函数，然后再用格林公式，如

$$\oint_C \frac{(x+4y)\mathrm{d}y+(x-y)\mathrm{d}x}{x^2+4y^2}=\frac{1}{4\varepsilon^2}\oint_{C_1}(x+4y)\mathrm{d}y+(x-y)\mathrm{d}x$$

$$=\frac{1}{4\varepsilon^2}\iint_{D_1}(1+1)\mathrm{d}x\mathrm{d}y=\pi,$$

其中，D_1 是椭圆 C_1 所围成的区域.

本例将 C 上的曲线积分换为 C_1 上的曲线积分，读者能从曲线积分与路径无关的角度来解释吗？"在$\frac{\partial Q}{\partial x}=\frac{\partial P}{\partial y}$的区域内，闭曲线积分的积分路径可以任意连续变形"的说法对吗？

例 5　计算 $I=\oint_C(z-y)\mathrm{d}x+(x-z)\mathrm{d}y+(x-y)\mathrm{d}z$，其中 C 是闭曲线

$$\begin{cases}x^2+y^2=1,\\x-y+z=2,\end{cases}$$

其方向从 z 轴正向往 z 轴负向看时为逆时针.

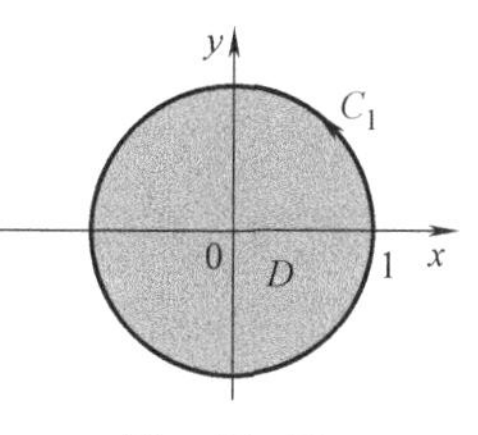

图　10.12

解　设 C 向 xOy 平面上投影为 C_1（见图 10.12），由 $x-y+z=2$，得 $z=2-x+y$ 代入原积分，有

$$I=\oint_{C_1}(2-x)\mathrm{d}x+(2x-y-2)\mathrm{d}y+(x-y)\mathrm{d}(2-x+y)$$

$$=\oint_{C_1}(2-2x+y)\mathrm{d}x+(3x-2y-2)\mathrm{d}y$$

$$=\iint_{x^2+y^2\leqslant 1}(3-1)\mathrm{d}x\mathrm{d}y=2\pi.$$

练习 13. 计算 $\int_\Gamma y\mathrm{d}x+z\mathrm{d}y+x\mathrm{d}z$，其中 Γ 是螺旋线 $x=a\cos t$，$y=a\sin t$，$z=bt$ 从 $t=0$ 到 $t=2\pi$ 的一段.

练习 14. 计算 $\int_\Gamma x\mathrm{d}x+y\mathrm{d}y+(x+y-1)\mathrm{d}z$，其中 Γ 是从点 (1,1,1) 到点 (4,7,10) 的直线段.

练习 15. 计算 $\oint_\Gamma (y^2+z^2)\mathrm{d}x+(z^2+x^2)\mathrm{d}y+(x^2+y^2)\mathrm{d}z$，其中 Γ 为

$$\begin{cases}x^2+y^2+z^2=4x(z\geqslant 0),\\ x^2+y^2=2x\end{cases}$$

从 z 轴正向看 Γ 取逆时针方向.

10.3 平面曲线积分与路径无关的条件、保守场

10.3.1 平面曲线积分与路径无关的条件

在一元函数的积分理论中，求原函数是一个重要的问题．若 $f(x)$ 在区间 I 上连续，则 $F(x)=\int_{x_0}^{x}f(t)\mathrm{d}t$ 就是它的一个原函数，即满足

$$\mathrm{d}F=f(x)\mathrm{d}x,\ x\in I.$$

若表达式 $P\mathrm{d}x+Q\mathrm{d}y$ 是某一函数 u 的全微分，即

$$\mathrm{d}u=P\mathrm{d}x+Q\mathrm{d}y,$$

则称 u 是 $P\mathrm{d}x+Q\mathrm{d}y$ 的**原函数**.

对平面区域 G 内的两个二元连续函数 $P(x,y)$ 与 $Q(x,y)$，或者说对 G 内的向量场 $P(x,y)\boldsymbol{i}+Q(x,y)\boldsymbol{j}$，自然会想到，从 G 内定点 (x_0,y_0) 沿曲线 l 到点 (x,y) 的曲线积分

$$u(x,y)=\int_l P(x,y)\mathrm{d}x+Q(x,y)\mathrm{d}y$$

可能是 $P(x,y)\mathrm{d}x+Q(x,y)\mathrm{d}y$ 的原函数，即可能满足

$$\mathrm{d}u=P(x,y)\mathrm{d}x+Q(x,y)\mathrm{d}y,\ (x,y)\in G.$$

可惜，这里的 $u(x,y)$ 不仅依赖于 x 和 y，一般还依赖于积分路径 l．故按上述曲线积分，在 G 内一般不能给出完全确定的函数．除非曲线积分与路径无关，此时固定起点，按曲线积分可在 G 内定义一个确定的函数．下面将说明在这种条件下（也只有在这种条件下），上述问题提法和处理问题的想法才是正确的．这种条件代表了一类重要的自然现象，在数学上也表示一个重要的方面.

如果对区域 G 内任意两点 A、B，以及从 A 到 B 的任意两条曲线 l_1、l_2，都有

$$\int_{l_1}P\mathrm{d}x+Q\mathrm{d}y=\int_{l_2}P\mathrm{d}x+Q\mathrm{d}y,$$

则称在 G 内曲线积分 $\int_l P\mathrm{d}x+Q\mathrm{d}y$ 与**路径无关**（与起点和终点有关）.

定理 10.2　设函数 $P(x,y)$ 与 $Q(x,y)$ 在单连通区域 G 内有连续的一阶偏导数，则下列四个条件相互等价.

(i) 对 G 内的任一闭路 C，有

$$\oint_C P\mathrm{d}x+Q\mathrm{d}y=0.$$

(ii) 在 G 内，曲线积分

$$\int_{\widehat{AB}} P\mathrm{d}x+Q\mathrm{d}y$$

与路径无关.

(iii) 在 G 内，表达式 $P\mathrm{d}x+Q\mathrm{d}y$ 是某函数 $u(x,y)$ 的全微分，即有

$$\mathrm{d}u=P\mathrm{d}x+Q\mathrm{d}y.$$

(iv) 在 G 内，P、Q 满足条件

$$\frac{\partial P}{\partial y}=\frac{\partial Q}{\partial x}.$$

证明 (i) $\Rightarrow$ (ii)　设 A、B 为 G 内任意两点，$\widehat{AMB}$ 和 $\widehat{ANB}$ 是 G 内从 A 到 B 的任意两条曲线弧，则有

$$\int_{\widehat{AMB}} P\mathrm{d}x+Q\mathrm{d}y-\int_{\widehat{ANB}} P\mathrm{d}x+Q\mathrm{d}y=\int_{\widehat{AMBNA}} P\mathrm{d}x+Q\mathrm{d}y=0,$$

于是

$$\int_{\widehat{AMB}} P\mathrm{d}x+Q\mathrm{d}y=\int_{\widehat{ANB}} P\mathrm{d}x+Q\mathrm{d}y.$$

(ii) $\Rightarrow$ (iii)　因曲线积分与路径无关，当起点 $A(x_0,y_0)$ 固定时，它是终点 $B(x,y)$ 的二元（点）函数，记为

$$u(x,\ y)=\int_{(x_0,\ y_0)}^{(x,\ y)} P\mathrm{d}x+Q\mathrm{d}y. \tag{10.3.1}$$

为了证明

$$\mathrm{d}u=P\mathrm{d}x+Q\mathrm{d}y,$$

先证

$$\frac{\partial u}{\partial x}=P(x,y),\ \frac{\partial u}{\partial y}=Q(x,y).$$

由于

$$u(x+\Delta x,y)=\int_{(x_0,y_0)}^{(x+\Delta x,y)} P\mathrm{d}x+Q\mathrm{d}y$$

与积分路径无关. 为方便计算，对上面这个积分，取先从点 $A(x_0,y_0)$ 到点 $B(x,y)$，然后沿平行于 x 轴的直线从点 $B(x,y)$ 到点 $B'(x+\Delta x,y)$ 的路径积分，如图 10.13 所示. 易知

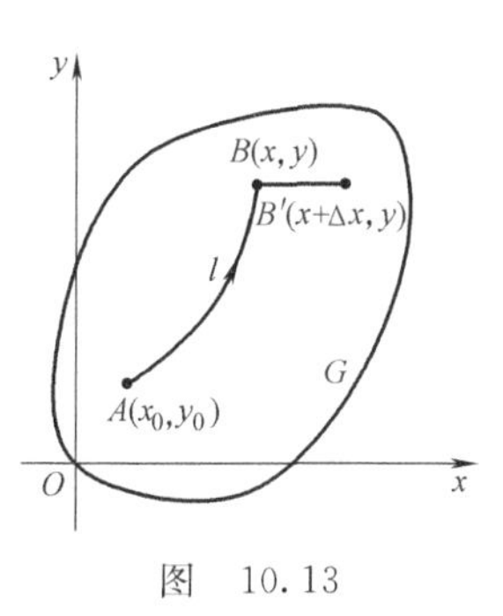

图　10.13

$$u(x+\Delta x,y)=u(x,y)+\int_{(x,y)}^{(x+\Delta x,y)} P\mathrm{d}x+Q\mathrm{d}y.$$

因在水平直线段 $\overline{BB'}$ 上，纵坐标 y 不变，所以 $\mathrm{d}y=0$，从而

$$\Delta_x u=u(x+\Delta u,y)-u(x,y)=\int_x^{x+\Delta x} P(x,y)\mathrm{d}x.$$

利用积分中值定理，得

$$\Delta_x u=P(x+\theta\Delta x,y)\Delta x,\ 0\leqslant\theta\leqslant 1.$$

因为 $P(x,y)$ 连续，所以有

$$\frac{\partial u}{\partial x}=\lim_{\Delta x\to 0}\frac{\Delta_x u}{\Delta x}=\lim_{\Delta x\to 0} P(x+\theta\Delta x,y)=P(x,y).$$

同理可证

$$\frac{\partial u}{\partial y}=Q(x,y).$$

由于两个偏导数连续，所以 u 可微，且

$$\mathrm{d}u=P\mathrm{d}x+Q\mathrm{d}y.$$

(iii) ⇒ (iv)　因为 $\mathrm{d}u=P\mathrm{d}x+Q\mathrm{d}y$，所以

$$\frac{\partial u}{\partial x}=P,\ \frac{\partial u}{\partial y}=Q.$$

又因 P 与 Q 有连续的一阶偏导数，所以有

$$\frac{\partial P}{\partial y}=\frac{\partial^2 u}{\partial x\partial y}=\frac{\partial^2 u}{\partial y\partial x}=\frac{\partial Q}{\partial x}.$$

(iv) ⇒ (i)　对 G 内任一闭曲线 C，由于 G 是单连通的，所以 C 所围的区域 D 含于 G. 利用格林公式及条件 (iv)，有

$$\oint_C P\mathrm{d}x+Q\mathrm{d}y=\iint_D\left(\frac{\partial Q}{\partial x}-\frac{\partial P}{\partial y}\right)\mathrm{d}x\mathrm{d}y=0.$$ □

这样，把四个条件循环地推导一遍，就证明了它们之间都是相互等价的．这一证明手段称为**循环论证**.

这个定理很重要，它指出了曲线积分与路径无关的充要条件，也指出了表达式 $P\mathrm{d}x+Q\mathrm{d}y$ 是某一函数的全微分的充要条件. 这些充要条件尤其以条件 (iv) 最便于检查.

定理 10.2 关于区域 G 单连通的要求是不可少的. 例如，函数

$$P(x,y)=\frac{-y}{x^2+y^2},\ Q(x,y)=\frac{x}{x^2+y^2}$$

在复连通域

$$\frac{1}{2}\leqslant x^2+y^2\leqslant 2$$

上，恒有

$$\frac{\partial P}{\partial y}=\frac{y^2-x^2}{(x^2+y^2)^2}=\frac{\partial Q}{\partial x},$$

但沿域内单位圆 $C: x^2+y^2=1$ 的闭路积分

$$\oint_C P\mathrm{d}x+Q\mathrm{d}y=\oint_C \frac{x\mathrm{d}y-y\mathrm{d}x}{x^2+y^2}=\oint_C x\mathrm{d}y-y\mathrm{d}x=2\pi\neq 0.$$

对于复连通区域内的连续可微的向量场，条件（iv）不能保证（i）、（ii）、（iii）成立，但此时（i）、（ii）、（iii）还是相互等价的.

当曲线积分与路径无关时，曲线积分的计算可以换一个简便的路径.

例 1　计算 $\oint_l (x^4+4xy^3)\mathrm{d}x+(6x^2y^2-5y^4)\mathrm{d}y$，其中 l 是从点 $O(0,0)$ 到点 $A\left(\frac{\pi}{2},1\right)$ 的正弦曲线 $y=\sin x$.

解法 1　因为

$$\frac{\partial Q}{\partial x}=12xy^2,\ \frac{\partial P}{\partial y}=12xy^2,$$

$$\frac{\partial Q}{\partial x}=\frac{\partial P}{\partial y},$$

所以曲线积分与路径无关，为计算方便，将路径 l 换为从点 $O(0,0)$ 到点 $B\left(\frac{\pi}{2},0\right)$，再从点 B 到点 A 的折线（见图 10.14）. 于是

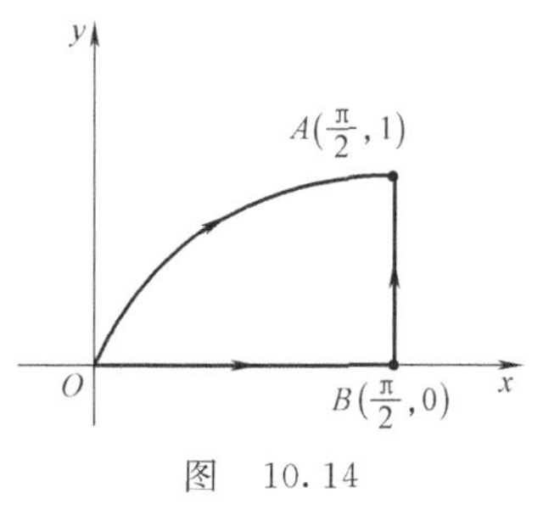

图　10.14

$$\int_l (x^4+4xy^3)\mathrm{d}x+(6x^2y^2-5y^4)\mathrm{d}y$$

$$=\left(\int_{\overline{OB}}+\int_{\overline{BA}}\right)(x^4+4xy^3)\mathrm{d}x+(6x^2y^2-5y^4)\mathrm{d}y$$

$$=\int_0^{\pi/2}x^4\mathrm{d}x+\int_0^1\left[6\left(\frac{\pi}{2}\right)^2y^2-5y^4\right]\mathrm{d}y=\frac{\pi^5}{160}+\frac{\pi^2}{2}-1.$$

顺便指出，当曲线积分与路径无关时，即被积表达式是某函数 $u(x,y)$ 的全微分时，则由式（10.3.1）得公式

$$\int_A^B P\mathrm{d}x+Q\mathrm{d}y=u\big|_A^B. \tag{10.3.2}$$

解法 2　因为

$$(x^4+4xy^3)\mathrm{d}x+(6x^2y^2-5y^4)\mathrm{d}y$$

$$=\mathrm{d}\left(\frac{1}{5}x^5-y^5\right)+2(2xy^3\mathrm{d}x+3x^2y^2\mathrm{d}y)$$

$$=\mathrm{d}\left(\frac{1}{5}x^5-y^5+2x^2y^3\right)$$

$$I=\left[\frac{1}{5}x^5-y^5+2x^2y^3\right]_{(0,0)}^{(\pi/2,0)}=\frac{\pi^5}{160}+\frac{\pi^2}{2}-1.$$

练习 1. 证明：曲线积分 $\int_l e^x(\cos y\mathrm{d}x-\sin y\mathrm{d}y)$ 只与 l 的起点和终点有关，而与所取的路径无关，并求

$$\int_{(0,0)}^{(a,b)} e^x(\cos y\mathrm{d}x-\sin y\mathrm{d}y).$$

练习 2. 证明：曲线积分 $\int_l \frac{y\mathrm{d}x-x\mathrm{d}y}{x^2}$ 只与 l 的起点和终点有关，而与所取的路径无关，其中 l 为不过 y 轴的任意曲线，并求

$$\int_{(2,1)}^{(1,2)} \frac{y\mathrm{d}x-x\mathrm{d}y}{x^2}.$$

练习 3. 计算 $\int_l \frac{1}{x}\sin\left(xy-\frac{\pi}{4}\right)\mathrm{d}x+\frac{1}{y}\sin\left(xy-\frac{\pi}{4}\right)\mathrm{d}y$，其中 l 是由点 $A(1,\pi)$ 到点 $B\left(\frac{\pi}{2},2\right)$ 的直线段.

练习 4. 计算 $\int_l (x^2+1-e^y\sin x)\mathrm{d}y-e^y\cos x\mathrm{d}x$，其中 l 是由点 $O(0,0)$ 沿 $y=x^2$ 到点 $A(1,1)$ 的曲线.

例 2　设 $x>0$ 时，$f(x)$ 可导，且 $f(1)=2$. 在右半平面 $(x>0)$ 内的任一闭曲线 C 上，恒有

$$\oint_C 4x^3y\mathrm{d}x+xf(x)\mathrm{d}y=0.$$

试求 $\int_{\widehat{AB}} 4x^3y\mathrm{d}x+xf(x)\mathrm{d}y$，其中 $\widehat{AB}$ 是从点 $A(4,0)$ 到点 $B(2,3)$ 的曲线.

解　由给定的条件知，在右半平面内，曲线积分与路径无关. 因此，$\frac{\partial Q}{\partial x}=\frac{\partial P}{\partial y}$，即有

$$xf'(x)+f(x)=4x^3.$$

解此一阶线性方程，并利用条件 $f(1)=2$，得到

$$f(x)=\frac{1}{x}+x^3.$$

由于曲线积分与路径无关，取从点 $A(4,0)$ 到点 $D(2,0)$，再从点 $D(2,0)$ 到点 $B(2,3)$ 的折线，则

$$\begin{aligned}\int_{\widehat{AB}} 4x^3y\mathrm{d}x+xf(x)\mathrm{d}y &= \int_{\widehat{AB}} 4x^3y\mathrm{d}x+(1+x^4)\mathrm{d}y \\ &=\left(\int_{\widehat{AD}}+\int_{\widehat{DB}}\right)4x^3y\mathrm{d}x+(1+x^4)\mathrm{d}y \\ &=\int_4^2 0\mathrm{d}x+\int_0^3(1+2^4)\mathrm{d}y=51.\end{aligned}$$

练习 5. 设 $f(x)$ 具有二阶连续导数，$f(0)=0$，$f'(0)=1$，而且曲线积分

$$\int_l [f'(x)+6f(x)+4\mathrm{e}^{-x}]y\mathrm{d}x+f'(x)\mathrm{d}y$$

与路径无关. 计算

$$\int_{(0,0)}^{(1,1)} [f'(x)+6f(x)+4\mathrm{e}^{-x}]y\mathrm{d}x+f'(x)\mathrm{d}y.$$

练习 6. 设 $f(1)=1$，试求可微函数 $f(x)$，使曲线积分

$$\int_{\widehat{AB}} [\sin x-f(x)]\frac{y}{x}\mathrm{d}x+[f(x)-x^2]\mathrm{d}y$$

与路径无关（$\widehat{AB}$ 不穿过 y 轴），并求从点 $A\left(-\frac{3\pi}{2},\pi\right)$ 到点 $B\left(-\frac{\pi}{2},0\right)$ 的这个积分值.

练习 7. 设曲线积分 $\int_l F(x,y)(y\mathrm{d}x+x\mathrm{d}y)$ 与积分路径无关，$F(x,y)$ 可微，且由方程 $F(x,y)=0$ 所确定的隐函数的图形过点（1，2），试求方程 $F(x,y)=0$ 所确定的函数 $y=f(x)$.

练习 8. 设 $f(x)$，$g(x)\in C(-\infty,+\infty)$，且曲线积分

$$\int_l g(x)y\mathrm{d}x+f(x)\mathrm{d}y$$

与路径无关. 试证：

$$f(x)=f(0)+\int_0^x g(t)\mathrm{d}t.$$

练习 9. 计算闭曲线积分 $\oint_C \frac{-y\mathrm{d}x+x\mathrm{d}y}{x^2+y^2}$，其中 C 是逆时针方向的椭圆 $\frac{x^2}{a^2}+\frac{y^2}{b^2}=1$.

练习 10. 已知 C 是平面上任意一条不自相交的闭曲线，问常数 a 为何值时，曲线积分

$$\oint_C \frac{x\mathrm{d}x-ay\mathrm{d}y}{x^2+y^2}=0,$$

其中，C 是不穿过原点（0,0）的闭曲线.

10.3.2 保守场、原函数、全微分方程

由物理学可知，静电场中电场力做功只与单位正电荷运动的起点和终点的位置有关，而与电荷运动的路径无关. 凡是具有这

种特性的力场，都叫作**保守力场**，重力场也是保守力场.

在连续的向量场 $\boldsymbol{F}(x,y)=P(x,y)\boldsymbol{i}+Q(x,y)\boldsymbol{j},(x,y)\in D$ 内，若第二型曲线积分

$$\int_l \boldsymbol{F}\cdot\mathrm{d}\boldsymbol{s}=\int_l P(x,y)\mathrm{d}x+Q(x,y)\mathrm{d}y$$

与路径无关，则称向量场 $\boldsymbol{F}$ 为**保守场**.

在连续的向量场 $\boldsymbol{F}(x,y)=P(x,y)\boldsymbol{i}+Q(x,y)\boldsymbol{j}$，$(x,y)\in D$ 内，若存在单值可微的数量函数 $u(x,y)$，使得

$$\boldsymbol{F}=\mathbf{grad}\ u,$$

即 $\boldsymbol{F}$ 是数量场 u 的梯度场，则称向量场 $\boldsymbol{F}$ 为**有势场**（或**位场**），并称 $v(x,y)=-u(x,y)$ 为场 $\boldsymbol{F}$ 的**势函数**.

定理 10.2 说明，对于连续可微的单连通的向量场，若是保守场，则一定是有势场，反之亦然.

$$\boxed{保守场}\Leftrightarrow\boxed{有势场}$$

以上对平面场的讨论，对空间向量场也完全适用，后面不再重复.

对有势场 $\boldsymbol{F}=P\boldsymbol{i}+Q\boldsymbol{j}$，如何求势函数 v？因 $v=-u$，也就是在多元函数中，求 $P\mathrm{d}x+Q\mathrm{d}y$ 的原函数 u 的问题，定理 10.2 的证明中的式（10.3.1）已给出明确答案：

$$u(x,y)=\int_{(x_0,y_0)}^{(x,y)}P\mathrm{d}x+Q\mathrm{d}y+C.$$

由于这时曲线积分与路径无关，在可能的情况下，通常取与坐标轴平行的折线作为积分路径，化为定积分（见图 10.15）. 当取图中折线 ARB 为路径时，

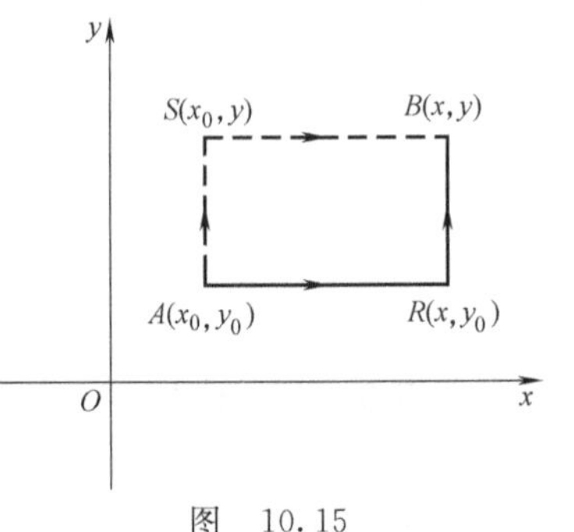

图　10.15

$$u(x,y)=\int_{x_0}^{x}P(x,y_0)\mathrm{d}x+\int_{y_0}^{y}Q(x,y)\mathrm{d}y+C;\tag{10.3.3}$$

当取图中折线 ASB 为路径时，

$$u(x,y)=\int_{x_0}^{x}P(x,y)\mathrm{d}x+\int_{y_0}^{y}Q(x_0,y)\mathrm{d}y+C;\tag{10.3.4}$$

由于点 $A(x_0,y_0)$ 为 G 内任取的定点，选取时要考虑式（10.3.3）及式（10.3.4）中的 $P(x,y_0)$ 或 $Q(x_0,y)$ 便于积分.

练习 11. 设有平面向量场 $\boldsymbol{F}=\{2x\cos y-y^2\sin x, 2y\cos x-x^2\sin y\}$，

(1) 证明 $\boldsymbol{F}$ 是保守场；

(2) 求势函数；

(3) 求从点 $(-\pi,\pi)$ 到点 $\left(3\pi,\dfrac{\pi}{2}\right)$ 的曲线积分.

练习 12. 设有平面力场 $\boldsymbol{F}=(2xy^3-y^2\cos x)\boldsymbol{i}+(1-2y\sin x+3x^2y^2)\boldsymbol{j}$，求质点沿曲线 $l: 2x=\pi y^2$，从点 $O(0,0)$ 运动到点 $A\left(\dfrac{\pi}{2},1\right)$时，场力 $\boldsymbol{F}$ 所做的功.

练习 13. 设质点 A 对质点 M 的引力大小为$\dfrac{k}{r^2}$（k 为常数），r 为点 A 与点 M 之间的距离，将质点 A 固定于点 $(0,1)$ 处，质点 M 沿 $y=\sqrt{2x-x^2}$ 自点 $(0,0)$ 处移动到点 $(2,0)$ 处，求在此运动过程中质点 A 对质点 M 的引力所做的功.

例 3　试证 $(4x^3+10xy^3-3y^4)\mathrm{d}x+(15x^2y^2-12xy^3+5y^4)\mathrm{d}y$ 是全微分，并求其原函数.

证明　由于

$$\frac{\partial Q}{\partial x}=30xy^2-12y^3=\frac{\partial P}{\partial y},$$

所以，$(4x^3+10xy^3-3y^4)\mathrm{d}x+(15x^2y^2-12xy^3+5y^4)\mathrm{d}y$ 是某函数 $u(x,y)$ 的全微分. 取点

$$A(x_0,y_0)=(0,0),$$

利用式 (10.3.3)，得

$$\begin{aligned}u(x,y)&=\int_0^x 4x^3\mathrm{d}x+\int_0^y (15x^2y^2-12xy^3+5y^4)\mathrm{d}y+C\\&=x^4+5x^2y^3-3xy^4+y^5+C.\end{aligned}$$

如果一阶微分方程

$$P(x,y)\mathrm{d}x+Q(x,y)\mathrm{d}y=0 \tag{10.3.5}$$

的左边是函数 $u(x,y)$ 的全微分，则称方程 (10.3.5) 为**全微分方程**. 这时方程 (10.3.5) 可变为

$$\mathrm{d}u(x,y)=0,$$

于是

$$u(x,y)=C$$

是方程 (10.3.5) 的通解. 这里 $u(x,y)$ 可由式 (10.3.3) 或式 (10.3.4) 确定.

例 4　解方程

$$(4x^3y^3-3y^2+5)\mathrm{d}x+(3x^4y^2-6xy-4)\mathrm{d}y=0.$$

解　因为

$$\frac{\partial Q}{\partial x}=12x^3y^2-6y=\frac{\partial P}{\partial y},$$

所以原方程是全微分方程. 取 $(x_0,y_0)=(0,0)$，由式 (10.3.3)，得

$$u(x,y)=\int_0^x 5\mathrm{d}x+\int_0^y (3x^4y^2-6xy-4)\mathrm{d}y$$
$$=5x+x^4y^3-3xy^2-4y,$$

于是方程的通解为

$$5x+x^4y^3-3xy^2-4y=C.$$

练习 14. 验证下列方程是全微分方程，并求其通解.

(1) $(3x^2+6y^2x)\mathrm{d}x+(6x^2y+4y^2)\mathrm{d}y=0$;

(2) $(x\cos y+\cos x)y'-y\sin x+\sin y=0$.

练习 15. 验证表达式

$$\frac{y\mathrm{d}x}{3x^2-2xy+3y^2}-\frac{x\mathrm{d}y}{3x^2-2xy+3y^2}$$

在不含原点的任何单连通区域内是某函数 $u(x,y)$ 的全微分，并在 $x>0$ 区域上求函数 $u(x,y)$.

练习 16. 验证表达式 $(2x\cos y-y^2\sin x)\mathrm{d}x+(2y\cos x-x^2\sin y)\mathrm{d}y$ 是某二元函数 $u(x,y)$ 的全微分，并求函数 $u(x,y)$，计算曲线积分

$$\int_{(0,0)}^{(\frac{\pi}{2},\pi)} (2x\cos y-y^2\sin x)\mathrm{d}x+(2y\cos x-x^2\sin y)\mathrm{d}y.$$

练习 17. 确定常数 λ，使在右半平面 $x>0$ 上的向量 $\boldsymbol{F}(x,y)=2xy(x^4+y^2)^\lambda\boldsymbol{i}-x^2(x^4+y^2)^\lambda\boldsymbol{j}$ 为某二元函数 $u(x,y)$ 的梯度，并求 $u(x,y)$.

练习 18. a 为何值时，表达式

$$\frac{(x+ay)\mathrm{d}x+y\mathrm{d}y}{(x+y)^2}$$

是某函数的全微分.

练习 19. 已知函数 $z=f(x,y)$ 在任一点 (x,y) 处的两个偏增量：

$$\Delta_x z=(2+3x^2y^2)\Delta x+3xy^2(\Delta x)^2+y^2(\Delta x)^3,$$

$$\Delta_y z=2x^3y\Delta y+x^3(\Delta y)^2,$$

且 $f(0,0)=1$，求 $f(x,y)$.

练习 20. 设 $f(x)$ 具有二阶连续导数，$f(0)=0$，$f'(0)=1$，且

$$[xy(x+y)-f(x)y]\mathrm{d}x+[f'(x)+x^2y]\mathrm{d}y=0$$

为一个全微分方程，求 $f(x)$ 及此全微分方程的通解.

例 5　解方程

$$[\cos(x+y^2)+3y]\mathrm{d}x+[2y\cos(x+y^2)+3x]\mathrm{d}y=0.$$

解　求全微分的原函数或解全微分方程时，常常可凭借对全微分运算法则与公式的熟练来实现，这里将方程左边写为

$$\cos(x+y^2)(\mathrm{d}x+2y\mathrm{d}y)+(3y\mathrm{d}x+3x\mathrm{d}y)$$
$$=\cos(x+y^2)\mathrm{d}(x+y^2)+\mathrm{d}(3xy)=\mathrm{d}[\sin(x+y^2)+3xy],$$

因此，方程的通解为

$$\sin(x+y^2)+3xy=C.$$

例 6　求解方程

$$(2xy^2+y)\mathrm{d}x-x\mathrm{d}y=0.$$

解　因为

$$\frac{\partial Q}{\partial x}=-1,\ \frac{\partial P}{\partial y}=4xy+1,$$

所以这不是全微分方程．但若将方程写为

$$2xy^2\mathrm{d}x+y\mathrm{d}x-x\mathrm{d}y=0,$$

再在方程两边乘以$\frac{1}{y^2}$，便得到

$$2x\mathrm{d}x+\frac{y\mathrm{d}x-x\mathrm{d}y}{y^2}=0,$$

即

$$\mathrm{d}\left(x^2+\frac{x}{y}\right)=0,$$

这是个全微分方程，其通解为

$$x^2+\frac{x}{y}=C.$$

对非全微分方程

$$P(x,y)\mathrm{d}x+Q(x,y)\mathrm{d}y=0,$$

若有非零函数 $\mu=\mu(x,y)$，能使

$$\mu P(x,y)\mathrm{d}x+\mu Q(x,y)\mathrm{d}y=0$$

为全微分方程，则称 $\mu=\mu(x,y)$ 为该方程的**积分因子**. 如$\frac{1}{y^2}$是

本节例 6 中微分方程的积分因子．通过乘积分因子，将方程化为全微分方程，求通解的方法叫作**积分因子法**．它是解一阶微分方程的基本方法．

练习 21. 证明：解一阶微分方程的分离变量法，本质上就是将方程乘以积分因子，化为全微分方程来求解．

10.4 第二型曲面积分

10.4.1 有向曲面

通常，光滑曲面都有两侧，例如，由 $z=f(x,y)$ 确定的曲面有上、下侧，由 $x=x(y,z)$ 确定的曲面有前、后侧，封闭的曲面有内、外侧．双侧曲面的特征是：设曲面上有一只小毛虫，它要爬行到目前位置的背面必须通过边界．一些问题需要区分曲面的侧，如流体从曲面的一侧流向另一侧的净流量问题等．因曲面上任一点的法向量有两个不同的方向，可以通过规定法向量的方向来区分曲面的两侧．如曲面 $z=z(x,y)$，规定上侧法向量与 z 轴正向夹角小于 $\frac{\pi}{2}$，下侧法向量与 z 轴正向夹角大于 $\frac{\pi}{2}$．闭曲面的外侧法向量向外，内侧法向量向内．这种取定了法向量的曲面叫作**有向曲面**．

顺便指出，有两侧的曲面叫**双侧曲面**．也有的曲面只有一侧，称为**单侧曲面**．如默比乌斯（Möbius）带，它是由一长方形纸条 $ABCD$（见图 10.16a），扭转一下，将 A、D 粘在一起，B、C 粘在一起形成的环形带（见图 10.16b）．小毛虫在默比乌斯带上时，不通过边界就可以爬到任何一点去，而这在双侧曲面上是不可能实现的．

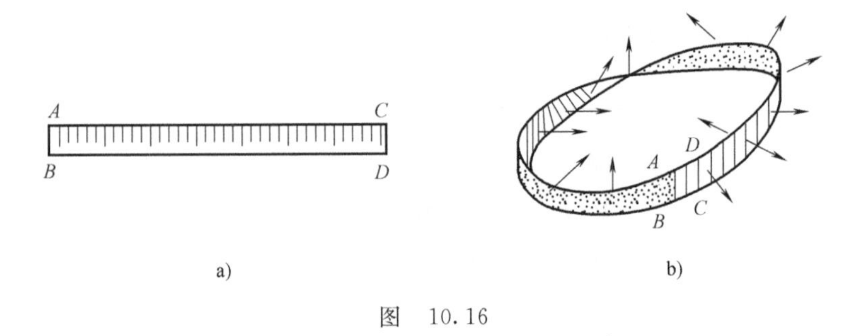

图　10.16

下面研究有向平面在坐标面上的投影，设 Σ 是空间有向平面片，其面积为 S，法向量的方向余弦为 $\cos\alpha$，$\cos\beta$，$\cos\gamma$. 此时，α，β，γ 恰好等于 Σ 与坐标面 yOz，zOx，xOy 的二面角（见图 10.17）. 分别称数值 $\Sigma_{yz}=S\cos\alpha$，$\Sigma_{zx}=S\cos\beta$，$\Sigma_{xy}=S\cos\gamma$ 为有向平面 Σ 在坐标面 yOz，zOx，xOy 上的**投影（值）**. 设 σ_{xy} 表示 Σ 在 xOy 面的投影域的面积. 则当 $\gamma<\frac{\pi}{2}$ 时，$\boldsymbol{n}$ 向上，$S\cos\gamma$ 是正的，$\Sigma_{xy}=\sigma_{xy}$；当 $\gamma>\frac{\pi}{2}$ 时，$\boldsymbol{n}$ 向下，$S\cos\gamma$ 是负的，$\Sigma_{xy}=-\sigma_{xy}$.

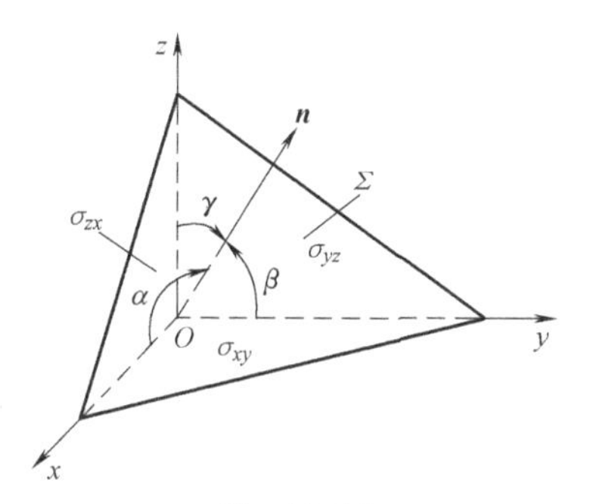

图　10.17

10.4.2　第二型曲面积分的概念

例 1　设区域 G 内，有连续的不可压缩的流体流速场

$$\boldsymbol{v}=P(x,y,z)\boldsymbol{i}+Q(x,y,z)\boldsymbol{j}+R(x,y,z)\boldsymbol{k},$$

求单位时间通过 G 内有向曲面片 Σ 流到指定一侧的净流量 Φ.

解　(1) $\boldsymbol{v}$ 为常向量，Σ 为有向平面片的情况：设 Σ 的面积为 S，单位法向量为 $\boldsymbol{n}^0$，则

$$\Phi=S|\boldsymbol{v}|\cos(\widehat{\boldsymbol{v},\boldsymbol{n}^0})=\boldsymbol{v}\cdot\boldsymbol{n}^0S=\boldsymbol{v}\cdot\boldsymbol{S},$$

其中，$\boldsymbol{S}=S\boldsymbol{n}^0$（见图 10.18).

(2) 一般情况：将曲面片 Σ 分割为 $\Delta S_1,\Delta S_2,\cdots,\Delta S_n$（见图 10.19)，同时表示其面积，记 $\lambda=\max\limits_{1\leqslant i\leqslant n}\{\Delta S_i$ 的直径$\}$. 任取一点 $M_i(\xi_i,\eta_i,\zeta_i)\in\Delta S_i$，设 $\boldsymbol{n}_i^0=\{\cos\alpha_i,\cos\beta_i,\cos\gamma_i\}$ 为有向曲面 Σ 在点 M_i 处指定的单位法向量. 取 $\boldsymbol{v}(M_i)$ 代替 ΔS_i 上各点的流速，并视 ΔS_i 为过点 M_i、以 $\boldsymbol{n}_i^0$ 为法向量的平面片，则通过 ΔS_i 的流量为

$$\Delta\Phi_i\approx\boldsymbol{v}(M_i)\cdot\boldsymbol{n}_i^0\Delta S_i=\boldsymbol{v}(M_i)\cdot\Delta\boldsymbol{S}_i,$$

其中，$\Delta\boldsymbol{S}_i=\Delta S_i\boldsymbol{n}_i^0$，于是单位时间内通过有向曲面 Σ 到指定一侧的净流量为

$$\begin{aligned}\Phi&=\lim_{\lambda\to0}\sum_{i=1}^n\boldsymbol{v}(M_i)\cdot\boldsymbol{n}_i^0\Delta S_i=\lim_{\lambda\to0}\sum_{i=1}^n\boldsymbol{v}(M_i)\cdot\Delta\boldsymbol{S}_i\\&=\lim_{\lambda\to0}\sum_{i=1}^n[P(\xi_i,\eta_i,\zeta_i)\cos\alpha_i+Q(\xi_i,\eta_i,\zeta_i)\cos\beta_i+\\&\quad R(\xi_i,\eta_i,\zeta_i)\cos\gamma_i]\Delta S_i\\&=\lim_{\lambda\to0}\sum_{i=1}^n[P(M_i)\Delta\Sigma_{iyz}+Q(M_i)\Delta\Sigma_{izx}+R(M_i)\Delta\Sigma_{ixy}].\end{aligned}$$

类似的问题在实际经常会遇到，抽去它们的具体意义，产生了下面的重要概念.

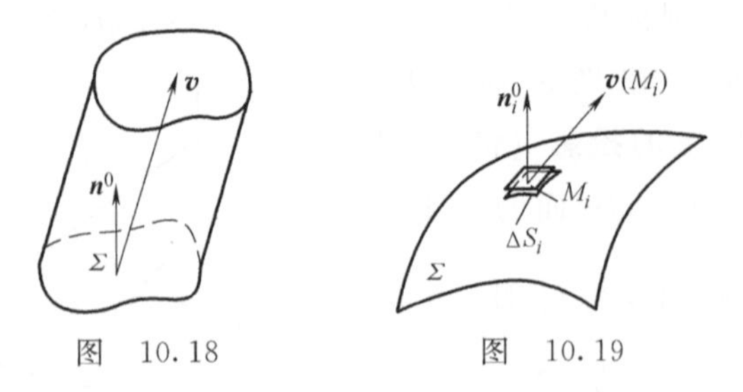

图　10.18　　　　图　10.19

定义 10.2　设 Σ 为光滑的有向曲面片，向量函数

$$\boldsymbol{F}(x,y,z)=\{P(x,y,z),\ Q(x,y,z),\ R(x,y,z)\}$$

在 Σ 上有定义．将 Σ 分割为 $\Delta S_1,\Delta S_2,\cdots,\Delta S_n$，同时用它们表示其面积，记 $\lambda=\max\limits_{1\leqslant i\leqslant n}\{\Delta S_i$ 的直径$\}$. 任取一点 $M_i(\xi_i,\ \eta_i,\ \zeta_i)\in\Delta S_i$，记 $\boldsymbol{n}_i^0=\{\cos\alpha_i,\ \cos\beta_i,\ \cos\gamma_i\}$ 为 Σ 在 M_i 处指定的单位法向量. 用 $\Delta\Sigma_{iyz}$，$\Delta\Sigma_{izx}$，$\Delta\Sigma_{ixy}$ 表示 ΔS_i 在 yOz，zOx，xOy 面上的投影. 若不论 Σ 的分法和 M_i 的取法如何，极限

$$\begin{aligned}\lim_{\lambda\to0}\sum_{i=1}^{n}\boldsymbol{F}(M_i)\cdot\Delta\boldsymbol{S}_i&=\lim_{\lambda\to0}\sum_{i=1}^{n}\boldsymbol{F}(M_i)\cdot\boldsymbol{n}_i^0\Delta S_i\\&=\lim_{\lambda\to0}\sum_{i=1}^{n}[P(M_i)\cos\alpha_i+\\&\quad Q(M_i)\cos\beta_i+R(M_i)\cos\gamma_i]\Delta S_i\\&=\lim_{\lambda\to0}\sum_{i=1}^{n}[P(M_i)\Delta\Sigma_{iyz}+\\&\quad Q(M_i)\Delta\Sigma_{izx}+R(M_i)\Delta\Sigma_{ixy}]\end{aligned}\tag{10.4.1}$$

存在，且为同一值，则称此极限值为向量函数 $\boldsymbol{F}$ 在有向曲面片 Σ 上的曲面积分，或称为函数 P，Q，R 在有向曲面片 Σ 上的**第二型曲面积分**. 记为

$$\iint_{\Sigma}\boldsymbol{F}(M)\cdot\mathrm{d}\boldsymbol{S}\quad 或\quad \iint_{\Sigma}P\mathrm{d}y\wedge\mathrm{d}z+Q\mathrm{d}z\wedge\mathrm{d}x+R\mathrm{d}x\wedge\mathrm{d}y,$$

并依次称

$$\iint_{\Sigma}P(x,y,z)\mathrm{d}y\wedge\mathrm{d}z,\iint_{\Sigma}Q(x,y,z)\mathrm{d}z\wedge\mathrm{d}x,$$

$$\iint_{\Sigma}R(x,y,z)\mathrm{d}x\wedge\mathrm{d}y$$

为函数 P，Q，R 在有向曲面 Σ 上对**坐标** yz，zx，xy **的曲面积分**. 其中，$\mathrm{d}\boldsymbol{S}$ 称为**曲面面积微元向量**，$\mathrm{d}\boldsymbol{S}=\mathrm{d}S\{\cos\alpha,\ \cos\beta,\ \cos\gamma\}$，$\mathrm{d}y\wedge\mathrm{d}z=\cos\alpha\mathrm{d}S$，$\mathrm{d}z\wedge\mathrm{d}x=\cos\beta\mathrm{d}S$，$\mathrm{d}x\wedge\mathrm{d}y=\cos\gamma\mathrm{d}S$ 依次

为 $\mathrm{d}\boldsymbol{S}$ 在 yOz，zOx，xOy 面上的投影．习惯上，省略外积符号“^”，将 $\mathrm{d}y\wedge\mathrm{d}z$ 简记为 $\mathrm{d}y\mathrm{d}z$，将 $\iint_{\Sigma} P\mathrm{d}y\wedge\mathrm{d}z$ 简记为 $\iint_{\Sigma} P\mathrm{d}y\mathrm{d}z$ 等等．为书写方便，我们也省去符号“^”.

按此定义本节例 1 中的净流量应该表示为 $\Phi=\iint_{\Sigma}\boldsymbol{v}(M)\cdot\mathrm{d}\boldsymbol{S}$.

当 P，Q，R 在有向曲面 Σ 上连续时，第二型曲面积分存在，且由第二型曲面积分的定义式（10.4.1）易知以下性质：

（i）第二型曲面积分与第一型曲面积分的关系．设 $\cos\alpha$，$\cos\beta$，$\cos\gamma$ 是有向曲面 Σ 指定的法向量方向余弦，则

$$\iint_{\Sigma} P\mathrm{d}y\mathrm{d}z+Q\mathrm{d}z\mathrm{d}x+R\mathrm{d}x\mathrm{d}y=\iint_{\Sigma}(P\cos\alpha+Q\cos\beta+R\cos\gamma)\mathrm{d}S.$$

（ii）若 $-\Sigma$ 表示有向曲面 Σ 相反的一侧，则

$$\iint_{-\Sigma} R\mathrm{d}x\mathrm{d}y=-\iint_{\Sigma} R\mathrm{d}x\mathrm{d}y.\quad（有向性）$$

（iii）若 k_1，k_2 为常数，则

$$\iint_{\Sigma}(k_1R_1+k_2R_2)\mathrm{d}x\mathrm{d}y=k_1\iint_{\Sigma} R_1\mathrm{d}x\mathrm{d}y+k_2\iint_{\Sigma} R_2\mathrm{d}x\mathrm{d}y.\quad（线性性）$$

（iv）若有向曲面 Σ 被分为 Σ_1、Σ_2 两片，则

$$\iint_{\Sigma} R\mathrm{d}x\mathrm{d}y=\iint_{\Sigma_1} R\mathrm{d}x\mathrm{d}y+\iint_{\Sigma_2} R\mathrm{d}x\mathrm{d}y.\quad（积分曲面可加性）$$

（v）当 Σ 为母线平行 z 轴的柱面时，有

$$\iint_{\Sigma} R\mathrm{d}x\mathrm{d}y=0.$$

对关于坐标 yz，zx 的曲面积分也有类似性质（ii）～性质（v）的结果.

10.4.3 第二型曲面积分的计算

和对面积的曲面积分一样，对坐标的曲面积分也是通过化成二重积分来计算的，设曲面 Σ 的方程是

$$z=z(x,y),\ (x,y)\in\sigma_{xy},$$

其中，σ_{xy} 是曲面 Σ 在 xOy 面上的投影域．$z(x,y)$ 在 σ_{xy} 上具有连续的一阶偏导数（即曲面 Σ 是光滑的），函数 $P(x,y,z)$、$Q(x,y,z)$ 和 $R(x,y,z)$ 在 Σ 上连续．由于

$$\boldsymbol{n}=\pm\{-z'_x,-z'_y,1\}$$

是曲面 Σ 不同侧的两个法向量，故单位法向量为

$$\begin{aligned}\boldsymbol{n}^0&=\{\cos\alpha,\cos\beta,\cos\gamma\}\\&=\frac{\pm1}{\sqrt{1+z'^2_x+z'^2_y}}\{-z'_x,-z'_y,1\}.\end{aligned}$$

又

$$\mathrm{d}S=\sqrt{1+z_x'^2+z_y'^2}\,\mathrm{d}x\mathrm{d}y,$$

所以利用两类曲面积分的性质（i）及第一型曲面积分计算法，得第二型曲面积分的计算公式

$$\begin{aligned}&\iint_{\Sigma(\substack{\text{上}\\\text{下}})} P(x,y,z)\mathrm{d}y\mathrm{d}z+Q(x,y,z)\mathrm{d}z\mathrm{d}x+R(x,y,z)\mathrm{d}x\mathrm{d}y\\&=\pm\iint_{\sigma_{xy}}[-P(x,y,z(x,y))z_x'-Q(x,y,z(x,y))z_y'+\\&\quad R(x,y,z(x,y))]\mathrm{d}x\mathrm{d}y\end{aligned}\tag{10.4.2}$$

它把第二型曲面积分化为曲面 Σ 在 xOy 平面投影域 σ_{xy} 上的二重积分．当 Σ 取上侧时，二重积分前取正号；Σ 取下侧时，二重积分前取负号．若曲面 Σ 的方程在 σ_{xy} 上不是单值的，可将 Σ 分为几个单值分片处理．曲面 Σ 向其他坐标面投影的计算公式，请读者类比地给出.

式（10.4.2）的向量形式为

$$\iint_{\Sigma(\substack{\text{上}\\\text{下}})} \boldsymbol{F}\cdot\mathrm{d}\boldsymbol{S}=\pm\iint_{\sigma_{xy}}\boldsymbol{F}\cdot\boldsymbol{n}\mathrm{d}x\mathrm{d}y.$$

其中，$\boldsymbol{n}=\{-z_x',\ -z_y',\ 1\}$.

特别地，由式（10.4.2），有

$$\iint_{\Sigma(\substack{\text{上}\\\text{下}})} R(x,y,z)\mathrm{d}x\mathrm{d}y=\pm\iint_{\sigma_{xy}}R(x,y,z(x,y))\mathrm{d}x\mathrm{d}y.\tag{10.4.3}$$

类似地，将 Σ 的方程表示为 $x=x(y,z)$，$(y,z)\in\sigma_{yz}$，则有

$$\iint_{\Sigma(\substack{\text{前}\\\text{后}})} P(x,y,z)\mathrm{d}y\mathrm{d}z=\pm\iint_{\sigma_{yz}}P(x(y,z),y,z)\mathrm{d}y\mathrm{d}z.\tag{10.4.4}$$

将 Σ 的方程表示为 $y=y(x,z)$，$(x,z)\in\sigma_{zx}$，则有

$$\iint_{\Sigma(\substack{\text{右}\\\text{左}})} Q(x,y,z)\mathrm{d}z\mathrm{d}x=\pm\iint_{\sigma_{zx}}Q(x,y(x,z),z)\mathrm{d}z\mathrm{d}x.\tag{10.4.5}$$

可见对于不同坐标的曲面积分，我们可以将曲面 Σ 向不同坐标面投影，化为投影域上不同的二重积分．用这种方法时要注意：

（1）认定对哪两个坐标的积分，就要将曲面 Σ 表示为关于这两个变量的函数，并确定 Σ 的投影域；

（2）将 Σ 的方程代入被积函数，化为投影域上的二重积分；

（3）根据 Σ 的侧（法向量的方向）确定二重积分前的正、负号.

例 2　计算 $\iint_{\Sigma} xyz\mathrm{d}x\mathrm{d}y$，其中 Σ 是在 $x\geqslant 0$，$y\geqslant 0$ 部分内，球面 $x^2+y^2+z^2=1$ 的外侧.

解　如图 10.20 所示，将 Σ 分为 Σ_1、Σ_2 两部分.

$$\Sigma_1: z=\sqrt{1-x^2-y^2}\quad(\text{上侧});$$

$$\Sigma_2: z=-\sqrt{1-x^2-y^2}\quad(\text{下侧}).$$

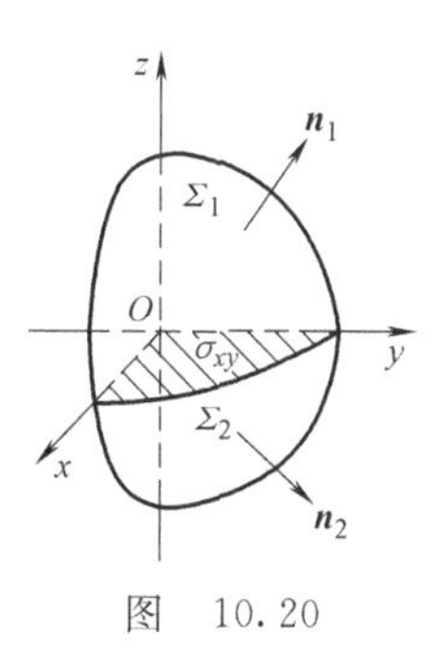

图　10.20

它们在 xOy 面的投影域均为

$$\sigma_{xy}: x\geqslant 0,\ y\geqslant 0,\ x^2+y^2\leqslant 1,$$

故

$$\begin{aligned}\iint_{\Sigma} xyz\mathrm{d}x\mathrm{d}y &= \left(\iint_{\Sigma_1}+\iint_{\Sigma_2}\right) xyz\mathrm{d}x\mathrm{d}y\\ &=\iint_{\sigma_{xy}} xy\sqrt{1-x^2-y^2}\,\mathrm{d}x\mathrm{d}y-\\ &\quad\iint_{\sigma_{xy}} xy(-\sqrt{1-x^2-y^2})\mathrm{d}x\mathrm{d}y\\ &=2\int_0^{\pi/2}\mathrm{d}\theta\int_0^1 r^3\sqrt{1-r^2}\sin\theta\cos\theta\mathrm{d}r=\frac{2}{15}.\end{aligned}$$

请注意，本题有向曲面 Σ 关于 $z=0$ 对称，被积函数关于 z 为奇函数，但对坐标 x、y 积分时，积分不等于零，读者可以推导以下规律. 若有向曲面 Σ 关于 $z=0$ 对称，被积函数关于 z 为偶函数，对坐标 x、y 积分时，积分等于零.

练习 1. 计算曲面积分 $\iint_{\Sigma}(z-1)\mathrm{d}x\mathrm{d}y$，其中 Σ 是球面 $x^2+y^2+z^2=1$ 在第一卦限部分的内侧.

练习 2. 计算 $\iint_{S} x\mathrm{d}y\mathrm{d}z+y\mathrm{d}z\mathrm{d}x+z\mathrm{d}x\mathrm{d}y$，其中 S 是旋转抛物面 $z=x^2+y^2$（$z\leqslant 1$ 部分）的上侧.

练习 3. 计算 $\oiint_{S}(x+y+z)\mathrm{d}x\mathrm{d}y-(y-z)\mathrm{d}y\mathrm{d}z$，其中 S 是三个坐标面与平面 $x=1$，$y=1$，$z=1$ 所围成的正方体表面外侧.

例 3　如图 10.21 所示，设 Σ 是介于 $z=0$ 和 $z=h$ 之间的柱面 $x^2+y^2=R^2$ 的外侧，求流速场 $v=\{x^2,y^3,z\}$ 单位时间通过 Σ 的流量 Q.

解　$Q=\iint_{\Sigma} x^2\mathrm{d}y\mathrm{d}z+y^3\mathrm{d}z\mathrm{d}x+z\mathrm{d}x\mathrm{d}y$，由 Σ 在 yOz 平面上

的投影为长方形域（见图 10.22），但面 $x=\sqrt{R^2-y^2}$ 的法方向与 x 轴成锐角，而 $x=-\sqrt{R^2-y^2}$ 的法方向与 x 轴成钝角．故正、负相抵，因而 $\iint_\Sigma x^2\mathrm{d}y\mathrm{d}z=0$；因为 Σ 垂直于 xOy 平面，所以 $\iint_\Sigma z\mathrm{d}x\mathrm{d}y=0$；故只要算

$$\iint_\Sigma y^3\mathrm{d}z\mathrm{d}x=2\iint_D (R^2-x^2)^{3/2}\mathrm{d}x\mathrm{d}z,$$

其中，D 是 Σ 在 zOx 平面上投影的长方形域：$0\leqslant z\leqslant h$，$-R\leqslant x\leqslant R$．因此，流量为

$$Q=4h\int_0^R (R^2-x^2)^{3/2}\mathrm{d}x=4hR^4\int_0^{\pi/2}\cos^4 t\,\mathrm{d}t=\frac{3}{2}hR^4.$$

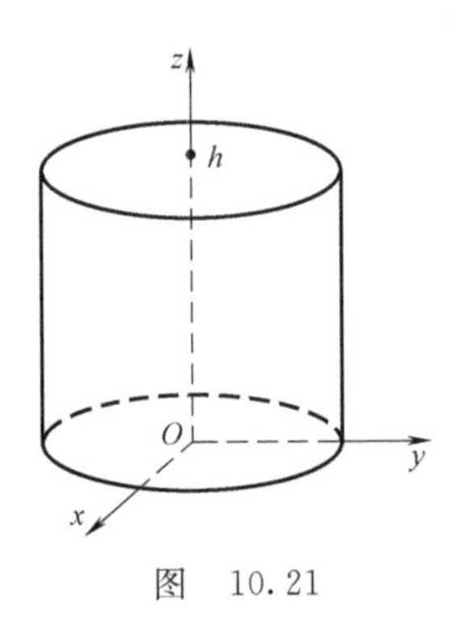

图　10.21

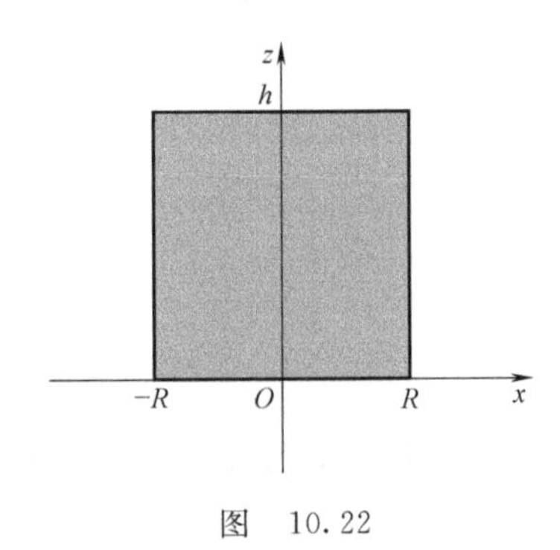

图　10.22

练习 4. 设有流速场 $\boldsymbol{v}=x\boldsymbol{i}+y\boldsymbol{j}+z\boldsymbol{k}$，

(1) 求穿过锥面 Σ_1：$x^2+y^2=z^2$ $(0\leqslant z\leqslant h)$ 向下侧的净流量 I_1；

(2) 求穿过平面 Σ_2：$z=h(x^2+y^2\leqslant h^2)$ 向上侧的净流量 I_2.

例 4　计算 $J=\iint_\Sigma (x^2+y^2)\mathrm{d}z\mathrm{d}x+z\mathrm{d}x\mathrm{d}y$，其中 Σ 为锥面

$$z=\sqrt{x^2+y^2}\ (0\leqslant z\leqslant 1)$$

在第一卦限部分的下侧．

解法 1　如图 10.23 所示，Σ 在 zOx 面上的投影是正的，投影域为

$$\sigma_{zx}:0\leqslant z\leqslant 1,\ 0\leqslant x\leqslant z,$$

Σ 在 xOy 面上的投影是负的，投影域为

$$\sigma_{xy}:0\leqslant\theta\leqslant\frac{\pi}{2},\ 0\leqslant r\leqslant 1,$$

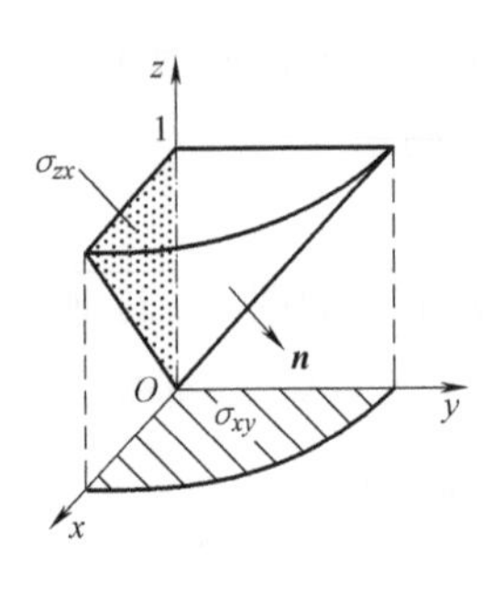

图　10.23

故

$$\iint_{\Sigma}(x^2+y^2)\mathrm{d}z\mathrm{d}x+z\mathrm{d}x\mathrm{d}y=\iint_{\sigma_{zx}}z^2\mathrm{d}z\mathrm{d}x-\iint_{\sigma_{xy}}\sqrt{x^2+y^2}\,\mathrm{d}x\mathrm{d}y$$

$$=\int_0^1 z^2\mathrm{d}z\int_0^z\mathrm{d}x-\int_0^{\pi/2}\mathrm{d}\theta\int_0^1 r^2\mathrm{d}r$$

$$=\frac{1}{4}-\frac{\pi}{6}.$$

为避免向各坐标面投影，也可按式（10.4.2）来计算第二型曲面积分.

解法 2　由于曲面方程是 $z=\sqrt{x^2+y^2}$，故

$$z'_y=\frac{y}{\sqrt{x^2+y^2}},$$

由式（10.4.2）知

$$J=\iint_{\sigma_{xy}}[(x^2+y^2)z'_y-\sqrt{x^2+y^2}]\mathrm{d}x\mathrm{d}y$$

$$=\iint_{\sigma_{xy}}(\sqrt{x^2+y^2}\,y-\sqrt{x^2+y^2})\mathrm{d}x\mathrm{d}y$$

$$=\int_0^{\pi/2}\mathrm{d}\theta\int_0^1(r^2\sin\theta-r)r\mathrm{d}r=\frac{1}{4}-\frac{\pi}{6}.$$

练习 5. 计算 $\oiint_S\dfrac{x\mathrm{d}y\mathrm{d}z+z^2\mathrm{d}x\mathrm{d}y}{x^2+y^2+z^2}$，其中 S 是由圆柱面 $x^2+y^2=R^2$ 及两平面 $z=R$，$z=-R(R>0)$ 所围成立体表面的外侧.

练习 6. 计算 $\iint_S\boldsymbol{F}\cdot\mathrm{d}\boldsymbol{S}$，其中 $\boldsymbol{F}=\dfrac{x\boldsymbol{i}+y\boldsymbol{j}+z\boldsymbol{k}}{\sqrt{x^2+y^2+z^2}}$，$S$ 是上半球面 $z=\sqrt{R^2-x^2-y^2}$ 的下侧.

练习 7. 设 σ_{xy} 是曲面 S 在 xOy 面上的投影域，问

$$\iint_S f(x,y)\mathrm{d}x\mathrm{d}y=\iint_{\sigma_{xy}}f(x,y)\mathrm{d}x\mathrm{d}y$$

是否成立，为什么？

10.5 高斯公式、通量与散度

格林公式把平面上的闭曲线积分与所围区域的二重积分联系起来. 本节的高斯公式表达了空间闭曲面上的曲面积分与曲面所围空间区域上的三重积分的关系. 这并不奇怪，事物的表面现象与内部规律经常有联系，高斯公式也有明确的物理背景——通量与散度.

10.5.1 高斯公式

定理 10.3 设空间闭区域 V 是由分片光滑的闭曲面 Σ 围成，函数 $P(x,y,z)$，$Q(x,y,z)$，$R(x,y,z)$ 在 V 上有连续的一阶偏导数，则有高斯公式

$$\oiint_{\Sigma外} P\mathrm{d}y\mathrm{d}z+Q\mathrm{d}z\mathrm{d}x+R\mathrm{d}x\mathrm{d}y=\iiint_V\left(\frac{\partial P}{\partial x}+\frac{\partial Q}{\partial y}+\frac{\partial R}{\partial z}\right)\mathrm{d}x\mathrm{d}y\mathrm{d}z, \tag{10.5.1}$$

即

$$\oiint_{\Sigma}(P\cos\alpha+Q\cos\beta+R\cos\gamma)\mathrm{d}S=\iiint_V\left(\frac{\partial P}{\partial x}+\frac{\partial Q}{\partial y}+\frac{\partial R}{\partial z}\right)\mathrm{d}x\mathrm{d}y\mathrm{d}z, \tag{10.5.2}$$

其中，$\cos\alpha$，$\cos\beta$，$\cos\gamma$ 是 Σ 的外法向量的方向余弦.

证明 设空间区域 V 在 xOy 面上的投影域为 σ_{xy}，假定穿过 V 内部且平行于 z 轴的直线与 V 的边界面 Σ 的交点恰为两个，则一般情形下，边界面 Σ 由 Σ_1、Σ_2、Σ_3 三部分构成（见图 10.24）.

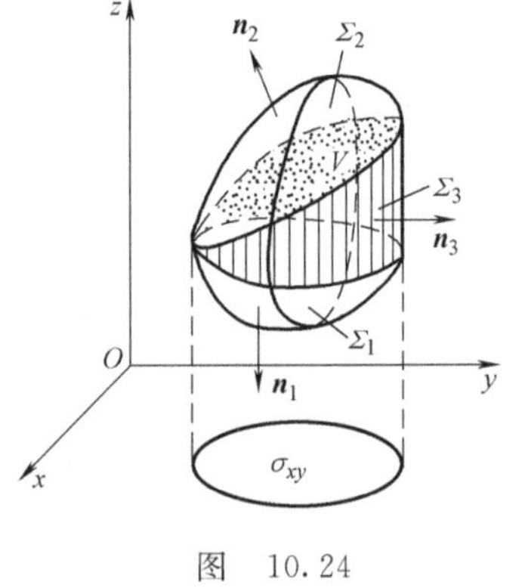

图 10.24

Σ_1：$z=z_1(x,y)$，$(x,y)\in\sigma_{xy}$；

Σ_2：$z=z_2(x,y)$，$(x,y)\in\sigma_{xy}$；

Σ_3：以 σ_{xy} 的边界为准线，母线平行于 z 轴的柱面，介于 z_1 与 z_2 之间的部分.

由曲面积分的计算法，有

$$\begin{aligned}&\oiint_{\Sigma外}R(x,y,z)\mathrm{d}x\mathrm{d}y\\&=\left(\iint_{\Sigma_1下}+\iint_{\Sigma_2上}+\iint_{\Sigma_3外}\right)R(x,y,z)\mathrm{d}x\mathrm{d}y\\&=-\iint_{\sigma_{xy}}R(x,y,z_1(x,y))\mathrm{d}x\mathrm{d}y+\iint_{\sigma_{xy}}R(x,y,z_2(x,y))\mathrm{d}x\mathrm{d}y.\end{aligned}$$

另一方面，由三重积分计算法，有

$$\begin{aligned}\iiint_V\frac{\partial R}{\partial z}\mathrm{d}x\mathrm{d}y\mathrm{d}z&=\iint_{\sigma_{xy}}\mathrm{d}x\mathrm{d}y\int_{z_1(x,y)}^{z_2(x,y)}\frac{\partial R}{\partial z}\mathrm{d}z\\&=\iint_{\sigma_{xy}}[R(x,y,z_2(x,y))-\\&\quad R(x,y,z_1(x,y))]\mathrm{d}x\mathrm{d}y,\end{aligned}$$

于是，有

$$\oiint_{\Sigma外} R(x,y,z)\mathrm{d}x\mathrm{d}y = \iiint_V \frac{\partial R}{\partial z}\mathrm{d}x\mathrm{d}y\mathrm{d}z.$$

如果 V 比较复杂，不满足开始假设的要求，只需用光滑曲面片将 V 分成几个部分，使每个部分都满足要求. 注意在分界面的两侧，对坐标的曲面积分值彼此抵消. 所以上面的等式对一般的复连通区域 V 也成立.

同理可证

$$\oiint_{\Sigma外} P(x,y,z)\mathrm{d}y\mathrm{d}z = \iiint_V \frac{\partial P}{\partial x}\mathrm{d}x\mathrm{d}y\mathrm{d}z,$$

$$\oiint_{\Sigma外} Q(x,y,z)\mathrm{d}z\mathrm{d}x = \iiint_V \frac{\partial Q}{\partial y}\mathrm{d}x\mathrm{d}y\mathrm{d}z,$$

故式（10.5.1）成立. □

高斯公式为计算封闭曲面积分提供了一条新途径.

例 1 计算 $I=\oiint_{\Sigma}(x-y)\mathrm{d}x\mathrm{d}y+(y-z)x\mathrm{d}y\mathrm{d}z$，其中 Σ 是由 $z=0$，$z=3$ 与 $x^2+y^2=1$ 所围立体 Ω 的表面外侧.

解 用高斯公式，得

$$\begin{aligned} I &= \oiint_{\Sigma}(x-y)\mathrm{d}x\mathrm{d}y+(y-z)x\mathrm{d}y\mathrm{d}z \\ &= \iiint_{\Omega}(0+y-z)\mathrm{d}V = \int_0^{2\pi}\mathrm{d}\theta\int_0^1\rho\mathrm{d}\rho\int_0^3(\rho\sin\theta-z)\mathrm{d}z \\ &= \int_0^{2\pi}\mathrm{d}\theta\int_0^1\left(3\rho^2\sin\theta-\frac{9}{2}\rho\right)\mathrm{d}\rho = -\frac{9\pi}{2}. \end{aligned}$$

例 2 计算 $\oiint_S \dfrac{x\mathrm{d}y\mathrm{d}z+y\mathrm{d}z\mathrm{d}x+z\mathrm{d}x\mathrm{d}y}{\sqrt{x^2+y^2+z^2}}$，其中 S 为球面 $x^2+y^2+z^2=a^2$ 的外侧.

解 因原点处被积函数无定义，所以不能直接利用高斯公式计算，但因被积函数中的点 (x,y,z) 在曲面上，可先用曲面方程将被积函数化简，然后再用高斯公式.

$$\begin{aligned} \oiint_S \frac{x\mathrm{d}y\mathrm{d}z+y\mathrm{d}z\mathrm{d}x+z\mathrm{d}x\mathrm{d}xy}{\sqrt{x^2+y^2+z^2}} &= \frac{1}{a}\oiint_S x\mathrm{d}y\mathrm{d}z+y\mathrm{d}z\mathrm{d}x+z\mathrm{d}x\mathrm{d}xy \\ &= \frac{3}{a}\iiint_V \mathrm{d}x\mathrm{d}y\mathrm{d}z = 4\pi a^2. \end{aligned}$$

练习 1. 试证闭曲面 S 所围的立体体积

$$V=\frac{1}{3}\oiint_S(x\cos\alpha+y\cos\beta+z\cos\gamma)\mathrm{d}S,$$

其中 $\cos\alpha$，$\cos\beta$，$\cos\gamma$ 为曲面 S 的外法向量的方向余弦.

练习 2. 计算 $\oiint_{\Sigma} xz^2\mathrm{d}y\mathrm{d}z+yx^2\mathrm{d}z\mathrm{d}x+zy^2\mathrm{d}x\mathrm{d}y$，其中 Σ 为球面 $x^2+y^2+z^2=a^2$ 的外侧.

练习 3. 计算 $\oiint_{\Sigma} xz\mathrm{d}y\mathrm{d}z+x^2y\mathrm{d}z\mathrm{d}x+y^2z\mathrm{d}x\mathrm{d}y$，其中 Σ 是由旋转抛物面 $z=x^2+y^2$、圆柱面 $x^2+y^2=1$ 和坐标面在第一卦限所围立体表面的外侧.

例 3　计算 $I=\iint_{\Sigma} x\mathrm{d}y\mathrm{d}z+y\mathrm{d}z\mathrm{d}x+(z^2-2z)\mathrm{d}x\mathrm{d}y$，其中 Σ 为锥面 $z=\sqrt{x^2+y^2}$ 夹在 $0\leqslant z\leqslant 1$ 之间的部分的上侧.

解　这里

$$\frac{\partial P}{\partial x}+\frac{\partial Q}{\partial y}+\frac{\partial R}{\partial z}=2z$$

较简单，但曲面 Σ 不是闭曲面，为了使用高斯公式，补一个有向曲面

$$\Sigma_1: z=1(x^2+y^2\leqslant 1)$$

下侧（见图 10.25），则

$$\begin{aligned}I&=\left(\oiint_{\Sigma+\Sigma_1}-\oiint_{\Sigma_1}\right)x\mathrm{d}y\mathrm{d}z+y\mathrm{d}z\mathrm{d}x+\\&\quad(z^2-2z)\mathrm{d}x\mathrm{d}y\\&=-\iiint_V 2z\mathrm{d}V+\iint_{\sigma_{xy}}(1-2)\mathrm{d}x\mathrm{d}y\\&=-\int_0^{2\pi}\mathrm{d}\theta\int_0^1 r\mathrm{d}r\int_r^1 2z\mathrm{d}z-\pi=-\frac{3\pi}{2}.\end{aligned}$$

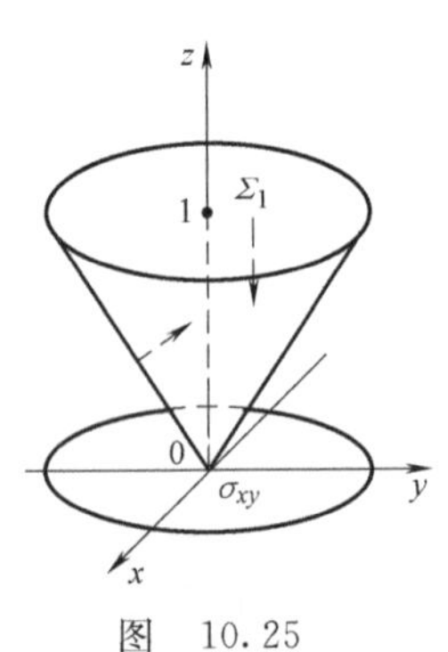

图　10.25

练习 4. 计算 $\iint_S x^3\mathrm{d}y\mathrm{d}z+y^3\mathrm{d}z\mathrm{d}x+z^3\mathrm{d}x\mathrm{d}y$，其中 S 是曲面 $z=\sqrt{x^2+y^2}$（$0\leqslant z\leqslant h$）的下侧.

练习 5. 计算 $\iint_S(8y+1)x\mathrm{d}y\mathrm{d}z+2(1-y)^2\mathrm{d}z\mathrm{d}x-4yz\mathrm{d}x\mathrm{d}y$，其中 S 是由曲线 $\begin{cases}z=\sqrt{y-1},\\x=0\end{cases}$（$1\leqslant y\leqslant 3$）绕 y 轴旋转一周所生成的曲面，它的法向量与 y 轴正向的夹角恒大于 $\frac{\pi}{2}$.

练习 6. 计算 $\iint_S x^2\mathrm{d}y\mathrm{d}z+y^2\mathrm{d}z\mathrm{d}x+2cz\mathrm{d}x\mathrm{d}y$，其中 S 是上半球面 $z=\sqrt{R^2-(x-a)^2-(y-b)^2}$ 的下侧.

练习7. 设$V=\{(x,y,z)\mid -\sqrt{2ax-x^2-y^2}\leqslant z\leqslant 0\}$，$S$为$V$的表面外侧，求

$$\oiint_S \frac{ax\mathrm{d}y\mathrm{d}z+2(x+a)y\mathrm{d}z\mathrm{d}x}{\sqrt{(x-a)^2+y^2+z^2}}.$$

练习8. 设空间区域Ω由曲面$z=a^2-x^2-y^2$与平面$z=0$围成，记S为Ω的表面外侧，V为Ω的体积，试证：

$$\oiint_S x^2yz^2\mathrm{d}y\mathrm{d}z-xy^2z^2\mathrm{d}z\mathrm{d}x+z(1+xyz)\mathrm{d}x\mathrm{d}y=V.$$

例4　设函数$f(u)$具有连续的导数，计算

$$J=\oiint_\Sigma x^3\mathrm{d}y\mathrm{d}z+[y^3+yf(yz)]\mathrm{d}z\mathrm{d}x+[z^3-zf(yz)]\mathrm{d}x\mathrm{d}y,$$

其中，Σ是锥面$x=\sqrt{y^2+z^2}$和两个球面$x=\sqrt{1-y^2-z^2}$与$x=\sqrt{4-x^2-y^2}$所围立体的表面外侧（见图10.26）.

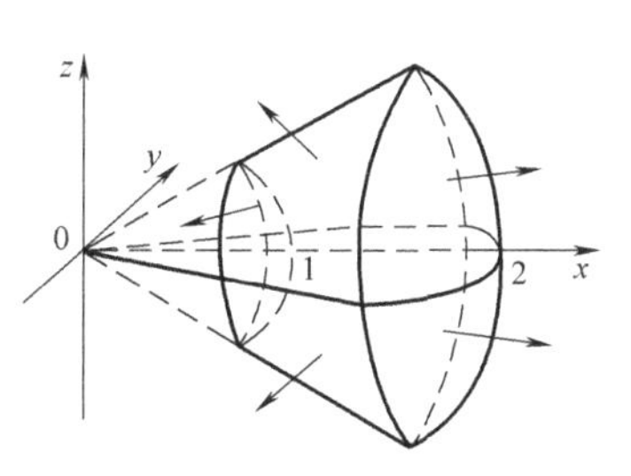

图　10.26

解　被积函数中有一个抽象函数，无法直接计算．由于

$$P=x^3,\ Q=y^3+yf(yz),\ R=z^3-zf(yz),$$

$$\frac{\partial P}{\partial x}=3x^2,\ \frac{\partial Q}{\partial y}=3y^2+f(yz)+yzf'(yz),$$

$$\frac{\partial R}{\partial z}=3z^2-f(yz)-yzf'(yz).$$

故由高斯公式

$$\begin{aligned}J&=\iiint_V 3(x^2+y^2+z^2)\mathrm{d}V\\&=3\iiint_V \rho^4\sin\varphi\mathrm{d}\rho\mathrm{d}\varphi\mathrm{d}\theta\\&=3\int_0^{2\pi}\mathrm{d}\theta\int_0^{\pi/4}\sin\varphi\mathrm{d}\varphi\int_1^2\rho^4\mathrm{d}\rho=\frac{93\pi}{5}(2-\sqrt{2}).\end{aligned}$$

练习9. 设函数$f(u)$有连续的导数，计算曲面积分

$$\oiint_\Sigma \frac{x}{y}f\left(\frac{x}{y}\right)\mathrm{d}y\mathrm{d}z+f\left(\frac{x}{y}\right)\mathrm{d}z\mathrm{d}x+\left[z-\frac{z}{y}f\left(\frac{x}{y}\right)\right]\mathrm{d}x\mathrm{d}y,$$

其中，Σ是由$y=x^2+z^2+1$和$y=9-x^2-z^2$所围立体表面的外侧.

练习 10. 设空间有界闭区域 V 关于平面 $x=0$ 和平面 $y=x$ 都对称，S 为 V 的表面外侧，$f(t)$ 为连续可微函数，试证：

$$\oiint_S f(x)yz^2\mathrm{d}y\mathrm{d}z - xf(y)z^2\mathrm{d}z\mathrm{d}x + z[1+xyf(z)]\mathrm{d}x\mathrm{d}y = V \text{ 的体积}.$$

10.5.2 向量场的通量与散度

在 10.4 节中，引入第二型曲面积分时已经知道，对于不可压缩的流体的流速场 $\boldsymbol{v}(M)$，穿过有向曲面 Σ 到指定一侧的净流量为

$$\Phi=\iint_\Sigma \boldsymbol{v}\cdot\boldsymbol{n}^0\mathrm{d}S=\iint_\Sigma \boldsymbol{v}\cdot\mathrm{d}\boldsymbol{S}.$$

其中，$\mathrm{d}\boldsymbol{S}=\mathrm{d}S\boldsymbol{n}^0$，$\boldsymbol{n}^0$ 是有向曲面 Σ 的单位法向量.

在电场强度场 $\boldsymbol{E}$ 中，穿过有向曲面 Σ 的电通量为

$$\Phi_E=\iint_\Sigma \boldsymbol{E}\cdot\boldsymbol{n}^0\mathrm{d}S=\iint_\Sigma \boldsymbol{E}\cdot\mathrm{d}\boldsymbol{S},$$

并把它视为穿过 Σ 的电场线数.

在磁感应强度场 $\boldsymbol{B}$ 中，穿过有向曲面 Σ 的磁通量为

$$\Phi_B=\iint_\Sigma \boldsymbol{B}\cdot\boldsymbol{n}^0\mathrm{d}S=\iint_\Sigma \boldsymbol{B}\cdot\mathrm{d}\boldsymbol{S},$$

并把它视为穿过 Σ 的磁场线数.

在向量场的研究中，常常需要考虑这种曲面积分，它是十分重要的.

定义 10.3　在向量场 $\boldsymbol{F}(M)$ 中，设 Σ 为一有向曲面片，称曲面积分

$$\Phi=\iint_\Sigma \boldsymbol{F}\cdot\boldsymbol{n}^0\mathrm{d}S=\iint_\Sigma \boldsymbol{F}\cdot\mathrm{d}\boldsymbol{S} \tag{10.5.3}$$

为向量场 $\boldsymbol{F}(M)$ 穿过有向曲面 Σ 到指定一侧的**通量**.

在直角坐标系下，若

$$\boldsymbol{F}(M)=\{P(x,y,z),\ Q(x,y,z),\ R(x,y,z)\},$$

则通量

$$\Phi=\iint_\Sigma P(x,y,z)\mathrm{d}y\mathrm{d}z+Q(x,y,z)\mathrm{d}z\mathrm{d}x+R(x,y,z)\mathrm{d}x\mathrm{d}y.$$

下面以流速场为例，说明通量为正、为负或为零的物理意义. $\Phi>0$，表明穿过有向曲面 Σ 到指定一侧的净流量（指由另一侧流入指定一侧的流体量与反向流动量之差）为正，就是流入指定一侧的量大于反向流动的量；$\Phi<0$，就是流入指定一侧的量小于反向流动的量；$\Phi=0$，表示两个方向上流动的量相等.

对闭曲面 Σ 的外侧（法向量向外），通量为

$$\Phi=\oiint_{\Sigma} \boldsymbol{v}\cdot \mathrm{d}\boldsymbol{S}.$$

当 $\Phi>0$ 时，说明流出量大于流入量，Σ 所围的立体 V 内有发出流体的“源”.

当 $\Phi<0$ 时，说明流出量小于流入量，Σ 所围的立体 V 内有吸收流体的“洞”.

当 $\Phi=0$ 时，流入量与流出量相等，Σ 所围的立体 V 内，源与洞相抵.

如果把“洞”视为负“源”，则 V 内每一点都可看作“源”，这时，源有正有负，有时为零，有强有弱. 在流速场的研究中，源的强度无疑是十分重要的. 在其他物理向量场中，源的强度可以认为是发射向量线的能力，虽然源的含义不同，但都是十分重要的.

例 5　在由原点 O 处的点电荷 q 产生的电场中，点 M 处的电位移为

$$\boldsymbol{D}=\varepsilon\boldsymbol{E}=\frac{q}{4\pi r^2}\boldsymbol{r}^0,$$

其中，$r=|OM|$；$\boldsymbol{r}^0$ 是从点 O 指向点 M 的单位向量. 设 Σ 是以 O 为中心、R 为半径的球面，求穿出球面 Σ 的电位移通量 Φ_{D}.

解　因为球面上 $r=R$，且 $\boldsymbol{r}^0$ 与外法向量 $\boldsymbol{n}^0$ 相等，所以

$$\Phi_{\mathrm{D}}=\oiint_{\Sigma}\boldsymbol{D}\cdot \mathrm{d}\boldsymbol{S}=\frac{q}{4\pi R^2}\oiint_{\Sigma}\boldsymbol{r}^0\cdot\boldsymbol{n}^0\mathrm{d}S$$

$$=\frac{q}{4\pi R^2}\oiint_{\Sigma}\mathrm{d}S=\frac{q}{4\pi R^2}\cdot 4\pi R^2=q.$$

可见，在球面内产生电位移通量 Φ_{D} 的源，就是电场中的自由电荷 q. 当 q 为正电荷时，为正源，产生电位移线；当 q 为负电荷时，为负源，吸收电位移线. q 的大小，决定源的强弱.

练习 11. 设 Σ 是曲面 $z=x^2+y^2$ 与平面 $z=1$ 围成的立体的表面外侧，求向量场 $\boldsymbol{A}=x^2\boldsymbol{i}+y^2\boldsymbol{j}+z^2\boldsymbol{k}$ 穿过曲面 Σ 向外的通量 Φ.

练习 12. 设有向量场

$$\boldsymbol{F}=\frac{1}{\sqrt{x^2+y^2+4z^2+3}}(xy^2\boldsymbol{i}+yz^2\boldsymbol{j}+zx^2\boldsymbol{k}),$$

求穿过椭球面 $x^2+y^2+4z^2=1$ 向外的通量 Φ.

练习 13. 计算$\iint_S \frac{\boldsymbol{r}\cdot \mathrm{d}\boldsymbol{S}}{r^3}$，其中$\boldsymbol{r}=x\boldsymbol{i}+y\boldsymbol{j}+z\boldsymbol{k}$，$r=|\boldsymbol{r}|$.

(1) S为不经过，也不包围原点的任意简单闭曲面的外侧；

(2) S为包围原点的任意简单闭曲面的外侧.

在向量场$\boldsymbol{F}(M)$中，穿过闭曲面Σ的通量Φ，是由Σ所围的区域V内诸点发射或吸收向量线能力的累积结果. 下面研究区域V内诸点发射或吸收向量线能力的表达.

定义 10.5　设M为向量场$\boldsymbol{F}(M)$内一点，任意作一个包围点M的小闭曲面Σ（法向量向外），记ΔV表示曲面Σ所包围的立体及其体积，$\lambda=\max\limits_{M_1\in\Sigma}\{d(M,M_1)\}$，若当$\lambda\to 0$时，极限

$$\lim_{\lambda\to 0}\frac{\oiint_{\Sigma}\boldsymbol{F}\cdot \mathrm{d}\boldsymbol{S}}{\Delta V}$$

存在，且与Σ的收缩方式无关，则称此极限值为向量场$\boldsymbol{F}(M)$在点M处的**散度**，记作$\operatorname{div}\boldsymbol{F}(M)$，即

$$\operatorname{div}\boldsymbol{F}(M)=\lim_{\lambda\to 0}\frac{1}{\Delta V}\oiint_{\Sigma}\boldsymbol{F}\cdot \mathrm{d}\boldsymbol{S}.$$

散度$\operatorname{div}\boldsymbol{F}(M)$是由向量场确定的数量，是通量的体密度.

在直角坐标系下，向量场

$$\boldsymbol{F}=\{P(x,y,z),\ Q(x,y,z),\ R(x,y,z)\}$$

在点$M(x,y,z)$处散度（假设P,Q,R关于x,y,z的一阶偏导数连续）的计算公式为

$$\operatorname{div}\boldsymbol{F}(M)=\frac{\partial P}{\partial x}+\frac{\partial Q}{\partial y}+\frac{\partial R}{\partial z}=\nabla\cdot\boldsymbol{F}.$$

事实上，由高斯公式及中值定理，有

$$\begin{aligned}\operatorname{div}\boldsymbol{F}(M)&=\lim_{\lambda\to 0}\frac{1}{\Delta V}\oiint_{\Sigma}\boldsymbol{F}\cdot \mathrm{d}\boldsymbol{S}=\lim_{\lambda\to 0}\frac{1}{\Delta V}\iiint_{\Delta V}\left(\frac{\partial P}{\partial x}+\frac{\partial Q}{\partial y}+\frac{\partial R}{\partial z}\right)\mathrm{d}V\\&=\lim_{\lambda\to 0}\frac{1}{\Delta V}\left(\frac{\partial P}{\partial x}+\frac{\partial Q}{\partial y}+\frac{\partial R}{\partial z}\right)_{M^*}\Delta V=\left(\frac{\partial P}{\partial x}+\frac{\partial Q}{\partial y}+\frac{\partial R}{\partial z}\right)_M,\end{aligned}$$

其中，M^*是Σ包围的区域V内的一点.

练习 14. 求下列向量场$\boldsymbol{A}$在指定点M处的散度.

(1) $\boldsymbol{A}=x^3\boldsymbol{i}+y^3\boldsymbol{j}+z^3\boldsymbol{k}$，$M(1,0,-1)$；

(2) $\boldsymbol{A}=4x\boldsymbol{i}+2xy\boldsymbol{j}-2\boldsymbol{k}$，$M(7,3,0)$；

(3) $\boldsymbol{A}=xyz\boldsymbol{r}$，$\boldsymbol{r}=x\boldsymbol{i}+y\boldsymbol{j}+z\boldsymbol{k}$，$M(1,2,3)$.

有了散度的概念，高斯公式就可以表示为向量形式

$$\oiint_{\Sigma} \boldsymbol{F} \cdot \mathrm{d}\boldsymbol{S}=\iiint_{V} \operatorname{div} \boldsymbol{F} \mathrm{d} V=\iiint_{V} \nabla \cdot \boldsymbol{F} \mathrm{d} V.$$

其物理意义是：通过有向闭曲面 Σ（向外）的通量等于 Σ 所包围的区域 V 内各点散度的体积分（累积）.

若在某一向量场 $\boldsymbol{F}(M)$ 中，各点的散度均为零，即恒有 $\operatorname{div} \boldsymbol{F}(M)=0$，则称该场为**无源场**（或管形场）. 在无源场的单连通区域内，对任何闭曲面 Σ，都有

$$\oiint_{\Sigma} \boldsymbol{F} \cdot \mathrm{d}\boldsymbol{S}=0.$$

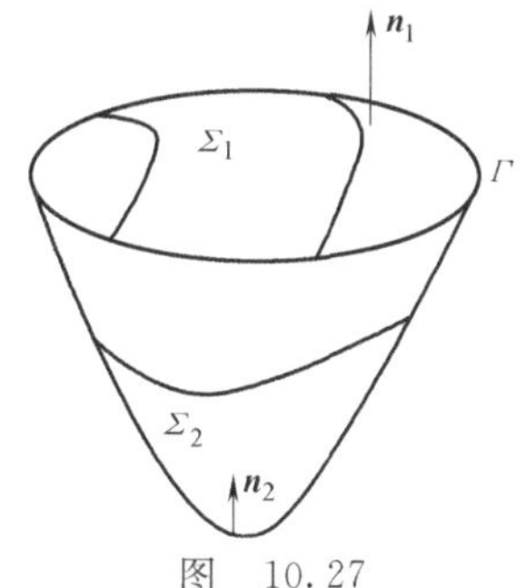

图　10.27

这时，此区域内的任何曲面上的第二型曲面积分仅与曲面的边界线 Γ 有关，而与曲面的形状无关，即在此区域内，以闭曲线 Γ 为边界所张开的任何曲面上，通量都相等. 如图 10.27 所示，当 $\operatorname{div}\boldsymbol{F}(M)=0$ 时，$\iint_{\Sigma_1} \boldsymbol{F} \mathrm{d}\boldsymbol{S}=\iint_{\Sigma_2} \boldsymbol{F} \mathrm{d}\boldsymbol{S}$.

由散度的定义，容易推出散度的下列运算性质：

(i) $\operatorname{div}(C\boldsymbol{F})=C\operatorname{div} \boldsymbol{F}$　(C 为常数)；

(ii) $\operatorname{div}(\boldsymbol{F}_1 \pm \boldsymbol{F}_2)=\operatorname{div} \boldsymbol{F}_1 \pm \operatorname{div}\boldsymbol{F}_2$；

(iii) $\operatorname{div}(u\boldsymbol{F})=u\operatorname{div} \boldsymbol{F}+\boldsymbol{F} \cdot \mathbf{grad}\, u$（$u$ 为数量函数）.

(iii) 的证明　由于 $u\boldsymbol{F}=\{uP, uQ, uR\}$，所以

$$\begin{aligned} \operatorname{div}(u\boldsymbol{F}) &= \frac{\partial(uP)}{\partial x}+\frac{\partial(uQ)}{\partial y}+\frac{\partial(uR)}{\partial z} \\ &= u\left(\frac{\partial P}{\partial x}+\frac{\partial P}{\partial y}+\frac{\partial P}{\partial z}\right)+P\frac{\partial u}{\partial x}+Q\frac{\partial u}{\partial y}+R\frac{\partial u}{\partial z} \\ &= u\operatorname{div} \boldsymbol{F}+\boldsymbol{F}\mathbf{grad}\, u. \end{aligned}$$

□

例 6　在点电荷 q 产生的静电场中，求电位移向量 $\boldsymbol{D}$ 的散度.

解　设 q 位于坐标原点，则

$$\boldsymbol{D}=\frac{q}{4\pi r^3}\boldsymbol{r},$$

其中，$\boldsymbol{r}=x\boldsymbol{i}+y\boldsymbol{j}+z\boldsymbol{k}$，$r=|\boldsymbol{r}|$，故

$$\begin{aligned} \operatorname{div} \boldsymbol{D} &= \frac{q}{4\pi}\left[\frac{\partial}{\partial x}\left(\frac{x}{r^3}\right)+\frac{\partial}{\partial y}\left(\frac{y}{r^3}\right)+\frac{\partial}{\partial z}\left(\frac{z}{r^3}\right)\right] \\ &= \frac{q}{4\pi}\left(\frac{r^2-3x^2}{r^5}+\frac{r^2-3y^2}{r^5}+\frac{r^2-3z^2}{r^5}\right)=0 \quad (r \neq 0). \end{aligned}$$

除电荷所在点 (0, 0, 0) 以外，该电场内电位移的散度处处为零（都不能产生或吸收电位移线）. 电荷所在的点处散度不存在，

是个奇异点，由例 5 和上面的讨论知，包围点电荷 q 的任何闭曲面的通量为 $\oiint_{\Sigma} \boldsymbol{D} \cdot \mathrm{d}\boldsymbol{S}=q$，所以，电位移线始于自由正电荷。

练习 15. 设 $\boldsymbol{r}=x\boldsymbol{i}+y\boldsymbol{j}+z\boldsymbol{k}$，$r=|\boldsymbol{r}|$，

(1) 求 $f(r)$，使 $\operatorname{div}[f(r)\boldsymbol{r}]=0$；

(2) 求 $f(r)$，使 $\operatorname{div}[\mathbf{grad}\ f(r)]=0$.

10.6 斯托克斯公式、环量与旋度

本节介绍空间曲面积分与曲线积分之间的关系——斯托克斯公式，它在场论中占有重要地位．同时介绍向量场的两个重要概念——环量与旋度.

10.6.1 斯托克斯公式

定理 10.4　设 C 为分段光滑的有向闭曲线，Σ 是以 C 为边界的任一分片光滑的有向曲面，C 的方向与 Σ 的方向符合右手螺旋法则. 函数在包含 Σ 的某区域内具有连续的一阶偏导数，则有斯托克斯公式

$$\oint_C P(x,y,z)\mathrm{d}x+Q(x,y,z)\mathrm{d}y+R(x,y,z)\mathrm{d}z$$
$$=\iint_{\Sigma}\left(\frac{\partial R}{\partial y}-\frac{\partial Q}{\partial z}\right)\mathrm{d}y\mathrm{d}z+\left(\frac{\partial P}{\partial z}-\frac{\partial R}{\partial x}\right)\mathrm{d}z\mathrm{d}x+\left(\frac{\partial Q}{\partial x}-\frac{\partial P}{\partial y}\right)\mathrm{d}x\mathrm{d}y, \tag{10.6.1}$$

即有

$$\oint_C P(x,y,z)\mathrm{d}x+Q(x,y,z)\mathrm{d}y+R(x,y,z)\mathrm{d}z$$
$$=\iint_{\Sigma}\left[\left(\frac{\partial R}{\partial y}-\frac{\partial Q}{\partial z}\right)\cos\alpha+\left(\frac{\partial P}{\partial z}-\frac{\partial R}{\partial x}\right)\cos\beta+\left(\frac{\partial Q}{\partial x}-\frac{\partial P}{\partial y}\right)\cos\gamma\right]\mathrm{d}S, \tag{10.6.2}$$

其中，$\cos\alpha$，$\cos\beta$，$\cos\gamma$ 是 Σ 指定一侧的法向量的方向余弦.

定理 10.4 的证明过程可分三步：第一步，把曲面积分化为坐标面上投影域的二重积分；第二步，把空间闭曲线 C 上的曲线积分化为坐标面上的闭曲线积分；第三步，在坐标面上，应用格林公式把第二步中得到的平面闭曲线积分化为二重积分．这个重要的定理最早公开出现在斯托克斯 1854 年主持的学生竞赛试题中，请读者自己去证明它.

当 Σ 为 xOy 坐标面上的平面区域时，斯托克斯公式就是格林

公式，因此斯托克斯公式是格林公式在空间上的推广.

为便于记忆，我们借用三阶行列式，把式（10.6.2）中曲面积分的被积函数表示为

$$\begin{vmatrix} \cos\alpha & \cos\beta & \cos\gamma \\ \dfrac{\partial}{\partial x} & \dfrac{\partial}{\partial y} & \dfrac{\partial}{\partial z} \\ P & Q & R \end{vmatrix}.$$

例 1　计算 $I=\oint_{\Gamma}(y^2-z^2)\mathrm{d}x+(z^2-x^2)\mathrm{d}y+(x^2-y^2)\mathrm{d}z$，其中闭曲线 Γ 是以点 $A(1,0,0)$，$B(0,1,0)$，$C(0,0,1)$ 为顶点的三角形边界线 $ABCA$（见图 10.28）.

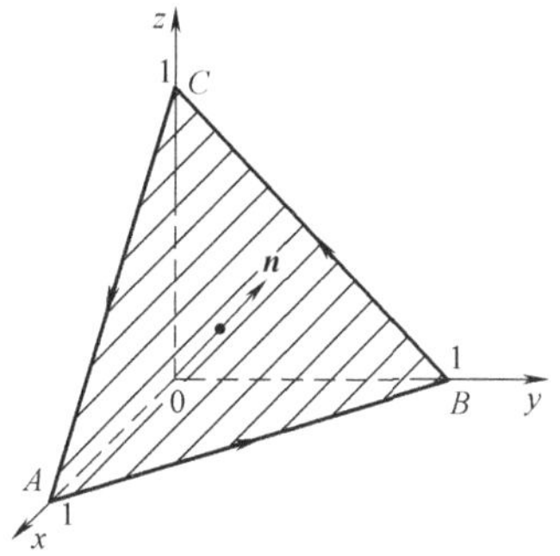

图　10.28

解　取 Σ 为三角形 ABC：$x+y+z=1$，$\boldsymbol{n}=\{1,\ 1,\ 1\}$ 为指定的法向量，其方向余弦为

$$\cos\alpha=\cos\beta=\cos\gamma=\frac{1}{\sqrt{3}}.$$

由斯托克斯公式（10.6.2），得

$$I=\iint_{\Sigma}\begin{vmatrix} \dfrac{1}{\sqrt{3}} & \dfrac{1}{\sqrt{3}} & \dfrac{1}{\sqrt{3}} \\ \dfrac{\partial}{\partial x} & \dfrac{\partial}{\partial y} & \dfrac{\partial}{\partial z} \\ y^2-z^2 & z^2-x^2 & x^2-y^2 \end{vmatrix}\mathrm{d}S$$

$$=\frac{-4}{\sqrt{3}}\iint_{\Sigma}(x+y+z)\mathrm{d}S$$

$$=\frac{-4}{\sqrt{3}}\iint_{\Sigma}\mathrm{d}S=-2.$$

练习 1. 计算空间闭曲线 C 上的积分

$$\oint_C (y-z)\mathrm{d}x+(z-x)\mathrm{d}y+(x-y)\mathrm{d}z,$$

其中，曲线 C 是圆柱面 $x^2+y^2=a^2$ 与平面 $\dfrac{x}{a}+\dfrac{z}{h}=1(a>0,\ h>0)$ 的交线，从 z 轴正向看 C 是逆时针方向的.

练习 2. 设曲线 C 是球面 $x^2+y^2+z^2=2Rx$ 和柱面 $x^2+y^2=2rx(0<r<R,\ z\geqslant 0)$ 的交线，从 z 轴正向看是顺时针的. 计算：

$$\oint_C (y^2+z^2)\mathrm{d}x+(z^2+x^2)\mathrm{d}y+(x^2+y^2)\mathrm{d}z.$$

10.6.2 向量场的环量与旋度

在向量场的研究中，向量在有向闭曲线上的积分是很重要的，如果设 C 为向量场内的有向闭曲线，$\boldsymbol{t}^0$ 表示与 C 同向的单位切向量 $\mathrm{d}\boldsymbol{s}=\boldsymbol{t}^0\mathrm{d}s$. 那么：

在力场 $\boldsymbol{F}(M)$ 中，闭曲线积分

$$\oint_C \boldsymbol{F}\cdot\mathrm{d}\boldsymbol{s}=\oint_C \boldsymbol{F}\cdot\boldsymbol{t}^0\mathrm{d}s=\oint_C \mathrm{Prj}_{\boldsymbol{t}^0}\boldsymbol{F}\mathrm{d}s$$

表示力 $\boldsymbol{F}$ 沿闭路 C 所做的功.

在流速场 $\boldsymbol{v}(M)$ 中，闭曲线积分

$$\oint_C \boldsymbol{v}\cdot\mathrm{d}\boldsymbol{s}=\oint_C \boldsymbol{v}\cdot\boldsymbol{t}^0\mathrm{d}s=\oint_C \mathrm{Prj}_{\boldsymbol{t}^0}\boldsymbol{v}\mathrm{d}s$$

表示沿闭路 C 的环流.

在磁场强度为 $\boldsymbol{H}(M)$ 的电磁场中，根据安培环路定律，闭曲线积分

$$\oint_C \boldsymbol{H}\cdot\mathrm{d}\boldsymbol{s}=\oint_C \boldsymbol{H}\cdot\boldsymbol{t}^0\mathrm{d}s=\oint_C \mathrm{Prj}_{\boldsymbol{t}^0}\boldsymbol{H}\mathrm{d}s$$

表示 C 所张开的曲面通过的电流的代数和.

抽去以上问题的物理意义，我们给出环量的概念.

定义 10.6 在向量场 $\boldsymbol{F}(M)$ 中，设 C 为一条有向闭曲线，则称曲线积分

$$\Gamma=\oint_C \boldsymbol{F}\cdot\mathrm{d}\boldsymbol{s} \tag{10.6.3}$$

为向量场 $\boldsymbol{F}(M)$ 沿有向闭曲线 C 的**环量**.

设想 C 为细木环，漂浮在水面上，则水面上点的流速将对木环的运动产生影响，流速沿法向量的分量使环移动，沿切向量的分量使环转动，设 C 的一微小段为 $\mathrm{d}\boldsymbol{s}$，则水对微小段转动的影响可用 $\boldsymbol{v}\cdot\mathrm{d}\boldsymbol{s}=\boldsymbol{v}\cdot\boldsymbol{t}^0\mathrm{d}s$ 来描述，对整个细木环的影响可用 $\oint_C\boldsymbol{v}\cdot\mathrm{d}\boldsymbol{s}$ 来描述，$\oint_C\boldsymbol{v}\cdot\mathrm{d}\boldsymbol{s}$ 越大，细木环沿有向曲线 C 的方向转动得越快.

在直角坐标系下，若

$$\boldsymbol{F}(M)=\{P(x,y,z),\ Q(x,y,z),\ R(x,y,z)\},$$

则环量

$$\Gamma=\oint_C P(x,y,z)\mathrm{d}x+Q(x,y,z)\mathrm{d}y+R(x,y,z)\mathrm{d}z.$$

练习 3. 求向量场 $\boldsymbol{A}=-y\boldsymbol{i}+x\boldsymbol{j}+a\boldsymbol{k}$（$a$ 为常数）沿闭曲线 C 的环量.

(1) C 为圆周 $x^2+y^2=1$，$z=0$，逆时针；

(2) C 为圆周 $(x+2)^2+y^2=1$，$z=0$，逆时针.

下面研究环量的特点，在 C 所张开的曲面 Σ 上，任意作一网格来分割 Σ，由于第二型曲线积分当积分路径的方向相反时，积分值差一个负号，所以环量有如下意义的**可加性**（见图 10.29）：向量场沿每个小曲面片的边界（其方向与曲面片的方向满足右手螺旋法则）的环量之和，等于向量场沿曲线 C 的环量，依据此特点将每个小曲面片的边界的环量理解为小曲面的质量，给出下面**环量面密度**的概念.

定义 10.7　设 M 为向量场 $\boldsymbol{F}(M)$ 中一点，$\boldsymbol{n}$ 为取定的向量. 过点 M 作任意一个非闭的光滑曲面片 Σ，使之在点 M 处以 $\boldsymbol{n}$ 为法向量（见图 10.30）. 设 C 为 Σ 上包围着点 M 的闭曲线，ΔS 是它包围的曲面，C 与 ΔS 的方向满足右手螺旋法则，若 C 沿曲面 Σ 向点 M 无限收缩（记 $\Delta S\to M$）时，极限

$$\lim_{\Delta S\to M}\frac{\oint_C \boldsymbol{F}\cdot \mathrm{d}\boldsymbol{s}}{\Delta S}$$

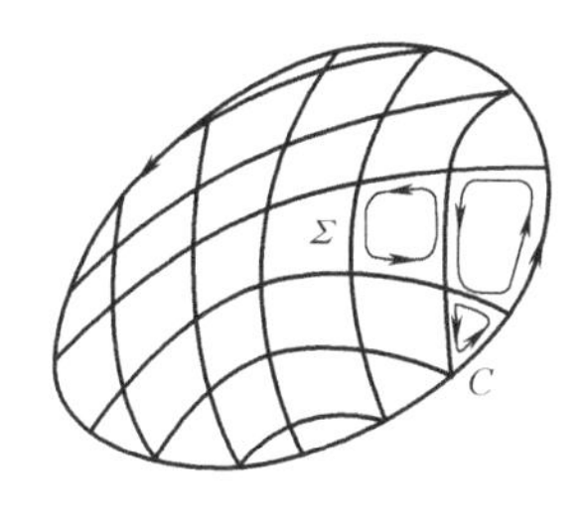

图　10.29

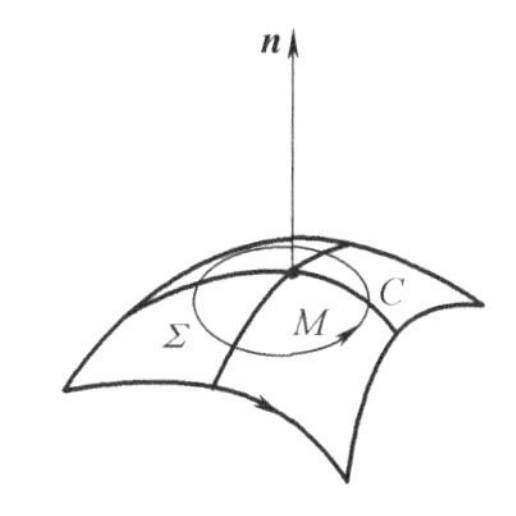

图　10.30

存在，且该极限与 Σ 的取法及 C 的收缩法无关时，则称此极限值为向量场 $\boldsymbol{F}(M)$ 在点 M 处沿 $\boldsymbol{n}$ 方向的**环量面密度**（或**方向旋数**）.

由定义 10.7 可知，环量面密度既依赖于向量场 $\boldsymbol{F}(M)$ 又依赖于曲面片 Σ，下面首先给出环量面密度的计算公式，再给出仅依赖于向量场 $\boldsymbol{F}(M)$ 的旋度概念.

在直角坐标系下，设

$$\boldsymbol{F}=\{P(x,y,z),\ Q(x,y,z),\ R(x,y,z)\},$$

则由斯托克斯公式，有

$$\Gamma=\oint_C \boldsymbol{F}\cdot \mathrm{d}\boldsymbol{s}=\oint_C P(x,y,z)\mathrm{d}x+Q(x,y,z)\mathrm{d}y+R(x,y,z)\mathrm{d}z$$
$$=\iint_{\Delta S}\left(\frac{\partial R}{\partial y}-\frac{\partial Q}{\partial z}\right)\mathrm{d}y\mathrm{d}z+\left(\frac{\partial P}{\partial z}-\frac{\partial R}{\partial x}\right)\mathrm{d}z\mathrm{d}x+\left(\frac{\partial Q}{\partial x}-\frac{\partial P}{\partial y}\right)\mathrm{d}x\mathrm{d}y$$
$$=\iint_{\Delta S}\left[\left(\frac{\partial R}{\partial y}-\frac{\partial Q}{\partial z}\right)\cos\alpha+\left(\frac{\partial P}{\partial z}-\frac{\partial R}{\partial x}\right)\cos\beta+\left(\frac{\partial Q}{\partial x}-\frac{\partial P}{\partial y}\right)\cos\gamma\right]\mathrm{d}S.$$

利用积分中值定理，得

$$\Gamma=\left[\left(\frac{\partial R}{\partial y}-\frac{\partial Q}{\partial z}\right)\cos\alpha+\left(\frac{\partial P}{\partial z}-\frac{\partial R}{\partial x}\right)\cos\beta+\left(\frac{\partial Q}{\partial x}-\frac{\partial P}{\partial y}\right)\cos\gamma\right]_{M^*}\Delta S,$$

其中，M^* 为 ΔS 上一点，当 $\Delta S\to M$ 时，$M^*\to M$，于是

$$\lim_{\Delta S\to M}\frac{\oint_C \boldsymbol{F}\cdot \mathrm{d}\boldsymbol{s}}{\Delta S}=\left(\frac{\partial R}{\partial y}-\frac{\partial Q}{\partial z}\right)\cos\alpha+\left(\frac{\partial P}{\partial z}-\frac{\partial R}{\partial x}\right)\cos\beta+\left(\frac{\partial Q}{\partial x}-\frac{\partial P}{\partial y}\right)\cos\gamma,$$

其中，$\cos\alpha$，$\cos\beta$，$\cos\gamma$ 为指定的向量 $\boldsymbol{n}$ 的方向余弦.

环量面密度既与点 M 的位置有关，又与 $\boldsymbol{n}$ 的方向有关，它等于向量

$$\left(\frac{\partial R}{\partial y}-\frac{\partial Q}{\partial z}\right)\boldsymbol{i}+\left(\frac{\partial P}{\partial z}-\frac{\partial R}{\partial x}\right)\boldsymbol{j}+\left(\frac{\partial Q}{\partial x}-\frac{\partial P}{\partial y}\right)\boldsymbol{k}$$

与

$$\boldsymbol{n}^0=\cos\alpha\boldsymbol{i}+\cos\beta\boldsymbol{j}+\cos\gamma\boldsymbol{k}$$

的数量积.

定义 10.8　向量场 $\boldsymbol{F}(M)$ 在点 M 处的**旋度**是个向量，其方向指向点 M 处环量面密度最大的方向，其模等于这个最大值，记为 $\mathbf{rot}\,\boldsymbol{F}(M)$，即

$$\mathbf{rot}\,\boldsymbol{F}(M)=\left(\frac{\partial R}{\partial y}-\frac{\partial Q}{\partial z}\right)\boldsymbol{i}+\left(\frac{\partial P}{\partial z}-\frac{\partial R}{\partial x}\right)\boldsymbol{j}+\left(\frac{\partial Q}{\partial x}-\frac{\partial P}{\partial y}\right)\boldsymbol{k},$$

即

$$\mathbf{rot}\,\boldsymbol{F}(M)=\begin{vmatrix}\boldsymbol{i} & \boldsymbol{j} & \boldsymbol{k}\\ \dfrac{\partial}{\partial x} & \dfrac{\partial}{\partial y} & \dfrac{\partial}{\partial z}\\ P & Q & R\end{vmatrix}=\nabla\times\boldsymbol{F}.\qquad(10.6.4)$$

练习 4. 求下列向量场的旋度：

(1) $\mathbf{A}=y\boldsymbol{i}+z\boldsymbol{j}+x\boldsymbol{k}$；　(2) $\mathbf{A}=x^2\boldsymbol{i}+y^2\boldsymbol{j}+z^2\boldsymbol{k}$；

(3) $\mathbf{A}=yz\boldsymbol{i}+zx\boldsymbol{j}+xy\boldsymbol{k}$；(4) $\mathbf{A}=(y^2+z^2)\boldsymbol{i}+(z^2+x^2)\boldsymbol{j}+(x^2+y^2)\boldsymbol{k}$；

(5) $\mathbf{A}=xyz(\boldsymbol{i}+\boldsymbol{j}+\boldsymbol{k})$；(6) $\mathbf{A}=P(x)\boldsymbol{i}+Q(y)\boldsymbol{j}+R(z)\boldsymbol{k}$.

需特别注意的是，平面流速场 $\boldsymbol{v}(M)=\{P(x,y),Q(x,y)\}$ 的环量为

$$\Gamma=\oint_C P(x,y)\mathrm{d}x+Q(x,y)\mathrm{d}y.$$

而其旋度仍为向量

$$\mathbf{rot}\ \boldsymbol{v}(M)=\left(\frac{\partial Q}{\partial x}-\frac{\partial P}{\partial y}\right)\boldsymbol{k}.$$

练习 5. 设有平面流速场 $\boldsymbol{v}(x,y)=[\mathrm{e}^x(y^3-2y)-y^2]\boldsymbol{i}+[\mathrm{e}^x(3y^2-2)-x]\boldsymbol{j}$.

(1) 求各点的旋度；

(2) 求沿椭圆 C：$4(x-3)^2+9y^2=36$ 逆时针方向的环流.

旋度在任一方向上的投影，就是该方向上的环量面密度. 在大气中，手中的风车朝哪个方向转动最快，哪个方向就是风速场的旋度方向.

由旋度的定义，斯托克斯公式可以表示为向量形式：

$$\oint_C \boldsymbol{F}\cdot\mathrm{d}\boldsymbol{s}=\iint_\Sigma \mathbf{rot}\ \boldsymbol{F}\cdot\mathrm{d}\boldsymbol{S}=\iint_\Sigma(\nabla\times\boldsymbol{F})\cdot\mathrm{d}\boldsymbol{S},$$

这说明沿闭曲线 C 的环量等于由 C 所张开的**任何**有向曲面上诸点旋度向量的通量.

当 P，Q，R 具有二阶连续编导数时，容易算出

$$\mathrm{div}(\mathbf{rot}\ \boldsymbol{F})=0,$$

这说明旋度场是无源场，也就说明了斯托克斯公式中的曲面 Σ 可以是有向闭曲线 C 在场内张开的任何曲面.

各点旋度均为零的场，叫作**无旋场**.

旋度有如下的运算性质：

(i) $\mathbf{rot}(C_1\boldsymbol{F}+C_2\boldsymbol{G})=C_1\mathbf{rot}\ \boldsymbol{F}+C_2\mathbf{rot}\ \boldsymbol{G}$　(C_1，C_2 为常数)；

(ii) $\mathbf{rot}(u\boldsymbol{F})=u\,\mathbf{rot}\ \boldsymbol{F}+\mathbf{grad}\ u\times\boldsymbol{F}$　(u 为数量函数)；

(iii) $\mathrm{div}(\boldsymbol{F}\times\boldsymbol{G})=\boldsymbol{G}\cdot\mathbf{rot}\ \boldsymbol{F}-\boldsymbol{F}\cdot\mathbf{rot}\ \boldsymbol{G}$；

(iv) $\mathbf{rot}(\mathbf{grad}\ u)=\mathbf{0}$　(梯度场是无旋场).

例 2　计算曲面积分

$$\iint_\Sigma \mathbf{rot}\ \boldsymbol{F}\cdot\mathrm{d}\boldsymbol{S},$$

其中，$\boldsymbol{F}=\{x-z,x^3+yz,-3xy^2\}$，$\Sigma$ 是锥面 $z=2-\sqrt{x^2+y^2}$ $(z\geqslant 0)$ 的上侧.

解　因旋度场是无源场，所以曲面积分只与曲面边界线 C 有关，与曲面 Σ 无关. 这里边界 C 是 xOy 平面上的曲线 $x^2+y^2=$

2^2，所以可以把 Σ 换为 C 所张开的平面区域 D：$z=0$，$x^2+y^2\leqslant 2^2$ 的上侧，由于

$$\mathbf{rot}\ \boldsymbol{F}=\begin{vmatrix}\boldsymbol{i} & \boldsymbol{j} & \boldsymbol{k}\\ \dfrac{\partial}{\partial x} & \dfrac{\partial}{\partial y} & \dfrac{\partial}{\partial z}\\ x-z & x^3+yz & -3xy^2\end{vmatrix}$$

$$=(-6xy-y)\boldsymbol{i}+(-1+3y^2)\boldsymbol{j}+3x^2\boldsymbol{k},$$

$$\mathrm{d}\boldsymbol{S}=\mathrm{d}y\mathrm{d}z\boldsymbol{i}+\mathrm{d}z\mathrm{d}x\boldsymbol{j}+\mathrm{d}x\mathrm{d}y\boldsymbol{k}=\mathrm{d}x\mathrm{d}y\boldsymbol{k},$$

所以

$$\iint_{\Sigma}\mathbf{rot}\ \boldsymbol{F}\cdot\mathrm{d}\boldsymbol{S}=\iint_{D}\mathbf{rot}\ \boldsymbol{F}\cdot\mathrm{d}\boldsymbol{S}=\iint_{D}3x^2\mathrm{d}x\mathrm{d}y=12\pi.$$

练习 6. 设向量 $\boldsymbol{A}(M)$ 的分量具有连续的二阶偏导数. 试证在向量场 $\boldsymbol{A}$ 内，任何按块光滑的闭曲面 Σ 上，恒有

$$\oiint_{\Sigma}\mathbf{rot}\boldsymbol{A}\cdot\mathrm{d}\boldsymbol{S}=0.$$

练习 7. 设 Σ 是球面 $x^2+y^2+z^2=9$ 的上半部的上侧，C 为 Σ 的边界线，$\boldsymbol{A}=\{2y,3x,-z^2\}$. 试用下面指定的方法，计算 $\iint_{\Sigma}\mathrm{rot}\boldsymbol{A}\cdot\mathrm{d}\boldsymbol{S}$.

（1）用第一型曲面积分计算；

（2）用第二型曲面积分计算；

（3）用高斯公式计算；

（4）用斯托克斯公式计算.

关于空间曲线积分与路径无关的条件问题，以及表达式 $P\mathrm{d}x+Q\mathrm{d}y+R\mathrm{d}z$ 为全微分的条件问题，有与 10.3.1 节介绍的定理 10.2 类似的结果，仅叙述如下：

定理 10.5　设在曲面单连通区域 G 内，函数 $P(x,y,z)$，$Q(x,y,z)$，$R(x,y,z)$ 有连续的一阶偏导数，则下列四个条件相互等价：

(i) 对 G 内任一闭曲线 C，积分

$$\oint_{C}P\mathrm{d}x+Q\mathrm{d}y+R\mathrm{d}z=0.$$

(ii) 在 G 内，曲线积分

$$\int_{\widehat{AB}}P\mathrm{d}x+Q\mathrm{d}y+R\mathrm{d}z$$

与路径无关（与起点 A、终点 B 有关）.

(iii) 在 G 内，表达式 $P\mathrm{d}x+Q\mathrm{d}y+R\mathrm{d}z$ 是某函数 $u(x,y,z)$

的全微分，即有

$$du = P\,dx + Q\,dy + R\,dz.$$

(iv) 在 G 内任一点处，恒有

$$\frac{\partial R}{\partial y}=\frac{\partial Q}{\partial z},\frac{\partial P}{\partial z}=\frac{\partial R}{\partial x},\frac{\partial Q}{\partial x}=\frac{\partial P}{\partial y}. \tag{10.6.5}$$

定理中的曲面单连通区域是指：区域内任一闭曲线都有以它为边界的曲面完全含于该区域.

这个定理说明：式（10.6.5）不仅是曲线积分与路径无关的充要条件，也是表达式 $P\,dx+Q\,dy+R\,dz$ 是某函数 $u(x,y,z)$ 的全微分的充要条件，且此时原函数

$$u(x,y,z)=\int_{(x_0,y_0,z_0)}^{(x,y,z)} P\,dx+Q\,dy+R\,dz+C,$$

由于曲线积分与路径无关，在可能的条件下，通常取与坐标轴平行的折线作为积分路径，化为定积分，如

$$u(x,y,z)=\int_{x_0}^{x} P(x,y_0,z_0)\,dx+\int_{y_0}^{y} Q(x,y,z_0)\,dy+\int_{z_0}^{z} R(x,y,z)\,dz+C, \tag{10.6.6}$$

其中，(x_0,y_0,z_0) 为 G 内任取的定点.

练习 8. 证明：曲线积分

$$\int_{\Gamma} yz\,dx+zx\,dy+xy\,dz$$

与路径无关（与起点和终点有关），并计算从点 $A(1,1,0)$ 到点 $B(1,1,1)$ 的这个积分.

练习 9. 计算曲线积分

$$\int_{\widehat{AmB}}(x^2-yz)\,dx+(y^2-xz)\,dy+(z^2-xy)\,dz,$$

其中 $\widehat{AmB}$ 是从点 $A(a,0,0)$ 开始，沿螺线 $x=a\cos\theta$，$y=a\sin\theta$，$z=\frac{h}{2\pi}\theta$ 到点 $B(a,0,h)$ 的曲线段

在向量场 $\boldsymbol{F}=\{P(x,y,z),Q(x,y,z),R(x,y,z)\}$ 中，满足条件（i）和条件（ii）的叫**保守场**；满足条件（iii）的叫**有势场**，此时称 $v=-u$ 为**势函数**；满足条件（iv）的叫**无旋场**.

既无源、又无旋的场称为**调和场**.

定理 10.5 说明，单连通的、连续可微的向量场，若是保守场，一定是有势场，也必为无旋场，反之亦然.

保守场	⇔	有势场	⇔	无旋场

练习 10. 证明：向量场 $\boldsymbol{A}=[y\cos(xy)]\boldsymbol{i}+[x\cos(x,y)]\boldsymbol{j}+(\sin z)\boldsymbol{k}$ 是保守场，并求其势函数.

例 3　表达式 $2xyz^2\mathrm{d}x+[x^2z^2+z\cos(yz)]\mathrm{d}y+[2x^2yz+y\cos(yz)]\mathrm{d}z$ 是否为某函数的全微分？若是，求此函数.

解　由于

$$\frac{\partial R}{\partial y}=2x^2z+\cos(yz)-yz\sin(yz)=\frac{\partial Q}{\partial z},$$

$$\frac{\partial P}{\partial z}=4xyz=\frac{\partial R}{\partial x},\ \frac{\partial Q}{\partial x}=2xz^2=\frac{\partial P}{\partial y},$$

所以表达式是某函数的全微分．取 $(x_0,y_0,z_0)=(0,0,0)$，则

$$u=\int_0^z[2x^2yz+y\cos(yz)]\mathrm{d}z+C=x^2yz^2+\sin(yz)+C.$$

函数 $u=x^2yz^2+\sin(yz)+C$ 即为所述表达式的原函数.

练习 11. 设函数 $Q(x,y,z)$ 具有连续的一阶偏导数，且 $Q(0,y,0)=0$，表达式

$$axz\mathrm{d}x+Q(x,y,z)\mathrm{d}y+(x^2+2y^2z-1)\mathrm{d}z$$

是某函数 $u(x,y,z)$ 的全微分，求常数 a、函数 Q 及 u.

10.7　例题

例 1　计算 $\int_L\frac{\mathrm{d}x+\mathrm{d}y}{|x|+|y|}$，其中 L 为折线 ABC，且 $A(1,0)$，$B(0,1)$，$C(-1,0)$.

解　将 L 分为两段，

$$\overline{AB}: y=1-x\,(0\leqslant x\leqslant 1,\ y\geqslant 0),$$

$$\overline{BC}: y=1+x\,(-1\leqslant x\leqslant 0,\ y\geqslant 0),$$

故

$$\int_L\frac{\mathrm{d}x+\mathrm{d}y}{|x|+|y|}=\int_{\overline{AB}}\frac{\mathrm{d}x+\mathrm{d}y}{x+y}+\int_{\overline{BC}}\frac{\mathrm{d}x+\mathrm{d}y}{-x+y}$$

$$=\int_1^0\frac{\mathrm{d}x-\mathrm{d}x}{1}+\int_0^{-1}\frac{\mathrm{d}x+\mathrm{d}x}{1}=\int_0^{-1}2\mathrm{d}x=-2.$$

例 2　计算 $\int_L\sqrt{x^2+y^2}\,\mathrm{d}x+y[xy+\ln(x+\sqrt{x^2+y^2})]\mathrm{d}y$，其

中 L 是一段正弦曲线 $y=\sin x(\pi\leqslant x\leqslant 2\pi)$，沿 x 增大方向.

解 本题直接计算太复杂，这里通过格林公式来换个积分路径. 换为从点 $A(\pi,0)$ 到点 $B(2\pi,0)$ 的直线段 $y=0$. 因为

$$\frac{\partial Q}{\partial x}=y^2+\frac{y}{\sqrt{x^2+y^2}},\ \frac{\partial P}{\partial y}=\frac{y}{\sqrt{x^2+y^2}},$$

所以

$$\begin{aligned}&\int_L \sqrt{x^2+y^2}\,\mathrm{d}x+y[xy+\ln(x+\sqrt{x^2+y^2})]\mathrm{d}y\\&=\left(\int_{\overline{AB}}+\oint_{L+\overline{BA}}\right)\sqrt{x^2+y^2}\,\mathrm{d}x+y[xy+\ln(x+\sqrt{x^2+y^2})]\mathrm{d}y\\&=\int_\pi^{2\pi}x\,\mathrm{d}x+\iint_\sigma y^2\,\mathrm{d}\sigma=\frac{3\pi^2}{2}+\int_\pi^{2\pi}\mathrm{d}x\int_{\sin x}^0 y^2\,\mathrm{d}y\\&=\frac{3\pi^2}{2}+\frac{4}{9}.\end{aligned}$$

例 3 计算 $I=\int_{\widehat{AmB}}[\varphi(y)\cos x-\pi y]\mathrm{d}x+[\varphi'(y)\sin x-\pi]\mathrm{d}y$，其中 $\varphi(y)$ 具有连续的导数；$\widehat{AmB}$ 是从点 $A(\pi,2)$ 到点 $B(3\pi,4)$，且在直线 $\overline{AB}$ 下方的一条曲线，它与 $\overline{AB}$ 围成的区域的面积为 2（见图 10.31).

解 这里

$$\frac{\partial Q}{\partial x}-\frac{\partial P}{\partial y}=\pi,$$

所以曲线积分与路径有关. 但这里的积分路径又不是十分明确，被积表达式中还有一未知的函数，无法按第二型曲线积分直接化为定积分的办法计算.

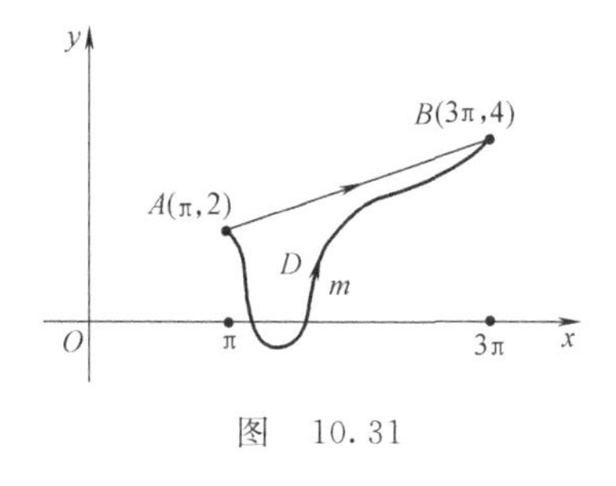

图 10.31

在曲线积分与路径有关的条件下，也可以通过格林公式来实现变换积分线路. 因为

$$\widehat{AmB}=\widehat{AmB}+\overline{BA}-\overline{BA},$$

记闭曲线 $\widehat{AmB}+\overline{BA}$ 为 C，则因 $\overline{AB}$：$x=\pi y-\pi$，$2\leqslant y\leqslant 4$，故

$$\begin{aligned}I&=\left(\oint_C+\int_{\overline{AB}}\right)[\varphi(y)\cos x-\pi y]\mathrm{d}x+[\varphi'(y)\sin x-\pi]\mathrm{d}y\\&=\iint_D \pi\,\mathrm{d}x\,\mathrm{d}y+\int_2^4\{[\varphi(y)\cos(\pi y-\pi)-\pi y]\pi+\\&\quad[\varphi'(y)\sin(\pi y-\pi)-\pi]\}\mathrm{d}y\\&=2\pi-\int_2^4(\pi^2 y+\pi)\mathrm{d}y+\int_2^4[\pi\varphi(y)\cos(\pi y-\pi)+\end{aligned}$$

$$\varphi'(y)\sin(\pi y-\pi)]\mathrm{d}y$$
$$=-6\pi^2+\varphi(y)\sin(\pi y-\pi)\Big|_2^4=-6\pi^2.$$

例 4　设函数 $Q(x,y)$ 在 xOy 平面上具有一阶连续偏导数，曲线积分 $\int_L 2xy\mathrm{d}x+Q(x,y)\mathrm{d}y$ 与路径无关，并且对任意 t，恒有

$$\int_{(0,0)}^{(t,1)} 2xy\mathrm{d}x+Q(x,y)\mathrm{d}y=\int_{(0,0)}^{(1,t)} 2xy\mathrm{d}x+Q(x,y)\mathrm{d}y,$$

求二元函数 $Q(x,y)$.

解　由曲线积分与路径无关的条件知

$$\frac{\partial Q}{\partial x}=\frac{\partial(2xy)}{\partial y}=2x,$$

于是

$$Q(x,y)=x^2+C(y),$$

其中，$C(y)$ 是待定函数. 又因

$$\int_{(0,0)}^{(t,1)} 2xy\mathrm{d}x+Q(x,y)\mathrm{d}y=\int_0^1 [t^2+C(y)]\mathrm{d}y=t^2+\int_0^1 C(y)\mathrm{d}y,$$

$$\int_{(0,0)}^{(1,t)} 2xy\mathrm{d}x+Q(x,y)\mathrm{d}y=\int_0^t [1^2+C(y)]\mathrm{d}y=t+\int_0^t C(y)\mathrm{d}y.$$

由假设条件知

$$t^2+\int_0^1 C(y)\mathrm{d}y=t+\int_0^t C(y)\mathrm{d}y.$$

两边对 t 求导，得

$$2t=1+C(t),$$

故 $C(t)=2t-1$，即 $C(y)=2y-1$，从而所求的二元函数为

$$Q(x,y)=x^2+2y-1.$$

例 5　在力场 $\boldsymbol{F}=\{yz, zx, xy\}$ 内，质点由原点运动到椭球面 $\frac{x^2}{a^2}+\frac{y^2}{b^2}+\frac{z^2}{c^2}=1$ 上位于第一卦限的点 $M(\xi,\eta,\zeta)$ 处，问当 ξ，η，ζ 取何值时，场力做的功 W 最大，并求出这个最大值.

解　因为

$$\begin{vmatrix} \boldsymbol{i} & \boldsymbol{j} & \boldsymbol{k} \\ \dfrac{\partial}{\partial x} & \dfrac{\partial}{\partial y} & \dfrac{\partial}{\partial z} \\ yz & zx & xy \end{vmatrix}=\boldsymbol{0},$$

即 $\boldsymbol{F}$ 为无旋场，所以曲线积分与路径无关.

直线段 $\overline{OM}$ 的参数方程是

$$x=\xi t,\ y=\eta t,\ z=\zeta t,\ 0\leqslant t\leqslant 1.$$

质点从原点沿直线运动到 M 点，场力做的功为

$$W=\int_{\overline{OM}}\boldsymbol{F}\cdot d\boldsymbol{s}=\int_{\overline{OM}}yz\,dx+zx\,dy+xy\,dz=\int_0^1 3\xi\eta\zeta t^2\,dt=\xi\eta\zeta.$$

问题化为 $W=\xi\eta\zeta$ 在约束条件 $\frac{\xi^2}{a^2}+\frac{\eta^2}{b^2}+\frac{\zeta^2}{c^2}=1$ 下的条件极值问题. 令

$$F(\xi,\eta,\zeta)=\xi\eta\zeta+\lambda\left(1-\frac{\xi^2}{a^2}-\frac{\eta^2}{b^2}-\frac{\zeta^2}{c^2}\right),$$

由方程组

$$\begin{cases}F'_\xi=\eta\zeta-\dfrac{2\lambda}{a^2}\xi=0,\\ F'_\eta=\xi\zeta-\dfrac{2\lambda}{b^2}\eta=0,\\ F'_\zeta=\xi\eta-\dfrac{2\lambda}{c^2}\zeta=0,\\ \dfrac{\xi^2}{a^2}+\dfrac{\eta^2}{b^2}+\dfrac{\zeta^2}{c^2}-1=0\end{cases}$$

解得

$$\xi=\frac{\sqrt{3}}{3}a,\ \eta=\frac{\sqrt{3}}{3}b,\ \zeta=\frac{\sqrt{3}}{3}c.$$

由此实际问题知最大值存在，且

$$W_{\max}=\left(\frac{\sqrt{3}}{3}\right)^3abc=\frac{\sqrt{3}}{9}abc.$$

例 6　设在第一卦限内，对任一有向闭曲面 Σ 恒有

$$\oiint_\Sigma 2yz\varphi'(x)\,dy\,dz+y^2z\varphi(x)\,dz\,dx-yz^2e^x\,dx\,dy=0,$$

其中 $\varphi(x)\in C^2$，$\varphi(0)=\frac{1}{2}$，$\varphi'(0)=1$，求 $\varphi(x)$.

解　由题设的条件和高斯公式知，对任何有界闭域 V 恒有

$$\iiint_V 2yz[\varphi''(x)+\varphi(x)-e^x]\,dV=0,$$

所以

$$\varphi''(x)+\varphi(x)=e^x.$$

其通解为

$$\varphi(x)=C_1\cos x+C_2\sin x+\frac{1}{2}e^x.$$

由初始条件 $\varphi(0)=\frac{1}{2}$，$\varphi'(0)=1$ 确定 $C_1=0$，$C_2=\frac{1}{2}$，故所求

$$\varphi(x)=\frac{1}{2}(\sin x+\mathrm{e}^{x}).$$

例 7　计算 $J=\iint_{\Sigma} yx^{3}\mathrm{d}y\mathrm{d}z+xy^{3}\mathrm{d}z\mathrm{d}x+z\mathrm{d}x\mathrm{d}y$，其中 Σ 是旋转抛物面 $z=x^{2}+y^{2}$ 被围在柱面 $|x|+|y|=1$ 内的曲面的下侧.

解　显然，这里不便通过补面的方法来利用高斯公式，下面直接计算它. 由于 Σ 在 yOz 平面上的投影域关于 z 轴（$y=0$）对称，所以

$$\begin{aligned}\iint_{\Sigma} yx^{3}\mathrm{d}y\mathrm{d}z&=\iint_{\Sigma(\text{前})} yx^{3}\mathrm{d}y\mathrm{d}z+\iint_{\Sigma(\text{后})} yx^{3}\mathrm{d}y\mathrm{d}z\\&=\iint_{\sigma_{yz}} y(\sqrt{z-y^{2}})^{3}\mathrm{d}\sigma-\iint_{\sigma_{yz}} y(-\sqrt{z-y^{2}})^{3}\mathrm{d}\sigma\\&=2\iint_{\sigma_{yz}} y(z-y^{2})^{3/2}\mathrm{d}\sigma=0,\end{aligned}$$

最后一步用到二重积分的对称性（见图 10.32），再由 x 与 y 的可轮换性（地位对等性）知

$$\iint_{\Sigma} xy^{3}\mathrm{d}z\mathrm{d}x=0,$$

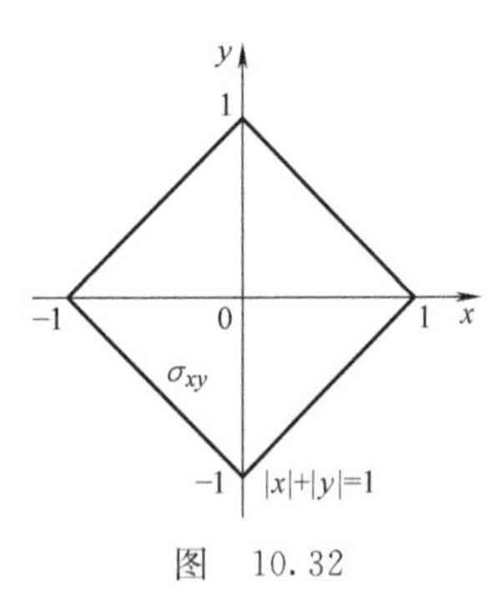

图　10.32

于是

$$\begin{aligned}J&=0+0+\iint_{\Sigma} z\mathrm{d}x\mathrm{d}y\\&=-\iint_{\sigma_{xy}}(x^{2}+y^{2})\mathrm{d}x\mathrm{d}y\\&=-2\iint_{\sigma_{xy}} x^{2}\mathrm{d}x\mathrm{d}y\\&=-8\int_{0}^{1}\mathrm{d}x\int_{0}^{1-x}x^{2}\mathrm{d}y=-\frac{2}{3}.\end{aligned}$$

例 8　利用高斯公式计算三重积分

$$I=\iiint_{V}(xy+yz+zx)\mathrm{d}V,$$

其中，V 是由平面 $x=0$，$y=0$，$z=0$，$z=1$ 以及圆柱面 $x^{2}+y^{2}=1$ 围在第一卦限内的立体.

解　由于 $\frac{\partial P}{\partial x}$，$\frac{\partial Q}{\partial y}$，$\frac{\partial R}{\partial z}$ 选取相当自由，考虑到 V 的边界面（见图 10.33），取

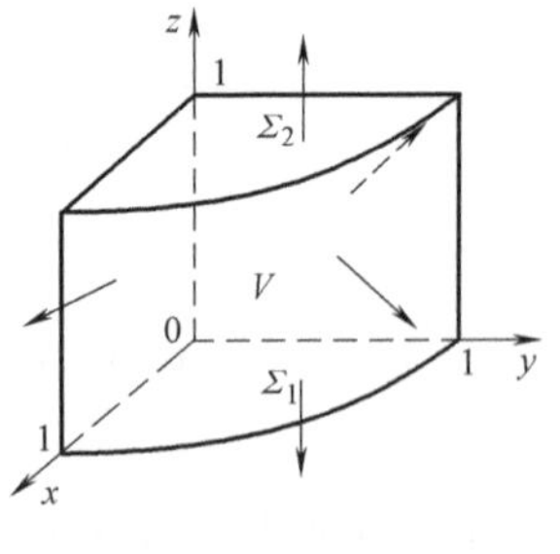

$$P=Q=0,\ R=xyz+\frac{1}{2}yz^{2}+\frac{1}{2}xz^{2},$$

则

图　10.33

$$\frac{\partial R}{\partial z}=xy+yz+zx.$$

由高斯公式，

$$\begin{aligned}I &= \iiint_V (xy+yz+zx)\mathrm{d}V\\ &= \oiint_{\Sigma_{外}} \left[xyz+\frac{1}{2}(x+y)z^2\right]\mathrm{d}x\mathrm{d}y.\end{aligned}$$

Σ 由 V 的侧面（母线平行于 z 轴的柱面）、底面 Σ_1 ：$z=0$ 和上面 Σ_2 ：$z=1$ 构成，故

$$\begin{aligned}I &= \left(\iint_{\Sigma_{1(下)}}+\iint_{\Sigma_{2(上)}}\right)\left[xyz+\frac{1}{2}(x+y)z^2\right]\mathrm{d}x\mathrm{d}y\\ &=0+\iint_{\sigma_{xy}}\left[xy+\frac{1}{2}(x+y)\right]\mathrm{d}x\mathrm{d}y\\ &=\int_0^{\pi/2}\mathrm{d}\theta\int_0^1\left[r^2\sin\theta\cos\theta+\frac{1}{2}r(\sin\theta+\cos\theta)\right]r\mathrm{d}r=\frac{11}{24}.\end{aligned}$$

仔细分析上述计算过程，与柱坐标系下三重积分计算无异．

习题 10

1. 在过点 $O(0,0)$ 和 $A(\pi,0)$ 的曲线族 $y=a\sin x(a>0)$ 中，求一条曲线 L，使沿该曲线从 O 到 A 的积分 $\int_L(1+y^3)\mathrm{d}x+(2x+y)\mathrm{d}y$ 的值最小.

2. 质点 M 沿着以 AB 为直径的右下半圆周，从点 $A(1,2)$ 运动到点 $B(3,4)$ 的过程中受变力 $\boldsymbol{F}$ 作用，$\boldsymbol{F}$ 的大小等于点 M 与原点 O 之间的距离，其方向垂直于线段 OM，且与 y 轴正向的夹角小于 $\pi/2$，求变力 $\boldsymbol{F}$ 对质点 M 所做的功.

3. 计算平面曲线积分

$$\int_l\frac{(x-y)\mathrm{d}x+(x+y)\mathrm{d}y}{x^2+y^2},$$

其中，l 为摆线 $x=t-\sin t-\pi$，$y=1-\cos t$，从 $t=0$ 到 $t=2\pi$ 的弧段.

4. 确定参数 t 的值，使得在不包含直线 $y=0$ 的区域上，曲线积分

$$I=\int_l\frac{x(x^2+y^2)^t}{y}\mathrm{d}x-\frac{x^2(x^2+y^2)^t}{y^2}\mathrm{d}y$$

与路径无关，并求出从点 $A(1,1)$ 到点 $B(0,2)$ 的积分值 I.

5. 在第一象限内，已知曲线积分

$$\int_l f(x,y)(y\mathrm{d}x+x\mathrm{d}y)$$

与路径无关，其中 $f(x,y)$ 有连续的一阶偏导数，$f'_y(x,y)\neq0$，且 $f(1,2)=0$，求由方程 $f(x,y)=0$ 确定的函数 $y=y(x)$.

6. 计算曲面积分

$$\iint_\Sigma(z^2x+ye^z)\mathrm{d}y\mathrm{d}z+x^2y\mathrm{d}z\mathrm{d}x+(\sin^3x+y^2z)\mathrm{d}x\mathrm{d}y,$$

其中，Σ 为下半球面 $z=-\sqrt{R^2-x^2-y^2}$ 的上侧.

7. 计算曲面积分

$$\oiint_S(2x-2x^3-\mathrm{e}^{-\pi})\mathrm{d}y\mathrm{d}z+(zy^2+6x^2y+z^2x)\mathrm{d}z\mathrm{d}x-z^2y\mathrm{d}x\mathrm{d}y,$$

其中，S 是由抛物面 $z=4-x^2-y^2$，坐标面 xOz，yOz 及平面 $z=\frac{1}{2}y$，$x=1$，$y=1$ 所围成的立体的表面外侧.

8. 试将曲面积分

$$\oiint_S\frac{x\cos\alpha+y\cos\beta+z\cos\gamma}{\sqrt{x^2+y^2+z^2}}\mathrm{d}S$$

化为三重积分，其中 $\cos\alpha$，$\cos\beta$，$\cos\gamma$ 是曲面 S 的内法向量的方向余弦.

9. 求向量场 $\boldsymbol{A}=(x^3-y^2)\boldsymbol{i}+(y^3-z^2)\boldsymbol{j}+(z^3-x^2)\boldsymbol{k}$ 的散度与旋度及 $\boldsymbol{A}$ 穿过曲面 S 向外的通量 Φ，其中 S 是由半球面 $y=R+\sqrt{R^2-x^2-z^2}$ $(R>0)$ 与锥面 $y=\sqrt{x^2+z^2}$ 构成的闭曲面. 求 $\boldsymbol{A}$ 沿曲线 C 的环量为 Γ，其中 C 是圆柱面 $x^2+y^2=Rx$ 及球面 $z=\sqrt{R^2-x^2-y^2}$ 的交线，从 z 轴正向看为逆时针方向.

10. 设 $u=u(x,y)$，$v=v(x,y)$ 具有连续的偏导数，C 是平面区域 D 的边界线正向，试证二重积分有分部积分公式：

$$\iint_D u\frac{\partial v}{\partial x}\mathrm{d}x\mathrm{d}y=\oint_C uv\cos(\widehat{\boldsymbol{n},x})\mathrm{d}s-\iint_D v\frac{\partial u}{\partial x}\mathrm{d}x\mathrm{d}y,$$

其中，$\boldsymbol{n}$ 为曲线 C 的外法向量.

11. 设 $u=u(x,y,z)$ 有连续的二阶偏导数，试证

$$\oiint_S \frac{\partial u}{\partial \boldsymbol{n}}\mathrm{d}S=\iiint_V (u''_{xx}+u''_{yy}+u''_{zz})\mathrm{d}V,$$

其中，S 是 V 的边界面；$\boldsymbol{n}$ 为 S 的外法向量.

12. 设 S 是简单光滑的闭曲面，包围的闭区域为 V，$u=u(x,y,z)$ 在 V 上有连续的一阶偏导数，$v=v(x,y,z)$ 有连续的二阶偏导数，且满足拉普拉斯方程

$$\frac{\partial^2 v}{\partial x^2}+\frac{\partial^2 v}{\partial y^2}+\frac{\partial^2 v}{\partial z^2}=0,$$

$\boldsymbol{n}$ 是曲面 S 上在点 (x,y,z) 处的外法线向量，试证：

$$\oiint_S u\frac{\partial v}{\partial \boldsymbol{n}}\mathrm{d}S=\iiint_V (\mathbf{grad}\,u\cdot\mathbf{grad}\,v)\mathrm{d}x\mathrm{d}y\mathrm{d}z.$$

第 11 章 无穷级数

无穷级数理论是高等数学的一个重要组成部分，无穷级数是数或函数的无限和表现形式. 它是进行数值计算的有效工具，计算函数值、构造函数值表、积分运算时都可以借助于它，利用无穷级数可以研究函数的性质，求解微分方程. 因为无穷级数中包含许多非初等函数，故无穷级数理论在现代数学方法中占有重要的地位，在自然科学和工程技术中，也常常用无穷级数来分析解决问题，如谐波分析等. 总之，无穷级数是分析学的重要组成部分，在理论上、计算上和实际应用方面都有重要意义.

11.1 无穷级数的敛散性

11.1.1 无穷级数的含义

定义 11.1 把无穷序列 $u_1, u_2, \cdots, u_n, \cdots$ 的项依次用加号“+”连接起来得到的式子

$$u_1+u_2+\cdots+u_n+\cdots$$

叫作**无穷级数**（简称为**级数**），记为 $\sum\limits_{n=1}^{\infty} u_n$，即

$$\sum_{n=1}^{\infty} u_n=u_1+u_2+\cdots+u_n+\cdots, \tag{11.1.1}$$

其中，u_n 称为级数的**一般项**（或**通项**）.

练习 1. 写出下列级数的一般项 u_n.

(1) $-\frac{1}{2}+0+\frac{1}{4}+\frac{2}{5}+\frac{3}{6}+\cdots$;

(2) $\frac{1}{2}+\frac{2}{5}+\frac{3}{10}+\frac{4}{17}+\cdots$;

(3) $\frac{\sqrt{3}}{2}+\frac{3}{2\cdot 4}+\frac{3\sqrt{3}}{2\cdot 4\cdot 6}+\frac{3^2}{2\cdot 4\cdot 6\cdot 8}+\cdots$.

各项都是常数的级数，叫作（常）**数项级数**，例如

$$\frac{3}{10}+\frac{3}{100}+\cdots+\frac{3}{10^n}+\cdots;$$

$$1-\frac{1}{2}+\frac{1}{3}-\frac{1}{4}+\cdots+(-1)^{n-1}\frac{1}{n}+\cdots;$$

$$1-1+1-1+\cdots+(-1)^{n-1}+\cdots.$$

以函数为项的级数，叫作**函数项级数**，例如

$$1+x+x^2+\cdots+x^n+\cdots;$$

$$x-\frac{x^3}{3!}+\frac{x^5}{5!}-\cdots+(-1)^{n-1}\frac{x^{2n-1}}{(2n-1)!}+\cdots;$$

$$\sin x+\frac{1}{3}\sin 3x+\cdots+\frac{1}{2n-1}\sin(2n-1)x+\cdots.$$

11.1.2 收敛与发散的概念

无穷级数定义式（11.1.1）的含义是什么？如何求和？按通常的加法运算一项一项地加下去，永远也算不完，那么该如何计算？

称无穷级数（11.1.1）的前 n 项和

$$S_n=u_1+u_2+\cdots+u_n$$

为级数（11.1.1）的（前 n 项）**部分和**. 这样，级数（11.1.1）对应一个部分和序列

$$S_1, S_2, \cdots, S_n, \cdots. \tag{11.1.2}$$

定义 11.2 若级数（11.1.1）的部分和序列（11.1.2）有极限，即

$$\lim_{n\to\infty}S_n=S,$$

则称级数（11.1.1）**收敛**，并称其极限 S 为级数（11.1.1）的**和**，记为

$$S=\sum_{n=1}^{\infty}u_n=u_1+u_2+\cdots+u_n+\cdots.$$

否则，称级数（11.1.1）**发散**.

级数的敛散性是个根本性的问题，它与部分和序列是否有极限是等价的.

对于收敛级数（11.1.1），称差

$$r_n=S-S_n=u_{n+1}+u_{n+2}+\cdots$$

为级数（11.1.1）的**余和**. 显然，有 $\lim\limits_{n\to\infty}r_n=0$，所以，当 n 充分大时，可以用 S_n 近似代替 S，其误差为 $|r_n|$.

例 1　判断级数

$$\sum_{n=2}^{\infty}\ln\left(1-\frac{1}{n^2}\right)$$

的敛散性，若收敛，求其和.

解　由于 $\ln\left(1-\frac{1}{n^2}\right)=\ln\frac{n^2-1}{n^2}=\ln(n^2-1)-\ln n^2$

$$=\ln(n+1)-2\ln n+\ln(n-1),$$

所以，部分和

$$\begin{aligned}S_n&=\sum_{k=2}^{n}\ln\left(1-\frac{1}{k^2}\right)\\&=(\ln3-2\ln2+\ln1)+(\ln4-2\ln3+\ln2)+\cdots+\\&\quad[\ln(n+1)-2\ln n+\ln(n-1)]\\&=-\ln2+\ln(n+1)-\ln n=\ln\left(1+\frac{1}{n}\right)-\ln2.\end{aligned}$$

因此，

$$\lim_{n\to\infty}S_n=-\ln2.$$

故所论级数收敛，其和为 $-\ln2$.

> **练习 2.** 已知级数 $\sum_{n=1}^{\infty}u_n$ 的部分和 $S_n=\frac{2n}{n+1}$（$n=1,2,\cdots$）.
>
> (1) 求此级数的一般项 u_n；(2) 判定此级数的敛散性.

例 2　试证等比级数（几何级数）

$$\sum_{n=1}^{\infty}ar^{n-1}=a+ar+ar^2+\cdots+ar^{n-1}+\cdots\quad(a\neq0)\tag{11.1.3}$$

当 $|r|<1$ 时，收敛；当 $|r|\geqslant1$ 时，发散.

证明　当公比 $r\neq1$ 时，部分和

$$S_n=a+ar+ar^2+\cdots+ar^{n-1}=\frac{a-ar^n}{1-r}=\frac{a}{1-r}-\frac{ar^n}{1-r}.$$

(i) 若 $|r|<1$，由于 $\lim_{n\to\infty}r^n=0$，所以

$$\lim_{n\to\infty}S_n=\lim_{n\to\infty}\left(\frac{a}{1-r}-\frac{ar^n}{1-r}\right)=\frac{a}{1-r},$$

故当 $|r|<1$ 时，等比级数 (11.1.3) 收敛，其和为 $\frac{a}{1-r}$.

(ii) 若 $|r|>1$，由于 $\lim_{n\to\infty}r^n=\infty$，所以 $\{S_n\}$ 无极限，此时等比级数 (11.1.3) 发散.

(iii) 当公比 $r=1$ 时，$S_n=na$；当公比 $r=-1$ 时，

$$S_n=\begin{cases}a, & \text{当 } n \text{ 为奇数时},\\0, & \text{当 } n \text{ 为偶数时}.\end{cases}$$

可见，在 $n\to\infty$ 时，$\{S_n\}$ 无极限．所以当 $|r|=1$ 时，等比级数 (11.1.3) 也发散. □

例 3 证明级数 $\sum_{n=1}^{\infty}\frac{n}{2^n}$ 收敛，并求其和.

证明 因为

$$S_n=\frac{1}{2}+\frac{2}{2^2}+\frac{3}{2^3}+\cdots+\frac{n}{2^n},$$

$$2S_n=1+\frac{2}{2}+\frac{3}{2^2}+\cdots+\frac{n}{2^{n-1}}.$$

后式减前式，得

$$\begin{aligned}S_n&=1+\left(\frac{2}{2}-\frac{1}{2}\right)+\left(\frac{3}{2^2}-\frac{2}{2^2}\right)+\cdots+\left(\frac{n}{2^{n-1}}-\frac{n-1}{2^{n-1}}\right)-\frac{n}{2^n}\\&=1+\frac{1}{2}+\frac{1}{2^2}+\cdots+\frac{1}{2^{n-1}}-\frac{n}{2^n}\\&=\frac{1-\frac{1}{2^n}}{1-\frac{1}{2}}-\frac{n}{2^n}=2-\frac{1}{2^{n-1}}-\frac{n}{2^n}.\end{aligned}$$

故

$$S=\lim_{n\to\infty}S_n=\lim_{n\to\infty}\left(2-\frac{1}{2^{n-1}}-\frac{n}{2^n}\right)=2.$$

这就证明了级数收敛，且和为 2. □

练习 3. 用定义判定下列级数的敛散性，对收敛级数，求出其和.

(1) $\sum_{n=1}^{\infty}\frac{1}{2^n}$; (2) $\sum_{n=1}^{\infty}\sin\frac{n\pi}{2}$;

(3) $\sum_{n=1}^{\infty}\frac{1}{(5n-4)(5n+1)}$; (4) $\sum_{n=1}^{\infty}\frac{1}{n(n+1)(n+2)}$;

(5) $\sum_{n=1}^{\infty}\frac{2n-1}{2^n}$; (6) $\sum_{n=1}^{\infty}(\sqrt{n+2}-2\sqrt{n+1}+\sqrt{n})$;

(7) $\frac{1}{3}+\frac{1}{15}+\frac{1}{35}+\frac{1}{63}+\cdots$; (8) $\sum_{n=1}^{\infty}\arctan\frac{1}{n^2+n+1}$.

例 4 证明调和级数

$$\sum_{n=1}^{\infty}\frac{1}{n}=1+\frac{1}{2}+\frac{1}{3}+\cdots+\frac{1}{n}+\cdots \tag{11.1.4}$$

发散.

证明　对任何 $x>0$，不等式 $x>\ln(1+x)$ 都成立，因此有

$$\begin{aligned}S_n &>\ln(1+1)+\ln\left(1+\frac{1}{2}\right)+\cdots+\ln\left(1+\frac{1}{n}\right)\\&=\ln2+\ln3-\ln2+\cdots+\ln(n+1)-\ln n\\&=\ln(n+1),\end{aligned}$$

而 $\lim\limits_{n\to\infty}\ln(n+1)=\infty$，故 $\lim\limits_{n\to+\infty}S_n=+\infty$，说明调和级数 (11.1.4) 发散. □

通过部分和序列的极限来判定无穷级数的敛散性，虽然是最基本的方法，但它常常是十分困难的. 因此，需要寻找简便易行的判别方法，这是下面几节的中心议题.

11.1.3 无穷级数的基本性质

由无穷级数的收敛、发散的概念和极限运算的性质，容易得到无穷级数的下列性质：

性质 1　当 k 为非零常数时，级数 $\sum\limits_{n=1}^{\infty}ku_n$ 和 $\sum\limits_{n=1}^{\infty}u_n$ 敛散性相同. 在收敛的情况下，有

$$\sum_{n=1}^{\infty}ku_n=k\sum_{n=1}^{\infty}u_n.$$

证明　由级数的部分和

$$\sum_{i=1}^{n}ku_i=k\sum_{i=1}^{n}u_i$$

以及极限的性质

$$\lim_{n\to\infty}\sum_{i=1}^{n}ku_i=k\lim_{n\to+\infty}\sum_{i=1}^{n}u_i,$$

易知结论成立. □

性质 2　若级数 $\sum\limits_{n=1}^{\infty}u_n$ 和 $\sum\limits_{n=1}^{\infty}v_n$ 均收敛，则逐项相加（减）的级数 $\sum\limits_{n=1}^{\infty}(u_n\pm v_n)$ 也收敛，且

$$\sum_{n=1}^{\infty}u_n\pm\sum_{n=1}^{\infty}v_n=\sum_{n=1}^{\infty}(u_n\pm v_n).$$

证明　由级数的部分和

$$\sum_{i=1}^{n}(u_i\pm v_i)=\sum_{i=1}^{n}u_i\pm\sum_{n=1}^{n}v_i$$

以及极限的性质

$$\lim_{n\to+\infty}\sum_{i=1}^{n}(u_i\pm v_i)=\lim_{n\to+\infty}\sum_{i=1}^{n}u_i\pm\lim_{n\to+\infty}\sum_{i=1}^{n}v_i,$$

知性质 2 成立．□

由性质 2 易知，若在两个级数中，有一个收敛，另一个发散，则它们逐项相加（减）的级数必发散；而两个发散级数逐项相加（减）的级数不一定发散．例如，级数

$$\sum_{n=1}^{\infty}(-1)^n,\ \sum_{n=1}^{\infty}(-1)^{n-1}$$

都发散，但

$$\sum_{n=1}^{\infty}[(-1)^n+(-1)^{n-1}]=\sum_{n=1}^{\infty}0=0$$

是收敛的．

性质 3　在一个级数中，任意去掉、增加或改变有限项后，级数的敛散性不变．但对于收敛级数，其和将受到影响．

证明　假设在级数 $\sum_{n=1}^{\infty}u_n$ 中，去掉 u_{i_1}，u_{i_2}，…，u_{i_l}，共 l 项，u_{i_l} 是最后一项，得到新级数为

$$\sum_{n=1}^{\infty}\hat{u}_n.$$

设 $u_{i_1}+u_{i_2}+\cdots+u_{i_l}=a$，$S_n$ 和 $\hat{S}_n$ 分别为两个级数的前 n 项部分和．显然，当 $n+l>i_l$ 时，有

$$\hat{S}_n=S_{n+l}-a.$$

由此可见级数 $\sum_{n=1}^{\infty}\hat{u}_n$ 与 $\sum_{n=1}^{\infty}u_n$ 的敛散性一致．但是，当 $\sum_{n=1}^{\infty}u_n=S$ 时，$\sum_{n=1}^{\infty}\hat{u}_n=S-a$．

有了上面的论证，用反证法知，在级数中任意增加有限项，也不会改变级数的敛散性，但收敛级数的和会改变．

改变有限项，等于去掉这些项，再于原位置上增加适当的项，所以结论也是正确的．□

性质 4　在收敛级数内可以任意加（有限个或无限个）括号，即若级数 $\sum_{n=1}^{\infty}u_n$ 收敛，则任意加括号所得到的级数（每个括号内的和数为新级数的一项）如

$$(u_1+u_2+\cdots+u_{k_1})+(u_{k_1+1}+u_{k_1+2}+\cdots+u_{k_2})+\cdots+(u_{k_{n-1}+1}+u_{k_{n-1}+2}+\cdots+u_{k_n})+\cdots \tag{11.1.5}$$

也收敛，且其和与原级数和相等．

证明　因为新级数（11.1.5）的部分和数列 $\{\hat{S}_n\}=\{S_{k_n}\}$，而

$$\lim_{n\to\infty}S_n=S,$$

故

$$\lim_{n\to\infty}\hat{S}_n=\lim_{n\to\infty}S_{k_n}=S. \qquad \square$$

由性质 4 知，发散级数去掉括号（拆项）后，仍发散.

要强调的是，收敛级数一般不能去掉无穷多个括号；发散级数一般也不能加无穷多个括号. 例如，级数

$$(1-1)+(1-1)+\cdots+(1-1)+\cdots$$

是收敛的，其和为零，但级数

$$1-1+1-1+\cdots+(-1)^{n-1}+\cdots$$

发散.

性质 5 （级数收敛的必要条件） 若级数 $\sum_{n=1}^{\infty}u_n$ 收敛，则必有

$$\lim_{n\to\infty}u_n=0.$$

即收敛级数的一般项必趋于零（是无穷小）.

证明 设 $S=\sum_{n=1}^{\infty}u_n$，于是

$$\lim_{n\to\infty}u_n=\lim_{n\to\infty}(S_n-S_{n-1})=S-S=0. \qquad \square$$

根据性质 5，若某级数的一般项不以零为极限，便可断言，该级数发散. 例如，级数

$$\sum_{n=1}^{\infty}\frac{n!}{a^n}\quad (a>0),$$

由于 $\lim_{n\to\infty}\frac{n!}{a^n}=\infty$，所以该级数发散.

一般项为无穷小仅仅是级数收敛的必要条件，而非充分条件. 如调和级数 $\sum_{n=1}^{\infty}\frac{1}{n}$ 的一般项 $\frac{1}{n}$ 是无穷小，但调和级数发散.

例 5 判定级数

$$\sum_{n=1}^{\infty}\frac{n^{n+\frac{1}{n}}}{\left(n+\frac{1}{n}\right)^n}$$

的敛散性.

解 由于

$$\lim_{n\to\infty}u_n=\lim_{n\to\infty}\frac{n^{n+\frac{1}{n}}}{\left(n+\frac{1}{n}\right)^n}=\lim_{n\to\infty}\frac{n^n\cdot n^{1/n}}{n^n\left[\left(1+\frac{1}{n^2}\right)^{n^2}\right]^{1/n}}=1,$$

即原级数的通项不趋于零，故原级数发散.

练习 4. 用性质判定下列级数的敛散性.

(1) $\frac{1}{11}+\frac{2}{12}+\frac{3}{13}+\cdots$;

(2) $\frac{1}{4}+\frac{1}{5}+\frac{1}{6}+\frac{1}{7}+\cdots$;

(3) $\left(\frac{1}{6}+\frac{8}{9}\right)+\left(\frac{1}{6^2}+\frac{8^2}{9^2}\right)+\left(\frac{1}{6^3}+\frac{8^3}{9^3}\right)+\cdots$;

(4) $\frac{1}{2}+\frac{1}{10}+\frac{1}{4}+\frac{1}{20}+\cdots+\frac{1}{2^n}+\frac{1}{10n}+\cdots$;

(5) $\sum_{n=1}^{\infty}\ln\frac{n+1}{n}$;　　(6) $\sum_{n=1}^{\infty}\frac{2^n+3^n}{6^n}$;

(7) $\sum_{n=1}^{\infty}\frac{(-1)^n n^2}{2n^2+n}$.

例 6　判定级数 $\sum_{n=1}^{\infty}\left(\frac{1}{3n}-\frac{\ln^n 3}{3^n}\right)$ 的敛散性.

解　因调和级数 $\sum_{n=1}^{\infty}\frac{1}{n}$ 发散，由性质 1 知，级数 $\sum_{n=1}^{\infty}\frac{1}{3n}$ 发散. 而级数

$$\sum_{n=1}^{\infty}\left(\frac{\ln 3}{3}\right)^n$$

是以 $r=\frac{\ln 3}{3}$ 为公比的等比级数，$|r|=\frac{\ln 3}{3}<1$，所以这个等比级数收敛. 由性质 2 知，级数

$$\sum_{n=1}^{\infty}\left(\frac{1}{3n}-\frac{\ln^n 3}{3^n}\right)$$

发散.

练习 5. 分别就级数 $\sum_{n=1}^{\infty}u_n$ 收敛和发散的两种情况，讨论下列级数的敛散性.

(1) $\sum_{n=1}^{\infty}(u_n+0.0001)$;　　(2) $1000+\sum_{n=1}^{\infty}u_n$;

(3) $\sum_{n=1}^{\infty}\frac{1}{u_n}$.

例 7　试证

$$\lim_{n\to\infty}\frac{a_n}{(1+a_1)(1+a_2)\cdots(1+a_n)}=0,$$

其中 $a_i>0$ ($i=1, 2, \cdots$).

证明　由于级数

$$\sum_{n=1}^{\infty} \frac{a_n}{(1+a_1)(1+a_2)\cdots(1+a_n)} \qquad (11.1.6)$$

的部分和 S_n 是单增的，且

$$S_n=\frac{a_1(1+a_2)\cdots(1+a_n)+a_2(1+a_3)\cdots(1+a_n)+\cdots+a_{n-1}(1+a_n)+a_n}{(1+a_1)(1+a_2)\cdots(1+a_n)}$$

$$=\frac{a_1(1+a_2)\cdots(1+a_n)+a_2(1+a_3)\cdots(1+a_n)+\cdots+a_{n-1}(1+a_n)+(1+a_n)-1}{(1+a_1)(1+a_2)\cdots(1+a_n)}$$

$$=\frac{(1+a_1)(1+a_2)\cdots(1+a_n)-1}{(1+a_1)(1+a_2)\cdots(1+a_n)}=1-\frac{1}{(1+a_1)(1+a_2)\cdots(1+a_n)}<1,$$

所以，$\{S_n\}$ 是单增有上界的数列，故 $\{S_n\}$ 有极限，即级数 (11.1.6) 收敛，于是由性质 5 知，级数 (11.1.6) 的一般项以零为极限. □

11.2 正项级数敛散性判别法

一般的常数项级数，它的各项可以是正数、负数或者是零. 若级数 $\sum_{n=1}^{\infty} u_n$ 的各项都是非负的实数，则称其为**正项级数**. 由于正项级数的部分和数列 $\{S_n\}$ 是单增的，即有

$$S_1 \leqslant S_2 \leqslant \cdots \leqslant S_n \leqslant \cdots,$$

若部分和数列 $\{S_n\}$ 有上界，它必有极限，从而级数 $\sum_{n=1}^{\infty} u_n$ 收敛；若 $\{S_n\}$ 无上界，则 $\lim_{n\to\infty} S_n=+\infty$，级数 $\sum_{n=1}^{\infty} u_n$ 必发散. 总之有：

定理 11.1　正项级数收敛的充要条件是其部分和数列有上界.

不难看出，正项级数可以任意加括号，其敛散性不变，对收敛的正项级数，其和也不变. 若收敛的正项级数和为 S，则 $S \geqslant S_n$. 由定理 11.1 容易推导出：

定理 11.2 (比较判别法)　设 $\sum_{n=1}^{\infty} u_n$ 和 $\sum_{n=1}^{\infty} v_n$ 都是正项级数，且满足不等式

$$u_n \leqslant v_n \quad (n=1,2,\cdots),$$

则当级数 $\sum_{n=1}^{\infty} v_n$ 收敛时，级数 $\sum_{n=1}^{\infty} u_n$ 也收敛；当级数 $\sum_{n=1}^{\infty} u_n$ 发

散时，级数 $\sum_{n=1}^{\infty} v_n$ 也发散.

证明　设级数 $\sum_{n=1}^{\infty} u_n$ 和 $\sum_{n=1}^{\infty} v_n$ 的部分和依次为 S_n 和 σ_n，由于 $u_n \leqslant v_n$，所以 $S_n \leqslant \sigma_n$ 当 $\sum_{n=1}^{\infty} v_n$ 收敛时，σ_n 有上界，从而 S_n 也有上界，由定理 11.1 知，$\sum_{n=1}^{\infty} u_n$ 收敛.

当 $\sum_{n=1}^{\infty} u_n$ 发散时，$S_n \to +\infty$，从而 $\sigma_n \to +\infty (n \to +\infty)$，由此可见，$\sum_{n=1}^{\infty} v_n$ 发散. □

推论　若对两个正项级数 $\sum_{n=1}^{\infty} u_n$ 和 $\sum_{n=1}^{\infty} v_n$，存在常数 $C>0$ 和正整数 N，使得当 $n \geqslant N$ 时，

$$u_n \leqslant C v_n,$$

则当级数 $\sum_{n=1}^{\infty} v_n$ 收敛时，$\sum_{n=1}^{\infty} u_n$ 也收敛；当级数 $\sum_{n=1}^{\infty} u_n$ 发散时，$\sum_{n=1}^{\infty} v_n$ 也发散.

例 1　试证 p-级数

$$\sum_{n=1}^{\infty} \frac{1}{n^p} = 1 + \frac{1}{2^p} + \frac{1}{3^p} + \cdots + \frac{1}{n^p} + \cdots$$

当 $p \leqslant 1$ 时，发散；当 $p>1$ 时，收敛.

证明　当 $p \leqslant 1$ 时，有

$$\frac{1}{n^p} \geqslant \frac{1}{n} \quad (n=1, 2, \cdots),$$

而调和级数 $\sum_{n=1}^{\infty} \frac{1}{n}$ 发散，故由比较判别法知 $p \leqslant 1$ 时，p-级数 $\sum_{n=1}^{\infty} \frac{1}{n^p}$ 发散.

当 $p>1$ 时，由于正项级数可以任意加括号，其敛散性不变，将 p-级数加括号如下：

$$1 + \left(\frac{1}{2^p} + \frac{1}{3^p}\right) + \left(\frac{1}{4^p} + \frac{1}{5^p} + \frac{1}{6^p} + \frac{1}{7^p}\right) + \left(\frac{1}{8^p} + \cdots + \frac{1}{15^p}\right) + \cdots,$$

它的各项均不会大于正项级数

$$1 + \left(\frac{1}{2^p} + \frac{1}{2^p}\right) + \left(\frac{1}{4^p} + \frac{1}{4^p} + \frac{1}{4^p} + \frac{1}{4^p}\right) + \left(\frac{1}{8^p} + \cdots + \frac{1}{8^p}\right) + \cdots,$$

即

$$1+\frac{1}{2^{p-1}}+\frac{1}{4^{p-1}}+\frac{1}{8^{p-1}}+\cdots$$

的对应项．而最后的级数是收敛的等比级数，其公比 $r=\frac{1}{2^{p-1}}<1$.

故由比较判别法知 $p>1$ 时，p-级数 $\sum\limits_{n=1}^{\infty}\frac{1}{n^p}$收敛. □

使用正项级数的比较判别法时，需要知道一些级数的敛散性，作为比较的标准．等比级数 $\sum\limits_{n=1}^{\infty} ar^n$ 和 p-级数 $\sum\limits_{n=1}^{\infty}\frac{1}{n^p}$常被当作标准．当估计某一正项级数可能收敛时，就把它的项适当放大，若新级数是收敛级数，就可断定原级数收敛；当估计某一正项级数可能发散时，把它的项适当地缩小，若得到一个发散的级数，就可断定原级数也发散.

例 2　设 $a_n\geqslant 0$ $(n=1,2,\cdots)$ 且 $\sum\limits_{n=1}^{\infty} a_n$ 收敛，讨论 $\sum\limits_{n=1}^{\infty}\frac{1}{n}\sqrt{a_n}$ 的敛散性.

解　因为

$$0\leqslant\frac{1}{n}\sqrt{a_n}\leqslant\frac{1}{2}\left(\frac{1}{n^2}+a_n\right),$$

而 $\sum\limits_{n=1}^{+\infty}\frac{1}{n^2}$和 $\sum\limits_{n=1}^{+\infty} a_n$ 都收敛，故 $\sum\limits_{n=1}^{+\infty}\frac{1}{n}\sqrt{a_n}$收敛.

例 3　讨论下列正项级数的敛散性：

(1) $\sum\limits_{n=1}^{\infty} 2^n\sin\frac{\pi}{3^n}$；　　(2) $\sum\limits_{n=1}^{\infty}\frac{1}{\sqrt[3]{n(n+1)}}$；

(3) $\sum\limits_{n=1}^{\infty}\int_0^{1/n}\frac{\sqrt{x}}{1+x^2}\mathrm{d}x$.

解　(1) 因为

$$0<u_n=2^n\sin\frac{\pi}{3^n}<2^n\ \frac{\pi}{3^n}=\pi\left(\frac{2}{3}\right)^n,$$

而等比级数 $\sum\limits_{n=1}^{\infty}\pi\left(\frac{2}{3}\right)^n$ 收敛，故由比较判别法知级数

$$\sum_{n=1}^{\infty} 2^n\sin\frac{\pi}{3^n}$$

收敛.

(2) 因为

$$u_n=\frac{1}{\sqrt[3]{n(n+1)}}>\frac{1}{(n+1)^{2/3}},$$

而 $\sum_{n=1}^{\infty}\frac{1}{(n+1)^{2/3}}=\sum_{n=2}^{\infty}\frac{1}{n^{2/3}}$ 是发散的 p-级数 $\left(p=\frac{2}{3}<1\right)$，故由比较判别法知，级数

$$\sum_{n=1}^{\infty}\frac{1}{\sqrt[3]{n(n+1)}}$$

发散.

(3) 因为

$$0<u_n=\int_0^{1/n}\frac{\sqrt{x}}{1+x^2}\mathrm{d}x<\int_0^{1/n}\sqrt{x}\,\mathrm{d}x=\frac{2}{3}\frac{1}{n^{3/2}},$$

又 p-级数 $\sum_{n=1}^{\infty}\frac{1}{n^{3/2}}$ 收敛 $\left(p=\frac{3}{2}>1\right)$，故级数

$$\sum_{n=1}^{\infty}\int_0^{1/n}\frac{\sqrt{x}}{1+x^2}\mathrm{d}x$$

收敛.

练习 1. 用比较法判别下列级数的敛散性.

(1) $\frac{1}{2}+\frac{1}{5}+\frac{1}{10}+\frac{1}{17}+\cdots$；　(2) $1+\frac{1+2}{1+2^2}+\frac{1+3}{1+3^2}+\cdots$；

(3) $\sum_{n=1}^{\infty}\sin\frac{\pi}{2^n}$；　(4) $\sum_{n=1}^{\infty}\left[\frac{1}{n}-\ln\left(1+\frac{1}{n}\right)\right]$.

练习 2. 设级数 $\sum_{n=1}^{\infty}a_n$ 与 $\sum_{n=1}^{\infty}b_n$ 收敛，且对一切正整数 n 都有 $a_n<c_n<b_n$，证明：$\sum_{n=1}^{\infty}c_n$ 收敛.

练习 3. 证明：

(1) 若正项级数 $\sum_{n=1}^{\infty}u_n$ 收敛，则 $\sum_{n=1}^{\infty}u_n^2$ 收敛；

(2) 若正项级数 $\sum_{n=1}^{\infty}u_n$ 与 $\sum_{n=1}^{\infty}v_n$ 均收敛，则 $\sum_{n=1}^{\infty}u_nv_n$ 与 $\sum_{n=1}^{\infty}\sqrt{\frac{v_n}{n^p}}$，$p>1$ 均收敛；

(3) 若正项级数 $\sum_{n=1}^{\infty}u_n$ 发散，$S_n=u_1+\cdots+u_n$，则 $\sum_{n=1}^{\infty}\frac{u_n}{S_n^2}$ 收敛；

(4) 若 u_n，$v_n>0$，且 $\frac{u_{n+1}}{u_n}\leqslant\frac{v_{n+1}}{v_n}$，则当 $\sum_{n=1}^{\infty}v_n$ 收敛时，

$\sum_{n=1}^{\infty} u_n$ 收敛；当 $\sum_{n=1}^{\infty} u_n$ 发散时，$\sum_{n=1}^{\infty} v_n$ 发散.

定理 11.3 （比较判别法的极限形式） 设 $\sum_{n=1}^{\infty} u_n$ 和 $\sum_{n=1}^{\infty} v_n$ 都是正项级数，如果

$$\lim_{n\to+\infty} \frac{u_n}{v_n}=C,$$

则

(i) 当 $0<C<+\infty$ 时，两个级数的敛散性相同；

(ii) 当 $C=0$ 时，若 $\sum_{n=1}^{\infty} v_n$ 收敛，那么 $\sum_{n=1}^{\infty} u_n$ 也收敛；

(iii) 当 $C=\infty$ 时，若 $\sum_{n=1}^{\infty} v_n$ 发散，那么 $\sum_{n=1}^{\infty} u_n$ 也发散.

证明 只证 (i)，$0<C<+\infty$ 情形. 取 $\varepsilon=\frac{C}{2}$，则存在 N，当 $n>N$ 时，恒有 $\left|\frac{u_n}{v_n}-C\right|<\frac{C}{2}$，即有

$$\frac{C}{2}v_n<u_n<\frac{3C}{2}v_n,\ \forall n>N.$$

由比较判别法的推论知，结论 (i) 成立. □

(ii) 和 (iii) 的证明留给读者作为练习.

当 $u_n\to 0$，$v_n\to 0$ 时，比较判别法的实质是无穷小通项比阶. 若 u_n 和 v_n 是同阶无穷小，则两个级数 $\sum_{n=1}^{\infty} u_n$ 和 $\sum_{n=1}^{\infty} v_n$ 的敛散性相同；若 u_n 是 v_n 的高阶无穷小，则级数 $\sum_{n=1}^{\infty} v_n$ 收敛时，级数 $\sum_{n=1}^{\infty} u_n$ 必收敛；若 u_n 是 v_n 的低阶无穷小，则级数 $\sum_{n=1}^{\infty} v_n$ 发散时，级数 $\sum_{n=1}^{\infty} u_n$ 必发散. 因为 $n\to\infty$ 时，$\frac{1}{n}$ 是无穷小，考察 u_n 是 $\frac{1}{n}$ 的几阶无穷小，就相当于和 p-级数比较来判定敛散性.

例 4 判定级数 $\sum_{n=1}^{\infty}\left(1-\cos\frac{\pi}{n}\right)$ 的敛散性.

解 因为 $1-\cos\frac{\pi}{n}$ 是 $\frac{\pi}{n}$ 的二阶无穷小（$n\to\infty$ 时），而级数

$$\sum_{n=1}^{\infty}\left(\frac{\pi}{n}\right)^2=\pi^2\sum_{n=1}^{\infty}\frac{1}{n^2}$$

收敛，故级数 $\sum_{n=1}^{\infty}\left(1-\cos\frac{\pi}{n}\right)$ 收敛.

练习 4. 若 $\lim_{n\to\infty} na_n=a\neq 0$，则 $\sum_{n=1}^{\infty} a_n$ 发散.

使用比较判别法时，要找一个敛散性已知的级数与给定的级数对比，一般说来技巧性高，难度大. 下面给出比值判别法和根值判别法，它们的优点是由正项级数本身就能断定敛散性.

定理 11.4 （比值判别法或达朗贝尔判别法） 对正项级数 $\sum_{n=1}^{\infty} u_n$，若

$$\lim_{n\to\infty}\frac{u_{n+1}}{u_n}=\rho,$$

则当 $\rho<1$ 时，级数收敛；当 $\rho>1$（或 $\rho=+\infty$）时，级数发散.

证明 由数列极限定义，$\forall\varepsilon>0$，$\exists N$，当 $n\geqslant N$ 时，恒有

$$\left|\frac{u_{n+1}}{u_n}-\rho\right|<\varepsilon,$$

$$\rho-\varepsilon<\frac{u_{n+1}}{u_n}<\rho+\varepsilon,\ \forall n\geqslant N. \tag{11.2.1}$$

(i) 当 $\rho<1$ 时，取 ε 适当小，使 $\rho+\varepsilon=r<1$. 于是由式（11.2.1），得

$$u_{n+1}<ru_n,\ \forall n\geqslant N.$$

从而

$$u_{N+k}<ru_{N+k-1}<\cdots<r^k u_N\quad (k=1,2,\cdots).$$

由于 $0<r<1$，等比级数 $\sum_{k=1}^{\infty} u_N r^k$ 收敛，由比较判别法知，$\sum_{k=1}^{\infty} u_{N+k}=\sum_{n=N+1}^{\infty} u_n$ 收敛，从而级数 $\sum_{n=1}^{\infty} u_n$ 收敛.

(ii) 当 $\rho>1$ 时，取 ε 适当小，使 $\rho-\varepsilon>1$，于是由式（11.2.1），得

$$u_{n+1}>u_n,\ \forall n\geqslant N.$$

注意，这时 u_n 单调递增，故 $\lim_{n\to+\infty} u_n\neq 0$，从而级数 $\sum_{n=1}^{\infty} u_n$ 发散.

□

定理 11.5 （根值判别法或柯西判别法） 对正项级数 $\sum_{n=1}^{\infty} u_n$，若

$$\lim_{n\to\infty}\sqrt[n]{u_n}=\rho,$$

则当 $\rho<1$ 时，级数收敛；当 $\rho>1$（或 $\rho=+\infty$）时，级数发散.

证明方法与比值判别法类似，请读者自行证明.

需要强调指出：

（1）用比值法或根值法判定级数发散（$\rho>1$）时，级数的通项 u_n 不趋于零. 后面将用到这一点.

（2）当 $\rho=1$ 时，比值判别法和根值判别法失效. 比如，对 p-级数 $\sum\limits_{n=1}^{\infty}\frac{1}{n^p}$，有

$$\lim_{n\to\infty}\frac{u_{n+1}}{u_n}=\lim_{n\to\infty}\left(\frac{n}{n+1}\right)^p=1,$$

所以比值判别法不能用来判定 p-级数的敛散性.

例 5　判定 $\sum\limits_{n=1}^{\infty}\frac{n}{2^n}\cos^2\frac{n\pi}{3}$ 的敛散性.

解　因为 $0\leqslant\cos^2\frac{n\pi}{3}\leqslant1$，所以

$$0\leqslant\frac{n}{2^n}\cos^2\frac{n\pi}{3}\leqslant\frac{n}{2^n}\quad(n=1,2,\cdots),$$

又因为

$$\lim_{n\to\infty}\left(\frac{n+1}{2^{n+1}}\bigg/\frac{n}{2^n}\right)=\lim_{n\to\infty}\frac{n+1}{2n}=\frac{1}{2}<1,$$

所以，级数 $\sum\limits_{n=1}^{\infty}\frac{n}{2^n}$ 收敛，再由比较判别法知，$\sum\limits_{n=1}^{\infty}\frac{n}{2^n}\cos^2\frac{n\pi}{3}$ 也收敛.

练习 5. 用比值判别法判别下列级数的敛散性.

（1）$\sum\limits_{n=0}^{\infty}\frac{n!}{n^n}$；　　（2）$\sum\limits_{n=0}^{\infty}\frac{5^n}{n!}$；

（3）$\sum\limits_{n=1}^{\infty}\frac{2^n n!}{n^n}$；　　（4）$\sum\limits_{n=1}^{\infty}\frac{2\cdot5\cdot\cdots\cdot(3n-1)}{1\cdot5\cdot\cdots\cdot(4n-3)}$.

练习 6. 利用收敛级数性质证明：

（1）$\lim\limits_{n\to\infty}\frac{n^n}{(2n)!}=0$；　　（2）$\lim\limits_{n\to\infty}\frac{a^n}{n!}=0$（$a>1$）.

例 6　讨论级数 $\sum\limits_{n=1}^{\infty}\left(\frac{n}{2n+1}\right)^{an}$ 的敛散性.

解　因为

$$\lim_{n\to\infty}\sqrt[n]{u_n}=\lim_{n\to\infty}\sqrt[n]{\left(\frac{n}{2n+1}\right)^{an}}=\lim_{n\to\infty}\left(\frac{n}{2n+1}\right)^a=\left(\frac{1}{2}\right)^a,$$

所以，当 $a>0$ 时，$\left(\frac{1}{2}\right)^a<1$，级数收敛；当 $a<0$ 时，$\left(\frac{1}{2}\right)^a>1$，级数发散；当 $a=0$ 时，根值判别法失效，但此时级数为 $\sum_{n=1}^{\infty} 1$，级数是发散的.

练习 7. 用根值判别法判别下列级数的敛散性.

(1) $\sum_{n=1}^{\infty}\left(\frac{n}{3n+1}\right)^n$；　　(2) $\frac{3}{1\cdot 2}+\frac{3^2}{2\cdot 2^2}+\frac{3^3}{3\cdot 2^3}+\cdots$.

练习 8. 讨论级数 $\sum_{n=1}^{\infty} n^{\alpha}\beta^n$ 的敛散性，其中 α 为任意实数，β 为非负实数.

有两点需要补充：

(1) 比值判别法（或根值判别法）的一般形式．当 $n\geqslant N$ 时，若 $\frac{u_{n+1}}{u_n}\leqslant r<1$（或 $\sqrt[n]{u_n}\leqslant r<1$），则正项级数 $\sum_{n=1}^{\infty} u_n$ 收敛；若 $\frac{u_{n+1}}{u_n}\geqslant 1$（或 $\sqrt[n]{u_n}\geqslant 1$），则正项级数 $\sum_{n=1}^{\infty} u_n$ 发散.

(2) 如果用部分和 S_n 代替和 S，用比值判别法时，其误差 r_n 的估计为

$$r_n=u_{n+1}+u_{n+2}+\cdots<ru_n+r^2u_n+\cdots=\frac{ru_n}{1-r};\tag{11.2.2}$$

用根值判别法时，则

$$r_n=u_{n+1}+u_{n+2}+\cdots<r^{n+1}+r^{n+2}+\cdots=\frac{r^{n+1}}{1-r}.\tag{11.2.3}$$

例 7　证明级数 $\sum_{n=2}^{\infty}\frac{1}{(n-1)!}$ 收敛，并估计误差.

证明　因为

$$\lim_{n\to\infty}\frac{u_{n+1}}{u_n}=\lim_{n\to\infty}\frac{(n-1)!}{n!}=\lim_{n\to\infty}\frac{1}{n}=0<1,$$

所以，级数收敛．用 S_n 代替 S 时的误差为

$$\begin{aligned}r_n&=\frac{1}{n!}+\frac{1}{(n+1)!}+\cdots=\frac{1}{n!}\left[1+\frac{1}{n+1}+\frac{1}{(n+1)(n+2)}+\cdots\right]\\&<\frac{1}{n!}\left(1+\frac{1}{n}+\frac{1}{n^2}+\cdots\right)=\frac{1}{(n-1)!\,(n-1)}.\end{aligned}$$

例 8　利用级数收敛性，证明 $\lim_{n\to\infty}\frac{n^n}{(n!)^2}=0$.

证明　考查级数 $\sum\limits_{n=1}^{\infty}\frac{n^n}{(n!)^2}$，由于

$$\lim_{n\to\infty}\frac{u_{n+1}}{u_n}=\lim_{n\to\infty}\left\{\frac{(n+1)^{n+1}}{[(n+1)!]^2}\cdot\frac{(n!)^2}{n^n}\right\}$$

$$=\lim_{n\to\infty}\left[\frac{1}{n+1}\left(1+\frac{1}{n}\right)^n\right]=0<1,$$

故级数 $\sum\limits_{n=1}^{\infty}\frac{n^n}{(n!)^2}$ 收敛. 由级数收敛的必要条件知

$$\lim_{n\to\infty}\frac{n^n}{(n!)^2}=0.$$

□

定理 11.6　（积分判别法）　设 $\sum\limits_{n=1}^{\infty}u_n$ 为正项级数，函数 $f(x)$ 在区间 $[a,+\infty)(a>0)$ 上非负、连续、单调递减，且

$$f(n)=u_n\quad(n\geqslant N),$$

则级数 $\sum\limits_{n=1}^{\infty}u_n$ 与反常积分 $\int_a^{\infty}f(x)\mathrm{d}x$ 敛散性相同.

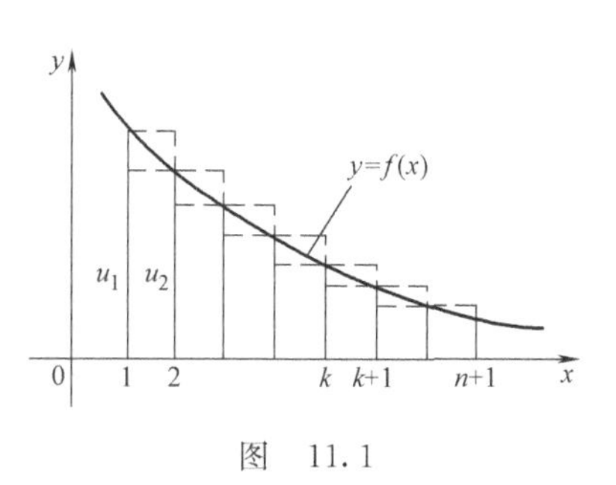

图　11.1

证明　为简便计，设 $a=1$，$N=1$（见图 11.1）. 由已知条件，对任何正整数 k，有

$$u_{k+1}=f(k+1)\leqslant\int_k^{k+1}f(x)\mathrm{d}x\leqslant f(k)=u_k,$$

从而有

$$S_{n+1}-u_1\leqslant\int_1^{n+1}f(x)\mathrm{d}x\leqslant S_n\quad(n=1,2,\cdots).$$

由于 $f(x)>0$，所以 $\int_1^b f(x)\mathrm{d}x$ 是关于 b 的单增函数.

又 S_n 也是单增的，若反常积分 $\int_1^{+\infty}f(x)\mathrm{d}x$ 收敛于 I，则 $\int_1^{n+1}f(x)\mathrm{d}x<I$，于是 $S_{n+1}\leqslant I+u_1$，即 $\{S_n\}$ 有界，由定理 11.1 知，级数 $\sum\limits_{n=1}^{\infty}u_n$ 收敛. 若反常积分 $\int_1^{\infty}f(x)\mathrm{d}x$ 发散，则 $\lim\limits_{n\to\infty}\int_1^{n+1}f(x)\mathrm{d}x=+\infty$，从而 $\lim\limits_{n\to\infty}S_n=+\infty$，故级数 $\sum\limits_{n=1}^{\infty}u_n$ 发散.

□

由定理 11.6 不难看出，p-级数 $\sum\limits_{n=1}^{\infty}\frac{1}{n^p}$ 与反常积分 $\int_1^{+\infty}\frac{1}{x^p}\mathrm{d}x$

的敛散性相同.

例 9 试证级数 $\sum_{n=2}^{\infty}\frac{1}{n(\ln n)^{p}}$，当 $p>1$ 时，收敛；当 $0<p\leqslant 1$ 时，发散.

证明 设

$$f(x)=\frac{1}{x(\ln x)^{p}},\ x\geqslant 2,$$

则函数 $f(x)$ 在区间 $[2,+\infty)$ 上满足 $f(x)>0$，连续且单调递减. 对于 $f(n)=\frac{1}{n(\ln n)^{p}}$，当 $p=1$ 时，

$$\int_{2}^{+\infty}\frac{\mathrm{d}x}{x\ln x}=\ln\ln x\,\Big|_{2}^{\infty}=+\infty,$$

反常积分发散. 当 $p\neq 1$ 时，

$$\int_{2}^{+\infty}\frac{\mathrm{d}x}{x(\ln x)^{p}}=\frac{1}{1-p}(\ln x)^{1-p}\Big|_{2}^{+\infty}=\begin{cases}+\infty, & \text{当 } p<1 \text{ 时},\\ \frac{1}{p-1}(\ln 2)^{1-p}, & \text{当 } p>1 \text{ 时}.\end{cases}$$

故由积分判别法知，当 $p>1$ 时，所论级数收敛；当 $0<p\leqslant 1$ 时，所论级数发散.

练习 9. 用积分判别法判别下列级数的敛散性.

(1) $\sum_{n=1}^{\infty}\frac{n+1}{n(n+2)}$； (2) $\sum_{n=3}^{\infty}\frac{\ln n}{n^{p}}$.

练习 10. 判别下列级数的敛散性.

(1) $\sum_{n=0}^{\infty}\frac{[(2n)!!]^{2}}{(4n)!!}$； (2) $\sum_{n=1}^{\infty}\sqrt{\frac{n+1}{n}}$；

(3) $\sum_{n=2}^{\infty}\frac{1}{n\ln^{1+\sigma}n}\ (\sigma>0)$； (4) $\sum_{n=1}^{\infty}\frac{1}{\sqrt{n}}\arcsin\frac{1}{n}$；

(5) $\sum_{n=1}^{\infty}\frac{1}{1+a^{n}}\ (a>0)$； (6) $\sum_{n=1}^{\infty}\ln\left(1+\frac{1}{n}\right)$；

(7) $\sum_{n=1}^{\infty}n\tan\frac{\pi}{2^{n+1}}$； (8) $\sum_{n=1}^{\infty}\frac{n^{2}}{\left(2+\frac{1}{n}\right)^{n}}$；

(9) $\sum_{n=1}^{\infty}\frac{(n!)^{2}}{(2n)!}x^{n}\ (x>0)$； (10) $\sum_{n=3}^{\infty}\frac{1}{n\ln n\cdot\ln\ln n}$；

(11) $\sum_{n=0}^{\infty}\left(\frac{b}{a_{n}}\right)^{n}$，假设 $\lim_{n\to\infty}a_{n}=a$，$b\neq a$ 均为正数.

11.3 任意项级数与绝对收敛

既有正项，又有负项的级数，叫作**任意项级数**. 如果在级数中出现的正项（或负项）的项数有限，其余各项都取同一符号，那么它的收敛性问题，可以通过正项级数敛散性判别法来解决. 如果级数中的正项和负项都有无穷多项，那么它的收敛问题能否借助于正项级数的敛散性判别法来解决呢？设

$$\sum_{n=1}^{\infty} u_n = u_1 + u_2 + \cdots + u_n + \cdots \tag{11.3.1}$$

为任意项级数，将其各项取绝对值，得到一个正项级数

$$\sum_{n=1}^{\infty} |u_n| = |u_1| + |u_2| + \cdots + |u_n| + \cdots. \tag{11.3.2}$$

定义 11.3　如果级数（11.3.2）收敛，则称级数（11.3.1）**绝对收敛**. 如果级数（11.3.2）发散，而级数（11.3.1）收敛，则称级数（11.3.1）**条件收敛**.

定理 11.7　级数（11.3.1）绝对收敛的充要条件是由（11.3.1）中正项构成的级数和负项构成的级数

$$\sum_{n=1}^{\infty} \frac{|u_n| + u_n}{2}, \sum_{n=1}^{\infty} \frac{u_n - |u_n|}{2} \tag{11.3.3}$$

都收敛.

证明　注意 $\sum_{n=1}^{\infty} \frac{|u_n| + u_n}{2}$ 和 $\sum_{n=1}^{\infty} \left(-\frac{u_n - |u_n|}{2}\right)$ 是两个正顶级数，且

$$0 \leqslant \frac{|u_n| + u_n}{2} \leqslant |u_n|, \ 0 \leqslant \frac{|u_n| - u_n}{2} \leqslant |u_n|.$$

若级数（11.3.1）绝对收敛，则由正项级数比较判别法知级数

$$\sum_{n=1}^{\infty} \frac{|u_n| + u_n}{2}, \sum_{n=1}^{\infty} \frac{|u_n| - u_n}{2}$$

均收敛.

反之，若式（11.3.3）中的两个级数均收敛，则由级数的性质，以及

$$|u_n| = \frac{|u_n| + u_n}{2} + \frac{|u_n| - u_n}{2}$$

知级数（11.3.1）绝对收敛. □

定理 11.8　若级数（11.3.1）绝对收敛，则级数（11.3.1）必收敛.

证明　由于

$$u_n=\frac{|u_n|+u_n}{2}-\frac{|u_n|-u_n}{2},$$

利用定理 11.7 及级数的性质知，级数（11.3.1）收敛. □

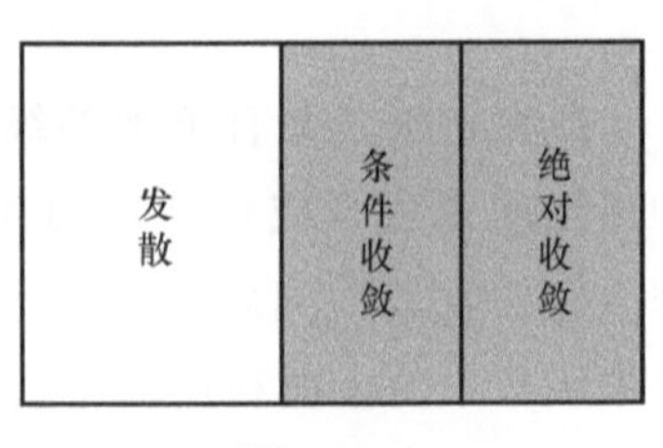

图 11.2

注意，条件收敛和级数绝对收敛都是级数收敛的充分条件，条件收敛和绝对收敛都不是级数收敛的必要条件. 如图 11.2 所示，图中阴影部分代表收敛级数.

总之，若式（11.3.3）中的两个级数都收敛，则级数（11.3.1）绝对收敛；若式（11.3.3）中的两个级数一个收敛，一个发散，则级数（11.3.1）必发散；若式（11.3.3）中两个级数都发散，则级数（11.3.1）可能条件收敛，也可能发散.

正项与负项相间的级数，叫作**交错级数**. 设 $u_n>0$，$n=1,2,\cdots$，则交错级数形如

$$\sum_{n=1}^{\infty}(-1)^{n-1}u_n=u_1-u_2+u_3-\cdots+(-1)^{n-1}u_n+\cdots \tag{11.3.4}$$

或

$$\sum_{n=1}^{\infty}(-1)^{n}u_n=-u_1+u_2-u_3+\cdots+(-1)^{n}u_n+\cdots. \tag{11.3.5}$$

定理 11.9（莱布尼茨判别法） 若交错级数（11.3.4）满足条件

(i) $\lim\limits_{n\to\infty}u_n=0$；

(ii) $u_n\geqslant u_{n+1}$，$n=1,2,\cdots$，

则级数（11.3.4）收敛，且其和 $S\leqslant u_1$，余项 $r_n=S-S_n$ 的绝对值 $|r_n|\leqslant u_{n+1}$.

证明 将级数（11.3.4）的前 $2m$ 项部分和 S_{2m} 写成以下两种形式

$$S_{2m}=(u_1-u_2)+(u_3-u_4)+\cdots+(u_{2m-1}-u_{2m}),$$

$$S_{2m}=u_1-(u_2-u_3)-\cdots-(u_{2m-2}-u_{2m-1})-u_{2m}.$$

由条件（ii）知，$\{S_{2m}\}$ 单调递增，且有界 $S_{2m}\leqslant u_1$，故

$$\lim_{m\to\infty}S_{2m}=S\leqslant u_1.$$

另一方面，由条件（i），有

$$\lim_{m\to\infty}S_{2m+1}=\lim_{m\to\infty}(S_{2m}+u_{2m+1})=S.$$

总之，不论 n 为奇数还是偶数，恒有

$$\lim_{n\to\infty} S_n = S,$$

故级数（11.3.4）收敛，且 $S \leqslant u_1$. 其余项的绝对值

$$|r_n| \leqslant u_{n+1}. \qquad \square$$

例 1　判定下列级数的收敛性，若收敛，指明是条件收敛，还是绝对收敛.

(1) $\sum\limits_{n=1}^{\infty} (-1)^{n-1} \dfrac{k+n}{n^2}$；　　(2) $\sum\limits_{n=1}^{\infty} \sin(\pi\sqrt{n^2+1})$.

解　(1) $\lim\limits_{n\to\infty} \dfrac{\dfrac{k+n}{n^2}}{\dfrac{1}{n}} = 1$，因为调和级数 $\sum\limits_{n=1}^{\infty} \dfrac{1}{n}$ 发散，所以级数 (1) 不是绝对收敛的.

因为

$$\lim_{n\to+\infty} u_n = \lim_{n\to+\infty} \frac{n+k}{n^2} = 0,$$

$$u_n = \frac{1}{n} + \frac{k}{n^2} > \frac{1}{n+1} + \frac{k}{(n+1)^2} = u_{n+1} \quad (n=1,2,\cdots),$$

所以由莱布尼茨判别法知级数（1）收敛. 总之，级数（1）是条件收敛的.

(2) 因为

$$\sin(\pi\sqrt{n^2+1}) = (-1)^n \sin\frac{\pi}{\sqrt{n^2+1}+n},$$

所以

$$\sum_{n=1}^{\infty} \sin(\pi\sqrt{n^2+1}) = \sum_{n=1}^{\infty} (-1)^n \sin\frac{\pi}{\sqrt{n^2+1}+n}$$

为交错级数. 由于

$$\lim_{n\to+\infty} \frac{u_n}{\dfrac{1}{n}} = \lim_{n\to+\infty} \frac{\sin\dfrac{\pi}{\sqrt{n^2+1}+n}}{\dfrac{1}{n}} = \lim_{n\to+\infty} \frac{\dfrac{\pi}{\sqrt{n^2+1}+n}}{\dfrac{1}{n}} = \frac{\pi}{2}.$$

根据比较判别法的极限形式知，级数

$$\sum_{n=1}^{\infty} |\sin(\pi\sqrt{n^2+1})|$$

发散，即原级数（2）不是绝对收敛的. 但由于 u_n 是无穷小，又

$$u_n = \sin\frac{\pi}{\sqrt{n^2+1}+n} > \sin\frac{\pi}{\sqrt{(n+1)^2+1}+(n+1)} = u_{n+1},$$

所以级数（2）收敛. 总之，级数（2）条件收敛.

例 2　判定下列级数的敛散性，对收敛级数要指明是条件收敛还是绝对收敛.

(1) $\sum_{n=1}^{\infty}(-1)^{\frac{n(n+1)}{2}}\frac{1}{2^n}$；　　(2) $\sum_{n=1}^{\infty}\frac{(-n)^n}{n!}$.

解　(1) 因为

$$\sum_{n=1}^{\infty}\left|(-1)^{\frac{n(n+1)}{2}}\frac{1}{2^n}\right|=\sum_{n=1}^{\infty}\frac{1}{2^n}.$$

而等比级数 $\sum_{n=1}^{\infty}\frac{1}{2^n}$收敛，所以级数 (1) 绝对收敛.

(2) 因为

$$\sum_{n=1}^{\infty}\left|\frac{(-n)^n}{n!}\right|=\sum_{n=1}^{\infty}\frac{n^n}{n!},$$

又

$$\lim_{n\to+\infty}\left[\frac{(n+1)^{n+1}}{(n+1)!}\Big/\frac{n^n}{n!}\right]=\lim_{n\to+\infty}\left(\frac{n+1}{n}\right)^n=\mathrm{e}>1,$$

由正项级数的比值判别法知，级数 $\sum_{n=1}^{\infty}\frac{n^n}{n!}$发散，从而级数 (2) 不是绝对收敛的. 由于$\frac{u_{n+1}}{u_n}>1$，因此级数 (2) 是发散的.

练习 1. 判定下列级数的敛散性，如果收敛，是条件收敛？还是绝对收敛？

(1) $1-\frac{1}{\sqrt{2}}+\frac{1}{\sqrt{3}}-\frac{1}{\sqrt{4}}+\cdots+(-1)^{n-1}\frac{1}{\sqrt{n}}+\cdots$；

(2) $\sum_{n=2}^{\infty}(-1)^n\frac{1}{n-\ln n}$；　　(3) $\sum_{n=1}^{\infty}(-1)^{n-1}\frac{1}{3\cdot 2^n}$；

(4) $\sum_{n=1}^{\infty}(-1)^{n-1}\frac{1}{n^{p+\frac{1}{n}}}$；　　(5) $\sum_{n=1}^{\infty}\frac{n!\ 2^n\sin\frac{n\pi}{5}}{n^n}$；

(6) $\sum_{n=1}^{\infty}\left(\frac{\sin n\alpha}{n^2}-\frac{1}{\sqrt{n}}\right)$；

(7) $\sum_{n=1}^{\infty}(-1)^n\left(1-\cos\frac{\alpha}{n}\right)$ (常数 $\alpha>0$)；

(8) $\sum_{n=1}^{\infty}\frac{(-\alpha)^n\cdot n!}{n^n}$，($\alpha>0$ 常数)；

(9) $\sum_{n=2}^{\infty}\sin\left(n\pi+\frac{1}{\ln n}\right)$.

例 3　设常数 $\lambda \geqslant 0$，且级数 $\sum_{n=1}^{\infty} a_n^2$ 收敛，判定级数 $\sum_{n=1}^{\infty} (-1)^n \frac{|a_n|}{\sqrt{n^2+\lambda}}$ 的敛散性，若收敛，指明是条件收敛还是绝对收敛.

解　利用不等式 $a^2+b^2 \geqslant 2ab$，得到

$$|a_n| \frac{1}{\sqrt{n^2+\lambda}} \leqslant \frac{1}{2}\left(|a_n|^2+\frac{1}{n^2+\lambda}\right).$$

由于正项级数

$$\sum_{n=1}^{\infty} |a_n|^2 = \sum_{n=1}^{\infty} a_n^2,\ \sum_{n=1}^{\infty} \frac{1}{n^2+\lambda}$$

都收敛，所以级数

$$\sum_{n=1}^{\infty} \frac{1}{2}\left(|a_n|^2+\frac{1}{n^2+\lambda}\right)$$

收敛. 于是由正项级数的比较判别法知，级数

$$\sum_{n=1}^{\infty} \frac{|a_n|}{\sqrt{n^2+\lambda}}$$

收敛，故级数 $\sum_{n=1}^{\infty} (-1)^n \frac{|a_n|}{\sqrt{n^2+\lambda}}$ 是绝对收敛的.

下面给出绝对收敛级数的两条性质，不予证明.

性质 1　若级数 $\sum_{n=1}^{\infty} u_n$ 绝对收敛，且其和为 S，则任意交换其各项的次序后所得到的新级数 $\sum_{n=1}^{\infty} u_n^*$（称为原级数的更序级数）也绝对收敛，其和亦为 S.

条件收敛的级数不具有这一性质. 对条件收敛的级数，可以做适当的更序，使更序后的级数收敛于任何预先指定的数 S，也可以使它以任何方式发散.

性质 2　若级数 $\sum_{n=1}^{\infty} u_n$ 与 $\sum_{n=1}^{\infty} v_n$ 都绝对收敛，它们的和分别为 S 和 σ，则它们的柯西乘积

$$\left(\sum_{n=1}^{\infty} u_n\right)\left(\sum_{n=1}^{\infty} v_n\right) = (u_1 v_1)+(u_1 v_2+u_2 v_1)+\cdots+$$

$$(u_1 v_n+u_2 v_{n-2}+\cdots+u_n v_1)+\cdots$$

也是绝对收敛的，且其和为 $S\sigma$.

练习 2. 设级数 $\sum_{n=1}^{\infty} a_n^2$，$\sum_{n=1}^{\infty} b_n^2$ 均收敛，证明 $\sum_{n=1}^{\infty} a_n b_n$，

$\sum_{n=1}^{\infty}\frac{a_n}{n}$和$\sum_{n=1}^{\infty}(-1)^{\frac{n+(n+1)}{2}}(a_n+b_n)^2$均收敛.

练习 3. 设常数$k>0$，则级数$\sum_{n=1}^{\infty}(-1)^n\frac{k+n}{n^2}$（　　）.

(A) 发散　　　　(B) 绝对收敛

(C) 条件收敛　　(D) 收敛或发散与k的取值无关

练习 4. 设级数$\sum_{n=1}^{\infty}u_n$条件收敛，又设$u_n^*=\frac{u_n+|u_n|}{2}$，$u_n^{**}=\frac{u_n-|u_n|}{2}$，则级数（　　）.

(A) $\sum_{n=1}^{\infty}u_n^*$和$\sum_{n=1}^{\infty}u_n^{**}$都收敛

(B) $\sum_{n=1}^{\infty}u_n^*$和$\sum_{n=1}^{\infty}u_n^{**}$都发散

(C) $\sum_{n=1}^{\infty}u_n^*$收敛，但$\sum_{n=1}^{\infty}u_n^{**}$发散

(D) $\sum_{n=1}^{\infty}u_n^*$发散，但$\sum_{n=1}^{\infty}u_n^{**}$收敛

练习 5. 判定级数$\sum_{n=2}^{\infty}\frac{(-1)^n}{\sqrt{n}+(-1)^n}$的敛散性.

练习 6. 若级数$\sum_{n=1}^{\infty}u_n$和$\sum_{n=1}^{\infty}v_n$都发散，讨论级数$\sum_{n=1}^{\infty}(|u_n|+|v_n|)$的敛散性.

练习 7. 设正项数列$\{a_n\}$单调减少，且$\sum_{n=1}^{\infty}(-1)^n a_n$发散，试问级数$\sum_{n=1}^{\infty}\left(\frac{1}{a_n+1}\right)^n$是否收敛？并说明理由.

练习 8. 对无穷数列$\{u_n\}(u_n\neq 0)$，如果引入无穷乘积

$$\prod_{n=1}^{\infty}u_n=u_1\cdot u_2\cdot\cdots\cdot u_n\cdot\cdots$$

的概念，你认为首要讨论的问题应是什么？

讨论任意项级数的敛散性时，通常先考查它是否绝对收敛（用正项级数敛散性判别法），如果不是绝对收敛的，再看它是否条件收敛. 若使用比值判别法或根值判别法判定出级数不绝对收

敛（这时级数的通项不趋于零），便可断言级数发散．对交错级数，可以用莱布尼茨判别法．还可利用无穷级数收敛的定义或性质 1、性质 2，将级数拆为两个级数，然后讨论敛散性．

下面再介绍几个判别任意项级数 $\sum\limits_{n=1}^{\infty} u_n$ 的收敛性的方法．

根据定义，级数 $\sum\limits_{n=1}^{\infty} u_n$ 的敛散性等价于它的部分和数列 $\{S_n\}$ 的敛散性，因此，我们可以把数列的柯西收敛准则转化成级数的语言．

定理 11.10（柯西收敛准则） 级数 $\sum\limits_{n=1}^{\infty} u_n$ 收敛的充分必要条件是：对任意的 $\varepsilon>0$，存在 $N\in\mathbf{N}$，当 n，$p\in\mathbf{N}$ 且 $n>N$ 时，有

$$|S_{n+p}-S_n|=|u_{n+1}+u_{n+2}+\cdots+u_{n+p}|<\varepsilon.$$

例 4 利用柯西收敛准则，考察级数 $\sum\limits_{n=1}^{\infty} \frac{1}{n^2}$ 的敛散性．

解 设其部分和数列为 $\{S_n\}$，则对 $\forall\, p\in\mathbf{N}$，

$$|S_{n+p}-S_n|=\sum_{k=n+1}^{n+p}\frac{1}{k^2}<\sum_{k=n+1}^{n+p}\frac{1}{(k-1)k}=\frac{1}{n}-\frac{1}{n+p}<\frac{1}{n},$$

对 $\varepsilon>0$，取 $N=\left[\frac{1}{\varepsilon}\right]+1$，则 $n>N$ 时，$|S_{n+p}-S_n|<\varepsilon$，故由柯西收敛准则，级数 $\sum\limits_{n=1}^{\infty} \frac{1}{n^2}$ 收敛．

最后，我们再介绍两个通项为乘积形式的任意项级数 $\sum\limits_{n=1}^{\infty} u_n v_n$ 的敛散性判别法，先引进一个公式．

引理（分部求和公式——阿贝尔引理） 设 u_i 和 v_i（$i=1,2,\cdots,n$）是实数，记 $S_k=\sum\limits_{i=1}^{k} v_i\,(1\leqslant k\leqslant n)$，则有：

（1）$\sum\limits_{i=1}^{n} u_i v_i=u_n S_n+\sum\limits_{i=1}^{n-1}(u_i-u_{i+1})S_i$；

（2）若数列 $\{u_i\}_{i=1}^{n}$ 为单调的且 $|S_k|\leqslant M\,(1\leqslant k\leqslant n)$，则有

$$\left|\sum_{i=1}^{n} u_i v_i\right|\leqslant M|u_1+2u_n|.$$

证明 为方便，记 $S_0=0$．则有

$$(1)\ \sum_{i=1}^{n} u_i v_i=\sum_{i=1}^{n} u_i(S_i-S_{i-1})=\sum_{i=1}^{n} u_i S_i-\sum_{i=1}^{n} u_i S_{i-1}$$

$$= \sum_{i=1}^{n} u_i S_i - \sum_{i=0}^{n-1} u_{i+1} S_i$$

$$= u_n S_n + \sum_{i=1}^{n-1} (u_i - u_{i+1}) S_i .$$

(2) $$\left|\sum_{i=1}^{n} u_i v_i\right| = \left|u_n S_n + \sum_{i=1}^{n-1}(u_i - u_{i+1}) S_i\right|$$

$$\leqslant |u_n| \cdot |S_n| + \sum_{i=1}^{n-1} |u_i - u_{i+1}| \cdot |S_i|$$

$$\leqslant M\left[|u_n| + \sum_{i=1}^{n-1} |u_i - u_{i+1}|\right]$$

$$= M(|u_n| + |u_1 - u_n|)$$

$$\leqslant M(|u_1| + 2|u_n|).$$ □

结合阿贝尔分部求和公式和柯西收敛准则，在不同的条件时，可以得到下面两个判别法.

定理 11.11 （狄利克雷判别法） 设级数 $\sum_{n=1}^{\infty} u_n v_n$ 满足以下两条：

(1) 数列 $\{u_n\}_{n=1}^{\infty}$ 单调趋于 0，

(2) 级数 $\sum_{n=1}^{\infty} v_n$ 的部分和数列 $\{S_n\}$ 有界，则级数 $\sum_{n=1}^{\infty} u_n v_n$ 收敛.

证明 $\forall n,\ p \in \mathbf{N}$，有

$$|v_{n+1} + v_{n+2} + \cdots + v_{n+p}| = |S_{n+p} - S_n| \leqslant |S_{n+p}| + |S_n| \leqslant 2M.$$

由阿贝尔分部求和公式，有

$$|u_{n+1} v_{n+1} + u_{n+2} v_{n+2} + \cdots + u_{n+p} v_{n+p}|$$

$$\leqslant 2M(|u_{n+1}| + 2|u_{n+p}|).$$

已知 $\lim\limits_{n\to\infty} u_n = 0$，所以对 $\forall \varepsilon > 0$，$\exists N$，当 $n,\ p \in \mathbf{N}$ 且 $n > N$ 时，有

$$|u_{n+1} v_{n+1} + u_{n+2} v_{n+2} + \cdots + u_{n+p} v_{n+p}| < \varepsilon,$$

由柯西收敛准则可知，级数 $\sum_{n=1}^{\infty} u_n v_n$ 收敛. □

定理 11.12 （阿贝尔判别法） 设级数 $\sum_{n=1}^{\infty} u_n v_n$ 满足以下两条：

(1) 数列 $\{u_n\}_{n=1}^{\infty}$ 单调且有界，

(2) 级数 $\sum_{n=1}^{\infty} v_n$ 收敛，

则级数 $\sum_{n=1}^{\infty} u_n v_n$ 收敛.

证明 设 $\lim_{n\to\infty} u_n = u$，故数列 $\{u_n - u\}_{n=1}^{\infty}$ 单调趋于 0，而由级数 $\sum_{n=1}^{\infty} v_n$ 收敛，则它的部分和数列有界，根据狄利克雷判别法，级数 $\sum_{n=1}^{\infty}(u_n - u)v_n$ 收敛. 而级数 $\sum_{n=1}^{\infty} uv_n$ 显然收敛，故 $\sum_{n=1}^{\infty} u_n v_n = \sum_{n=1}^{\infty}(u_n - u)v_n + \sum_{n=1}^{\infty} uv_n$ 也收敛.

例 5 设数列 $\{a_n\}_{n=1}^{\infty}$ 单调递减，且 $\lim_{n\to\infty} a_n = 0$，讨论级数 $\sum_{n=1}^{\infty} a_n \cos nx$ 和 $\sum_{n=1}^{\infty} a_n \sin nx$ 在 $x \in (0, 2\pi)$ 的收敛性.

解 设级数 $\sum_{n=1}^{\infty} \cos nx$ 的部分和为 S_n，则

$$
\begin{aligned}
S_n &= \sum_{k=1}^{n} \cos kx = \frac{1}{2\sin\frac{x}{2}} \sum_{k=1}^{n} 2\cos kx \sin\frac{x}{2} \\
&= \frac{1}{2\sin\frac{x}{2}} \sum_{k=1}^{n} \left[\sin\left(k+\frac{1}{2}\right)x - \sin\left(k-\frac{1}{2}\right)x\right] \\
&= \frac{1}{2\sin\frac{x}{2}} \left[\sin\left(n+\frac{1}{2}\right)x - \sin\frac{1}{2}x\right],
\end{aligned}
$$

故对 $x \in (0, 2\pi)$，有

$$
|S_n| = \left|\frac{1}{2\sin\frac{x}{2}}\left[\sin\left(n+\frac{1}{2}\right)x - \sin\frac{1}{2}x\right]\right| \leqslant \left|\frac{1}{2\sin\frac{x}{2}}\right|,
$$

即 $\sum_{n=1}^{\infty} \cos nx$ 的部分和数列在 $x \in (0, 2\pi)$ 时有界，由狄利克雷判别法可知 $\sum_{n=1}^{\infty} a_n \cos nx$ 收敛. 同理可证，级数 $\sum_{n=1}^{\infty} a_n \sin nx$ 收敛.

例 6 判定级数 $\sum_{n=1}^{\infty} (-1)^n \frac{n+2}{n+1}\frac{1}{\sqrt[3]{n}}$ 绝对收敛还是条件收敛.

解 考察正向级数 $\sum_{n=1}^{\infty} \left|(-1)^n \frac{n+2}{n+1}\frac{1}{\sqrt[3]{n}}\right| = \sum_{n=1}^{\infty} \frac{n+2}{n+1}\frac{1}{\sqrt[3]{n}}$，

由于 $\lim_{n\to\infty} \dfrac{\frac{n+2}{n+1}\frac{1}{\sqrt[3]{n}}}{\frac{1}{\sqrt[3]{n}}} = \lim_{n\to\infty} \dfrac{n+2}{n+1} = 1$，且 $\sum_{n=1}^{\infty} \frac{1}{\sqrt[3]{n}}$ 发散，故正项级

数 $\sum_{n=1}^{\infty} \frac{n+2}{n+1}\frac{1}{\sqrt[3]{n}}$发散.

交错级数 $\sum_{n=1}^{\infty} (-1)^n \frac{1}{\sqrt[3]{n}}$收敛，而数列$\left\{\frac{n+2}{n+1}\right\}$单调且有界，根据阿贝尔判别法，级数 $\sum_{n=1}^{\infty} (-1)^n \frac{n+2}{n+1}\frac{1}{\sqrt[3]{n}}$收敛.

于是，级数 $\sum_{n=1}^{\infty} (-1)^n \frac{n+2}{n+1}\frac{1}{\sqrt[3]{n}}$条件收敛.

练习 9　判定级数 $\sum_{n=2}^{\infty} \frac{\sin\frac{n\pi}{12}}{\ln n}$的敛散性，若收敛，说明是绝对收敛还是条件收敛：

11.4* 反常积分敛散性判别法与 Γ 函数

11.4.1 反常积分敛散性判别法

我们在第 6 章里介绍了反常积分，它分为无穷区间上的反常积分和无界函数的反常积分．我们用变限积分是否有极限定义了反常积分收敛与发散的概念. 11.2 节中介绍的积分判别法，把无穷级数收敛性与反常积分收敛性的判别方法联系起来. 下面把判定级数敛散性的方法移植到反常积分上，建立一套反常积分判别法. 这里仅叙述各种判别法，不予证明.

首先，讨论被积函数在积分区间上非负的情况.

比较原理　设函数 $f(x)$，$g(x)\in C[a,+\infty)$，且 $0\leqslant f(x)\leqslant g(x)$，则当$\int_a^{+\infty} g(x)\mathrm{d}x$ 收敛时，$\int_a^{+\infty} f(x)\mathrm{d}x$ 也收敛；当$\int_a^{+\infty} f(x)\mathrm{d}x$ 发散时，$\int_a^{+\infty} g(x)\mathrm{d}x$ 也发散.

因为反常积分

$$\int_a^{+\infty} \frac{1}{x^p}\mathrm{d}x \quad (a>0)$$

当 $p>1$ 时，收敛；当 $p\leqslant 1$ 时，发散. 所以，若以$\frac{M}{x^p}$($M>0$，常数）为比较函数，就得到如下的比较判别法.

比较判别法 Ⅰ　设 $f(x)\in C[a,+\infty)(a>0)$，$f(x)\geqslant 0$，

(i) 若存在 $M>0$，$p>1$，使得 $f(x)\leqslant\frac{M}{x^p}$，$x\in[a,+\infty)$，则反常积分 $\int_a^{+\infty}f(x)\mathrm{d}x$ 收敛；

(ii) 若存在 $M>0$，$p\leqslant1$，使得 $f(x)\geqslant\frac{M}{x^p}$，$x\in[a,+\infty)$，则反常积分 $\int_a^{+\infty}f(x)\mathrm{d}x$ 发散.

例 1　判定反常积分 $\int_1^{+\infty}\frac{1}{\sqrt[3]{x^5+1}}\mathrm{d}x$ 的敛散性.

解　因

$$0<\frac{1}{\sqrt[3]{x^5+1}}<\frac{1}{x^{5/3}},\ x\in[1,+\infty),$$

由比较判别法 I 知，这个反常积分收敛.

> **练习 1.** 判定反常积分的敛散性.
>
> (1) $\int_0^{+\infty}\frac{x^2}{x^4+x^2+1}\mathrm{d}x$；　　(2) $\int_1^{+\infty}\frac{\mathrm{d}x}{x^3\sqrt{x^2+1}}$.

无穷小比较法 I　设函数 $f(x)\in C[a,+\infty)(a>0)$，$f(x)\geqslant0$. 如果存在常数 $p>0$，使得 $\lim\limits_{x\to+\infty}x^pf(x)=C$，则

(i) 当 $p>1$，且 $0\leqslant C<+\infty$ 时，反常积分 $\int_a^{+\infty}f(x)\mathrm{d}x$ 收敛；

(ii) 当 $p\leqslant1$，且 $0<C<+\infty$ 时，反常积分 $\int_a^{+\infty}f(x)\mathrm{d}x$ 发散.

例 2　判定下列反常积分的敛散性：

(1) $\int_1^{+\infty}\frac{1}{x\sqrt{1+x^2}}\mathrm{d}x$；　　(2) $\int_1^{+\infty}\frac{\arctan x}{x}\mathrm{d}x$.

解　(1) 由于

$$\lim_{x\to+\infty}x^2\frac{1}{x\sqrt{1+x^2}}=\lim_{x\to+\infty}\frac{1}{\sqrt{\frac{1}{x^2}+1}}=1,$$

$p=2$，故反常积分 (1) 收敛.

(2) 由于

$$\lim_{x\to+\infty}x\frac{\arctan x}{x}=\lim_{x\to+\infty}\arctan x=\frac{\pi}{2},$$

$p=1$，故反常积分 (2) 发散.

对无界函数的反常积分，也有类似的判别法，这里不再叙述其比较原理，仅叙述比较判别法.

因为反常积分 $\int_a^b \frac{1}{(x-a)^q}\mathrm{d}x$，当 $q<1$ 时，收敛；当 $q\geqslant 1$ 时，发散. 以此作为比较标准，有：

比较判别法Ⅱ　设函数 $f(x)\in C(a,\ b]$，且 $f(x)\geqslant 0$，$\lim\limits_{x\to a^+} f(x)=+\infty$，

(i) 若存在常数 $M>0$ 及 $q<1$，使得 $f(x)\leqslant \frac{M}{(x-a)^q}$ $(a<x\leqslant b)$，则反常积分 $\int_a^b f(x)\mathrm{d}x$ 收敛；

(ii) 若存在常数 $M>0$ 及 $q\geqslant 1$，使得 $f(x)\geqslant \frac{M}{(x-a)^q}$ $(a<x\leqslant b)$，则反常积分 $\int_a^b f(x)\mathrm{d}x$ 发散.

无穷大比较法Ⅱ　设 $f(x)\in C(a,b]$，且 $f(x)\geqslant 0$，$\lim\limits_{x\to a^+} f(x)=+\infty$. 如果存在 $q>0$，使得

$$\lim_{x\to a^+}(x-a)^q f(x)=l,$$

则

(i) 当 $0<q<1$，且 $0\leqslant l<+\infty$ 时，反常积分 $\int_a^b f(x)\mathrm{d}x$ 收敛；

(ii) 当 $q\geqslant 1$，且 $0<l<+\infty$ 时，反常积分 $\int_a^b f(x)\mathrm{d}x$ 发散.

例 3　判断下列瑕积分的敛散性.

(1) $\int_1^3 \frac{1}{\ln x}\mathrm{d}x$；　(2) $\int_0^1 \frac{1}{\sqrt{(1-x^2)(1-k^2x^2)}}\mathrm{d}x\ (k^2<1)$.

解　(1) 由洛必达法则，

$$\lim_{x\to 1^+}(x-1)\frac{1}{\ln x}=\lim_{x\to 1^+}x=1>0,$$

$q=1$，所以瑕积分 (1) 发散.

(2) 这里瑕点是 $x=1$，由

$$\lim_{x\to 1^-}(1-x)^{\frac{1}{2}}\frac{1}{\sqrt{(1-x^2)(1-k^2x^2)}}=\lim_{x\to 1^-}\frac{1}{\sqrt{(1+x)(1-k^2x^2)}}=\frac{1}{\sqrt{2(1-k^2)}},$$

$q=\frac{1}{2}$，故瑕积分（2）收敛（此瑕积分叫作椭圆积分，因为在计算椭圆弧长时会遇到它．它的特点是被积函数含有无重根的三次或四次多项式的平方根）．

练习 2. 判断下列瑕积分的敛散性：

(1) $\int_1^2 \frac{\mathrm{d}x}{(\ln x)^3}$；　　(2) $\int_1^2 \frac{\mathrm{d}x}{\sqrt[3]{x^2-3x+2}}$；

(3) $\int_2^{+\infty} \frac{\mathrm{d}x}{x^3\sqrt{x^2-3x+2}}$；　(4) $\int_0^{\frac{\pi}{2}} \frac{\mathrm{d}x}{\sin^p x\cos^q x}(p,q>0)$．

被积函数在积分区间上可以取到不同符号的情况时，有：

绝对收敛定理　若 $\int_a^{+\infty}|f(x)|\mathrm{d}x$ 收敛，则 $\int_a^{+\infty}f(x)\mathrm{d}x$ 也收敛．这时称反常积分 $\int_a^{+\infty}f(x)\mathrm{d}x$ **绝对收敛**（**或绝对可积**）．

对于无界函数的反常积分也有类似的结论，这里不再叙述．

例 4　判定反常积分 $\int_0^{+\infty}\mathrm{e}^{-ax}\sin(bx)\mathrm{d}x\ (a,b>0$ 常数）的敛散性．

解　因为

$$|\mathrm{e}^{-ax}\sin(bx)|\leqslant \mathrm{e}^{-ax},$$

且 $\int_0^{+\infty}\mathrm{e}^{-ax}\mathrm{d}x$ 收敛，由比较原理知 $\int_0^{+\infty}|\mathrm{e}^{-ax}\sin(bx)|\mathrm{d}x$ 收敛，从而 $\int_0^{+\infty}\mathrm{e}^{-ax}\sin(bx)\mathrm{d}x$ 绝对收敛．

11.4.2　Γ 函数

本节研究反常积分 $\int_0^{+\infty}\mathrm{e}^{-t}t^{x-1}\mathrm{d}t$．

$$\int_0^{+\infty}\mathrm{e}^{-t}t^{x-1}\mathrm{d}t=\int_0^1\mathrm{e}^{-t}t^{x-1}\mathrm{d}t+\int_1^{+\infty}\mathrm{e}^{-t}t^{x-1}\mathrm{d}t,$$

而积分 $\int_0^1\mathrm{e}^{-t}t^{x-1}\mathrm{d}t$ 当 $x\geqslant 1$ 时是定积分；当 $x<1$ 时，$t=0$ 是瑕点，它是反常积分．由于

$$\lim_{t\to 0^+}t^{1-x}(\mathrm{e}^{-t}t^{x-1})=\lim_{t\to 0^+}\mathrm{e}^{-t}=1,$$

由无穷大比较法Ⅱ知，当 $0<x<1$ 时，反常积分 $\int_0^1\mathrm{e}^{-t}t^{x-1}\mathrm{d}t$ 收敛．当 $x\leqslant 0$ 时，由于

$$e^{-t}t^{x-1}\geqslant e^{-1}t^{x-1},\ t\in(0,1],$$

而 $x\leqslant 0$ 时，反常积分 $\int_0^1 e^{-1}t^{x-1}dt$ 发散，所以反常积分 $\int_0^1 e^{-t}t^{x-1}dt$ 在 $x\leqslant 0$ 时发散．对于反常积分 $\int_1^{+\infty} e^{-t}t^{x-1}dt$，由于 $x>0$ 时，

$$\lim_{t\to+\infty} t^2(e^{-t}t^{x-1})=\lim_{t\to+\infty} e^{-t}t^{x+1}=0,$$

所以反常积分 $\int_1^{+\infty} e^{-t}t^{x-1}dt$ 收敛．总之，当 $x>0$ 时反常积分 $\int_0^{+\infty} e^{-t}t^{x-1}dt$ 收敛，其值与 x 有关，称之为**Γ函数**，记为 $\Gamma(x)$，即

$$\Gamma(x)=\int_0^{+\infty} e^{-t}t^{x-1}dt\ (x>0).\tag{11.4.1}$$

Γ函数有如下重要性质：

性质1　$\Gamma(1)=1$.

由定义式（11.4.1）知，$\Gamma(1)=\int_0^{+\infty} e^{-t}dt=1$.

性质2　$\Gamma(x+1)=x\Gamma(x)(x>0)$.

由分部积分法

$$\begin{aligned}\Gamma(x+1)&=\int_0^{+\infty} e^{-t}t^x dt\\&=-e^{-t}t^x\Big|_0^{+\infty}+x\int_0^{+\infty} e^{-t}t^{x-1}dt\\&=x\int_0^{+\infty} e^{-t}t^{x-1}dt=x\Gamma(x).\end{aligned}$$

特别地，有

$$\begin{aligned}\Gamma(n+1)&=n\Gamma(n)\\&=n(n-1)\Gamma(n-1)\\&=\cdots=n(n-1)\cdots\Gamma(1)\\&=n!.\end{aligned}$$

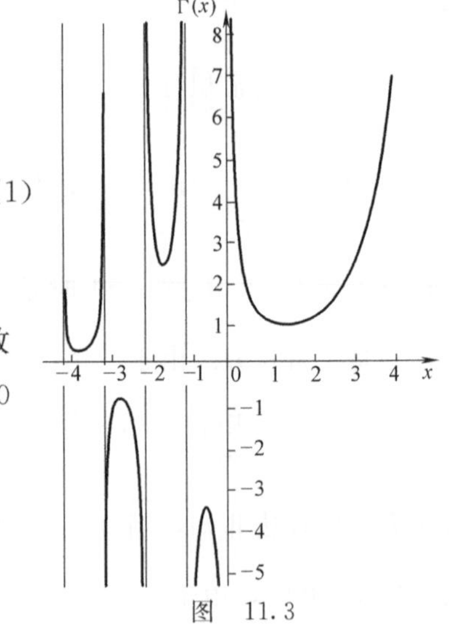

图　11.3

根据性质2，又可将Γ函数拓展到负半轴上去，当 $x<0$ 时，定义

$$\Gamma(x)=\frac{\Gamma(x+1)}{x}.$$

这样，Γ函数的定义应为

$$\Gamma(x)=\begin{cases}\int_0^{+\infty} e^{-t}t^{x-1}dt, & 当\ x>0\ 时,\\ \dfrac{\Gamma(x+1)}{x}, & 当\ x<0,且\ x\neq -1,-2,\cdots\ 时,\end{cases}$$

其图形如图 11.3 所示.

11.5 函数项级数与一致收敛

11.5.1 函数项级数

设函数 $u_n(x)(n=1,2,\cdots)$ 都在集合 X 上有定义，对函数项级数

$$\sum_{n=1}^{\infty} u_n(x)=u_1(x)+u_2(x)+\cdots+u_n(x)+\cdots, \tag{11.5.1}$$

当点 $x_0\in X$ 时，若数项级数

$$\sum_{n=1}^{\infty} u_n(x_0)=u_1(x_0)+u_2(x_0)+\cdots+u_n(x_0)+\cdots \tag{11.5.2}$$

收敛，则称 x_0 为函数项级数（11.5.1）的**收敛点**，否则称为函数项级数（11.5.1）的**发散点**. 所有收敛点构成的集合，称为函数项级数（11.5.1）的**收敛域**，发散点构成的集合称为（11.5.1）的**发散域**.

设 J 是函数项级数（11.5.1）的收敛域，$\forall x\in J$，级数（11.5.1）都有和. 这个和是 J 上的函数，记为 $S(x)$，称为函数项级数（11.5.1）的**和函数**.

例如，等比级数

$$\sum_{n=0}^{\infty} x^n=1+x+x^2+\cdots+x^n+\cdots,$$

它的收敛域为 $|x|<1$，发散域为 $|x|\geqslant 1$，在收敛域内和函数是 $\frac{1}{1-x}$，即有

$$\sum_{n=0}^{\infty} x^n=\frac{1}{1-x},\ \forall x\in(-1,1).$$

设 $S_n(x)$ 是函数项级数（11.5.1）的前 n 项和（部分和），则当 $x\in J$ 时，有

$$\lim_{n\to\infty} S_n(x)=S(x). \tag{11.5.3}$$

称 $r_n(x)=S(x)-S_n(x)$ 为函数项级数（11.5.1）的**余项**（**余和**），显然

$$\lim_{n\to\infty} r_n(x)=0,\ \forall x\in J. \tag{11.5.4}$$

例 1　求函数项级数 $\sum_{n=1}^{\infty} x^n(1-x)^n$ 的收敛域.

解　由于级数为等比级数

$$|r|=\left|\frac{u_{n+1}}{u_n}\right|=\left|\frac{x^{n+1}(1-x)^{n+1}}{x^n(1-x)^n}\right|=|x(1-x)|,$$

当 $|x(1-x)|<1$，即 $\frac{1-\sqrt{5}}{2}<x<\frac{1+\sqrt{5}}{2}$ 时，所讨论的级数收敛；当 $x\geqslant\frac{1+\sqrt{5}}{2}$ 或 $x\leqslant\frac{1-\sqrt{5}}{2}$ 时，该级数发散，所讨论的级数的收敛域为区间 $\left(\frac{1-\sqrt{5}}{2},\ \frac{1+\sqrt{5}}{2}\right)$.

例 2　求函数项级数 $\sum_{n=1}^{\infty}(-1)^{n-1}\frac{x^{3n}}{n}$ 的收敛域.

解　由于

$$\lim_{n\to\infty}\left|\frac{u_{n+1}}{u_n}\right|=\lim_{n\to\infty}\frac{\frac{|x|^{3n+3}}{n+1}}{\frac{|x|^{3n}}{n}}=\lim_{n\to\infty}\frac{n}{n+1}|x|^3=|x|^3,$$

根据正项级数的比值判别法知，当 $|x|<1$ 时，所讨论的级数绝对收敛；当 $|x|>1$ 时，该级数发散.

当 $x=1$ 时，级数为 $\sum_{n=1}^{\infty}(-1)^{n-1}\frac{1}{n}$，是条件收敛的；当 $x=-1$ 时，级数为 $\sum_{n=1}^{\infty}\frac{-1}{n}$，是发散的.

总之，所讨论的级数的收敛域为区间 $(-1,1]$.

确定函数项级数收敛域的基本方法是把函数项级数中的变量 x 视为参数，通过数项级数的敛散性判别法，来判定函数项级数对哪些 x 值收敛，哪些 x 值发散.

练习 1. 讨论函数项级数 $\sum_{n=1}^{\infty}u_n(x)$ 的收敛域及和函数.

(1) 设 $u_1=\frac{x}{2}$，$u_n=\frac{x^n}{2^n}-\frac{x^{n-1}}{2^{n-1}}$，$n\geqslant 2$；

(2) 设 $u_1=\frac{x}{2}$，$u_n=\frac{nx}{n+1}-\frac{(n-1)x}{n}$，$n\geqslant 2$.

练习 2. 求下列函数项级数的收敛域.

(1) $\sum_{n=1}^{\infty} \frac{1}{2n+1}\left(\frac{1-x}{1+x}\right)^n$；　(2) $x-\frac{x^3}{3 \cdot 3!}+\frac{x^5}{5 \cdot 5!}-\cdots$；

(3) $x+x^4+x^9+x^{16}+x^{25}+\cdots$.

11.5.2 一致收敛*

前面介绍的函数项级数（11.5.1）在收敛域 J 上收敛于和函数 $S(x)$，而且是逐点收敛的. 用“ε-N”语言精确定义如下：

$\forall \varepsilon>0$，$\forall x \in J$，$\exists N=N(\varepsilon, x)$，使得当 $n>N$ 时，恒有

$$|r_n(x)|=|S_n(x)-S(x)|<\varepsilon.$$

在这个定义中，对 J 中不同的 x，可以有不同的 N，对所有的 x 不一定有通用的正整数 N. 下面介绍一种较强的收敛，它要求级数在某区间 I 内，存在与 x 无关，仅与 ε 有关的 N，即对区间 I 内每个 x 都有通用的 N.

定义 11.4　如果 $\forall \varepsilon>0$，$\exists N=N(\varepsilon)$，使得当 $n>N$ 时，恒有

$$|r_n(x)|=|S_n(x)-S(x)|<\varepsilon，\forall x \in I.$$

则称函数项级数 $\sum_{n=1}^{\infty} u_n(x)$ 在区间 I 上**一致收敛**（或**均匀收敛**）.

用几何语言来描述，级数在区间 I 上一致收敛，就是其在区间 I 上的部分和曲线能够整条向和函数曲线收敛.

例 3　讨论级数

$$\frac{1}{x+1}-\frac{1}{(x+1)(x+2)}-\frac{1}{(x+2)(x+3)}-\cdots-\frac{1}{(x+n-1)(x+n)}-\cdots$$

在 $0 \leqslant x<\infty$ 上的一致收敛性.

解　由于

$$\frac{1}{(x+n-1)(x+n)}=\frac{1}{x+n-1}-\frac{1}{x+n},$$

所以，$S_n(x)=\frac{1}{x+n}$，故

$$S(x)=\lim_{n \to +\infty} S_n(x)=\lim_{n \to +\infty} \frac{1}{x+n}=0,$$

即当 $x \geqslant 0$ 时，级数收敛于和函数 0. 又因为当 $0 \leqslant x<+\infty$ 时，

$$|r_n(x)|=|S_n(x)-S(x)|=\frac{1}{x+n} \leqslant \frac{1}{n},$$

$\forall \varepsilon>0$，取 $N=\left[\frac{1}{\varepsilon}\right]+1$，则当 $n>N$ 时，恒有

$$|r_n(x)|<\varepsilon,\ \forall x\in[0,+\infty),$$

所以在区间 $[0,+\infty)$ 上，所讨论的函数项级数是一致收敛的.

例 4 讨论函数项级数

$$x+(x^2-x)+(x^3-x^2)+\cdots+(x^n-x^{n-1})+\cdots$$

在区间 $[0,1]$ 上是否一致收敛.

解 由于

$$S(x)=\lim_{n\to+\infty}S_n(x)=\lim_{n\to+\infty}x^n=\begin{cases}0, & \text{当 } 0\leqslant x<1 \text{ 时},\\ 1, & \text{当 } x=1 \text{ 时},\end{cases}$$

所以，当 $0<x<1$ 时，

$$|r_n(x)|=|S_n(x)-S(x)|=x^n,$$

故 $\forall\varepsilon>0$，若要使 $|r_n(x)|<\varepsilon$，必须满足 $n\ln x<\ln\varepsilon$，即

$$n>\frac{\ln\varepsilon}{\ln x}\quad(0<x<1).$$

当 $x\to1^-$ 时，由于 $\frac{\ln\varepsilon}{\ln x}\to+\infty$，所以当 x 在区间 $(0,1)$ 内时找不到通用的 N，从而，所讨论的级数在区间 $(0,1)$ 内不是一致收敛的，在区间 $[0,1]$ 上更不可能是一致收敛的（见图 11.4）.

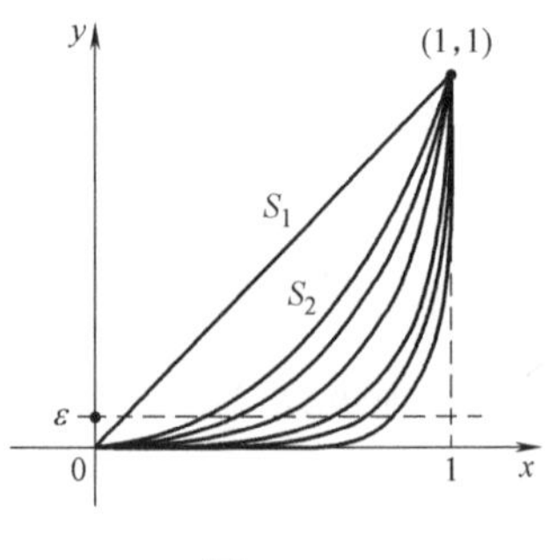

图 11.4

但是，对于任何小于 1 的正数 r，所讨论的级数在区间 $[0,r]$ 上是一致收敛的，因为这时可以取 $N=\frac{\ln\varepsilon}{\ln r}$.

定理 11.13 （魏尔斯特拉斯 *M*-检定法） 如果有收敛的正常数项级数 $\sum\limits_{n=1}^{\infty}M_n$，使得当 $x\in I$ 时，

$$|u_n(x)|\leqslant M_n\quad(n=1,2,\cdots),$$

则函数项级数 $\sum\limits_{n=1}^{\infty}u_n(x)$ 在区间 I 上一致收敛.

证明 根据定理的条件及正项级数的比较判别法知，级数 $\sum\limits_{n=1}^{\infty}u_n(x)$ 对每个 $x\in I$ 都是绝对收敛的.

因为正项级数 $\sum\limits_{n=1}^{\infty}M_n$ 收敛，$\forall\varepsilon>0$，$\exists N=N(\varepsilon)$，当 $n>N$ 时，恒有

$$r_N=M_{N+1}+M_{N+2}+\cdots+M_{N+P}+\cdots<\varepsilon,$$

于是对任何 $x\in I$ 和任意正整数 P，恒有

$$\begin{aligned}
&|u_{N+1}(x)+u_{N+2}(x)+\cdots+u_{N+P}(x)|\\
\leqslant&|u_{N+1}(x)|+|u_{N+2}(x)|+\cdots+|u_{N+P}(x)|\\
\leqslant&M_{N+1}+M_{N+2}+\cdots+M_{N+P}\leqslant r_N<\varepsilon.
\end{aligned}$$

令 $P\to+\infty$，并注意到 $\sum\limits_{n=N+1}^{\infty}u_n(x)$ 在区间 I 上是绝对收敛的，从而当 $n>N$ 时，恒有

$$|u_{N+1}(x)+u_{N+2}(x)+\cdots|\leqslant r_N<\varepsilon,\ \forall x\in I.$$

这就证明了级数 $\sum\limits_{n=1}^{\infty}u_n(x)$ 在区间 I 上是一致收敛的.　□

定理 11.12 中的级数 $\sum\limits_{n=1}^{\infty}M_n$ 称为**控制级数**或**优级数**.

例 5　判断级数 $\sum\limits_{n=1}^{\infty}\dfrac{x}{1+n^4x^2}$在 $x\geqslant0$ 上的一致收敛性.

解　因为 $1+n^4x^2\geqslant2n^2x$ （$x\geqslant0$），所以

$$\frac{x}{1+n^4x^2}\leqslant\frac{1}{2n^2},$$

而常数项级数 $\sum\limits_{n=1}^{\infty}\dfrac{1}{n^2}$是收敛的 p-级数，故所论函数项级数在区间 $[0,+\infty)$ 上是一致收敛的.

魏尔斯特拉斯 M-检定法是判别函数级数一致收敛的很简便的判别法. 但是这个方法也有很大的局限性，它要求 $\sum\limits_{n=1}^{\infty}u_n(x)$ 绝对收敛，而且 $\sum\limits_{n=1}^{\infty}u_n(x)$ 和 $\sum\limits_{n=1}^{\infty}|u_n(x)|$ 都一致收敛. 如果函数项级数一致收敛，而非绝对收敛，那么就不能用 M-检定法.

对于形如 $\sum\limits_{n=1}^{\infty}u_n(x)v_n(x)$ 的函数项级数的一致收敛性判别法，有完全类似于数项级数的阿贝尔判别法和狄利克雷判别法，并且也基于阿贝尔部分求和公式.

定理 11.14 （阿贝尔判别法）　设级数 $\sum\limits_{n=1}^{\infty}u_n(x)v_n(x)$ 满足下列两个条件：

（1） $\sum\limits_{n=1}^{\infty}u_n(x)$ 在区间 I 上一致收敛，

（2） 对于每一个 $x\in I$ ，函数列 $\{v_n(x)\}$ 是单调的，且在区间 I 上一致有界，即对一切 $x\in I$ 和正整数 n，存在常数 M，使得 $|v_n(x)|\leqslant M$，则该级数在区间 I 上一致收敛.

定理 11.15 （狄利克雷判别法） 设级数 $\sum_{n=1}^{\infty} u_n(x)v_n(x)$ 满足下列两个条件：

（1） $\sum_{n=1}^{\infty} u_n(x)$ 的部分和函数列 $S_n(x)$ 在区间 I 上一致有界，即对一切 $x \in I$ 和正整数 n，存在常数 M，使得 $|S_n(x)| \leqslant M$，

（2） 函数列 $\{v_n(x)\}$ 对于每个 $x \in I$ 均单调，且在区间 I 上一致趋于 0，则该级数在区间 I 上一致收敛.

上述两个定理留给读者自行证明.

例 6 设数项级数 $\sum_{n=1}^{\infty} a_n$ 收敛，则函数项级数 $\sum_{n=1}^{\infty} a_n n^{-x}$ 在区间 $[0,+\infty)$ 上一致收敛.

证明 考察数列 $\{n^{-x}\}_{n=1}^{\infty}$，其单调性是显然的. 对 $\forall x \in [0,+\infty)$，均有 $0 < n^{-x} \leqslant 1$. 由阿贝尔判别法可知，$\sum_{n=1}^{\infty} a_n n^{-x}$ 在区间 $[0,+\infty)$ 上一致收敛. □

例 7 若数列 $\{a_n\}$ 单调且收敛于 0，则级数 $\sum_{n=1}^{\infty} a_n \cos nx$ 在区间 $[\alpha, 2\pi-\alpha]$ $(0<\alpha<\pi)$ 上一致收敛.

证明 在区间 $[\alpha, 2\pi-\alpha]$ 上，有

$$\left|\sum_{k=1}^{n} \cos kx\right| = \left|\frac{1}{2\sin \frac{x}{2}} \sum_{k=1}^{n} 2\cos kx \sin \frac{x}{2}\right|$$

$$= \left|\frac{1}{2\sin \frac{x}{2}} \sum_{k=1}^{n} \left[\sin\left(k+\frac{1}{2}\right)x - \sin\left(k-\frac{1}{2}\right)x\right]\right|$$

$$= \left|\frac{\sin\left(n+\frac{1}{2}\right)x}{2\sin \frac{x}{2}} - \frac{1}{2}\right| \leqslant \frac{1}{2\left|\sin \frac{x}{2}\right|} + \frac{1}{2} \leqslant \frac{1}{2\sin \frac{\alpha}{2}} + \frac{1}{2},$$

所以，级数 $\sum_{n=1}^{\infty} \cos nx$ 的部分和函数列在区间 $[\alpha, 2\pi-\alpha]$ 上一致有界. 由狄利克雷判别法，级数 $\sum_{n=1}^{\infty} a_n \cos nx$ 在区间 $[\alpha, 2\pi-\alpha]$ $(0<\alpha<\pi)$ 上一致收敛.

练习 3. 判别下列级数是否一致收敛.

(1) $\sum\limits_{n=1}^{\infty}\frac{\sin nx}{\sqrt[3]{n^4+x^4}}$，$|x|<+\infty$；

(2) $\sum\limits_{n=1}^{\infty}\frac{\ln(1+nx)}{nx^n}$，$x\in[1+\alpha,+\infty)(\alpha>0)$；

(3) $\sum\limits_{n=1}^{\infty}\frac{1}{(x+n)(x+n+1)}$，$0<x<+\infty$；

(4) $\sum\limits_{n=1}^{\infty}\frac{(-1)^n(x+n)^n}{n^{n+1}}$，$x\in[0,1]$；

(5) $\sum\limits_{n=1}^{\infty}\frac{\cos nx}{n}$，$x\in[\delta,2\pi-\delta]$，$\delta>0$.

一致收敛级数有许多重要的分析性质，介绍如下：

性质 1 （函数项级数的和函数的连续性） 如果函数项级数 $\sum\limits_{n=1}^{\infty}u_n(x)$ 在区间 $[a,b]$ 上一致收敛，且级数的每一项 $u_n(x)$ 都在区间 $[a,b]$ 上连续，则和函数 $S(x)$ 也在区间 $[a,b]$ 上连续.

证明 对任意 x，$x_0\in[a,b]$，由于级数 $\sum\limits_{n=1}^{\infty}u_n(x)$ 在区间 $[a,b]$ 上一致收敛，所以对任给的 $\varepsilon>0$，可以找到一个仅与 ε 有关的 n_1，使得

$$|S(x)-S_{n_1}(x)|<\frac{\varepsilon}{3},$$

$$|S_{n_1}(x_0)-S(x_0)|<\frac{\varepsilon}{3},$$

又因每一项 $u_n(x)$ 连续，所以前 n_1 项的和 $S_{n_1}(x)$ 在 x_0 处连续，从而存在 $\delta>0$，使得当 $|x-x_0|<\delta$ 时，恒有

$$|S_{n_1}(x)-S_{n_1}(x_0)|<\frac{\varepsilon}{3}.$$

总之，对任给的 $\varepsilon>0$，存在 $\delta>0$，使得当 $|x-x_0|<\delta$ 时，恒有

$$\begin{aligned}|S(x)-S(x_0)|&\leqslant|S(x)-S_{n_1}(x)|+|S_{n_1}(x)-S_{n_1}(x_0)|+\\&\quad|S_{n_1}(x_0)-S(x_0)|\\&\leqslant\frac{\varepsilon}{3}+\frac{\varepsilon}{3}+\frac{\varepsilon}{3}=\varepsilon.\end{aligned}$$

这就证明了和函数 $S(x)$ 在点 x_0 处是连续的. 由 x_0 的任意性知，$S(x)$ 在区间 $[a,b]$ 上连续. □

对于例 4 中的函数项级数

$$x+(x^2-x)+(x^3-x^2)+\cdots+(x^n-x^{n-1})+\cdots,$$

虽然每一项 (x^n-x^{n-1}) 都在区间 $[0,1]$ 上连续，但其和函数

$$S(x)=\begin{cases}0, & 0\leqslant x<1,\\ 1, & x=1\end{cases}$$

在点 $x=1$ 处不连续，所以该级数在区间 $[0,1]$ 上不一致收敛.

练习 4. 判定级数 $\sum\limits_{n=0}^{\infty}(1-x)x^n$，$0\leqslant x\leqslant 1$ 是否一致收敛.

类似可得：对一致收敛的级数，若每一项都有极限，则和函数的极限等于每一项取极限后的级数和，即

$$\lim_{x\to x_0}S(x)=\sum_{n=1}^{\infty}\left[\lim_{x\to x_0}u_n(x)\right],$$

也就是说，在一致收敛的条件下，极限号和级数的和号可以换序：

$$\lim_{x\to x_0}\sum_{n=1}^{\infty}u_n(x)=\sum_{n=1}^{\infty}\lim_{x\to x_0}u_n(x).$$

性质 2 （函数项级数的逐项积分性） 如果函数项级数 $\sum\limits_{n=1}^{\infty}u_n(x)$ 在区间 $[a,b]$ 上一致收敛，且级数的每一项 $u_n(x)$ 都在区间 $[a,b]$ 上连续，则和函数 $S(x)$ 可积，且可逐项积分，即

$$\int_{x_0}^{x}S(x)\mathrm{d}x=\int_{x_0}^{x}u_1(x)\mathrm{d}x+\int_{x_0}^{x}u_2(x)\mathrm{d}x+\cdots+\int_{x_0}^{x}u_n(x)\mathrm{d}x+\cdots,$$

其中，x_0 和 x 是区间 $[a,b]$ 内任意两点. 逐项积分后的级数也在区间 $[a,b]$ 上一致收敛.

证明 由性质 1 知，$S(x)$ 在区间 $[a,b]$ 上连续，故积分 $\int_{x_0}^{x}S(x)\mathrm{d}x$ 存在.

因为函数项级数 $\sum\limits_{n=1}^{\infty}u_n(x)$ 在区间 $[a,b]$ 上一致收敛，对任给的 $\varepsilon>0$，存在只与 ε 有关的 N，使得当 $n>N$ 时，恒有

$$|r_n(x)|=|S(x)-S_n(x)|<\varepsilon,\ \forall x\in[a,b],$$

于是，当 $n>N$ 时，恒有

$$\left|\int_{x_0}^{x} S_n(x)\mathrm{d}x - \int_{x_0}^{x} S(x)\mathrm{d}x\right| = \left|\int_{x_0}^{x}[S_n(x) - S(x)]\mathrm{d}x\right|$$

$$\leqslant \left|\int_{x_0}^{x} |r_n(x)|\mathrm{d}x\right| < |x - x_0|\varepsilon < (b-a)\varepsilon,\ \forall x \in [a, b],$$

而且

$$\int_{x_0}^{x} S_n(x)\mathrm{d}x = \int_{x_0}^{x} u_1(x)\mathrm{d}x + \int_{x_0}^{x} u_2(x)\mathrm{d}x + \cdots + \int_{x_0}^{x} u_n(x)\mathrm{d}x.$$

由函数项级数一致收敛概念知，级数

$$\int_{x_0}^{x} u_1(x)\mathrm{d}x + \int_{x_0}^{x} u_2(x)\mathrm{d}x + \cdots + \int_{x_0}^{x} u_n(x)\mathrm{d}x + \cdots$$

在区间 $[a, b]$ 上一致收敛于 $\int_{x_0}^{x} S(x)\mathrm{d}x$，故

$$\int_{x_0}^{x} S(x)\mathrm{d}x = \int_{x_0}^{x} u_1(x)\mathrm{d}x + \int_{x_0}^{x} u_2(x)\mathrm{d}x + \cdots + \int_{x_0}^{x} u_n(x)\mathrm{d}x + \cdots.$$ □

性质 2 通常写成

$$\int_{x_0}^{x}\left[\sum_{n=1}^{\infty} u_n(x)\right]\mathrm{d}x = \sum_{n=1}^{\infty}\left[\int_{x_0}^{x} u_n(x)\mathrm{d}x\right],\ x_0,\ x \in [a,b],$$

即一致收敛的函数项级数，其和函数的积分等于各项积分之后的级数的和. 也就是说，在一致收敛的条件下，积分号和级数的和号可以换序.

性质 3 （函数项级数的逐项微分性） 设级数 $\sum\limits_{n=1}^{\infty} u_n(x)$ 在区间 $[a, b]$ 上收敛. 如果它的各项 $u_n(x)$ 都在区间 $[a,b]$ 上有连续的导数，即 $u'_n(x) \in C[a,b](n=1,2,\cdots)$，并且级数

$$\sum_{n=1}^{\infty} u'_n(x) = u'_1(x) + u'_2(x) + \cdots + u'_n(x) + \cdots$$

在区间 $[a,b]$ 上一致收敛，则级数 $\sum\limits_{n=1}^{\infty} u_n(x)$ 在该区间上也是一致收敛的，和函数 $S(x)$ 在 $[a,b]$ 上有连续的导数，并日可逐项求导，即

$$S'(x) = u'_1(x) + u'_2(x) + \cdots + u'_n(x) + \cdots.$$

证明　设

$$S^*(x) = \sum_{n=1}^{\infty} u'_n(x),\quad x \in [a,b],$$

由性质 2，有

$$\int_{x_0}^{x} S^*(x)\mathrm{d}x = \sum_{n=1}^{\infty}\int_{x_0}^{x} u'_n(x)\mathrm{d}x = \sum_{n=1}^{\infty}[u_n(x)-u_n(x_0)]$$

$$= \sum_{n=1}^{\infty} u_n(x) - \sum_{n=1}^{\infty} u_n(x_0) = S(x)-S(x_0).$$

由性质 1 知，$S^*(x)$ 连续，故 $\int_{x_0}^{x} S^*(x)\mathrm{d}x$ 可导. 对上式两边求导，得

$$S^*(x)=S'(x),\ x\in[a,b].$$

这说明了级数 $\sum_{n=1}^{\infty} u'_n(x)$ 在区间 $[a,b]$ 上一致收敛于 $S'(x)$. 由上面的证明可以看出，级数

$$\sum_{n=1}^{\infty} u_n(x) = \sum_{n=1}^{\infty}\int_{x_0}^{x} u'_n(x)\mathrm{d}x + \sum_{n=1}^{\infty} u_n(x_0),$$

其中，$\sum_{n=1}^{\infty} u_n(x_0)$ 是个收敛的数项级数（常数）；$\sum_{n=1}^{\infty}\int_{x_0}^{x} u'(x)\mathrm{d}x$ 是由一致收敛的函数项级数 $\sum_{n=1}^{\infty} u'_n(x)$ 逐项积分得到的. 由性质 2 知，$\sum_{n=1}^{\infty}\int_{x_0}^{x} u'_n(x)\mathrm{d}x$ 在区间 $[a,b]$ 上一致收敛. 容易证明，一致收敛的函数项级数与收敛的数项级数之和是一致收敛的，故 $\sum_{n=1}^{\infty} u_n(x)$ 在区间 $[a,b]$ 上一致收敛. □

性质 3 中，逐项求导后的级数的一致收敛性，是不能由原级数的一致收敛性代替的，例如，考察级数

$$\frac{\sin x}{1^2}+\frac{\sin(2^2x)}{2^2}+\cdots+\frac{\sin(n^2x)}{n^2}+\cdots,$$

因为 $\left|\frac{\sin(n^2x)}{n^2}\right| \leqslant \frac{1}{n^2}$，$\sum_{n=1}^{\infty}\frac{1}{n^2}$ 收敛，由魏尔斯特拉斯 M-检定法知，级数 $\sum_{n=1}^{\infty}\frac{\sin(n^2x)}{n^2}$ 在任何区间上都是一致收敛的，但逐项微分后的级数为

$$\cos x+\cos(2^2x)+\cdots+\cos(n^2x)+\cdots,$$

因其通项不趋于零，所以级数的收敛域是空集，故原级数不可逐项微分.

性质 3 通常记为

$$\left[\sum_{n=1}^{\infty} u_n(x)\right]' = \sum_{n=1}^{\infty} u'_n(x),$$

即在 $\sum_{n=1}^{\infty} u'_n(x)$ 一致收敛的条件下，函数项级数 $\sum_{n=1}^{\infty} u_n(x)$ 可逐

项微分（求导），也就是说，导数符号和级数和号可以换序.

下面几节，将讨论两类重要的函数项级数：幂级数和傅里叶级数.

11.6 幂级数

形如

$$\sum_{n=0}^{\infty} a_n x^n = a_0 + a_1 x + a_2 x^2 + \cdots + a_n x^n + \cdots \quad (11.6.1)$$

的函数项级数，叫作 x 的**幂级数**，其中常数 $a_n(n=0,1,2,\cdots)$ 叫作幂级数的**系数**. 更一般地，形如

$$\sum_{n=0}^{\infty} a_n (x-x_0)^n = a_0 + a_1(x-x_0) + a_2(x-x_0)^2 + \cdots + a_n(x-x_0)^n + \cdots \quad (11.6.2)$$

的函数项级数，叫作 $(x-x_0)$ 的幂级数，其中 x_0 为固定值.

显然，通过变换 $t=x-x_0$，就可把级数（11.6.2）化为级数（11.6.1）的形式，所以下面将着重讨论幂级数（11.6.1）. 幂级数（11.6.1）的每一项都是方幂为自然数的幂函数与常数之积，它的部分和为多项式.

11.6.1 幂级数的收敛半径和收敛域

阿贝尔引理　如果幂级数（11.6.1）在点 $x=x_0(x_0\neq 0)$ 处收敛，则对开区间 $(-|x_0|, |x_0|)$ 内的任一点 x，幂级数（11.6.1）都绝对收敛；如果幂级数（11.6.1）在点 $x=x_0$ 处发散，则当 $x>|x_0|$ 或 $x<-|x_0|$ 时，幂级数（11.6.1）均发散.

证明　(i) 设幂级数（11.6.1）在 $x=x_0(x_0\neq 0)$ 处收敛，即数项级数

$$a_0 + a_1 x_0 + a_2 x_0^2 + \cdots + a_n x_0^n + \cdots$$

收敛. 由收敛的必要条件知

$$\lim_{n\to\infty} a_n x_0^n = 0,$$

从而数列 $\{a_n x_0^n\}$ 有界，即有常数 $M>0$，使得

$$|a_n x_0^n| \leqslant M \quad (n=0,1,2,\cdots),$$

因此

$$|a_n x^n| = |a_n x_0^n| \left|\frac{x}{x_0}\right|^n \leqslant M\left|\frac{x}{x_0}\right|^n \quad (n=0,1,2,\cdots).$$

当$|x|<|x_0|$时，$\left|\frac{x}{x_0}\right|<1$，等比级数 $\sum\limits_{n=0}^{\infty} M\left|\frac{x}{x_0}\right|^n$ 收敛.

由比较判别法知，级数 $\sum\limits_{n=0}^{\infty}|a_n x^n|$收敛，即幂级数（11.6.1）在开区间（$-|x_0|$，$|x_0|$）内的任一点处都是绝对收敛的.

(ii) 设幂级数（11.6.1）在 $x=x_0$ 处发散，假设有点 x_1，满足$|x_1|>|x_0|$，且使幂级数（11.6.1）在 x_1 处收敛. 那么由 (i) 的证明知，幂级数（11.6.1）必在 x_0 处收敛，这与前提条件矛盾. □

因为幂级数的项都在（$-\infty,+\infty$）上有定义，所以对每个实数 x，幂级数（11.6.1）或者收敛，或者发散. 然而任何一个幂级数（11.6.1）在原点 $x=0$ 处都收敛，所以由阿贝尔引理可直接得到如下推论：

推论　幂级数（11.6.1）的收敛性有三种类型：

(i) 存在常数 $R>0$，当$|x|<R$ 时，幂级数（11.6.1）绝对收敛，当$|x|>R$ 时，幂级数（11.6.1）发散；

(ii) 除 $x=0$ 外，幂级数（11.6.1）处处发散，此时记 $R=0$；

(iii) 对任何 x，幂级数（11.6.1）都绝对收敛，此时记 $R=+\infty$.

称 R 为幂级数（11.6.1）的**收敛半径**. 称开区间（$-R,R$）为幂级数（11.6.1）的**收敛区间**. 在收敛区间内幂级数（11.6.1）绝对收敛.

除 $R=0$ 的情况外，幂级数（11.6.1）的收敛域一般是一个以原点为中心、R 为半径的区间. 对类型 (i)，还要讨论 $x=\pm R$ 时的两个数项级数

$$\sum_{n=0}^{\infty} a_n(-R)^n,\ \sum_{n=0}^{\infty} a_n R^n$$

是否收敛，才能最后确定收敛域.

下面讨论收敛半径 R 的求法及收敛域的求法.

定理 11.16　对幂级数（11.6.1），若

$$\lim_{n\to\infty}\left|\frac{a_{n+1}}{a_n}\right|=b \quad 或 \quad \lim_{n\to\infty}\sqrt[n]{|a_n|}=b,$$

则幂级数（11.6.1）的收敛半径为

$$R=\begin{cases}\dfrac{1}{b}, & 当\ 0<b<+\infty\ 时,\\ +\infty, & 当\ b=0\ 时,\\ 0, & 当\ b=+\infty 时.\end{cases}$$

证明 只讨论 $\lim\limits_{n\to\infty}\left|\dfrac{a_{n+1}}{a_n}\right|=b$. 因为正项级数

$$\sum_{n=0}^{\infty}|a_nx^n|=|a_0|+|a_1x|+|a_2x^2|+\cdots+|a_nx^n|+\cdots \tag{11.6.3}$$

的后项与前项比的极限

$$\lim_{n\to\infty}\frac{|a_{n+1}x^{x+1}|}{|a_nx^n|}=\lim_{n\to\infty}\left|\frac{a_{n+1}}{a_n}\right||x|=b|x|,$$

依据比值判别法知，

(i) 当 $0<b<+\infty$ 时，如果 $|x|<\dfrac{1}{b}$，即有 $b|x|<1$，则级数（11.6.3）收敛，从而级数（11.6.1）绝对收敛；如果 $|x|>\dfrac{1}{b}$，即有 $b|x|>1$，则级数（11.6.3）发散，从而可断言级数（11.6.1）发散（因为这里用的是比值判别法，所以判定级数（11.6.1）不收敛）. 总之，此时收敛半径 $R=\dfrac{1}{b}$.

(ii) 当 $b=0$ 时，恒有 $b|x|=0$，故级数（11.6.3）处处收敛，即级数（11.6.1）处处绝对收敛，$R=+\infty$.

(iii) 当 $b=+\infty$ 时，除 $x=0$ 外，$b|x|=+\infty$，级数（11.6.3）除 $x=0$ 点外处处发散，所以级数（11.6.1）在 $x\neq 0$ 时发散，$R=0$. □

在定理 11.15 的条件下，可按下式直接求幂级数的收敛半径：

$$R=\lim_{n\to\infty}\left|\frac{a_n}{a_{n+1}}\right| \quad 或 R=\lim_{n\to\infty}\frac{1}{\sqrt[n]{|a_n|}}.$$

例 1 求下列幂级数的收敛半径与收敛域：

(1) $\sum\limits_{n=1}^{\infty}\dfrac{x^n}{2^n\cdot n}$； (2) $\sum\limits_{n=1}^{\infty}\dfrac{(n!)^2}{(2n)!}x^n$；

(3) $\sum\limits_{n=0}^{\infty}\dfrac{x^n}{(2n)!!}$； (4) $\sum\limits_{n=1}^{\infty}n^nx^n$.

解 (1) 收敛半径

$$R=\lim_{n\to\infty}\left|\frac{a_n}{a_{n+1}}\right|=\lim_{n\to\infty}\left[\frac{1}{2^n\cdot n}\Big/\frac{1}{2^{n+1}(n+1)}\right]=\lim_{n\to\infty}\frac{2(n+1)}{n}=2,$$

所以收敛区间为 $(-2,2)$.

当 $x=-2$ 时，级数（1）为 $\sum\limits_{n=1}^{\infty}(-1)^n\dfrac{1}{n}$，是收敛的交错级数；当 $x=2$ 时，级数（1）为 $\sum\limits_{n=1}^{\infty}\dfrac{1}{n}$，是调和级数，发散.

因此，级数（1）的收敛域为 $[-2,2)$.

（2）收敛半径为

$$R=\lim_{n\to\infty}\left|\frac{a_n}{a_{n+1}}\right|=\lim_{n\to\infty}\left\{\frac{(n!)^2}{(2n)!}\Big/\frac{[(n+1)!]^2}{[2(n+1)]!}\right\}=\lim_{n\to\infty}\frac{2(2n+1)}{(n+1)}=4,$$

所以收敛区间为 $(-4,4)$.

当 $x=4$ 时，级数（2）为正项级数

$$\sum_{n=1}^{\infty}\frac{(n!)^2}{(2n)!}4^n,$$

因为

$$\frac{u_{n+1}}{u_n}=\frac{2n+2}{2n+1}>1,$$

所以，u_n 不趋于 0（当 $n\to\infty$ 时），故级数 $\sum\limits_{n=1}^{\infty}\frac{(n!)^2}{(2n)!}4^n$ 发散. 当 $x=-4$ 时，级数（2）对应的数项级数也发散．因此，幂级数（2）的收敛域为 $(-4,4)$.

（3）因为收敛半径

$$R=\lim_{n\to\infty}\left|\frac{a_n}{a_{n+1}}\right|=\lim_{n\to\infty}\left[\frac{1}{(2n)!!}\Big/\frac{1}{(2n+2)!!}\right]=\lim_{n\to\infty}(2n+2)=\infty,$$

所以，幂级数（3）的收敛域为 $(-\infty,+\infty)$.

（4）因为收敛半径

$$R=\lim_{n\to\infty}\frac{1}{\sqrt[n]{|a_n|}}=\lim_{n\to\infty}\frac{1}{\sqrt[n]{n^n}}=\lim_{n\to\infty}\frac{1}{n}=0.$$

所以，幂级数（4）仅在 $x=0$ 一点收敛.

练习 1. 求下列幂级数的收敛半径及收敛区间.

（1）$\sum\limits_{n=1}^{\infty}n!\left(\frac{x}{n}\right)^n$；　　　（2）$\sum\limits_{n=1}^{\infty}\frac{1}{3^n+(-2)^n+3\cdot 2^n}x^n$.

例 2　若幂级数 $\sum\limits_{n=0}^{\infty}a^{n^2}x^n\,(a>0)$ 的收敛域为 $(-\infty,+\infty)$，讨论 a 的取值范围.

解　因 $\left|\frac{a_n}{a_{n+1}}\right|=\frac{a^{n^2}}{a^{(n+1)^2}}=\frac{1}{a^{2n+1}}$，当且仅当 $a<1$ 时，

$$\lim_{n\to\infty}\left|\frac{a_n}{a_{n+1}}\right|=+\infty,$$

故 $a<1$.

练习 2. 设幂级数 $\sum\limits_{n=0}^{\infty}a_n(x+1)^n$ 在 $x=3$ 处条件收敛，试

确定此幂级数的收敛半径，并阐明理由.

练习 3. 已知级数 $\sum_{n=1}^{\infty}(-1)^n a_n(a_n>0)$ 条件收敛，求幂级数 $\sum_{n=0}^{\infty}a_n x^n$ 的收敛域，并说明理由.

练习 4. 已知幂级数 $\sum_{n=0}^{\infty}a_n x^n$ 的系数 $a_n>0(n=1,2,\cdots)$，且当 $x=-3$ 时，该级数条件收敛，试确定此幂级数的收敛域，并阐明理由.

例 3　求幂级数 $\sum_{n=1}^{\infty}\frac{(x-2)^{2n}}{n\cdot 4^n}$ 的收敛域.

解　令 $t=(x-2)^2$，原级数变为 t 的幂级数 $\sum_{n=1}^{\infty}\frac{t^n}{n\cdot 4^n}$ 该幂级数收敛半径为

$$R_t=\lim_{n\to\infty}\frac{(n+1)4^{n+1}}{n\cdot 4^n}=4.$$

当 $x-2=\pm 2$ 时，原级数为 $\sum_{n=1}^{+\infty}\frac{1}{n}$，它是发散的. 则收敛域为 $-2<x-2<2$，即 $0<x<4$.

一般地，关于 $(x-x_0)$ 的幂级数的收敛区间是以点 x_0 为中心的，所以也可以不进行变换，先求出收敛半径 R，然后讨论在收敛区间 $(x_0-R,\ x_0+R)$ 的两个端点处，对应的数项级数的收敛性，最后确定收敛域.

练习 5. 求下列幂级数的收敛域.

(1) $\sum_{n=1}^{\infty}\frac{2^n}{n^2+1}x^n$；　(2) $\sum_{n=1}^{\infty}\left(\frac{x}{n}\right)^n$；

(3) $\sum_{n=1}^{\infty}\frac{x^n}{(n+1)^p}$；　(4) $\sum_{n=1}^{\infty}\frac{2^n+3^n}{n}x^n$；

(5) $\sum_{n=0}^{\infty}\frac{3^{-\sqrt{n}}x^n}{\sqrt{n^2+1}}$；　(6) $\sum_{n=1}^{\infty}\left(\frac{a^n}{n}+\frac{b^n}{n^2}\right)x^n\ (a>0,\ b>0)$；

(7) $\sum_{n=1}^{\infty}(-1)^n\left(1+\frac{1}{2}+\frac{1}{3}+\cdots+\frac{1}{n}\right)x^n$；

(8) $\sum_{n=1}^{\infty}\frac{a^n-b^n}{a^n+b^n}(x-x_0)^n\ (0<a<b)$；

(9) $\sum_{n=1}^{\infty}\frac{\ln(n+1)}{n+1}x^{n+1}$; (10) $\sum_{n=1}^{\infty}\frac{(x-5)^n}{\sqrt{n}}$;

(11) $\sum_{n=1}^{\infty}(-1)^{n-1}\frac{(x-1)^n}{5n}$; (12) $\sum_{n=0}^{\infty}\frac{(x-3)^n}{n-3^n}$;

(13) $\sum_{n=1}^{\infty}\frac{(2x+1)^n}{n}$.

例 4 求函数项级数 $\ln x+\sum_{n=0}^{\infty}(-1)^n\frac{x^{2n+1}}{(2n+1)!}$的收敛域.

解 去掉第一项，则原级数是缺偶次幂的幂级数. 直接用比值判别法（也是求收敛域的方法），因为

$$\lim_{n\to\infty}\left|\frac{u_{n+1}}{u_n}\right|=\lim_{n\to\infty}\left[\frac{|x|^{2n+3}}{(2n+3)!}\cdot\frac{(2n+1)!}{|x|^{2n+1}}\right]$$

$$=\lim_{n\to\infty}\frac{|x|^2}{(2n+2)(2n+3)}=0,$$

所以，去掉第一项，级数处处绝对收敛. 由于第一项 $\ln x$ 的定义域为 $x>0$，所以，整个级数的收敛域是 $(0,+\infty)$.

练习 6. 求下列函数项级数的收敛域.

(1) $\sum_{n=1}^{\infty}(-1)^n\frac{x^{2n+1}}{2n+1}$; (2) $1+\frac{x^2}{2}+\frac{x^4}{4}+\frac{x^6}{6}+\cdots$;

(3) $\sum_{n=0}^{\infty}\frac{x^{n^2}}{2^n}$; (4) $\sum_{n=1}^{\infty}(\lg x)^n$;

(5) $\sum_{n=1}^{\infty}\frac{n^2}{x^n}$; (6) $\sum_{n=1}^{\infty}\frac{(x^2+x+1)^n}{n(n+1)}$;

(7) $\sum_{n=1}^{\infty}\frac{1}{x^n}\sin\frac{\pi}{2^n}$.

练习 7. 求幂级数

$$1+\frac{(x-1)^2}{1\cdot 3^2}+\frac{(x-1)^4}{2\cdot 3^4}+\cdots+\frac{(x-1)^{2n}}{n\cdot 3^{2n}}+\cdots$$

的收敛区间.

例 5 讨论函数项级数 $\sum_{n=0}^{\infty}\frac{1}{2n+1}\left(\frac{1-\sin x}{2}\right)^n$ 的收敛域.

解 做变换，令 $y=\frac{1-\sin x}{2}\geqslant 0$，级数变为幂级数 $\sum_{n=0}^{\infty}\frac{y^n}{2n+1}$,

因为

$$R_y=\lim_{n\to\infty}\frac{2n+3}{2n+1}=1,$$

当 $y=1$ 时，级数为 $\sum\limits_{n=0}^{\infty}\frac{1}{2n+1}$，它是发散的；又因 $0\leqslant y<1$，所以原函数项级数的收敛域为 $x\neq 2k\pi-\frac{\pi}{2}$，$k=0$，$\pm1$，$\cdots$.

11.6.2 幂级数的运算

设有两个幂级数：

$$\sum_{n=0}^{\infty}a_nx^n=f(x),\ x\in(-A,A),$$

$$\sum_{n=0}^{\infty}b_nx^n=g(x),\ x\in(-B,B).$$

记 $R=\min\{A,B\}$．显然，在区间（$-R$，R）内两个幂级数都是绝对收敛的，由绝对收敛级数的性质有如下幂级数的运算法则.

（1）加法与减法

$$\left(\sum_{n=0}^{\infty}a_nx^n\right)\pm\left(\sum_{n=0}^{\infty}b_nx^n\right)=\sum_{n=0}^{\infty}(a_n\pm b_n)x^n$$
$$=f(x)\pm g(x),\ x\in(-R,R),$$

且 $\sum\limits_{n=0}^{\infty}(a_n\pm b_n)x^n$ 在区间（$-R,R$）内绝对收敛.

（2）乘法

$$\left(\sum_{n=0}^{\infty}a_nx^n\right)\left(\sum_{n=0}^{\infty}b_nx^n\right)=a_0b_0+(a_0b_1+a_1b_0)x+\cdots+$$
$$(a_0b_n+a_1b_{n-1}+\cdots+a_nb_0)x^n+\cdots$$
$$=\sum_{n=0}^{\infty}\left(\sum_{i=0}^{n}a_ib_{n-i}\right)x^n$$
$$=f(x)g(x),\ x\in(-R,R),$$

且 $\sum\limits_{n=0}^{\infty}\left(\sum\limits_{i=0}^{n}a_ib_{n-i}\right)x^n$ 在区间（$-R,R$）内绝对收敛.

（3）除法

因为除法是乘法的逆运算，当 $b_0\neq0$ 时，定义两个幂级数的商是个幂级数：

$$\frac{\sum_{n=0}^{\infty}a_nx^n}{\sum_{n=0}^{\infty}b_nx^n}=\frac{a_0+a_1x+a_2x^2+\cdots+a_nx^n+\cdots}{b_0+b_1x+b_2x^2+\cdots+b_nx^n+\cdots}$$

$$=c_0+c_1x+c_2x^2+\cdots+c_nx^n+\cdots=\sum_{n=0}^{\infty}c_nx^n,$$

其中，$\sum_{n=0}^{\infty}c_nx^n$ 满足

$$\left(\sum_{n=0}^{\infty}b_nx^n\right)\left(\sum_{n=0}^{\infty}c_nx^n\right)=\sum_{n=0}^{\infty}a_nx^n.$$

根据等式两边级数的对应项系数相等，确定 $c_n(n=1,2,\cdots)$，如

$$c_0=a_0/b_0,\qquad c_1=(a_1b_0-a_0b_1)/b_0^2,$$

$$c_2=(a_2b_0^2-a_1b_0b_1-a_0b_0b_2+a_0b_1^2)/b_0^3,\cdots,$$

级数 $\sum_{n=0}^{\infty}c_nx^n=\frac{f(x)}{g(x)}$的收敛半径，有时比上述的 R 小.

例如，幂级数 1 和幂级数 $1-x$ 的收敛半径均为$+\infty$，但它们的商的幂级数

$$\frac{1}{1-x}=1+x+x^2+\cdots+x^n+\cdots$$

的收敛半径 $R=1$.

对于加（减）法和乘法，这里只肯定在区间（$-R,R$）内绝对收敛. 当 $A\neq B$ 时，可以肯定收敛半径就是这个 R；当 $A=B$ 时，收敛半径不小于这个 R.

例 6　求幂级数 $\sum_{n=1}^{\infty}(2^n+\sqrt{n})(x+1)^n$ 的收敛域.

解　将原幂级数分为两个幂级数：

$$\sum_{n=1}^{\infty}2^n(x+1)^n,\ \sum_{n=1}^{\infty}\sqrt{n}(x+1)^n.$$

前者的收敛半径为

$$R_1=\lim_{n\to\infty}\frac{2^n}{2^{n+1}}=\frac{1}{2},$$

后者的收敛半径为

$$R_2=\lim_{n\to\infty}\frac{\sqrt{n}}{\sqrt{n+1}}=1,$$

于是，所求幂级数的收敛半径 $R=\min\left\{\frac{1}{2},1\right\}=\frac{1}{2}$，即收敛区间为

$$-\frac{3}{2}<x<-\frac{1}{2}.$$

当 $x=-\frac{3}{2}$ 和 $x=-\frac{1}{2}$ 时，对应的级数依次为

$$\sum_{n=1}^{\infty}(-1)^n\frac{2^n+\sqrt{n}}{2^n},\ \sum_{n=1}^{\infty}\frac{2^n+\sqrt{n}}{2^n}.$$

因为 $\lim\limits_{n\to\infty}\frac{2^n+\sqrt{n}}{2^n}=1\neq 0$，所以这两个级数都发散，从而原幂级数的收敛域为 $\left(-\frac{3}{2},-\frac{1}{2}\right)$.

下面讨论幂级数的分析运算性质. 先介绍幂级数一致收敛性的一个定理.

定理 11.17　幂级数（11.6.1），在它的收敛区间 $(-R,R)$ 内的任一闭子区间 $[-R_1,R_1]$ 上是一致收敛的（其中 $0<R_1<R$）.

证明　因为 $R_1\in(-R,R)$，所以级数（11.6.1）在点 R_1 处绝对收敛，即 $\sum\limits_{n=0}^{\infty}|a_nR_1^n|$ 收敛. 对于区间 $[-R_1,R_1]$ 内任一点 x，恒有

$$|a_nx^n|\leqslant|a_nR_1^n|,\ n=1,\ 2,\ \cdots.$$

因此，由魏尔斯特拉斯 M-检定法知，级数（11.6.1）在 $[-R_1,R_1]$ 上一致收敛. □

除加法、减法和乘法、除法运算外，幂级数还有如下分析运算性质：

(4) 在收敛域内，幂级数 $\sum\limits_{n=0}^{\infty}a_nx^n$ 的和函数 $f(x)$ 是连续函数.

(5) 在收敛域内，幂级数可逐项积分，且收敛半径不变，即有

$$\int_0^x f(s)\mathrm{d}s=\sum_{n=0}^{\infty}\left(a_n\int_0^x s^n\mathrm{d}s\right)=\sum_{n=0}^{\infty}\frac{a_n}{n+1}x^{n+1}.$$

(6) 在收敛域内，幂级数可逐项微分，且收敛半径不变，即有

$$f'(x)=\sum_{n=0}^{\infty}(a_nx^n)'=\sum_{n=1}^{\infty}na_nx^{n-1}.$$

幂级数逐项积分或微分后，虽然收敛半径不变，收敛区间不变，但收敛域有可能会变，例如

$$\frac{1}{1+x}=1-x+x^2-\cdots+(-1)^nx^n+\cdots$$

的收敛域是 $(-1,1)$，但逐项积分后的幂级数

$$\ln(1+x)=x-\frac{x^2}{2}+\frac{x^3}{3}-\cdots+(-1)^{n-1}\frac{x^n}{n}+\cdots$$

的收敛域是 $(-1,1]$. 这是因为，当 $x=1$ 时，左边函数（和函数）有定义、连续，右边级数收敛.

练习 8. 已知

$$\frac{1}{1-x}=1+x+x^2+\cdots+x^n+\cdots,\ x\in(-1,1),$$

求函数 $\ln(1-x)$ 和 $\frac{1}{(1-x)^2}$ 的幂级数表达式.

由运算性质（6）知，幂级数表示的函数是无穷次连续可微的“好”函数. 幂级数的收敛区间有时与和函数的表达式的定义域不一致. 在收敛域内，幂级数的运算类似于多项式的运算. 幂级数的和函数，有时不是初等函数，这使得幂级数在积分运算和微分方程求解时起着一定的作用.

11.7 函数的幂级数展开

前面讨论了幂级数的收敛域及其和函数，但在许多应用中我们会遇到相反的问题：对给定的或将要研究的 $f(x)$，要考虑能否在某个区间将 $f(x)$ “展开成幂级数”. 这个研究在理论上和应用中都是重要的。比如，对函数做数值分析时，总离不开用多项式逼近给定的函数，而幂级数的部分和恰是多项式. 所以有了函数的幂级数展开，一些函数的多项式逼近，函数值的近似计算，以及一些积分、微分方程问题就迎刃而解了. 哪些函数在怎样的区间上可以表示为幂级数？这时幂级数的系数如何确定？这些就是本节讨论的主要问题. 此外，本节还将介绍某些幂级数求和的方法.

11.7.1 直接展开法与泰勒级数

回顾第 4 章介绍过的泰勒公式：若函数 $f(x)$ 在点 x_0 的某邻域 $U(x_0)$ 内有 $n+1$ 阶导数，则 $f(x)$ 可表示为

$$f(x)=f(x_0)+\frac{f'(x_0)}{1!}(x-x_0)+\frac{f''(x_0)}{2!}(x-x_0)^2+\cdots+\frac{f^{(n)}(x_0)}{n!}(x-x_0)^n+R_n(x), \tag{11.7.1}$$

其中，

$$R_n(x)=\frac{f^{(n+1)}(\xi)}{(n+1)!}(x-x_0)^{n+1}，\xi \text{ 介于 } x_0 \text{ 与 } x \text{ 之间}.$$

泰勒公式（11.7.1）就是函数 $f(x)$ 在点 x_0 处展开的泰勒公式，$R_n(x)$ 是拉格朗日型余项.

如果 $f(x)$ 在点 x_0 的某邻域 $U(x_0)$ 内是无穷次连续可微的，记为 $f(x)\in C^{\infty}(U(x_0))$，我们就自然会想到，函数 $f(x)$ 是否可展为如下的幂级数：

$$f(x_0)+\frac{f'(x_0)}{1!}(x-x_0)+\frac{f''(x_0)}{2!}(x-x_0)^2+\cdots+\frac{f^{(n)}(x_0)}{n!}(x-x_0)^n+\cdots. \tag{11.7.2}$$

为研究此问题，首先给出如下概念：

称幂级数（11.7.2）为函数 $f(x)$ 在点 x_0 处（诱导出）的**泰勒级数**. 特别地，当 $x_0=0$ 时，称幂级数

$$f(0)+\frac{f'(0)}{1!}x+\frac{f''(0)}{2!}x^2+\cdots+\frac{f^{(n)}(0)}{n!}x^n+\cdots \tag{11.7.3}$$

为 $f(x)$（诱导出）的**麦克劳林级数**.

显然，泰勒级数（11.7.2）在什么范围上收敛于函数 $f(x)$，取决于在什么范围上有 $R_n(x)\to 0$.

定理 11.18　设函数 $f(x)\in C^{\infty}(U(x_0))$，则它的泰勒级数

$$\sum_{n=0}^{\infty}\frac{f^{(n)}(x_0)}{n!}(x-x_0)^n$$

在 $U(x_0)$ 内收敛于 $f(x)$ 的充分必要条件是

$$\lim_{n\to\infty}R_n(x)=0，\ \forall x\in U(x_0). \tag{11.7.4}$$

证明　用 $S_n(x)$ 表示泰勒级数（11.7.2）的前 $n+1$ 项和，由泰勒公式（11.7.1）知

$$R_n(x)=f(x)-S_n(x)，S_n(x)=f(x)-R_n(x).$$

必要性：设泰勒级数（11.7.2）在 $U(x_0)$ 上收敛于 $f(x)$，则 $\forall x\in U(x_0)$，$\lim\limits_{n\to\infty}S_n(x)=f(x)$，从而有

$$\lim_{n\to\infty}R_n(x)=\lim_{n\to\infty}[f(x)-S_n(x)]=0，\ \forall x\in U(x_0).$$

充分性：设式（11.7.4）成立，则

$$\lim_{n\to\infty}S_n(x)=\lim_{n\to\infty}[f(x)-R_n(x)]=f(x)，\ \forall x\in U(x_0)，$$

即在 $U(x_0)$ 上，泰勒级数（11.7.2）收敛于 $f(x)$.　□

在式（11.7.4）不成立的范围内，函数 $f(x)$ 的泰勒级数（11.7.2）即使收敛，也不收敛到 $f(x)$. 譬如，函数

$$f(x)=\begin{cases} e^{-1/x^2}, & \text{当 } x\neq 0 \text{ 时}, \\ 0, & \text{当 } x=0 \text{ 时}, \end{cases}$$

如图 11.5 所示. 由于

$$f(0)=f'(0)=f''(0)=\cdots=0,$$

所以，函数 $f(x)$ 的麦克劳林级数各项系数均为零，显然它在整个数轴上收敛到零. 除 $x=0$ 外，在任何点 x 处都未收敛到原来的函数 $f(x)$ 上. 这就是因为除原点外，式 (11.7.4) 都不成立之故.

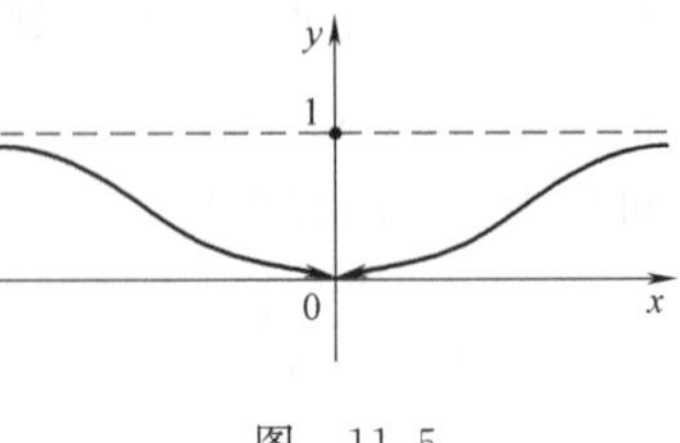

图　11.5

定理 11.19 （函数幂级数展开的唯一性） 若函数 $f(x)$在点 x_0 的某邻域内可展开为幂级数

$$f(x)=\sum_{n=0}^{\infty} a_n(x-x_0)^n, \tag{11.7.5}$$

则其系数为

$$a_n=\frac{f^{(n)}(x_0)}{n!} \qquad (n=0,1,2,\cdots),$$

这里规定 $0!=1$，$f^{(0)}(x_0)=f(x_0)$.

证明　由于幂级数在收敛区间内可逐项微分，于是

$$f(x)=a_0+a_1(x-x_0)+a_2(x-x_0)^2+\cdots+a_n(x-x_0)^n+\cdots,$$

$$f'(x)=a_1+2a_2(x-x_0)+3a_3(x-x_0)^2+\cdots+na_n(x-x_0)^{n-1}+\cdots,$$

$$f''(x)=2!\,a_2+3\cdot 2a_3(x-x_0)+\cdots+n(n-1)a_n(x-x_0)^{n-2}+\cdots,$$

$$\vdots$$

$$f^{(n)}(x)=n!\,a_n+\cdots,$$

$$\vdots$$

在上述各式中，令 $x=x_0$，得

$$a_0=f(x_0),\ a_1=\frac{f'(x_0)}{1!},\ a_2=\frac{f''(x_0)}{2!},\cdots,$$

$$a_n=\frac{f^{(n)}(x_0)}{n!},\cdots. \qquad \square$$

以上两个定理说明：在 x_0 的某邻域内，若函数 $f(x)$ 具有各阶导数，且其泰勒公式的余项 $R_n(x)$ 趋于零（当 $n\to\infty$时），则 $f(x)$ 可展开为幂级数，且其展开式是唯一的，就是 $f(x)$ 的泰勒级数. 据此，要将函数在 x_0 附近展开为幂级数，有如下的**直接展开法**.

第一步，求 $f(x)$ 的各阶导数 $f'(x)$，$f''(x)$，…，$f^{(n)}(x)$，…；

第二步，计算 $f(x_0)$，$f'(x_0)$，$f''(x_0)$，…，$f^{(n)}(x_0)$，…；

第三步，写出泰勒级数

$$f(x_0)+\frac{f'(x_0)}{1!}(x-x_0)+\frac{f''(x_0)}{2!}(x-x_0)^2+\cdots+$$

$$\frac{f^{(n)}(x_0)}{n!}(x-x_0)^n+\cdots,$$

并确定其收敛半径及收敛域；

第四步，在收敛域内，求使 $\lim\limits_{n\to\infty}R_n(x)=0$ 的区间，就是函数的幂级数**展开区间**.

例 1　将函数 $f(x)=\mathrm{e}^x$ 展开为 x 的幂级数.

解　由 $f^{(n)}(x)=\mathrm{e}^x(n=0,1,2,\cdots)$，有 $f^{(n)}(0)=1$ $(n=0,1,2,\cdots)$，于是 e^x 的泰勒级数为

$$1+x+\frac{x^2}{2!}+\frac{x^3}{3!}+\cdots+\frac{x^n}{n!}+\cdots,$$

其收敛半径

$$R=\lim_{n\to\infty}\left|\frac{a_n}{a_{n+1}}\right|=\lim_{n\to\infty}\frac{1}{n!}(n+1)!=+\infty.$$

泰勒公式的余项

$$R_n(x)=\frac{\mathrm{e}^{\xi}}{(n+1)!}x^{n+1},\ \xi\text{ 介于 }0\text{ 和 }x\text{ 之间}.$$

它满足不等式

$$|R_n(x)|=\left|\frac{\mathrm{e}^{\xi}}{(n+1)!}x^{n+1}\right|\leqslant \mathrm{e}^{|x|}\frac{|x|^{n+1}}{(n+1)!}.$$

对任一确定的 $x\in(-\infty,+\infty)$，$\mathrm{e}^{|x|}$ 是确定的数，而 $\dfrac{|x|^{n+1}}{(n+1)!}$ 是处处收敛的幂级数 $\sum\limits_{n=0}^{\infty}\dfrac{|x|^n}{n!}$ 的一般项，所以在区间 $(-\infty,+\infty)$ 上，恒有

$$\lim_{n\to\infty}R_n(x)=0,$$

于是，有展开公式

$$\mathrm{e}^x=\sum_{n=0}^{\infty}\frac{x^n}{n!}=1+x+\frac{x^2}{2!}+\cdots+\frac{x^n}{n!}+\cdots,\ x\in(-\infty,+\infty). \tag{11.7.6}$$

练习 1. 用直接展开法，将函数 $f(x)=a^x(a>0,\ a\neq 1)$ 展开为 x 的幂级数.

例 2　将函数 $f(x)=\sin x$ 展开为 x 的幂级数.

解　由 $\sin x$ 的泰勒公式知它的泰勒级数为

$$x-\frac{x^3}{3!}+\frac{x^5}{5!}-\cdots+(-1)^n\frac{x^{2n+1}}{(2n+1)!}+\cdots,$$

其收敛半径 $R=+\infty$.

对收敛区间 $(-\infty,+\infty)$ 内任一点 x，有 $\xi\in(0,x)$，使

$$\begin{aligned}|R_{2n+2}(x)|&=\left|\frac{f^{(2n+3)}(\xi)}{(2n+3)!}x^{2n+3}\right|\\&=\frac{|x|^{2n+3}}{(2n+3)!}\left|\sin\left(\xi+(2n+3)\frac{\pi}{2}\right)\right|\\&\leqslant\frac{|x|^{2n+3}}{(2n+3)!}\to 0,\text{当 } n\to\infty \text{时}.\end{aligned}$$

从而得到展开公式

$$\begin{aligned}\sin x&=\sum_{n=0}^{\infty}(-1)^n\frac{x^{2n+1}}{(2n+1)!}\\&=x-\frac{x^3}{3!}+\frac{x^5}{5!}-\cdots+(-1)^n\frac{x^{2n+1}}{(2n+1)!}+\cdots,\ x\in(-\infty,+\infty).\end{aligned}\tag{11.7.7}$$

例 3　将函数 $f(x)=(1+x)^\alpha$ 展开为 x 的幂级数，其中 α 为任意实常数.

解　由 $(1+x)^\alpha$ 的泰勒公式知，它的泰勒级数为

$$1+\alpha x+\frac{\alpha(\alpha-1)}{2!}x^2+\cdots+\frac{\alpha(\alpha-1)\cdots(\alpha-n+1)}{n!}x^n+\cdots,$$

其收敛半径

$$R=\lim_{n\to\infty}\left|\frac{a_n}{a_{n+1}}\right|=\lim_{n\to\infty}\left|\frac{n+1}{\alpha-n}\right|=1,$$

所以 $(1+x)^\alpha$ 的泰勒级数的收敛区间是 $(-1,1)$. 在 $x=\pm1$ 处，对不同的 α，敛散性不同.

为了避免讨论余项的极限，设在区间 $(-1,1)$ 内 $(1+x)^\alpha$ 的泰勒级数的和函数为 $F(x)$，即设

$$F(x)=1+\alpha x+\frac{\alpha(\alpha-1)}{2!}x^2+\cdots+\frac{\alpha(\alpha-1)\cdots(\alpha-n+1)}{n!}x^n+\cdots,\ x\in(-1,1).$$

下面证明 $F(x)=(1+x)^\alpha$，$x\in(-1,\ 1)$. 由逐项微分，得

$$F'(x)=\alpha\left[1+\frac{\alpha-1}{1!}x+\cdots+\frac{(\alpha-1)\cdots(\alpha-n+1)}{(n-1)!}x^{n-1}+\cdots\right],$$

上式两边同乘以 $(1+x)$ 后，注意右边方括号内 x^n 的系数为

$$\frac{(\alpha-1)\cdots(\alpha-n+1)}{(n-1)!}+\frac{(\alpha-1)\cdots(\alpha-n)}{n!}=\frac{\alpha(\alpha-1)\cdots(\alpha-n+1)}{n!},$$

于是，有微分方程

$$(1+x)F'(x)=\alpha\left[1+\alpha x+\frac{\alpha(\alpha-1)}{2!}x^2+\cdots+\frac{\alpha(\alpha-1)\cdots(\alpha-n+1)}{n!}x^n+\cdots\right]$$

$$=\alpha F(x),\qquad x\in(-1,1),$$

且满足条件 $F(0)=1$. 由分离变量法解，得

$$F(x)=(1+x)^\alpha,\ x\in(-1,1),$$

故有展开公式

$$(1+x)^\alpha=1+\alpha x+\frac{\alpha(\alpha-1)}{2!}x^2+\cdots+\frac{\alpha(\alpha-1)\cdots(\alpha-n+1)}{n!}x^n+\cdots,\ x\in(-1,1),\tag{11.7.8}$$

称式（11.7.8）为**牛顿二项式展开式**. 当 α 为正整数时，式（11.7.8）就是代数中的二项公式.

当 $\alpha=\frac{1}{2}$，$-\frac{1}{2}$时，依次有展开式

$$\sqrt{1+x}=1+\frac{1}{2}x-\frac{1}{2\cdot 4}x^2+\frac{1\cdot 3}{2\cdot 4\cdot 6}x^3-\cdots+(-1)^{n-1}\frac{1\cdot 3\cdot 5\cdot\cdots\cdot(2n-3)}{2\cdot 4\cdot 6\cdot\cdots\cdot(2n)}x^n+\cdots,\ x\in[-1,1].\tag{11.7.9}$$

$$\frac{1}{\sqrt{1+x}}=1-\frac{1}{2}x+\frac{1\cdot 3}{2\cdot 4}x^2-\frac{1\cdot 3\cdot 5}{2\cdot 4\cdot 6}x^3+\cdots+(-1)^n\frac{1\cdot 3\cdot 5\cdot\cdots\cdot(2n-1)}{2\cdot 4\cdot 6\cdot\cdots\cdot(2n)}x^n+\cdots,\ x\in(-1,1].\tag{11.7.10}$$

11.7.2 间接展开法

将函数用直接法展开为幂级数，一般计算量大，而且对许多函数来说，求各阶导数与讨论拉格朗日型余项 $R_n(x)$ 趋于零的范围都是困难的. 下面介绍**间接展开法**，它是利用已知的幂级数展开式［式（11.7.6）～式（11.7.8）及等比级数的和等］，通过变量代换，幂级数的运算等途径得到函数的幂级数展开式的方法. 根据展开式的唯一性，它与直接展开法得到的结果是一致的.

例 4　将函数 $f(x)=\cos x$ 展开为 x 的幂级数.

解　将 $\sin x$ 的展开式（11.7.7）两边逐项微分，得到 $\cos x$

的展开公式：

$$\cos x=\sum_{n=0}^{\infty}(-1)^n\frac{x^{2n}}{(2n)!}$$

$$=1-\frac{x^2}{2!}+\frac{x^4}{4!}-\cdots+(-1)^n\frac{x^{2n}}{(2n)!}+\cdots,\ x\in(-\infty,+\infty).\tag{11.7.11}$$

例 5　将函数 $f(x)=\ln(1+x)$ 展开为麦克劳林级数.

解　因为 $[\ln(1+x)]'=\frac{1}{1+x}$，而

$$\frac{1}{1+x}=1-x+x^2-\cdots+(-1)^n x^n+\cdots,\ x\in(-1,1),\tag{11.7.12}$$

从 0 到 x 逐项积分，得

$$\ln(1+x)=x-\frac{x^2}{2}+\frac{x^3}{3}-\cdots+(-1)^{n-1}\frac{x^n}{n}+\cdots,\ x\in(-1,1].\tag{11.7.13}$$

式（11.7.13）对 $x=1$ 也成立，这是因为在 $x=1$ 时，右边级数收敛，左边函数在 $x=1$ 处连续的缘故，所以有

$$\ln 2=1-\frac{1}{2}+\frac{1}{3}-\cdots+(-1)^{n-1}\frac{1}{n}+\cdots.$$

例 6　将函数 $f(x)=\frac{1}{2}\ln\frac{1+x}{1-x}$ 展开为麦克劳林级数.

解　对式（11.7.13）做变量替换，以 $-x$ 替换 x，得到展开式：

$$\ln(1-x)=-x-\frac{x^2}{2}-\frac{x^3}{3}-\cdots-\frac{x^n}{n}-\cdots,\ x\in[-1,1).\tag{11.7.14}$$

式（11.7.13）减去式（11.7.14），再除以 2，可得

$$\frac{1}{2}\ln\frac{1+x}{1-x}=x+\frac{x^3}{3}+\frac{x^5}{5}+\cdots+\frac{x^{2n-1}}{2n-1}+\cdots,\ x\in(-1,1).\tag{11.7.15}$$

例 7　求 $1-\frac{1}{3}+\frac{1}{5}-\frac{1}{7}+\cdots$.

解　将展开式

$$\frac{1}{1+x^2}=1-x^2+x^4-x^6+\cdots+(-1)^n x^{2n}+\cdots,\ x\in(-1,1)$$

从 0 到 x 逐项积分，得

$$\arctan x = x - \frac{x^3}{3} + \frac{x^5}{5} - \cdots + (-1)^n \frac{x^{2n+1}}{2n+1} + \cdots,\ x \in [-1,1]. \tag{11.7.16}$$

式（11.7.16）对 $x=\pm 1$ 也成立，从而有

$$\frac{\pi}{4} = \arctan 1 = 1 - \frac{1}{3} + \frac{1}{5} - \frac{1}{7} + \cdots.$$

利用间接展开法时，要注意区间端点的收敛性.

练习 2. 用间接展开法，将下列函数展开为 x 的幂级数.

(1) $\sin^2 x$；　(2) $\sin\left(x+\frac{\pi}{4}\right)$；

(3) $\frac{x}{\sqrt{1-2x}}$；　(4) $\ln(1+x-2x^2)$；

(5) $\int_0^x \frac{\sin x}{x}\mathrm{d}x$；　(6) $\frac{\mathrm{d}}{\mathrm{d}x}\left|\frac{\mathrm{e}^x-1}{x}\right|$；

(7) $\arcsin x$；　(8) $\frac{1}{4}\ln\frac{1+x}{1-x}+\frac{1}{2}\arctan x - x$；

(9) $\frac{1}{(x^2+1)(x^4+1)(x^8+1)}$.

例 8　将 $\sin x$ 展开为 $\left(x-\frac{\pi}{4}\right)$ 的幂级数.

解　做变换，令 $t=x-\frac{\pi}{4}$，则 $x=t+\frac{\pi}{4}$，故

$$\begin{aligned}
\sin x &= \sin\left(t+\frac{\pi}{4}\right) = \sin\frac{\pi}{4}\cos t + \cos\frac{\pi}{4}\sin t = \frac{\sqrt{2}}{2}(\cos t + \sin t) \\
&= \frac{\sqrt{2}}{2}\left[\sum_{n=0}^{\infty}(-1)^n \frac{t^{2n}}{(2n)!} + \sum_{n=0}^{\infty}(-1)^n \frac{t^{2n+1}}{(2n+1)!}\right] \\
&= \frac{\sqrt{2}}{2}\sum_{n=0}^{\infty}(-1)^n\left[\frac{t^{2n}}{(2n)!}+\frac{t^{2n+1}}{(2n+1)!}\right] \\
&= \frac{\sqrt{2}}{2}\left[1+\left(x-\frac{\pi}{4}\right)-\frac{\left(x-\frac{\pi}{4}\right)^2}{2!}-\frac{\left(x-\frac{\pi}{4}\right)^3}{3!}+\right. \\
&\quad \left.\frac{\left(1-\frac{\pi}{4}\right)^4}{4!}+\frac{\left(x-\frac{\pi}{4}\right)^5}{5!}-\cdots\right], \\
&\quad x \in (-\infty,+\infty).
\end{aligned}$$

例 9　求函数 $f(x)=\frac{1}{x^2+x}$ 在 $x_0=-2$ 处展开的泰勒级数.

解　做变换，令 $t=x+2$，则 $x=t-2$，

$$\frac{1}{x^2+x}=\frac{1}{x}-\frac{1}{x+1}=\frac{1}{t-2}-\frac{1}{t-1}=\frac{1}{1-t}-\frac{\frac{1}{2}}{1-\frac{t}{2}}.$$

由于

$$\frac{1}{1-t}=\sum_{n=0}^{\infty} t^n,\ t\in(-1,1),$$

$$\frac{\frac{1}{2}}{1-\frac{t}{2}}=\sum_{n=0}^{\infty}\frac{1}{2}\left(\frac{t}{2}\right)^n,\ t\in(-2,2),$$

所以

$$\frac{1}{1-t}-\frac{\frac{1}{2}}{1-\frac{t}{2}}=\sum_{n=0}^{\infty}\frac{2^{n+1}-1}{2^{n+1}}t^n,\ t\in(-1,1),$$

故

$$\frac{1}{x^2+x}=\sum_{n=0}^{\infty}\frac{2^{n+1}-1}{2^{n+1}}(x+2)^n,\ x\in(-3,-1).$$

练习 3. 将下列函数在指定点 x_0 处展开为 $x-x_0$ 的幂级数.

(1) $\sqrt{x^3}$，$x_0=1$；　　(2) $\cos x$，$x_0=-\frac{\pi}{3}$；

(3) $\frac{x}{x^2-5x+6}$，$x_0=5$.

例 10　将 $f(x)=\frac{e^x}{1-x}$ 展开为 x 的幂级数，并求 $f'''(0)$.

解　由

$$\frac{1}{1-x}=1+x+x^2+\cdots+x^n+\cdots,\ |x|<1,$$

$$e^x=1+\frac{x}{1!}+\frac{x^2}{2!}+\cdots+\frac{x^n}{n!}+\cdots,\ |x|<+\infty.$$

两式相乘，得

$$\frac{e^x}{1-x}=1+\left(1+\frac{1}{1!}\right)x+\left(1+\frac{1}{1!}+\frac{1}{2!}\right)x^2+\cdots+\left(1+\frac{1}{1!}+\frac{1}{2!}+\cdots+\frac{1}{n!}\right)x^n+\cdots,\ |x|<1.$$

因为 $f^{(n)}(0)=n!\,a_n$，所以

$$f'''(0)=3!\left(1+\frac{1}{1!}+\frac{1}{2!}+\frac{1}{3!}\right)=16.$$

练习 4. 设 $f(x)=(\arctan x)^2$，求 $f^{(n)}(0)$.

练习 5. 设 $f(x)=\sum\limits_{n=0}^{\infty}a_nx^n$，求函数 $g(x)=\dfrac{f(x)}{1-x}$ 的幂级数展开式（麦克劳林级数）.

例 11　设 $f(x)=\begin{cases}\dfrac{\sin x}{x}, & x\neq 0,\\ 1\ , & x=0.\end{cases}$ 试将函数 $\ln f(x)$ 的麦克劳林展开式写到 x^4 项.

解　因为

$$f(x)=1-\frac{x^2}{3!}+\frac{x^4}{5!}-\cdots,\qquad x\in(-\infty,\infty),$$

$$\ln(1+t)=t-\frac{t^2}{2}+\frac{t^3}{3}-\cdots,\qquad t\in(-1,1],$$

故

$$\begin{aligned}\ln f(x)&=\left(-\frac{x^2}{3!}+\frac{x^4}{5!}-\cdots\right)-\frac{1}{2}\left(-\frac{x^2}{3!}+\frac{x^4}{5!}-\cdots\right)^2+\cdots\\&=-\frac{x^2}{3!}+\frac{x^4}{5!}-\frac{x^4}{2(3!)^2}+\cdots\\&=-\frac{x^2}{6}-\frac{x^4}{180}-\cdots,\ x\in(-\pi,\pi).\end{aligned}$$

无穷级数有时也用来推广新概念，比如，由 e^x 的展开式定义指数矩阵：设 $\boldsymbol{A}$ 是 $n\times n$ 方阵，定义

$$e^{A}=\boldsymbol{E}+\boldsymbol{A}+\frac{\boldsymbol{A}^2}{2!}+\cdots+\frac{\boldsymbol{A}^n}{n!}+\cdots,\tag{11.7.17}$$

其中，$\boldsymbol{E}$ 为 n 阶单位矩阵.

又如，以 $\mathrm{i}x$（其中 $\mathrm{i}=\sqrt{-1}$）替换 x，定义

$$e^{\mathrm{i}x}=1+(\mathrm{i}x)+\frac{(\mathrm{i}x)^2}{2!}+\cdots+\frac{(\mathrm{i}x)^n}{n!}+\cdots,\tag{11.7.18}$$

容易推出

$$\begin{aligned}e^{\mathrm{i}x}&=\left(1-\frac{x^2}{2!}+\frac{x^4}{4!}-\cdots\right)+\mathrm{i}\left(x-\frac{x^3}{3!}+\frac{x^5}{5!}-\cdots\right)\\&=\cos x+\mathrm{i}\sin x.\end{aligned}\tag{11.7.19}$$

以 $-x$ 替换式（11.7.19）中的 x，得

$$e^{-\mathrm{i}x}=\cos x-\mathrm{i}\sin x.\tag{11.7.20}$$

式（11.7.19）与式（11.7.20）相加除以 2，相减除以 2i，分别得

$$\cos x=\frac{e^{ix}+e^{-ix}}{2},\ \sin x=\frac{e^{ix}-e^{-ix}}{2i}. \tag{11.7.21}$$

式（11.7.19）~式（11.7.21）称为**欧拉公式**，它表明了三角函数与指数函数的关系.

11.7.3 幂级数求和

本节讨论与上节相反的问题——求幂级数的和函数．因为幂级数的和函数不一定是初等函数，所以不能任意指一个幂级数就来求和．但是，现在可以利用等比级数求和公式，以及 e^x、$\sin x$ 等函数的展开式，通过变量变换、幂级数的运算等方式求某些幂级数的和函数.

例 12　求幂级数 $\sum\limits_{n=1}^{\infty}\frac{x^{4n+1}}{4n+1}$的和函数.

解　做变量代换 $t=x^4\geqslant 0$，将级数变为

$$x\sum_{n=1}^{\infty}\frac{x^{4n}}{4n+1}=x\sum_{n=1}^{\infty}\frac{t^n}{4n+1}$$

则

$$R_t=\lim_{n\to\infty}\left(\frac{1}{4n+1}\Big/\frac{1}{4n+5}\right)=1,$$

又当 $t=1$ 时，所得级数 $\sum\limits_{n=1}^{\infty}\frac{1}{4n+1}$发散，所以 t 的级数 $\sum\limits_{n=1}^{\infty}\frac{t^n}{4n+1}$ 的收敛域是 $[0,1)$，因此所论级数的收敛域为 $(-1,1)$. 设和函数为 $S(x)$，即设

$$S(x)=\sum_{n=1}^{\infty}\frac{x^{4n+1}}{4n+1},\ x\in(-1,1),$$

则 $S(0)=0$. 通过逐项求导，并利用等比级数求和公式，得

$$S'(x)=\sum_{n=1}^{\infty}x^{4n}=\frac{x^4}{1-x^4}.$$

从 0 到 x 积分，得所求的和函数

$$S(x)=S(x)-S(0)=\int_0^x\frac{t^4}{1-t^4}dt=\int_0^x\left(\frac{1/2}{1-t^2}+\frac{1/2}{1+t^2}-1\right)dt$$

$$=\frac{1}{4}\ln\left|\frac{1+x}{1-x}\right|+\frac{1}{2}\arctan x-x,\ x\in(-1,1).$$

练习 6. 设 $\sum\limits_{n=1}^{\infty}a_nx^n$ 的收敛半径为 3，和函数为 $S(x)$，求幂级数 $\sum\limits_{n=1}^{\infty}na_n(x-1)^{n+1}$ 的收敛区间及和函数.

例 13　求 $\sum_{n=1}^{\infty} n(n+2)x^n$ 的和函数.

解　收敛半径

$$R=\lim_{n\to\infty}\left|\frac{a_n}{a_{n+1}}\right|=\lim_{n\to\infty}\frac{n(n+2)}{(n+1)(n+3)}=1,$$

又当 $x=\pm 1$ 时，级数分别为 $\sum_{n=1}^{\infty} n(n+2)$ 和 $\sum_{n=1}^{\infty}(-1)^{n-1}n(n+2)$ 且这两个级数都发散. 总之，所论幂级数的收敛域为 $(-1,1)$.

$$\begin{aligned}\sum_{n=1}^{\infty} n(n+2)x^n &= \sum_{n=1}^{\infty}(n+1)nx^n+\sum_{n=1}^{\infty} nx^n\\ &=x\frac{\mathrm{d}^2}{\mathrm{d}x^2}\left(\sum_{n=1}^{\infty} x^{n+1}\right)+x\frac{\mathrm{d}}{\mathrm{d}x}\left(\sum_{n=1}^{\infty} x^n\right)\\ &=x\frac{\mathrm{d}^2}{\mathrm{d}x^2}\left(\frac{1}{1-x}-1-x\right)+x\frac{\mathrm{d}}{\mathrm{d}x}\left(\frac{1}{1-x}-1\right)\\ &=\frac{2x}{(1-x)^3}+\frac{x}{(1-x)^2}=\frac{x(3-x)}{(1-x)^3},\ -1<x<1.\end{aligned}$$

例 14　求幂级数 $\sum_{n=1}^{\infty}\frac{1}{n2^n}x^{n-1}$ 的和函数.

解　收敛半径

$$R=\lim_{n\to\infty}\left|\frac{a_n}{a_{n+1}}\right|=\lim_{n\to\infty}\left|\frac{\frac{1}{n2^n}}{\frac{1}{(n+1)2^{n+1}}}\right|=2.$$

当 $x=2$ 时，级数为 $\sum_{n=1}^{\infty}\frac{1}{2n}$，它是发散的；当 $x=-2$ 时，级数为 $\sum_{n=1}^{\infty}(-1)^{n-1}\frac{1}{2n}$，它是收敛的，故原级数的收敛域为 $[-2,2)$.

设所求的和函数为 $S(x)$，即

$$S(x)=\sum_{n=1}^{\infty}\frac{1}{n2^n}x^{n-1},\ x\in[-2,2),$$

那么有

$$xS(x)=\sum_{n=1}^{\infty}\frac{1}{n}\left(\frac{x}{2}\right)^n,$$

$$[xS(x)]'=\sum_{n=1}^{\infty}\frac{1}{2}\left(\frac{x}{2}\right)^{n-1}=\frac{\frac{1}{2}}{1-\frac{x}{2}}=\frac{1}{2-x}.$$

上式两边从 0 到 x 积分，得

$$xS(x)=\int_0^x \frac{\mathrm{d}t}{2-t}=-\ln(2-t)\big|_0^x=-\ln(2-x)+\ln 2$$

$$=-\ln\left(1-\frac{x}{2}\right),$$

因此

$$S(x)=-\frac{1}{x}\ln\left(1-\frac{x}{2}\right),\ x\in[-2,0)\cup(0,2).$$

当 $x=0$ 时，显然有

$$S(0)=\frac{1}{2}.$$

综上所述

$$\sum_{n=1}^{\infty}\frac{1}{n2^n}x^{n-1}=\begin{cases}-\dfrac{1}{x}\ln\left(1-\dfrac{x}{2}\right), & x\in[-2,0)\cup(0,2),\\ \dfrac{1}{2}, & x=0.\end{cases}$$

练习 7. 求下列级数在收敛区间内的和函数.

(1) $\sum\limits_{n=1}^{\infty}\frac{x^{3n}}{(3n)!}$，$|x|<+\infty$；

(2) $\sum\limits_{n=1}^{\infty}nx^{n-1}$，$|x|<1$；

(3) $\sum\limits_{n=1}^{\infty}\frac{2n-1}{2^n}x^{2n-2}$，$|x|<\sqrt{2}$，并求 $\sum\limits_{n=1}^{\infty}\frac{2n-1}{2^n}$；

(4) $\sum\limits_{n=1}^{\infty}(-1)^{n+1}n^2x^n$，$|x|<1$，并求 $\sum\limits_{n=1}^{\infty}(-1)^n\frac{n^2}{2^n}$；

(5) $x-\frac{x^3}{3}+\frac{x^5}{5}+\cdots$，$|x|<1$，并求 $\sum\limits_{n=1}^{\infty}\frac{(-1)^n}{2n-1}\left(\frac{3}{4}\right)^n$；

(6) $\sum\limits_{n=0}^{+\infty}\frac{(n+1)\ x^n}{n!}$，$|x|<+\infty$.

练习 8. 求下列幂级数的收敛区间及和函数.

(1) $\frac{x}{4}+\frac{x^2}{2\cdot 4^2}+\cdots+\frac{x^n}{n\cdot 4^n}+\cdots$；　(2) $\sum\limits_{n=0}^{\infty}\frac{n^2+1}{2^n\cdot n!}x^n$；

(3) $\sum\limits_{n=1}^{\infty}(-1)^{n-1}\frac{x^{2n}}{n\ (2n-1)}$.

例 15 求数项级数 $\sum\limits_{n=0}^{\infty}\frac{(n+1)^2}{n!}$ 的和.

解 这个数项级数是幂级数 $\sum\limits_{n=0}^{\infty}\frac{(n+1)^2}{n!}x^n$ 在 $x=1$ 时对应的

级数．显然，这个幂级数收敛域为（$-\infty,+\infty$）．先来求此幂级数的和函数，因为

$$\begin{aligned}S(x)&=\sum_{n=0}^{\infty}\frac{(n+1)^2}{n!}x^n=\sum_{n=0}^{\infty}\frac{n(n-1)+3n+1}{n!}x^n\\&=\sum_{n=2}^{\infty}\frac{x^n}{(n-2)!}+3\sum_{n=1}^{\infty}\frac{x^n}{(n-1)!}+\sum_{n=0}^{\infty}\frac{x^n}{n!}\\&=x^2\sum_{k=0}^{\infty}\frac{x^k}{k!}+3x\sum_{k=0}^{\infty}\frac{x^k}{k!}+\sum_{k=0}^{\infty}\frac{x^n}{n!}=(x^2+3x+1)\mathrm{e}^x,\end{aligned}$$

这里用到 e^x 的泰勒级数，从而有

$$\sum_{n=0}^{\infty}\frac{(n+1)^2}{n!}=S(1)=5\mathrm{e}.$$

练习 9. 利用 $\frac{\mathrm{d}}{\mathrm{d}x}\left(\frac{\cos x-1}{x}\right)$ 的幂级数展开式，求 $\sum_{n=1}^{\infty}(-1)^n\frac{2n-1}{(2n)!}\left(\frac{\pi}{2}\right)^{2n}$ 的和.

练习 10. 求数项级数 $\sum_{n=0}^{\infty}\frac{(-1)^n(n^2-n+1)}{2^n}$的和.

练习 11. 求数项级数 $\sum_{n=1}^{\infty}(-1)^{n-1}\frac{2n^2}{(2n)!}\frac{1}{2^n}$的和.

11.8　幂级数的应用举例

有了函数的幂级数展开式，一些函数的多项式逼近和函数值的近似计算问题及误差估计问题就可以解决了．同时，因幂级数的和函数中有一些不是初等函数，因此利用幂级数可以使一些积分和微分方程问题得到完满的解决.

11.8.1　函数值的近似计算

例 1　计算 e 的值，精确到小数点后第四位（即误差 $r_n<0.0001$).

解　因为

$$\mathrm{e}^x=1+x+\frac{x^2}{2!}+\cdots+\frac{x^n}{n!}+\cdots,\ x\in(-\infty,+\infty),$$

所以，当 $x=1$ 时，有

$$\mathrm{e}=1+1+\frac{1}{2!}+\cdots+\frac{1}{n!}+\cdots.$$

若取前 $n+1$ 项近似计算 e，其截断误差

$$\begin{aligned}|r_n|&=\left|\frac{1}{(n+1)!}+\frac{1}{(n+2)!}+\cdots\right|\\&<\frac{1}{(n+1)!}\left[1+\frac{1}{n+1}+\frac{1}{(n+1)^2}+\cdots\right]\\&=\frac{1}{(n+1)!}\frac{1}{1-\frac{1}{n+1}}=\frac{1}{n!\ n}.\end{aligned}$$

要使 $\frac{1}{n!\ n}<0.0001$，只需取 $n=7$，于是

$$\mathrm{e}\approx 2+\frac{1}{2!}+\cdots+\frac{1}{7!}=\frac{1370}{504}\approx 2.7183.$$

例 2　计算 ln2 的近似值，精确到小数点后第四位.

解　由 $\ln(1+x)$ 的麦克劳林级数知，

$$\ln 2=1-\frac{1}{2}+\frac{1}{3}-\frac{1}{4}+\cdots+(-1)^{n-1}\frac{1}{n}+\cdots.$$

这是个交错级数，其截断误差

$$|r_n|<\frac{1}{n+1}.$$

要使 $|r_n|<0.0001$，至少取 $n=9999$. 看来这个级数收敛得很慢，计算量太大. 我们再找一个收敛快的幂级数来计算 ln2.

由 11.7 节例 6 中的式（11.7.15）知

$$\ln\frac{1+x}{1-x}=2\left(x+\frac{1}{3}x^3+\frac{1}{5}x^5+\cdots+\frac{1}{2n+1}x^{2n+1}+\cdots\right),$$
$$x\in(-1,1).$$

令 $\frac{1+x}{1-x}=2$，解得 $x=\frac{1}{3}$，代入上式，得

$$\ln 2=2\left(\frac{1}{3}+\frac{1}{3}\cdot\frac{1}{3^3}+\frac{1}{5}\cdot\frac{1}{3^5}+\cdots+\frac{1}{2n+1}\cdot\frac{1}{3^{2n+1}}+\cdots\right).$$

若取前 n 项作为 ln2 的近似值，则截断误差为

$$\begin{aligned}|r_n|&=2\left(\frac{1}{2n+1}\cdot\frac{1}{3^{2n+1}}+\frac{1}{2n+3}\cdot\frac{1}{3^{2n+3}}+\frac{1}{2n+5}\cdot\frac{1}{3^{2n+5}}+\cdots\right)\\&<\frac{2}{(2n+1)3^{2n+1}}\left[1+\frac{1}{9}+\left(\frac{1}{9}\right)^2+\cdots\right]\\&=\frac{2}{(2n+1)3^{2n+1}}\frac{1}{1-\frac{1}{9}}=\frac{1}{4(2n+1)3^{2n-1}}.\end{aligned}$$

要使 $|r_n|<0.0001$，只需取 $n=4$，故

$$\ln 2\approx 2\left(\frac{1}{3}+\frac{1}{3\cdot 3^3}+\frac{1}{5\cdot 3^5}+\frac{1}{7\cdot 3^7}\right).$$

考虑到舍入误差，每项计算到小数点后五位，

$$\frac{1}{3}\approx 0.33333,\ \frac{1}{3\cdot 3^3}\approx 0.01235,$$

$$\frac{1}{5\cdot 3^5}\approx 0.00082,\ \frac{1}{7\cdot 3^7}\approx 0.00007,$$

于是，有

$$\ln 2\approx 0.6931.$$

通过以上两个例子可以看出，在用泰勒级数的部分和进行近似计算时，其截断误差通常有如下两种估计法：

（1）如果展开式是收敛的交错级数，取前 n 项进行近似计算时，其截断误差不超过第 $n+1$ 项的绝对值，即 $|r_n|<|u_{n+1}|$.

（2）对一般的收敛级数，取前 n 项进行近似计算时，其截断误差是个无穷级数．把它的每一项适当放大，成为一个收敛的等比级数．由等比级数求和公式，便可得到截断误差的估计．

练习 1. 求下列各数的近似值，精确到小数点后第四位．

（1）$\sqrt{\mathrm{e}}$；　　（2）$\sqrt[5]{245}$；

（3）$\ln 3$；　　（4）$\cos 10^\circ$．

11.8.2 幂级数在积分计算中的应用

一些初等函数，如 e^{x^2}，$\frac{\sin x}{x}$，$\cos x^2$，$\sqrt{1+x^3}$ 等，它们的原函数不是初等函数，但在它们的连续区间内原函数是存在的，而且变上限定积分就是它的一个原函数，如 $\int_0^x \mathrm{e}^{t^2}\mathrm{d}t$ 是 e^{x^2} 的一个原函数．据此可得到被积函数的原函数的又一种表示方式，将这样的被积函数先展开为幂级数，然后在收敛区间内逐项积分，所得到的幂级数就是被积函数的原函数的一种表示，如

$$\begin{aligned}\int_0^x \mathrm{e}^{x^2}\mathrm{d}x &= \int_0^x\left(1+x^2+\frac{x^4}{2!}+\frac{x^6}{3!}+\cdots+\frac{x^{2n}}{n!}+\cdots\right)\mathrm{d}x\\ &= x+\frac{x^3}{3}+\frac{x^5}{5\cdot 2!}+\frac{x^7}{7\cdot 3!}+\cdots+\frac{x^{2n+1}}{(2n+1)\cdot n!}+\\ &\quad \cdots,\ x\in(-\infty,+\infty).\end{aligned}$$

这个幂级数就是函数 e^{x^2} 的一个原函数的级数形式．

例 3　计算 $\int_0^1 \frac{\sin x}{x}\mathrm{d}x$ 的近似值，精确到 10^{-4}．

解　因为

$$\sin x=x-\frac{x^3}{3!}+\frac{x^5}{5!}-\frac{x^7}{7!}+\cdots+(-1)^n\frac{x^{2n+1}}{(2n+1)!}+\cdots,$$

所以对 $x\in(-\infty,+\infty)$，$x\neq 0$，有

$$\frac{\sin x}{x}=1-\frac{x^2}{3!}+\frac{x^4}{5!}-\frac{x^6}{7!}+\cdots+(-1)^n\frac{x^{2n}}{(2n+1)!}+\cdots.$$

由于 $\lim\limits_{x\to 0}\frac{\sin x}{x}=1$，所以 $\int_0^x\frac{\sin x}{x}\mathrm{d}x$ 是通常的定积分（不是反常积分）.

$$\int_0^x\frac{\sin x}{x}\mathrm{d}x=\int_0^x\left[1-\frac{x^2}{3!}+\frac{x^4}{5!}-\frac{x^6}{7!}+\cdots+(-1)^n\frac{x^{2n}}{(2n+1)!}+\cdots\right]\mathrm{d}x$$

$$=x-\frac{x^3}{3\cdot 3!}+\frac{x^5}{5\cdot 5!}-\frac{x^7}{7\cdot 7!}+\cdots+(-1)^n\frac{x^{2n+1}}{(2n+1)\cdot(2n+1)!}+\cdots,\ x\in(-\infty,+\infty).$$

令上限 $x=1$，得

$$\int_0^1\frac{\sin x}{x}\mathrm{d}x=1-\frac{1}{3\cdot 3!}+\frac{1}{5\cdot 5!}-\frac{1}{7\cdot 7!}+\cdots+(-1)^n\frac{1}{(2n+1)\cdot(2n+1)!}+\cdots.$$

这是个交错级数，若取前三项作为近似值，其截断误差为

$$|r_3|<\frac{1}{7\cdot 7!}=\frac{1}{35280}<10^{-4},$$

故

$$\int_0^1\frac{\sin x}{x}\mathrm{d}x\approx 1-\frac{1}{3\cdot 3!}+\frac{1}{5\cdot 5!}=1-\frac{97}{1800}\approx 0.94611\approx 0.9461.$$

练习 2. 求下列各数的近似值，精确到小数点后第四位.

(1) $\int_0^1\frac{1-\cos x}{x^2}\mathrm{d}x$；　　(2) $\int_0^{1/10}\frac{\ln(1+x)}{x}\mathrm{d}x$.

11.8.3 方程的幂级数解法

例 4 方程

$$xy-\mathrm{e}^x+\mathrm{e}^y=0 \tag{11.8.1}$$

确定 y 是 x 的函数，试将 y 表示为 x 的幂级数（只要求写出前几项）.

解 设

$$y=a_0+a_1x+a_2x^2+a_3x^3+\cdots,$$

由方程（11.8.1）知，当 $x=0$ 时，$y=0$. 从而 $a_0=0$. 于是

$$xy=a_1x^2+a_2x^3+a_3x^4+\cdots, \tag{11.8.2}$$

$$e^x=1+x+\frac{x^2}{2!}+\frac{x^3}{3!}+\frac{x^4}{4!}+\cdots, \tag{11.8.3}$$

$$\begin{aligned}e^y&=1+y+\frac{y^2}{2!}+\frac{y^3}{3!}+\frac{y^4}{4!}+\cdots\\&=1+(a_1x+a_2x^2+a_3x^3+\cdots)+\frac{1}{2!}(a_1x+a_2x^2+a_3x^3+\cdots)^2+\\&\quad\frac{1}{3!}(a_1x+a_2x^2+a_3x^3+\cdots)^3+\frac{1}{4!}(a_1x+a_2x^2+a_3x^3+\cdots)^4+\cdots\\&=1+a_1x+\left(\frac{a_1^2}{2}+a_2\right)x^2+\left(\frac{a_1^3}{6}+a_1a_2+a_3\right)x^3+\\&\quad\left(\frac{a_1^4}{24}+\frac{1}{2}a_1^2a_2+\frac{1}{2}a_2^2+a_1a_3+a_4\right)x^4+\cdots.\end{aligned} \tag{11.8.4}$$

将式（11.8.2）～式（11.8.4）代入方程（11.8.1），由 x 的各次幂的系数皆应为零，得到

$$\begin{cases}-1+a_1=0,\\a_1-\dfrac{1}{2}+\dfrac{1}{2}a_1^2+a_2=0,\\a_2-\dfrac{1}{6}+\dfrac{1}{6}a_1^3+a_1a_2+a_3=0,\\a_3-\dfrac{1}{24}+\dfrac{1}{24}a_1^4+\dfrac{1}{2}a_1^2a_2+\dfrac{1}{2}a_2^2+a_1a_3+a_4=0,\\\vdots\end{cases}$$

解此方程组，得

$$a_1=1,\ a_2=-1,\ a_3=2,\ a_4=-4,\ \cdots,$$

于是由方程（11.8.1）确定的隐函数 y 的幂级数展开式为

$$y=x-x^2+2x^3-4x^4+\cdots.$$

例 5　求解零阶贝塞尔方程：

$$xy''+y'+xy=0.$$

解　这是一个变系数的线性方程，设方程有幂级数形式的解

$$y=\sum_{n=0}^{\infty}a_nx^n.$$

由于

$$y'=\sum_{n=1}^{\infty}na_nx^{n-1},\ y''=\sum_{n=2}^{\infty}n(n-1)a_nx^{n-2},$$

代入方程，合并 x 的同次幂项，x^n 的系数为

$$a_{n-1}+(n+1)a_{n+1}+(n+1)na_{n+1}$$
$$=a_{n-1}+(n+1)^2a_{n+1},\ n=1,2,\cdots,$$

常数项为 a_1. 比较等式两边 x 同次幂的系数，得

$$a_1=0,\ a_{n+1}=-\frac{a_{n-1}}{(n+1)^2},\ n=1,2,\cdots,$$

于是

$$a_1=0,\ a_3=a_5=a_7=\cdots=a_{2k+1}=\cdots=0;$$

$$a_2=-\frac{a_0}{2^2},\ a_4=-\frac{a_2}{4^2}=\frac{(-1)^2a_0}{2^4(2!)^2},\ \cdots,\ a_{2k}=\frac{(-1)^ka_0}{2^{2k}(k!)^2},\ \cdots,$$

所以，零阶贝塞尔方程的幂级数解为

$$y=a_0\left[1-\frac{x^2}{2^2}+\frac{x^4}{2^4(2!)^2}-\cdots+(-1)^k\frac{x^{2k}}{2^{2k}(k!)^2}+\cdots\right].$$

若取 $a_0=1$，得到方程的一个特解，称之为**零阶贝塞尔函数**，记为 $\mathrm{J}_0(x)$，即

$$\mathrm{J}_0(x)=1+\sum_{k=1}^{\infty}\frac{(-1)^k}{(k!)^2}\left(\frac{x}{2}\right)^{2k}.$$

练习 3. 试用幂级数解下列微分方程：

(1) $\begin{cases}y'=y^2+x^3,\\ y|_{x=0}=\dfrac{1}{2};\end{cases}$　　(2) $\begin{cases}(1-x)\ y'+y=1+x,\\ y|_{x=0}=0;\end{cases}$

(3) $y'+y=\mathrm{e}^x$;　　(4) $y''=x^2y$.

练习 4. 已知级数 $\displaystyle\sum_{n=0}^{\infty}\frac{x^{3n}}{(3n)!}$ 在 $(-\infty,+\infty)$ 上是微分方程 $y''+y'+by=\mathrm{e}^x$ 的解，确定常数 b，并利用这一结果求该级数的和函数.

11.9 傅里叶级数

在自然界和人类的生产实践中，周而复始的现象、周期运动是司空见惯的. 譬如行星的运转，飞轮的旋转，蒸汽机活塞的往复运动，物体的振动，声、热、光、电的流动等. 数学上，用周期函数来描述它们. 最简单最基本的周期函数是正弦函数

$$A\sin(\omega x+\varphi),$$

也叫作**谐函数**，它的周期 $T=\dfrac{2\pi}{\omega}$. 最大值 A，叫作**振幅**；ω 称为（角）频率；φ 称为**初相位**. 这三个量一经确定，谐函数就完全确

定了. 除了正弦函数外，经常遇到的是非正弦周期函数，它们反映较复杂的周期现象. 如电子技术中遇到的**矩形波**（见图 11.6）.

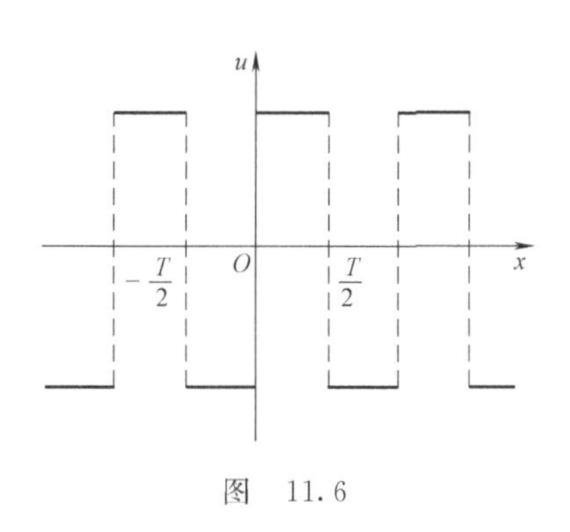

图　11.6

对复杂的周期运动该如何进行定量分析呢？众所周知，光的传播是波动，通过三棱镜的色散可以看到白光是由七种不同频率的单色光组成. 反之，几种单色光叠加又可构成复光. 同样，复杂的声波、电磁波也是由不同频率的谐波叠加而成. 不同频率的谐振动可以组成复杂的周期运动. 这促使人们考虑，复杂的周期运动是由哪些不同频率的谐振动合成的，它们各占的分量如何？这在理论上和应用中都是非常重要的，是许多学科的重要课题. 从数学角度看，无非是把一个周期函数分解为不同频率的正弦函数和的形式，即将周期为 T 的函数 $f(x)$ 表示为

$$A_0+\sum_{n=1}^{\infty}A_n\sin(n\omega x+\varphi_n),\ \omega=\frac{2\pi}{T}\tag{11.9.1}$$

的形式，其中 A_0，A_n，$\varphi_n(n=1,2,\cdots)$ 都是常数. 利用三角公式

$$\sin(n\omega x+\varphi_n)=\sin\varphi_n\cos n\omega x+\cos\varphi_n\sin n\omega x,$$

并令 $a_0=2A_0$，$a_n=A_n\sin\varphi_n$，$b_n=A_n\cos\varphi_n(n=1,2,\cdots)$，则式（11.9.1）变为

$$\frac{a_0}{2}+\sum_{n=1}^{\infty}(a_n\cos n\omega x+b_n\sin n\omega x).\tag{11.9.2}$$

式（11.9.2）表示的函数项级数，叫作**三角级数**.

自然要问：函数 $f(x)$ 满足什么条件时，才能展开为三角级数（11.9.2)？系数 a_0，a_n，b_n 如何确定？为简便计，先来讨论以 2π 为周期的函数 $f(x)$，此时，$\omega=1$. 解决上述问题起着关键作用的是下面介绍的三角函数系的正交性.

11.9.1　三角函数系的正交性

三角函数系

$$1,\ \cos x,\ \sin x,\ \cos 2x,\ \sin 2x,\ \cdots,\ \cos nx,\ \sin nx,\ \cdots$$

具有如下两条性质：

性质 1（正交性）　任何两个不同的函数的乘积在一个周期长

的区间 $[-\pi,\pi]$ 上的积分等于零.

性质 2　任何一个函数自乘（平方）在 $[-\pi,\pi]$ 上的积分不等于零.

即有

$$\int_{-\pi}^{\pi} 1\mathrm{d}x=2\pi,$$

$$\int_{-\pi}^{\pi} \sin nx\,\mathrm{d}x=\int_{-\pi}^{\pi} \cos nx\,\mathrm{d}x=0,$$

$$\int_{-\pi}^{\pi} \cos nx\cos mx\,\mathrm{d}x=\begin{cases}0, & 当\ m\neq n\ 时,\\ \pi, & 当\ m=n\ 时,\end{cases}$$

$$\int_{-\pi}^{\pi} \sin nx\sin mx\,\mathrm{d}x=\begin{cases}0, & 当\ m\neq n\ 时,\\ \pi, & 当\ m=n\ 时,\end{cases}$$

$$\int_{-\pi}^{\pi} \cos nx\sin mx\,\mathrm{d}x=0,$$

其中 m，$n=1$，2，…. 利用三角函数的积化和差公式，不难验证上述各式. 例如，当 $m\neq n$ 时，有

$$\begin{aligned}\int_{-\pi}^{\pi} \cos nx\cos mx\,\mathrm{d}x &=\frac{1}{2}\int_{-\pi}^{\pi}[\cos(m-n)x+\cos(m+n)x]\mathrm{d}x\\ &=\frac{1}{2}\left[\frac{\sin(m-n)x}{m-n}+\frac{\sin(m+n)x}{m+n}\right]\Bigg|_{-\pi}^{\pi}=0.\end{aligned}$$

当 $m=n$ 时，

$$\int_{-\pi}^{\pi} \cos^2 nx\,\mathrm{d}x=\int_{-\pi}^{\pi}\frac{1+\cos 2nx}{2}\mathrm{d}x=\left[\frac{x}{2}+\frac{\sin 2nx}{4n}\right]\Bigg|_{-\pi}^{\pi}=\pi.$$

11.9.2　傅里叶级数

定理 11.20　如果以 2π 为周期的函数 $f(x)$ 在区间 $[-\pi,\pi]$ 上，能够展开为可逐项积分的三角级数

$$f(x)=\frac{a_0}{2}+\sum_{n=1}^{\infty}(a_n\cos nx+b_n\sin nx),\tag{11.9.3}$$

则其系数公式为

$$\begin{cases}a_0=\dfrac{1}{\pi}\displaystyle\int_{-\pi}^{\pi} f(x)\mathrm{d}x,\\ a_n=\dfrac{1}{\pi}\displaystyle\int_{-\pi}^{\pi} f(x)\cos nx\,\mathrm{d}x,\\ b_n=\dfrac{1}{\pi}\displaystyle\int_{-\pi}^{\pi} f(x)\sin nx\,\mathrm{d}x\,(n=1,\ 2,\ \cdots).\end{cases}\tag{11.9.4}$$

证明　将式 (11.9.3) 两边在区间 $[-\pi,\pi]$ 上积分，利用三角函数系的正交性，有

$$\int_{-\pi}^{\pi} f(x)\mathrm{d}x = \int_{-\pi}^{\pi} \frac{a_0}{2}\mathrm{d}x + \sum_{n=1}^{\infty}\left(a_n\int_{-\pi}^{\pi}\cos nx\,\mathrm{d}x + b_n\int_{-\pi}^{\pi}\sin nx\,\mathrm{d}x\right)$$

$$= a_0\pi,$$

故

$$a_0 = \frac{1}{\pi}\int_{-\pi}^{\pi} f(x)\mathrm{d}x.$$

将式（11.9.3）两边同乘 $\cos kx$，再从 $-\pi$ 到 π 积分，得

$$\int_{-\pi}^{\pi} f(x)\cos kx\,\mathrm{d}x = \frac{a_0}{2}\int_{-\pi}^{\pi}\cos kx\,\mathrm{d}x + \sum_{n=1}^{\infty}\left(a_n\int_{-\pi}^{\pi}\cos nx\cos kx\,\mathrm{d}x + b_n\int_{-\pi}^{\pi}\sin nx\cos kx\,\mathrm{d}x\right)$$

$$= a_k\int_{-\pi}^{\pi}\cos^2 kx\,\mathrm{d}x = a_k\pi,$$

故

$$a_k = \frac{1}{\pi}\int_{-\pi}^{\pi} f(x)\cos kx\,\mathrm{d}x.$$

类似地，用 $\sin kx$ 乘式（11.9.3）两边，然后在区间 $[-\pi,\pi]$ 上积分，利用三角函数系的正交性也可推出

$$b_k = \frac{1}{\pi}\int_{-\pi}^{\pi} f(x)\sin kx\,\mathrm{d}x. \qquad \square$$

由系数公式（11.9.4）可知，只要函数 $f(x)$ 在区间 $[-\pi, \pi]$ 上可积，无论 $f(x)$ 是否可以展开为可逐项积分的三角级数（11.9.3），都可以算出式（11.9.4）中的各数 a_0，a_n，b_n $(n=1, 2, \cdots)$，称之为函数 $f(x)$ 的**傅里叶系数**. 由这些系数构成的三角级数

$$\frac{a_0}{2} + \sum_{n=1}^{\infty}(a_n\cos nx + b_n\sin nx),$$

称为函数 $f(x)$（诱导出）的**傅里叶级数**，记为

$$f(x) \sim \frac{a_0}{2} + \sum_{n=1}^{\infty}(a_n\cos nx + b_n\sin nx).$$

注意，$f(x)$ 的傅里叶级数不见得处处收敛，即使收敛也未必收敛到 $f(x)$ 上．所以，不能无条件地把符号“～”换为“＝”. 哪些函数的傅里叶级数收敛到它本身呢？也就是说，满足什么条件的函数才可以展开为傅里叶级数呢？下面仅叙述一个收敛定理，希望读者能正确理解它的全部含义，由于它的证明还需要较多的知识，这里不予证明.

定理 11.21（收敛的充分条件）　如果以 2π 为周期的函数

$f(x)$ 在区间 $[-\pi,\pi]$ 上满足**狄利克雷条件**：

(i) 除有限个第一类间断点外，处处连续；

(ii) 分段单调，单调区间个数有限，

则 $f(x)$ 的傅里叶级数在区间 $[-\pi,\pi]$ 上处处收敛，且

$$\frac{a_0}{2}+\sum_{n=1}^{\infty}(a_n\cos nx+b_n\sin nx)=$$

$$\begin{cases} f(x), & \text{当 } x \text{ 是 } f(x) \text{的连续点时}, \\ \dfrac{1}{2}[f(x^-)+f(x^+)], & \text{当 } x \text{ 是 } f(x) \text{的第一类间断点时}, \\ \dfrac{1}{2}[f(-\pi^+)+f(\pi^-)], & \text{当 } x=\pm\pi \text{ 时}. \end{cases}$$

这个定理说明，满足狄利克雷条件的函数的傅里叶级数，在 $f(x)$ 的连续点处都收敛到 $f(x)$；在间断点处，收敛到左、右极限的算术平均值；在端点 $x=\pm\pi$ 处，收敛到左端点的右极限和右端点的左极限的算术平均值．把函数展开为傅里叶级数的条件远比展开为幂级数的条件低.

顺便指出，周期函数的三角级数展开是唯一的，就是其傅里叶级数．它的常数项 $\frac{a_0}{2}$ 就是函数在一个周期内的平均值.

例 1　设函数 $f(x)$ 以 2π 为周期，且

$$f(x)=\begin{cases} -1, & \text{当 } -\pi<x\leqslant 0 \text{ 时}, \\ x^2, & \text{当 } 0<x\leqslant\pi \text{ 时}, \end{cases}$$

其傅里叶级数的和函数记为 $S(x)$，求 $S(0)$，$S(1)$，$S(\pi)$，$S(2\pi)$.

解　由于 $f(x)$ 在区间 $[-\pi,\pi]$ 上满足狄利克雷条件，故可以将 $f(x)$ 展开为傅里叶级数，且

$$S(0)=-\frac{1}{2},\ S(1)=1,$$

$$S(\pi)=\frac{\pi^2-1}{2},\ S(2\pi)=-\frac{1}{2}.$$

例 2　设 $f(x)$ 是以 2π 为周期的函数，在区间 $[-\pi,\pi]$ 上的表达式为

$$f(x)=\begin{cases} -1, & \text{当 } -\pi\leqslant x<0 \text{ 时}, \\ 1, & \text{当 } 0\leqslant x<\pi \text{ 时}. \end{cases}$$

试将 $f(x)$ 展开为傅里叶级数.

解　首先计算傅里叶系数，注意到 $f(x)$ 是奇函数，

$$a_0=\frac{1}{\pi}\int_{-\pi}^{\pi} f(x)\mathrm{d}x=0,$$

$$a_n=\frac{1}{\pi}\int_{-\pi}^{\pi} f(x)\cos nx\,\mathrm{d}x=0 \quad (n=1,2,\cdots),$$

$$\begin{aligned} b_n&=\frac{1}{\pi}\int_{-\pi}^{\pi} f(x)\sin nx\,\mathrm{d}x \\ &=\frac{2}{\pi}\int_{0}^{\pi}\sin nx\,\mathrm{d}x \\ &=-\frac{2}{\pi}\frac{\cos nx}{n}\Bigg|_0^{\pi}=\frac{2}{n\pi}(1-\cos n\pi) \\ &=\frac{2}{n\pi}[1-(-1)^n]=\begin{cases}\dfrac{4}{n\pi}, & \text{当 } n=1,3,5,\cdots\text{时},\\ 0, & \text{当 } n=2,4,6,\cdots\text{时},\end{cases}\end{aligned}$$

故 $f(x)$ 的傅里叶级数为

$$\begin{aligned} f(x)&\sim\frac{4}{\pi}\sum_{n=1}^{\infty}\frac{1}{2n-1}\sin(2n-1)x \\ &=\frac{4}{\pi}\left(\sin x+\frac{1}{3}\sin 3x+\frac{1}{5}\sin 5x+\cdots\right).\end{aligned}$$

由于 $f(x)$ 满足狄利克雷条件，由定理 11.20，得

$$\frac{4}{\pi}\sum_{n=1}^{\infty}\frac{1}{2n-1}\sin(2n-1)x=\begin{cases}f(x), & x\in(-\pi,\ 0)\cup(0,\ \pi),\\ 0, & x=0,\pm\pi.\end{cases}$$

如图 11.7 所示的一组图形说明了此级数是如何向 $f(x)$ 收敛的.

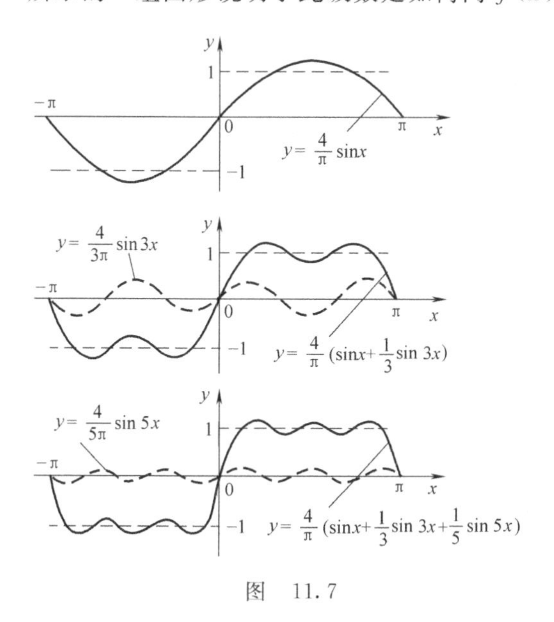

图　11.7

例 3　若 $f(x)$ 在 $[-\pi,\pi]$ 上满足 $f(x+\pi)=-f(x)$，试证：$f(x)$ 的傅里叶系数中 $a_0=a_{2n}=b_{2n}=0$.

证明　$a_{2n}=\frac{1}{\pi}\int_{-\pi}^{\pi}f(x)\cos 2nx\,\mathrm{d}x$

$$=\frac{1}{\pi}\int_{-\pi}^{0}f(x)\cos 2nx\,\mathrm{d}x+\frac{1}{\pi}\int_{0}^{\pi}f(x)\cos 2nx\,\mathrm{d}x,$$

令 $x=\pi+t$，则

$$\int_{0}^{\pi}f(x)\cos 2nx\,\mathrm{d}x=\int_{-\pi}^{0}f(\pi+t)\cos 2nt\,\mathrm{d}t$$

$$=-\int_{-\pi}^{0}f(t)\cos 2nt\,\mathrm{d}t,$$

故 $a_{2n}=0$，同理可证 $b_{2n}=0$.　□

练习 1. 设函数 $f(x)=\pi x+x^2(-\pi\leqslant x<\pi)$ 的傅里叶级数为

$$\frac{a_0}{2}+\sum_{n=1}^{\infty}(a_n\cos nx+b_n\sin nx),$$

求系数 b_3，并说明常数 $\frac{a_0}{2}$ 的意义.

例 4　设 $f(x)$ 是以 2π 为周期，且

$$f(x)=\begin{cases}x, & 当-\pi\leqslant x<0 时,\\ 0, & 当 0\leqslant x<\pi 时.\end{cases}$$

试将 $f(x)$ 展开为傅里叶级数（见图 11.8）.

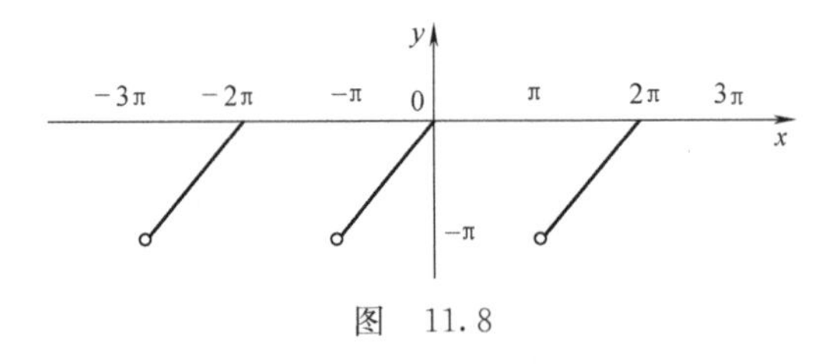

图　11.8

解　首先，计算傅里叶系数，

$$a_0=\frac{1}{\pi}\int_{-\pi}^{\pi}f(x)\mathrm{d}x=\frac{1}{\pi}\int_{-\pi}^{0}x\,\mathrm{d}x=-\frac{\pi}{2},$$

$$a_n=\frac{1}{\pi}\int_{-\pi}^{\pi}f(x)\cos nx\,\mathrm{d}x=\frac{1}{\pi}\int_{-\pi}^{0}x\cos nx\,\mathrm{d}x$$

$$=\frac{1}{\pi}\left[\frac{x\sin nx}{n}+\frac{\cos nx}{n^2}\right]\Bigg|_{-\pi}^{0}$$

$$=\frac{1}{n^2\pi}[1-(-1)^n]$$

$$=\begin{cases}\frac{2}{n^2\pi}, & n=1,3,5,\cdots,\\ 0, & n=2,4,6,\cdots.\end{cases}$$

$$
\begin{aligned}
b_n &= \frac{1}{\pi}\int_{-\pi}^{\pi} f(x)\sin nx\,dx = \frac{1}{\pi}\int_{-\pi}^{0} x\sin nx\,dx \\
&= \frac{1}{\pi}\left[-\frac{x\cos nx}{n}+\frac{\sin nx}{n^2}\right]\Bigg|_{-\pi}^{0} = -\frac{\cos n\pi}{n} \\
&= \frac{(-1)^{n+1}}{n}.
\end{aligned}
$$

故 $f(x)$ 的傅里叶级数

$$
\begin{aligned}
f(x) &\sim -\frac{\pi}{4}+\sum_{n=1}^{\infty}\left\{\frac{1}{n^2\pi}[1-(-1)^n]\cos nx+\frac{(-1)^{n+1}}{n}\sin nx\right\} \\
&= -\frac{\pi}{4}+\frac{2}{\pi}\left(\cos x+\frac{1}{3^2}\cos 3x+\frac{1}{5^2}\cos 5x+\cdots\right)+ \\
&\quad \left(\sin x-\frac{1}{2}\sin 2x+\frac{1}{3}\sin 3x-\cdots\right).
\end{aligned}
$$

由于 $f(x)$ 满足狄利克雷条件，由定理 11.20，得

$$
\begin{aligned}
&-\frac{\pi}{4}+\sum_{n=1}^{\infty}\left\{\frac{1}{n^2\pi}[1-(-1)^n]\cos nx+\frac{(-1)^{n+1}}{n}\sin nx\right\} \\
&= \begin{cases} f(x), & -\pi<x<\pi, \\ -\dfrac{\pi}{2}, & x=\pm\pi. \end{cases}
\end{aligned}
$$

练习 2. 将下列以 2π 为周期的函数 $f(x)$ 展开为傅里叶级数，其中 $f(x)$ 在区间 $[-\pi,\pi]$ 上的表达式分别如下：

(1) $f(x)=\dfrac{\pi}{4}-\dfrac{x}{2}$；　　(2) $f(x)=e^x+1$；

(3) $f(x)=\begin{cases} x+2\pi, & -\pi\leqslant x<0, \\ x, & 0\leqslant x<\pi; \end{cases}$

(4) $f(x)=\begin{cases} e^x, & -\pi\leqslant x<0, \\ 1, & 0\leqslant x<\pi. \end{cases}$

11.9.3 正弦级数和余弦级数

由奇函数与偶函数的积分性质，容易得到下面的结论.

1. 当 $f(x)$ 是以 2π 为周期的奇函数时，它的傅里叶系数为

$$
\begin{cases} a_n=0, & n=0,1,2,\cdots, \\ b_n=\dfrac{2}{\pi}\displaystyle\int_0^{\pi} f(x)\sin nx\,dx, & n=1,2,\cdots. \end{cases} \tag{11.9.5}
$$

此时，$f(x)$ 的傅里叶级数中只含有正弦项，即

$$
f(x)\sim\sum_{n=1}^{\infty} b_n\sin nx, \tag{11.9.6}
$$

称之为**正弦级数**.

(2) 当 $f(x)$ 是以 2π 为周期的偶函数时，它的傅里叶系数

$$\begin{cases} a_0=\dfrac{2}{\pi}\displaystyle\int_0^{\pi} f(x)\mathrm{d}x, \\ a_n=\dfrac{2}{\pi}\displaystyle\int_0^{\pi} f(x)\cos nx\,\mathrm{d}x,\ n=1,2,\cdots, \\ b_n=0, \qquad\qquad n=1,2,\cdots. \end{cases} \tag{11.9.7}$$

此时，$f(x)$ 的傅里叶级数中仅含余弦项和常数项，即

$$f(x)\sim\frac{a_0}{2}+\sum_{n=1}^{\infty} a_n\cos nx, \tag{11.9.8}$$

称之为**余弦级数**.

将函数展开为傅里叶级数时，先讨论函数是否有奇偶性是有益的.

例 5　试将周期为 2π 的函数

$$f(x)=\begin{cases} -x, & -\pi\leqslant x<0, \\ x, & 0\leqslant x<\pi \end{cases}$$

展开为傅里叶级数.

解　函数的图形如图 11.9 所示（电学上称为锯齿波），这是个偶函数.

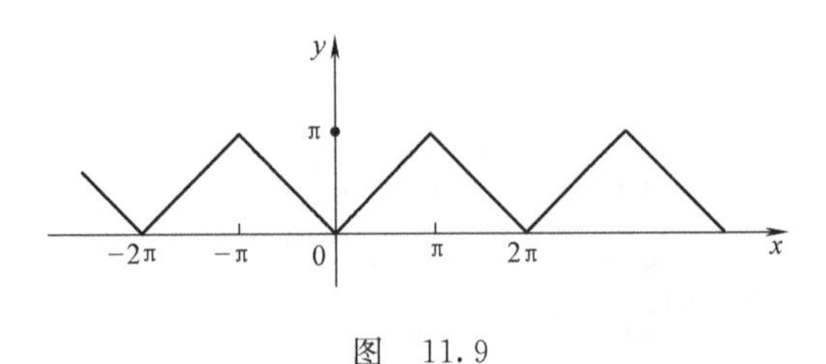

图　11.9

$$a_0=\frac{2}{\pi}\int_0^{\pi} f(x)\mathrm{d}x=\frac{2}{\pi}\int_0^{\pi} x\,\mathrm{d}x=\pi.$$

$$\begin{aligned} a_n &=\frac{2}{\pi}\int_0^{\pi} f(x)\cos nx\,\mathrm{d}x=\frac{2}{\pi}\int_0^{\pi} x\cos nx\,\mathrm{d}x \\ &=\frac{2}{\pi}\left[\frac{x\sin nx}{n}+\frac{\cos nx}{n^2}\right]\Bigg|_0^{\pi}=\frac{2}{n^2\pi}[(-1)^n-1] \\ &=\begin{cases} -\dfrac{4}{n^2\pi}, & n=1,3,5,\cdots, \\ 0, & n=2,4,6,\cdots. \end{cases} \end{aligned}$$

由于 $f(x)$ 处处连续，所以

$$f(x)=\frac{\pi}{2}-\frac{4}{\pi}\sum_{n=1}^{\infty}\frac{1}{(2n-1)^2}\cos(2n-1)x$$
$$=\frac{\pi}{2}-\frac{4}{\pi}\left(\cos x+\frac{1}{3^2}\cos 3x+\frac{1}{5^2}\cos 5x+\cdots\right),\ x\in(-\infty,+\infty).$$

利用这个展开式，容易得到几个数项级数的有趣的结果，令 $x=0$，得

$$\frac{\pi^2}{8}=1+\frac{1}{3^2}+\frac{1}{5^2}+\cdots.$$

设

$$\sigma=1+\frac{1}{2^2}+\frac{1}{3^2}+\frac{1}{4^2}+\cdots,$$

$$\sigma_1=1+\frac{1}{3^2}+\frac{1}{5^2}+\cdots=\frac{\pi^2}{8},$$

$$\sigma_2=\frac{1}{2^2}+\frac{1}{4^2}+\frac{1}{6^2}+\cdots,$$

$$\sigma_3=1-\frac{1}{2^2}+\frac{1}{3^2}-\frac{1}{4^2}+\cdots.$$

因为 $\sigma_2=\frac{\sigma}{4}=\frac{\sigma_1+\sigma_2}{4}$，所以，

$$\sigma_2=\frac{\sigma_1}{3}=\frac{\pi^2}{24},\ \sigma=\sigma_1+\sigma_2=\frac{\pi^2}{6},\ \sigma_3=\sigma_1-\sigma_2=\frac{\pi^2}{12}.$$

练习 3. 将下列以 2π 为周期的函数 $f(x)$ 展开为傅里叶级数，其中 $f(x)$ 在区间 $[-\pi,\pi]$ 上的表达式分别如下.

(1) $f(x)=3x^2+1$；　　(2) $f(x)=2\sin\frac{x}{3}$.

11.9.4 以 $2l$ 为周期的函数的傅里叶级数

前面讨论以 2π 为周期的函数的傅里叶级数，现在讨论一般的周期函数的傅里叶级数. 设 $f(x)$ 是以 $2l(l>0)$ 为周期的周期函数，做变换，令

$$t=\frac{\pi}{l}x,$$

则当 x 在区间 $[-l,l]$ 上变化时，t 就在区间 $[-\pi,\pi]$ 上变化，函数 $f(x)$ 变为以 2π 为周期的关于 t 的函数，记

$$f(x)=f\left(\frac{l}{\pi}t\right)=g(t).$$

只要 $f(x)$ 在区间 $[-l,l]$ 上可积，$g(t)$ 就在区间 $[-\pi,\pi]$ 上可积，于是，$g(t)$ 有傅里叶级数

$$g(t)\sim\frac{a_0}{2}+\sum_{n=1}^{\infty}(a_n\cos nt+b_n\sin nt),$$

其傅里叶系数为

$$\begin{cases}a_0=\dfrac{1}{\pi}\displaystyle\int_{-\pi}^{\pi}g(t)\mathrm{d}t,\\ a_n=\dfrac{1}{\pi}\displaystyle\int_{-\pi}^{\pi}g(t)\cos nt\,\mathrm{d}t,\\ b_n=\dfrac{1}{\pi}\displaystyle\int_{-\pi}^{\pi}g(t)\sin nt\,\mathrm{d}t,\quad n=1,2,\cdots.\end{cases}$$

将 $t=\frac{\pi}{l}x$ 代入，就得到以 $2l$ 为周期的函数 $f(x)$ 的傅里叶级数

$$f(x)\sim\frac{a_0}{2}+\sum_{n=1}^{\infty}\left(a_n\cos\frac{n\pi x}{l}+b_n\sin\frac{n\pi x}{l}\right)\tag{11.9.9}$$

和傅里叶系数

$$\begin{cases}a_0=\dfrac{1}{l}\displaystyle\int_{-l}^{l}f(x)\mathrm{d}x,\\ a_n=\dfrac{1}{l}\displaystyle\int_{-l}^{l}f(x)\cos\frac{n\pi x}{l}\mathrm{d}x,\\ b_n=\dfrac{1}{l}\displaystyle\int_{-l}^{l}f(x)\sin\frac{n\pi x}{l}\mathrm{d}x,\ n=1,2,\cdots.\end{cases}\tag{11.9.10}$$

当 $f(x)$ 在区间 $[-l,l]$ 上满足狄利克雷条件时，$f(x)$ 的傅里叶级数（11.9.9）在 $f(x)$ 的连续点处收敛于 $f(x)$；在间断点 x_0 处收敛于 $\frac{1}{2}[f(x_0^-)+f(x_0^+)]$；在 $\pm l$ 处收敛于 $\frac{1}{2}[f(-l^+)+f(l^-)]$.

如果 $f(x)$ 是以 $2l$ 为周期的奇函数，其傅里叶级数是正弦级数

$$f(x)\sim\sum_{n=1}^{\infty}b_n\sin\frac{n\pi x}{l},\tag{11.9.11}$$

系数

$$b_n=\frac{2}{l}\int_0^l f(x)\sin\frac{n\pi x}{l}\mathrm{d}x,\ n=1,2,\cdots.\tag{11.9.12}$$

如果 $f(x)$ 是以 $2l$ 为周期的偶函数，其傅里叶级数是余弦级数

$$f(x)\sim\frac{a_0}{2}+\sum_{n=1}^{\infty}a_n\cos\frac{n\pi x}{l},\tag{11.9.13}$$

系数

$$\begin{cases} a_0 = \dfrac{2}{l}\displaystyle\int_0^l f(x)\mathrm{d}x, \\ a_n = \dfrac{2}{l}\displaystyle\int_0^l f(x)\cos\dfrac{n\pi x}{l}\mathrm{d}x, \quad n=1,2,\cdots. \end{cases} \tag{11.9.14}$$

例 6　计算周期为 $T=\dfrac{2\pi}{\omega}$ 的函数

$$f(x)=\begin{cases} 0, & -\dfrac{T}{2}\leqslant x<0, \\ E\sin\omega x, & 0\leqslant x<\dfrac{T}{2} \end{cases}$$

的傅里叶系数 b_n.

解　函数的图形如图 11.10 所示（电学上叫作半波整流形）．取 $l=\dfrac{\pi}{\omega}$，则 $\dfrac{n\pi x}{l}=n\omega x$．故

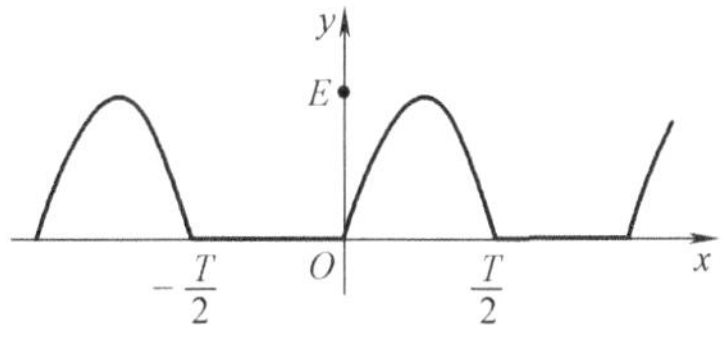

图　11.10

$$\begin{aligned} b_n &= \frac{1}{l}\int_{-l}^{l} f(x)\sin\frac{n\pi x}{l}\mathrm{d}x \\ &= \frac{\omega}{\pi}\int_{-\pi/\omega}^{\pi/\omega} f(x)\sin n\omega x\,\mathrm{d}x \\ &= \frac{\omega}{\pi}\int_0^{\pi/\omega} E\sin\omega x\sin n\omega x\,\mathrm{d}x \\ &= \frac{\omega E}{2\pi}\int_0^{\pi/\omega}[\cos(n-1)\omega x-\cos(n+1)\omega x]\mathrm{d}x \\ &= \frac{\omega E}{2\pi}\left[\frac{\sin(n-1)\omega x}{(n-1)\omega}-\frac{\sin(n+1)\omega x}{(n+1)\omega}\right]\Bigg|_0^{\pi/\omega}=0,\ n=2,3,\cdots. \end{aligned}$$

上面计算中要求 $n\neq 1$，所以 b_1 需单独计算．

$$b_1=\frac{\omega E}{2\pi}\int_0^{\pi/\omega}(1-\cos 2\omega x)\mathrm{d}x=\frac{\omega E}{2\pi}\left[x-\frac{\sin 2\omega x}{2\omega}\right]\Bigg|_0^{\pi/\omega}=\frac{E}{2}.$$

例 7　函数 $f(x)$ 的周期为 6，且当 $-3\leqslant x<3$ 时，$f(x)=x$，求 $f(x)$ 的傅里叶级数展开式．

解　这里 $l=3$，$f(x)$ 是奇函数，所以 $a_n=0(n=0,1,2,\cdots)$．由式（11.9.12），得

$$\begin{aligned} b_n &= \frac{2}{l}\int_0^l f(x)\sin\frac{n\pi x}{l}\mathrm{d}x=\frac{2}{3}\int_0^3 x\sin\frac{n\pi x}{3}\mathrm{d}x \\ &= -\frac{2}{n\pi}\left[x\cos\frac{n\pi x}{3}-\frac{3}{n\pi}\sin\frac{n\pi x}{3}\right]\Bigg|_0^3 \\ &= (-1)^{n+1}\frac{6}{n\pi},\ n=1,2,\cdots. \end{aligned}$$

又 $f(x)$ 满足狄利克雷条件，故有

$$\frac{6}{\pi}\left(\sin\frac{\pi x}{3}-\frac{1}{2}\sin\frac{2\pi x}{3}+\frac{1}{3}\sin\frac{3\pi x}{3}-\cdots\right)=\begin{cases}x, & -3<x<3,\\ 0, & x=\pm 3.\end{cases}$$

例 8　将周期为 1 的函数

$$f(x)=\frac{1}{2}\mathrm{e}^x,\ 0\leqslant x<1$$

展开为傅里叶级数.

解　这里 $2l=1$，由周期函数积分的性质，傅里叶系数公式（11.9.10）中的积分区间，只要保持一个周期长的区间即可. 本题函数图形如图 11.11 所示. 故系数

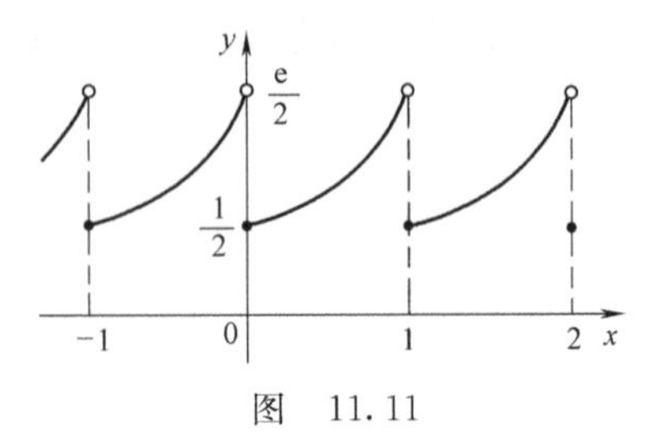

图　11.11

$$a_0=\frac{1}{l}\int_0^{2l}f(x)\mathrm{d}x=2\int_0^1\frac{1}{2}\mathrm{e}^x\mathrm{d}x=\mathrm{e}-1,$$

$$\begin{aligned}a_n&=\frac{1}{l}\int_0^{2l}f(x)\cos\frac{n\pi x}{l}\mathrm{d}x\\&=2\int_0^1\frac{1}{2}\mathrm{e}^x\cos 2n\pi x\,\mathrm{d}x=\frac{\mathrm{e}-1}{1+(2n\pi)^2},\end{aligned}$$

$$\begin{aligned}b_n&=\frac{1}{l}\int_0^{2l}f(x)\sin\frac{n\pi x}{l}\mathrm{d}x\\&=2\int_0^1\frac{1}{2}\mathrm{e}^x\sin 2n\pi\mathrm{d}x=\frac{-2n\pi(\mathrm{e}-1)}{1+(2n\pi)^2},\ n=1,2,\cdots.\end{aligned}$$

$f(x)$ 在区间 $[0,1]$ 上满足狄利克雷条件，故有

$$\frac{\mathrm{e}-1}{2}+(\mathrm{e}-1)\sum_{n=1}^{\infty}\frac{1}{1+(2n\pi)^2}(\cos 2n\pi x-2n\pi x\sin 2n\pi x)=\begin{cases}\dfrac{1}{2}\mathrm{e}^x, & 0<x<1,\\ \dfrac{\mathrm{e}+1}{4}, & x=0,\ 1.\end{cases}$$

练习 4. 将下列周期函数 $f(x)$ 展开为傅里叶级数，其中 $f(x)$ 在一个周期内的表达式分别如下.

（1）$f(x)=x^2-x,\ -2\leqslant x<2$；

（2）$f(x)=\begin{cases}2x+1, & -3\leqslant x<0,\\ x, & 0\leqslant x<3;\end{cases}$

（3）$f(x)=\begin{cases}x, & 0\leqslant x<1,\\ 0, & 1\leqslant x<2,\end{cases}$ 并利用它的傅里叶级数，证

明等式：

$$1+\frac{1}{3^2}+\frac{1}{5^2}+\frac{1}{7^2}+\cdots=\frac{\pi^2}{8}.$$

练习 5. 设 $f(x)$ 是以 2 为周期的函数，它在区间 $(-1,1]$ 上的定义为

$$f(x)=\begin{cases}2, & -1<x\leqslant 0,\\ x^3, & 0<x\leqslant 1,\end{cases}$$

那么 $f(x)$ 的傅里叶级数在 $x=0$，$\frac{1}{2}$，1 处的和各为多少？

11.9.5 有限区间上的函数的傅里叶展开

这一部分主要研究将有限区间 $[a,b]$ 上定义的函数 $f(x)$ 展开为正弦级数或余弦级数. 其方法如下，首先在区间 $[a,b]$ 之外适当地补充函数的定义，如果展开为正弦级数，把它延拓为周期奇函数 $F(x)$；如果展开为余弦级数，把它延拓为周期偶函数 $F(x)$. 将 $F(x)$ 的傅里叶级数限定在 $x\in[a,b]$ 时，就是 $f(x)$ 的傅里叶级数，其实具体计算时，仅需套用公式，不必真正实施这一手续.

例 9　将函数

$$f(x)=x+1,\ 0\leqslant x\leqslant \pi$$

分别展开为正弦级数和余弦级数.

解　先求正弦级数，这时，函数的周期为 2π（见图 11.12），系数

$$b_n=\frac{2}{\pi}\int_0^{\pi}(x+1)\sin nx\,\mathrm{d}x=\frac{2}{\pi}\left[-\frac{(x+1)\cos nx}{n}+\frac{\sin nx}{n^2}\right]\Bigg|_0^{\pi}$$

$$=\frac{2}{n\pi}[1-(\pi+1)\cos n\pi]=\frac{2}{n\pi}[1+(-1)^{n+1}(\pi+1)],\ n=1,\ 2,\ \cdots.$$

由于 $f(x)$ 满足狄利克雷条件，故有正弦级数

$$\frac{2}{\pi}\left[(\pi+2)\sin x-\frac{\pi}{2}\sin 2x+\frac{1}{3}(\pi+2)\sin 3x-\frac{\pi}{4}\sin 4x+\cdots\right]$$

$$=\begin{cases}x+1, & 0<x<\pi,\\ 0, & x=0,\ \pi.\end{cases}$$

类似地，函数 $f(x)=x+1$ 的余弦级数（见图 11.13）为

$$1+\frac{\pi}{2}-\frac{4}{\pi}\left(\cos x+\frac{1}{3^2}\cos 3x+\frac{1}{5^2}\cos 5x+\cdots\right)=x+1,\ 0\leqslant x\leqslant \pi.$$

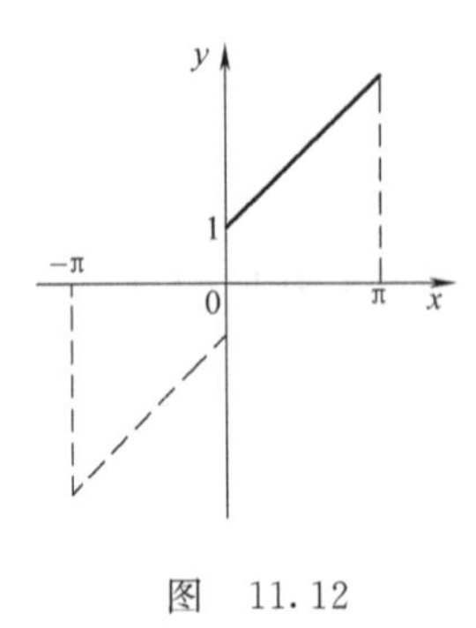

图　11.12

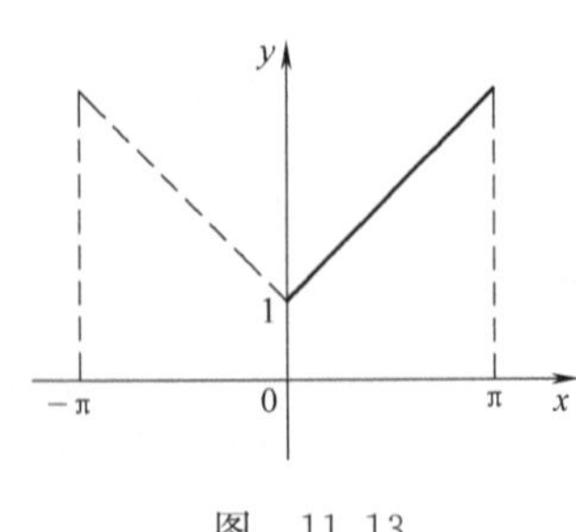

图　11.13

练习 6. 将区间 $[0,\pi]$ 上的下列函数 $f(x)$ 展开为正弦级数.

(1) $f(x)=\dfrac{\pi-x}{2}$；　(2) $f(x)=\begin{cases}\dfrac{x}{\pi}, & 0\leqslant x<\dfrac{\pi}{2},\\ 1-\dfrac{x}{\pi}, & \dfrac{\pi}{2}\leqslant x\leqslant\pi.\end{cases}$

练习 7. 将区间 $[0,\pi]$ 上的下列函数 $f(x)$ 展开为余弦级数.

(1) $f(x)=\cos\dfrac{x}{2}$；　(2) $f(x)=\begin{cases}1, & 0\leqslant x<h,\\ 0, & h\leqslant x\leqslant\pi.\end{cases}$

练习 8. 将函数

$$f(x)=\begin{cases}x, & 0\leqslant x\leqslant\dfrac{l}{2},\\ l-x, & \dfrac{l}{2}<x\leqslant l\end{cases}$$

展开为正弦级数.

练习 9. 将函数

$$f(x)=\begin{cases}\cos\dfrac{\pi x}{l}, & 0\leqslant x\leqslant\dfrac{l}{2},\\ 0, & \dfrac{l}{2}<x<l\end{cases}$$

展开为余弦级数.

练习 10. 将函数 $f(x)=x^2(0\leqslant x\leqslant 2)$ 分别展开成正弦级数和余弦级数，并指出它们在收敛性上的差别.

例 10　已知有限区间 $[0,1]$ 上的函数 $f(x)=x^2$ 的正弦级数的和函数为

$$S(x)=\sum_{n=1}^{\infty}b_n\sin n\pi x,$$

求 $S(x)$ 的周期和 $S\left(-\frac{1}{2}\right)$ 的值.

解　因为 $n=1$ 时

$$\sin n\pi x$$

的周期为 2，所以 $S(x)$ 的周期为 2.

这里的正弦级数是将 $f(x)$ 奇延拓为

$$F(x)=\begin{cases}-x^2, & -1<x<0,\\ x^2, & 0\leqslant x\leqslant 1\end{cases}$$

之后展开的傅里叶级数，而 $x=-\frac{1}{2}$ 是函数 $F(x)$ 的连续点，由定理 11.20 知

$$S\left(-\frac{1}{2}\right)=F\left(-\frac{1}{2}\right)=-\frac{1}{4}.$$

11.9.6 傅里叶级数的复数形式

傅里叶级数的复数形式，在电子技术中经常用到. 利用欧拉公式

$$\cos x=\frac{e^{ix}+e^{-ix}}{2},\ \sin x=\frac{e^{ix}-e^{-ix}}{2i},$$

则

$$\begin{aligned}&\frac{a_0}{2}+\sum_{n=1}^{\infty}\left(a_n\cos\frac{n\pi x}{l}+b_n\sin\frac{n\pi x}{l}\right)\\ &=\frac{a_0}{2}+\sum_{n=1}^{\infty}\left(\frac{a_n}{2}\left(e^{i\frac{n\pi x}{l}}+e^{-i\frac{n\pi x}{l}}\right)-\frac{ib_n}{2}\left(e^{i\frac{n\pi x}{l}}-e^{-i\frac{n\pi x}{l}}\right)\right)\\ &=\frac{a_0}{2}+\sum_{n=1}^{\infty}\left(\frac{a_n-ib_n}{2}e^{i\frac{n\pi x}{l}}+\frac{a_n+ib_n}{2}e^{-i\frac{n\pi x}{l}}\right).\end{aligned}$$

若记

$$c_0=\frac{a_0}{2},\ c_n=\frac{a_n-ib_n}{2},\ c_{-n}=\frac{a_n+ib_n}{2}\ (n=1,2,\cdots),$$

上面的级数就变为

$$\begin{aligned}&c_0+\sum_{n=1}^{\infty}\left(c_n e^{i\frac{n\pi x}{l}}+c_{-n}e^{-i\frac{n\pi x}{l}}\right)\\ &=\left(c_n e^{i\frac{n\pi x}{l}}\right)\Big|_{n=0}+\sum_{n=1}^{\infty}c_n e^{i\frac{n\pi x}{l}}+\sum_{n=-\infty}^{-1}c_n e^{i\frac{n\pi x}{l}}.\end{aligned}$$

将最后的表达式写在一起，得到傅里叶级数的复数形式

$$\sum_{n=-\infty}^{\infty}c_n e^{i\frac{n\pi x}{l}},\qquad(11.9.15)$$

其系数 c_n 的表达式为

$$c_0=\frac{a_0}{2}=\frac{1}{2l}\int_{-l}^{l}f(x)\mathrm{d}x,$$

$$\begin{aligned}c_n&=\frac{1}{2}(a_n-\mathrm{i}b_n)=\frac{1}{2}\left[\frac{1}{l}\int_{-l}^{l}f(x)\cos\frac{n\pi x}{l}\mathrm{d}x-\frac{\mathrm{i}}{l}\int_{-l}^{l}f(x)\sin\frac{n\pi x}{l}\mathrm{d}x\right]\\&=\frac{1}{2l}\int_{-l}^{l}f(x)\left(\cos\frac{n\pi x}{l}-\mathrm{i}\sin\frac{n\pi x}{l}\right)\mathrm{d}x\\&=\frac{1}{2l}\int_{-l}^{l}f(x)\mathrm{e}^{-\mathrm{i}\frac{n\pi x}{l}}\mathrm{d}x(n=1,2,\cdots),\end{aligned}$$

同理，

$$c_{-n}=\frac{1}{2}(a_n+\mathrm{i}b_n)=\frac{1}{2l}\int_{-l}^{l}f(x)\mathrm{e}^{\mathrm{i}\frac{n\pi x}{l}}\mathrm{d}x\ (n=1,2,\cdots).$$

以上所有系数都可以通过一个式子表达，即

$$c_n=\frac{1}{2l}\int_{-l}^{l}f(x)\mathrm{e}^{-\mathrm{i}\frac{n\pi x}{l}}\mathrm{d}x\ (n=0,\pm1,\pm2,\cdots).\tag{11.9.16}$$

傅里叶级数的两种形式本质上是一样的，但复数形式（11.9.15）比较简洁，且系数公式统一为式（11.9.16）.

例 11　把宽为 τ、高为 h、周期为 T 的矩形波（见图 11.14）展开为复数形式的傅里叶级数.

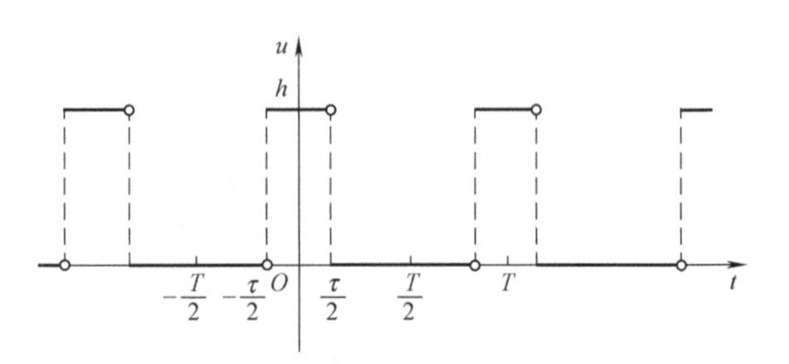

图　11.14

解　在一个周期 $\left[-\frac{T}{2},\frac{T}{2}\right]$ 内的波形函数为

$$u(t)=\begin{cases}0, & -\frac{T}{2}\leqslant t<-\frac{\tau}{2},\\ h, & -\frac{\tau}{2}\leqslant t<\frac{\tau}{2},\\ 0, & \frac{\tau}{2}\leqslant t<\frac{T}{2}.\end{cases}$$

由系数公式（11.9.16），有

$$c_0=\frac{1}{T}\int_{-T/2}^{T/2}u(t)\mathrm{d}t=\frac{1}{T}\int_{-\tau/2}^{\tau/2}h\,\mathrm{d}t=\frac{h\tau}{T},$$

$$c_n=\frac{1}{T}\int_{-T/2}^{T/2}u(t)\mathrm{e}^{-\mathrm{i}\frac{2n\pi t}{T}}\mathrm{d}t=\frac{1}{T}\int_{-\tau/2}^{\tau/2}h\,\mathrm{e}^{-\mathrm{i}\frac{2n\pi t}{T}}\mathrm{d}t$$

$$=\frac{h}{T}\left[-\frac{T}{\mathrm{i}2n\pi}\mathrm{e}^{-\mathrm{i}\frac{2n\pi t}{T}}\right]\Bigg|_{-\tau/2}^{\tau/2}=\frac{h}{n\pi}\sin\frac{n\pi\tau}{T}\ (n=\pm1,\pm2,\cdots).$$

又 $u(t)$ 满足狄利克雷条件，故 $u(t)$ 的复数形式的傅里叶级数为

$$u(t)=\frac{h\tau}{T}+\frac{h}{\pi}\sum_{\substack{n=-\infty\\n\neq0}}^{\infty}\frac{1}{n}\sin\frac{n\pi\tau}{T}\mathrm{e}^{\mathrm{i}\frac{2n\pi t}{T}},\ t\neq\pm kT\pm\frac{\tau}{2},\ k=0,\ 1,\ 2,\ \cdots.$$

11.9.7 傅里叶积分简介

前面关于傅里叶级数的论述，都是针对周期函数的，而对于定义在 $(-\infty,+\infty)$ 上的非周期的可积函数 $f(x)$，可以看成是周期函数的极限情况，思路如下：

(1) 任取整数 l，截取函数 $f(x)$ 在 $[-l,l]$ 上的部分，再以 $2l$ 为周期，将其延拓为 $(-\infty,+\infty)$ 上的周期函数 $f_l(x)$；

(2) 将得到的周期函数 $f_l(x)$ 展开成傅里叶级数；

(3) 令 $l\to+\infty$，取极限.

下面通过具体的推导，来说明这个极限过程将导致一种积分表示，即傅里叶积分表示.

设 $f(x)$ 在 $(-\infty,+\infty)$ 上绝对可积，并且在任何有限区间上分段光滑，于是 $f_l(x)$ 在 $[-l,l]$ 上的傅里叶级数为

$$f_l(x)\sim\sum_{n=-\infty}^{+\infty}c_n\mathrm{e}^{\mathrm{i}\frac{n\pi x}{l}}=\sum_{n=-\infty}^{+\infty}\frac{1}{2l}\int_{-l}^{l}f(\tau)\mathrm{e}^{\mathrm{i}\frac{n\pi}{l}(x-\tau)}\mathrm{d}\tau.\tag{11.9.17}$$

令 $\lambda_n=\frac{n\pi}{l}$，$\Delta\lambda_n=\lambda_n-\lambda_{n-1}=\frac{\pi}{l}$，则

$$\sum_{n=-\infty}^{+\infty}\frac{1}{2l}\int_{-l}^{l}f(\tau)\mathrm{e}^{\mathrm{i}\frac{n\pi}{l}(x-\tau)}\mathrm{d}\tau=\frac{1}{2\pi}\sum_{n=-\infty}^{+\infty}\Delta\lambda_n\int_{-l}^{l}f(\tau)\mathrm{e}^{\mathrm{i}\lambda_n(x-\tau)}\mathrm{d}\tau,\tag{11.9.18}$$

当 $l\to+\infty$时，$\Delta\lambda_n=\frac{\pi}{l}\to0$，此时，式 (11.9.18) 右端的和式可看作 λ 的函数$\frac{1}{2\pi}\int_{-l}^{l}f(\tau)\mathrm{e}^{\mathrm{i}\lambda(x-\tau)}\mathrm{d}\tau$ 的黎曼和，于是

$$f(x)=\lim_{l\to+\infty}f_l(x)\sim\frac{1}{2\pi}\int_{-\infty}^{+\infty}\mathrm{d}\lambda\int_{-\infty}^{+\infty}f(\tau)\mathrm{e}^{\mathrm{i}\lambda(x-\tau)}\mathrm{d}\tau.\tag{11.9.19}$$

上式右端的积分，称为 $f(x)$ 的**傅里叶积分**. 容易想到，在一定条件下，$f(x)$ 应与它的傅里叶积分相等，我们不加证明地给出以下充分条件.

定理 11.22（傅里叶积分表示的收敛定理） 设函数 $f(x)$ 在整个数轴上绝对可积，在任何有限区间上逐段光滑，则对任意实数 x，$f(x)$ 的傅里叶积分必收敛于它在该点的左、右极限的平均值，即

$$\frac{1}{2\pi}\int_{-\infty}^{+\infty}\mathrm{d}\lambda\int_{-\infty}^{+\infty}f(\tau)\mathrm{e}^{-\mathrm{i}\lambda(x-\tau)}\mathrm{d}\tau=\frac{f(x+0)+f(x-0)}{2}.$$

特别地，在 $f(x)$ 的连续点上，傅里叶积分就收敛于 $f(x)$，即

$$\frac{1}{2\pi}\int_{-\infty}^{+\infty}\mathrm{d}\lambda\int_{-\infty}^{+\infty}f(\tau)\mathrm{e}^{-\mathrm{i}\lambda(x-\tau)}\mathrm{d}\tau=f(x)$$

在利用傅里叶积分解决实际问题时，人们常把傅里叶积分拆开，分别写成

$$\hat{f}(\lambda)=\int_{-\infty}^{+\infty}f(\tau)\mathrm{e}^{-\mathrm{i}\lambda\tau}\mathrm{d}\tau \tag{11.9.20}$$

和

$$f(x)=\frac{1}{2\pi}\int_{-\infty}^{+\infty}\hat{f}(\lambda)\mathrm{e}^{\mathrm{i}\lambda x}\mathrm{d}\lambda. \tag{11.9.21}$$

从函数 $f(x)$ 到 $\hat{f}(\lambda)$ 的变换（11.9.20）被称为**傅里叶变换**，记为 $F[f]$，即

$$F[f](\lambda)=\hat{f}(\lambda)=\int_{-\infty}^{+\infty}f(\tau)\mathrm{e}^{-\mathrm{i}\lambda\tau}\mathrm{d}\tau,$$

从函数 $\hat{f}(\lambda)$ 到 $f(x)$ 的变换（11.9.21）称为傅里叶逆变换，记为 $F^{-1}[\hat{f}]$，即

$$F^{-1}[\hat{f}](x)=f(x)=\frac{1}{2\pi}\int_{-\infty}^{+\infty}\hat{f}(\lambda)\mathrm{e}^{\mathrm{i}\lambda x}\mathrm{d}\lambda.$$

这里的情形可以与周期为 2π 的函数的傅里叶级数做一个类比. 如果我们把周期为 2π 的函数 $f(x)$ 的傅里叶系数记为 $\hat{f}(n)$，那么

$$\hat{f}(n)=\frac{1}{2\pi}\int_{-\pi}^{\pi}f(\tau)\mathrm{e}^{-\mathrm{i}n\tau}\mathrm{d}\tau,\ n\in\mathbb{Z}. \tag{11.9.22}$$

从函数 $f(x)$ 到它的傅里叶系数 $\hat{f}(n)$ 的计算公式（11.9.22）可以看成“离散的傅里叶变换”，而傅里叶级数展开式 $f(x)=\sum\limits_{n=-\infty}^{+\infty}\hat{f}(n)\mathrm{e}^{\mathrm{i}nx}$ 可以看成“离散的傅里叶逆变换”.

最后，我们再简单地介绍傅里叶积分公式的其他形式. 利用欧拉公式 $\mathrm{e}^{\mathrm{i}x}=\cos x+\mathrm{i}\sin x$，可知

$$\int_{-\infty}^{+\infty} f(\tau)e^{i\lambda(x-\tau)}d\tau=\int_{-\infty}^{+\infty} f(\tau)\cos\lambda(x-\tau)d\tau+ \\ i\int_{-\infty}^{+\infty} f(\tau)\sin\lambda(x-\tau)d\tau.$$

其中，虚部是关于 λ 的奇函数，因而，

$$\frac{1}{2\pi}\int_{-\infty}^{+\infty} d\lambda\int_{-\infty}^{+\infty} f(\tau)e^{i\lambda(x-\tau)}d\tau=\frac{1}{2\pi}\int_{-\infty}^{+\infty} d\lambda\int_{-\infty}^{+\infty} f(\tau)\cos\lambda(x-\tau)d\tau$$

于是，$f(x)$ 的傅里叶积分又可以表示为

$$f(x)=\frac{1}{2\pi}\int_{-\infty}^{+\infty} d\lambda\int_{-\infty}^{+\infty} f(\tau)\cos\lambda(x-\tau)d\tau.$$

11.10 例题

例 1　设 $f(x)$ 在点 $x=0$ 的某邻域内具有二阶连续导数，且 $\lim\limits_{x\to0}\frac{f(x)}{x}=0$，证明：级数 $\sum\limits_{n=1}^{\infty}f\left(\frac{1}{n}\right)$ 绝对收敛.

证法 1　由题设 $\lim\limits_{x\to0}\frac{f(x)}{x}=0$ 及一阶麦克劳林公式，知

$$f(x)=\frac{1}{2}f''(\theta x)x^2\ (0<\theta<1).$$

再由题设知 $f''(x)$ 在 $x=0$ 的某邻域内连续，因而 $f''(x)$ 在此邻域内的闭区间上有界，即存在 $M>0$，使得当 x 在此闭区间内时，恒有 $|f''(x)|\leqslant M$. 于是，当 x 很小时，有 $f(x)\leqslant\frac{M}{2}x^2$. 取 $x=\frac{1}{n}$，当 n 充分大时，恒有

$$\left|f\left(\frac{1}{n}\right)\right|\leqslant\frac{M}{2}\frac{1}{n^2}.$$

由于 $\sum\limits_{n=1}^{\infty}\frac{1}{n^2}$ 是收敛的（$p=2$），所以 $\sum\limits_{n=1}^{\infty}f\left(\frac{1}{n}\right)$ 是绝对收敛的. □

证法 2　由证法 1 前半部分知 $f(0)=f'(0)=0$，由洛必达法则，得

$$\lim_{x\to0}\frac{f(x)}{x^2}=\lim_{x\to0}\frac{f'(x)}{2x}=\lim_{x\to0}\frac{f''(x)}{2}=\frac{1}{2}f''(0),$$

令 $x=\frac{1}{n}$，得

$$\lim_{n\to\infty}\frac{\left|f\left(\frac{1}{n}\right)\right|}{\frac{1}{n^2}}=\frac{1}{2}|f''(0)|,$$

故由比较判别法的极限形式知，$\sum\limits_{n=1}^{\infty} f\left(\frac{1}{n}\right)$是绝对收敛的. □

例 2　已知级数 $\sum\limits_{n=1}^{\infty}(-1)^n a_n 2^n$ 收敛，证明：级数 $\sum\limits_{n=1}^{\infty} a_n$ 绝对收敛.

证法 1　由于级数 $\sum\limits_{n=1}^{\infty}(-1)^n a_n 2^n$ 收敛，所以通项趋于零，即有

$$\lim_{n\to\infty}(-1)^n a_n 2^n=0,$$

从而有

$$\lim_{n\to\infty}\frac{|a_n|}{\frac{1}{2^n}}=\lim_{n\to\infty}|a_n|2^n=0.$$

因为 $\sum\limits_{n=1}^{\infty}\frac{1}{2^n}$是收敛的等比级数，由比较判别法的极限形式知，级数 $\sum\limits_{n=1}^{\infty}|a_n|$收敛，故 $\sum\limits_{n=1}^{\infty}a_n$ 绝对收敛. □

证法 2　由给定的条件知，幂级数

$$\sum_{n=1}^{\infty}a_n x^n$$

在 $x=-2$ 处收敛. 由阿贝尔引理知，此幂级数在区间 $(-2,2)$ 内处处绝对收敛. 特别地，当 $x=1$ 时，此幂级数化为级数 $\sum\limits_{n=1}^{\infty}a_n$，也是绝对收敛的. □

例 3　求数项级数 $\sum\limits_{n=0}^{\infty}\frac{2n+1}{n!}$的和.

解

$$\begin{aligned}\sum_{n=0}^{\infty}\frac{2n+1}{n!}&=2\sum_{n=0}^{\infty}\frac{n}{n!}+\sum_{n=0}^{\infty}\frac{1}{n!}\\&=2\sum_{n=1}^{\infty}\frac{1}{(n-1)!}+\sum_{n=0}^{\infty}\frac{1}{n!}=2\sum_{n=0}^{\infty}\frac{1}{n!}+\sum_{n=0}^{\infty}\frac{1}{n!}\\&=3\sum_{n=0}^{\infty}\frac{1}{n!}=3\mathrm{e}.\end{aligned}$$

例 4　求幂级数 $1+\frac{x^2}{2!}+\frac{x^4}{4!}+\frac{x^6}{6!}+\cdots$的和函数.

解　由于

$$\lim_{n\to\infty}\left|\frac{u_{n+1}(x)}{u_n(x)}\right|=\lim_{n\to\infty}\left|\frac{x^{2(n+1)}}{[2(n+1)]!}\cdot\frac{(2n)!}{x^{2n}}\right|=0,$$

根据比值判别法知，此幂级数的收敛域为 $(-\infty,+\infty)$.

设和函数

$$S(x)=1+\frac{x^2}{2!}+\frac{x^4}{4!}+\frac{x^6}{6!}+\cdots,\ -\infty<x<+\infty,$$

则

$$S'(x)=x+\frac{x^3}{3!}+\frac{x^5}{5!}+\cdots,\ -\infty<x<+\infty,$$

于是有

$$S'(x)+S(x)=1+x+\frac{x^2}{2!}+\frac{x^3}{3!}+\cdots=e^x,-\ \infty<x+\infty.$$

由此可见，这个和函数是如下初值问题的解：

$$\begin{cases}S'(x)+S(x)=e^x,\\ S(0)=1.\end{cases}$$

不难解得

$$S(x)=\frac{1}{2}(e^x+e^{-x}),\ -\infty<x<+\infty.$$

例 5　确定函数项级数 $\sum\limits_{n=1}^{\infty}\dfrac{(n+x)^n}{n^{n+x}}$的收敛域.

解　对任意固定的 x，当 n 充分大时，有 $u_n(x)=\dfrac{(n+x)^n}{n^{n+x}}>0$，且

$$u_n(x)=\frac{(n+x)^n}{n^{n+x}}=\frac{1}{n^x}\left(1+\frac{x}{n}\right)^n,$$

于是

$$\lim_{n\to\infty}\frac{u_n(x)}{\dfrac{1}{n^x}}=\lim_{n\to\infty}\left(1+\frac{x}{n}\right)^n=e^x.$$

而级数 $\sum\limits_{n=1}^{\infty}\dfrac{1}{n^x}$是 $p=x$ 的 p-级数，所以，当 $x>1$ 时，它收敛；当 $x\leqslant 1$ 时它发散．据此，由比较判别法的极限形式知，级数 $\sum\limits_{n=1}^{\infty}\dfrac{(n+x)^n}{n^{n+x}}$的收敛域为 $x>1$.

例 6　将函数 $f(x)=\dfrac{1}{4}\ln\dfrac{1+x}{1-x}+\dfrac{1}{2}\arctan x-x$ 展开为 x 的幂级数.

解　由于

$$f'(x)=\frac{1}{4}\left(\frac{1}{1+x}+\frac{1}{1-x}\right)+\frac{1}{2}\frac{1}{1+x^2}-1$$

$$=\frac{1}{1-x^4}-1=\sum_{n=0}^{\infty}x^{4n}-1=\sum_{n=1}^{\infty}x^{4n},-1<x<1,$$

所以将上式两端从 0 到 x 进行积分，并注意 $f(0)=0$，便得

$$f(x)=\int_0^x\sum_{n=1}^{\infty}t^{4n}\mathrm{d}t=\sum_{n=1}^{\infty}\frac{1}{4n+1}x^{4n+1},\ -1<x<1.$$

可以看出此例恰是 11.7.3 节中例 12 的逆问题.

例 7　证明：在区间 $[-\pi,\pi]$ 上有恒等式

$$\sum_{n=1}^{\infty}\frac{(-1)^{n-1}}{n^2}\cos nx=\frac{\pi^2}{12}-\frac{x^2}{4},$$

并求级数 $\sum_{n=1}^{\infty}(-1)^{n-1}\frac{1}{n^2}$的和.

证明　欲证等式等价于

$$x^2=4\left[\frac{\pi^2}{12}-\sum_{n=1}^{\infty}\frac{(-1)^{n-1}}{n^2}\cos nx\right]=\frac{\pi^2}{3}+4\sum_{n=1}^{\infty}\frac{(-1)^n}{n^2}\cos nx.$$

将 x^2 在区间 $[-\pi,\pi]$ 上展开成傅里叶级数，由于 x^2 为偶函数，故

$$b_n=0(n=1,\ 2,\ \cdots),$$

$$a_0=\frac{2}{\pi}\int_0^{\pi}x^2\mathrm{d}x=\frac{2}{\pi}\frac{x^3}{3}\bigg|_0^{\pi}=\frac{2}{3}\pi^2,$$

$$a_n=\frac{2}{\pi}\int_0^{\pi}x^2\cos nx\mathrm{d}x=(-1)^n\frac{4}{n^2},$$

于是得到

$$x^2=\frac{1}{3}\pi^2+4\sum_{n=1}^{\infty}\frac{(-1)^n}{n^2}\cos nx,\ -\pi\leqslant x\leqslant\pi.$$

在上式中，令 $x=0$，得

$$\sum_{n=1}^{\infty}\frac{(-1)^{n-1}}{n^2}=\frac{\pi^2}{12}.$$

□

习题 11

1. 设数列 $\{nu_n\}$ 收敛，且级数 $\sum_{n=1}^{\infty}n(u_n-u_{n-1})$ 收敛，证明：$\sum_{n=1}^{\infty}u_n$ 收敛.

2. 将 $0.\dot{7}\dot{3}$ 化为分数.

3. 已知 $\sum_{n=1}^{\infty}\frac{1}{n^2}=\frac{\pi^2}{6}$，求级数 $\sum_{n=1}^{\infty}\frac{1}{(2n-1)^2}$ 的和.

4. 设 $a>0$，讨论级数

$\sum_{n=1}^{\infty}\frac{a^{\frac{n(n+1)}{2}}}{(1+a^0)(1+a^1)(1+a^2)\cdots(1+a^{n-1})}$的敛散性.

5. 一类慢性病人每天需服用某种药物，按药理，一般患者体内药量需维持在 20～25mg 之间. 设体内药物每天有 80%排泄掉，问病人每天服用的药量为多少？

6. 计算机中的数据都是二进制的，求二进制无限循环小数 $(110.110\,110.\cdots)_2$ 在十进制下的值.

7. 设 a 为正数，若级数 $\sum_{n=1}^{\infty}\frac{a^n n!}{n^n}$ 收敛，而 $\sum_{n=2}^{\infty}\frac{\sqrt{n+2}-\sqrt{n-2}}{n^a}$ 发散，则（　　）.

(A) $a>\mathrm{e}$　　(B) $a=\mathrm{e}$

(C) $\frac{1}{2}<a<\mathrm{e}$　　(D) $a\leqslant\frac{1}{2}$

8. 设 $a_n=\int_0^{\pi/4}\tan^n x\,\mathrm{d}x$，试证：对任意 $\lambda>0$，级数 $\sum_{n=1}^{\infty}\frac{a_n}{n^\lambda}$收敛.

9. 设数列 $\{u_n\}$ 满足 $u_{n+1}=\frac{1}{2}u_n(u_n^2+1)$，$n=1,2,\cdots$. 针对首项 (1) $u_1=\frac{1}{2}$和 (2) $u_1=2$ 这两种情况讨论级数 $\sum_{n=1}^{\infty}u_n$ 的敛散性.

10. 讨论级数 $\sum_{n=1}^{\infty}\left(\int_0^n\sqrt[3]{1+x^2}\,\mathrm{d}x\right)^{-1}$的敛散性.

11. 设部分和 $S_n=\sum_{k=1}^{n}u_k$，则数列 $\{S_n\}$ 有界是级数 $\sum_{n=1}^{\infty}u_n$ 收敛的（　　）.

(A) 充分条件，但非必要条件

(B) 必要条件，但非充分条件

(C) 充分必要条件

(D) 非充分条件，又非必要条件

12. 讨论级数 $\sum_{n=1}^{\infty}\frac{(-1)^{n+1}}{\sqrt{n^{2k}+1}}$的敛散性，其中 k 为实数.

13. 对无穷数列 $\{u_n\}(u_n\neq 0)$，如果引入无穷乘积

$$\prod_{n=1}^{\infty}u_n=u_1\cdot u_2\cdot\cdots\cdot u_n\cdot\cdots$$

的概念，则首要讨论的问题应为什么？

14. 判别级数 $\sum_{n=1}^{\infty}(-1)^{n+1}\left[\mathrm{e}-\left(1+\frac{1}{n}\right)^n\right]$是否收敛？如果收敛，要指明是条件收敛，还是绝对收敛.

15. 已知级数 $\sum_{n=1}^{\infty}(-1)^{n-1}a_n=2$，$\sum_{n=1}^{\infty}a_{2n-1}=5$，求级数 $\sum_{n=1}^{\infty}a_n$ 的和.

16. 已知 $\sum_{n=1}^{\infty}\frac{1}{(2k-1)^2}=\frac{\pi^2}{8}$，求 $p=2$ 时的 p-级数 $\sum_{n=1}^{\infty}\frac{1}{n^2}$的和.

17. 证明级数

$$\arctan\frac{1}{2}+\arctan\frac{1}{8}+\cdots+\arctan\frac{1}{2n^2}+\cdots$$

是收敛的，并求其和 S.

18. 证明：幂级数 $\sum_{n=1}^{\infty}\frac{(1!)^2+(2!)^2+\cdots+(n!)^2}{(2n)!}x^n$ 在 $(-3,3)$ 内绝对收敛.

19. 求极限

$$\lim_{n\to\infty}\frac{1+\frac{\pi^4}{5!}+\frac{\pi^8}{9!}+\cdots+\frac{\pi^{4(n-1)}}{(4n-3)!}}{\frac{1}{3!}+\frac{\pi^4}{7!}+\frac{\pi^8}{11!}+\cdots+\frac{\pi^{4(n-1)}}{(4n-1)!}}.$$

20. 设 $\sum_{n=1}^{\infty}a_nx^n$ 的收敛半径为 R_1，$\sum_{n=1}^{\infty}b_nx^n$ 的收敛半径为 R_2，且 $R_1<R_2$，试证级数 $\sum_{n=1}^{\infty}(a_n+b_n)x^n$ 的收敛半径为 R_1.

21. 若幂级数 $\sum_{n=0}^{\infty}a_n(x-x_0)^n(x_0\neq 0)$ 在 $x=0$ 处收敛，在 $x=2x_0$ 处发散，指出此幂级数的收敛半径 R 和收敛域，并说明理由.

22. 求下列幂级数的收敛半径及收敛区间.

(1) $\sum_{n=1}^{\infty}\frac{4^{2n-1}}{n\sqrt{n}}(x-2)^{2n-1}$；

(2) $\sum_{n=1}^{\infty}8^n(2n-1)^{3n+1}$.

23. 求级数 $\sum_{n=1}^{\infty}\frac{x^n}{(1+x)(1+x^2)\cdots(1+x^n)}$的收敛域.

24. 利用幂级数展开式，求下列函数在 $x=0$ 处

的指定阶数的导数.

(1) $f(x)=\dfrac{x}{1+x^2}$，求 $f^{(7)}(0)$；

(2) $f(x)=x^6e^x$，求 $f^{(10)}(0)$.

25. 利用函数的幂级数展开式，计算下列极限.

(1) $\lim\limits_{x\to\infty}\left[x-x^2\ln\left(1+\dfrac{1}{x}\right)\right]$；

(2) $\lim\limits_{x\to 0}\dfrac{2(\tan x-\sin x)-x^3}{x^5}$.

26. 设 $f(x)=\begin{cases}\dfrac{1+x^2}{x}\arctan x, & x\neq 0,\\ 1, & x=0,\end{cases}$ 将 $f(x)$ 展开为 x 的幂级数，并求级数 $\sum\limits_{n=1}^{\infty}\dfrac{(-1)^n}{1-4n^2}$.

27. 在原点附近，用一个关于 x 的五次多项式近似表达 $\tan x$；用关于 x 的四次多项式近似表达 $e^{\sin x}$.

28. 若 $f(x)=\sum\limits_{n=0}^{\infty}a_nx^n$，试证：

(1) 当 $f(x)$ 为奇函数时，必有 $a_{2k}=0$，$k=0,1,2,\cdots$；

(2) 当 $f(x)$ 为偶函数时，必有 $a_{2k+1}=0$，$k=0,1,2,\cdots$.

29. 设 $f(x)$ 在 $|x|<r$ 时，可以展开成麦克劳林级数 $g(x)=f(x^2)$，试证：

$$g^{(n)}(0)=\begin{cases}0, & n=2m+1,\\ \dfrac{(2m)!}{m!}f^{(m)}(0), & n=2m\end{cases}\quad(m=1,2,\cdots).$$

30. 求下列极限.

(1) $\lim\limits_{x\to 1^-}(1-x^3)\sum\limits_{n=1}^{\infty}n^2x^n$；

(2) $\lim\limits_{n\to\infty}\left(\dfrac{1}{a}+\dfrac{2}{a^2}+\cdots+\dfrac{n}{a^n}\right)(a>1)$；

(3) $\lim\limits_{n\to\infty}\left(\dfrac{3}{2\cdot 1}+\dfrac{5}{2^2\cdot 2!}+\cdots+\dfrac{2n+1}{2^n\cdot n!}\right)$.

31. 设 $f(x)=\int_0^{\sin x}\sin(t^2)\,dt$，$g(x)=\sum\limits_{n=1}^{\infty}\dfrac{x^{2n+1}}{n^2+2}$，则当 $x\to 0$ 时，$f(x)$ 是 $g(x)$ 的（　　）.

(A) 等价无穷小

(B) 同阶，但不等价无穷小

(C) 低阶无穷小

(D) 高阶无穷小

32. 在区间 $[1,2]$ 上，用函数 $\dfrac{2(x-1)}{x+1}$ 近似函数 $\ln x$，并估计其误差.

33. 设 $f(x)=\begin{cases}e^x-1, & -\pi\leqslant x<0,\\ e^x+1, & 0\leqslant x<\pi,\end{cases}$ a_0，a_n $(n=1,2,\cdots)$ 为 $f(x)$ 的傅里叶系数，则数项级数 $\dfrac{a_0}{2}+\sum\limits_{n=1}^{\infty}a_n$ 的和函数为__________.

34. 设 $f(x)$ 是以 2π 为周期的连续函数，a_n、b_n 是其傅里叶系数，求函数

$$F(x)=\frac{1}{\pi}\int_{-\pi}^{\pi}f(t)f(x+t)\,dt$$

的傅里叶系数 A_n、B_n，并证明：

$$\frac{1}{\pi}\int_{-\pi}^{\pi}f^2(t)\,dt=\frac{a_0^2}{2}+\sum_{n=1}^{\infty}(a_n^2+b_n^2).$$

35. 已知函数 $f(x)=\dfrac{\pi}{2}\cdot\dfrac{e^x+e^{-x}}{e^{\pi}-e^{-\pi}}$，

(1) 求 $f(x)$ 在 $[-\pi,\pi]$ 上的傅里叶系数；

(2) 求级数 $\sum\limits_{n=1}^{\infty}\dfrac{(-1)^n}{1+(2n)^2}$ 的和函数.

36. 将函数 $f(x)=\arcsin(\sin x)$ 展开为傅里叶级数.

37. 已知周期为 2π 的可积函数 $f(x)$ 的傅里叶系数为 a_n、b_n，试计算“平移”了的函数 $f(x+h)$（h 为常数）的傅里叶系数 $\overline{a_n}$、$\overline{b_n}$ $(n=0,1,2,\cdots)$.

附录

幂级数的收敛半径

每一个幂级数

$$\sum_{n=0}^{\infty} a_n x^n = a_0 + a_1 x + a_2 x^2 + \cdots + a_n x^n + \cdots$$

都有一个收敛半径 R，使得上述幂级数在收敛区间 $(-R, R)$ 内绝对收敛．下面仅给出求收敛半径的通用方法.

柯西-阿达马定理 若上极限

$$\overline{\lim_{n\to\infty}} \sqrt[n]{|a_n|} = \rho,$$

则幂级数的收敛半径

$$R = \begin{cases} \dfrac{1}{\rho}, 0 < \rho < +\infty, \\ 0, \rho = +\infty, \\ +\infty, \rho = 0. \end{cases}$$

例 求函数项级数 $\sum\limits_{n=1}^{\infty} \left(1+\dfrac{1}{n}\right)^{-n^3} e^{-n^2 x}$ 的收敛域.

解 令 $y = e^{-x} > 0$，级数变为幂级数

$$\sum_{n=1}^{\infty} \left(1+\frac{1}{n}\right)^{-n^3} y^{n^2},$$

其收敛半径

$$R = \lim_{n\to\infty} \frac{1}{\sqrt[n]{|a_n|}} = \lim_{n\to\infty} \frac{1}{\sqrt[n^2]{|a_n^2|}} = \lim_{n\to\infty} \frac{1}{\sqrt[n^2]{\left(1+\dfrac{1}{n}\right)^{-n^3}}}$$

$$= \lim_{n\to\infty} \left(1+\frac{1}{n}\right)^n = e,$$

故当 $0 < y < e$ 时，幂级数收敛，而当 $y = e$ 时，对应的数项级数通项为

$$\left(1+\frac{1}{n}\right)^{-n^3} e^{n^2} = \left[\frac{e}{\left(1+\dfrac{1}{n}\right)^n}\right]^{n^2} > 1,$$

由级数的性质知，此时数项级数发散．总之，区间 $(0, e)$ 是 y 的幂级数的收敛域，因此所论之函数项级数的收敛域为 $(-1, +\infty)$.

参 考 文 献

[1] 中国科学技术大学数学科学学院. 微积分学导论：下册［M］. 2版. 合肥：中国科学技术大学出版社，2015.

[2] 同济大学数学系. 高等数学：下册［M］. 7版. 北京：高等教育出版社，2014.

[3] 欧阳光中，朱学炎，金福临，等. 数学分析：下册［M］. 3版. 北京：高等教育出版社，2007.

[4] 华东师范大学数学系. 数学分析：下册［M］. 4版. 北京：高等教育出版社，2010.

[5] 李忠，周建莹. 高等数学：下册［M］. 2版. 北京：北京大学出版社，2009.

[6] 高等学科工科数学课程教学指导委员会本科组. 高等数学释疑解难. 北京：高等教育出版社，1992.

[7] 韩云端，扈志明. 微积分教程：下册［M］. 北京：清华大学出版社，1999.

[8] 菲赫金哥尔茨. 微积分学教程：第一卷　原书第8版［M］. 杨弢亮，叶彦谦，译. 3版. 北京：高等教育出版社，2006.

[9] 菲赫金哥尔茨. 微积分学教程：第二卷　原书第8版［M］. 徐献瑜，冷生明，梁文骐，译. 2版. 北京：高等教育出版社，2006.

[10] 菲赫金哥尔茨. 微积分学教程：第三卷　原书第8版［M］. 路见可，余家荣，吴亲仁，译. 2版. 北京：高等教育出版社，2006.